普通高等教育农业农村部"十三五"规划教材
全国高等农林院校"十三五"规划教材

水产动物组织胚胎学

第二版

李 霞 主编

中国农业出版社
北 京

◆ 内 容 简 介 ◆

　　本书为普通高等教育农业农村部"十三五"规划教材、全国高等农林院校"十三五"规划教材,分为组织学和胚胎学2篇,系统介绍了基本组织学、生殖器官、循环器官、呼吸器官、排泄器官、内分泌器官、免疫器官、感觉器官、消化器官等组织学内容,以及普通胚胎学、腔肠动物的发生、环节动物的发生、软体动物的发生、甲壳动物的发生、棘皮动物的发生、硬骨鱼类的发生等胚胎学内容。

　　本书可作为高等农业院校水产养殖专业的本科教材,也可供生命科学等相关专业参考。

第二版编审人员名单

主　编　李　霞（大连海洋大学）
参　编　（按姓氏笔画排序）
　　　　　　王梅芳（华南农业大学）
　　　　　　任素莲（中国海洋大学）
　　　　　　陈晓武（上海海洋大学）
　　　　　　钟　蕾（湖南农业大学）
　　　　　　秦艳杰（大连海洋大学）
　　　　　　曹谨玲（山西农业大学）
　　　　　　赫晓燕（山西农业大学）
审　稿　廖承义（中国海洋大学）
　　　　　　杨佩满（大连医科大学）

第一版编审人员名单

主　编　李　霞（大连水产学院）
参　编　（按姓氏笔画排序）
　　　　王梅芳（广东海洋大学）
　　　　任素莲（中国海洋大学）
　　　　钟　蕾（湖南农业大学）
　　　　赫晓燕（山西农业大学）
审　稿　廖承义（中国海洋大学）
　　　　杨佩满（大连医科大学）

第二版前言

《水产动物组织胚胎学》是高等农业院校水产养殖学等本科专业的教材，第一版自2005年9月出版以来，受到了广大师生的好评。该书的特点是胚胎学部分介绍的水产动物的门类比较齐全，从腔肠动物到鱼类，内容上既有普遍的发生规律又有典型代表动物的发生过程，组织学部分注重水产动物和高等哺乳动物的比较，体现了动物的进化关系，对学生理论知识的掌握和运用所学知识分析问题、解决问题能力的提高具有很大帮助。然而，生命科学的发展速度异常迅速，组织胚胎学领域新的研究成果、新技术不断涌现，亟须对教材内容进行补充和调整。

本次修订补充了近几年水产动物组织胚胎学领域的新研究成果、新理论和新方法等方面的内容，对第一版书稿的部分图片进行补充和替换，文字更言简意赅，概念更准确，层次更清楚。书中使用二维码，读者扫描后可以看到更清晰的彩色图片。小字所排印的内容反映了目前组织胚胎学领域的前沿研究动态和研究结果。

修订后教材共分为2篇，第一篇为组织学，第二篇为胚胎学。组织学部分包括绪论（李霞修订）、第一章基本组织学（王梅芳、任素莲、赫晓燕修订）、第二章生殖器官（王梅芳修订）、第三章循环器官（陈晓武、赫晓燕修订）、第四章呼吸器官（陈晓武修订）、第五章排泄器官（秦艳杰修订）、第六章内分泌器官（陈晓武修订）、第七章免疫器官（钟蕾修订）、第八章感觉器官（曹谨玲修订）、第九章消化器官（任素莲修订）。胚胎学部分包括第十章普通胚胎学（王梅芳、秦艳杰、李霞、曹谨玲修订）、第十一章腔肠动物的发生（李霞修订）、第十二章环节动物的发生（李霞修订）、第十三章软体动物的发生（李霞修订）、第十四章甲壳动物的发生（任素莲修订）、第十五章棘皮动物的发生（李霞修订）、第十六章硬骨鱼类的发生（钟蕾修订）。全书由李霞统稿、定稿，大连海洋大学研究生许有燊对全书进行核对。

在本书的修订过程中得到中国农业出版社的大力帮助和支持，特此感谢。还要感谢各位编者的辛勤工作，以及各编者所在单位给予的支持和协助。

由于编者水平有限，书中还存在着不足和缺憾，敬请广大师生提出宝贵意见，以便再版时改正。

编　者

2018 年 10 月

第一版前言

本书是全国高等农业院校"十五"规划教材,编写主要体现以下特点:

(1) 最新的理论和方法在相关章节得到体现,尤其用小字体排印的内容反映了目前前沿研究动态和研究结果。

(2) 充分体现水产动物的组织学和胚胎学特点,组织学部分每章节的内容编排都反映了从高等哺乳动物到低等动物的比较关系。

(3) 注重内容的系统性和全面性,尤其是胚胎学部分介绍的门类和内容比较全,以供各教学单位选用。

(4) 每章前的教学要求是编者根据多年教学经验及水产养殖专业学生基本培养目标而提出的,供各任课教师参考。

本书的编写分工如下:李霞编写绪论及第十一、十二、十三、十五章;任素莲编写第一章第二节,第十章第三、四节,第九章和第十四章;王梅芳编写第一章第一节,第十章第一、二节及第二章;赫晓燕编写第一章第三、四节,第三章和第八章;钟蕾编写第四、七、十六章。第五、六章由赫晓燕、李霞和王梅芳共同编写。

中国海洋大学廖承义教授、大连医科大学杨佩满教授在百忙之中对书稿进行了认真、仔细的审阅,提出了许多宝贵的修改意见,在此向两位教授表示由衷的感谢。

在书稿撰写过程中,得到各参编学校的大力支持。在统稿过程中大连水产学院邬玉净同志、山西农业大学刘福兴同志绘制部分插图。大连水产学院研究生檀永凯同学参与全书的整理和校对。对领导和同志们的关心、支持和帮助在此表示衷心感谢。

本书除可作为高等院校水产养殖专业的教材外,还可供水产养殖、遗传育种等与生物相关的专业人员学习参考。

本书在撰写过程中虽经多次修改,但限于编者水平,缺点错误在所难免,请广大读者批评指正。

编 者

2005 年 9 月

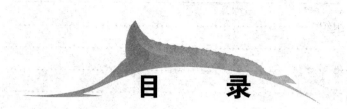

目 录

第二版前言

第一版前言

绪论 ··· 1
    一、组织胚胎学的定义 ··· 1
    二、组织胚胎学的分科 ··· 1
    三、组织胚胎学的研究方法 ··· 2
    四、组织胚胎学与水产养殖专业的关系 ··· 4
    五、学习组织胚胎学应注意的问题 ··· 4

第一篇 组 织 学

第一章 基本组织学 ··· 5

第一节 上皮组织 ··· 5
    一、被覆上皮 ··· 5
    二、腺上皮 ··· 14
    三、感觉上皮 ··· 17

第二节 结缔组织 ··· 17
    一、疏松结缔组织 ··· 19
    二、致密结缔组织 ··· 26
    三、网状组织 ··· 27
    四、脂肪组织 ··· 27
    五、支持组织 ··· 28
    六、血液 ··· 36

第三节 肌组织 ··· 45
    一、肌组织的一般特征和分类 ··· 45
    二、骨骼肌 ··· 46
    三、心肌 ··· 48
    四、平滑肌 ··· 49
    五、鱼类肌肉的特点 ··· 50
    六、无脊椎动物肌肉组织的特点 ··· 51

第四节 神经组织 ·················· 51
一、神经元 ···················· 52
二、神经纤维和神经 ················ 55
三、神经末梢 ··················· 57
四、神经胶质细胞 ················· 59
五、鱼类和无脊椎动物神经组织 ··········· 60
本章小结 ······················· 62
思考题 ························ 62

第二章 生殖器官 ······················ 63

第一节 哺乳动物精巢和卵巢 ·············· 63
一、睾丸（精巢）的形态结构 ············ 63
二、卵巢的形态结构 ················ 65

第二节 鱼类性腺 ··················· 67
一、精巢 ····················· 67
二、卵巢 ····················· 70

第三节 无脊椎动物性腺 ················ 73
一、软体动物的性腺 ················ 73
二、甲壳动物的性腺 ················ 75
三、棘皮动物的性腺 ················ 76

第四节 雌雄同体和性转换 ··············· 77
一、雌雄同体 ··················· 77
二、性转换 ···················· 77
三、三倍体性腺 ·················· 80
本章小结 ······················· 80
思考题 ························ 82

第三章 循环器官 ······················ 83

第一节 哺乳动物循环系统 ··············· 83
一、毛细血管 ··················· 83
二、动脉 ····················· 84
三、静脉 ····················· 86
四、心脏的结构特点 ················ 86
五、淋巴管的结构和功能 ·············· 87

第二节 鱼类循环系统 ················· 88
一、心脏 ····················· 88
二、血管 ····················· 89

目 录

  第三节 两栖类和爬行类循环系统 ·· 89
  第四节 无脊椎动物开放式循环系统 ·· 90
  本章小结 ··· 90
  思考题 ··· 91

第四章 呼吸器官 ··· 92
  第一节 哺乳动物的呼吸器官 ·· 92
  第二节 鱼类的呼吸 ··· 94
   一、鳃 ·· 94
   二、辅助呼吸器官 ··· 96
   三、鳔 ·· 98
  第三节 两栖类及无脊椎动物的呼吸 ·· 99
   一、两栖类的呼吸 ··· 99
   二、无脊椎动物的呼吸 ·· 100
  本章小结 ··· 101
  思考题 ··· 101

第五章 排泄器官 ··· 102
  第一节 哺乳动物的肾 ·· 102
   一、肾的一般结构 ·· 102
   二、肾的组织结构 ·· 102
  第二节 鱼类的肾 ·· 106
   一、前肾的结构 ·· 107
   二、中肾的组织结构与功能 ·· 107
  第三节 无脊椎动物的排泄器官 ·· 109
  本章小结 ··· 110
  思考题 ··· 111

第六章 内分泌器官 ··· 112
  第一节 哺乳动物主要内分泌器官的组织结构 ·· 112
   一、脑垂体 ·· 112
   二、肾上腺 ·· 114
   三、甲状腺 ·· 115
  第二节 鱼类主要内分泌器官的组织结构 ·· 115
   一、脑垂体 ·· 115
   二、甲状腺 ·· 118
   三、肾间和嗜铬组织、斯坦尼斯小体 ·· 119

第三节　无脊椎动物的内分泌器官 ··· 121
　　本章小结 ·· 122
　　思考题 ··· 123

第七章　免疫器官 ··· 124

　第一节　哺乳动物的免疫器官 ··· 124
　　一、中枢免疫器官 ··· 124
　　二、外周免疫器官 ··· 126
　第二节　鱼类及无脊椎动物的免疫 ··· 128
　　一、鱼类的免疫 ·· 128
　　二、无脊椎动物的免疫 ··· 131
　本章小结 ·· 132
　思考题 ··· 132

第八章　感觉器官 ··· 133

　第一节　皮肤感觉器官 ··· 133
　第二节　视觉器官——眼 ·· 134
　　一、眼球 ··· 135
　　二、眼的辅助器官 ··· 138
　第三节　听觉和平衡器官——内耳 ··· 138
　　一、鱼类内耳的一般构造 ·· 139
　　二、内耳膜迷路的组织结构 ··· 139
　第四节　嗅觉器官——鼻 ·· 140
　第五节　味觉器官——味蕾 ··· 141
　本章小结 ·· 142
　思考题 ··· 142

第九章　消化器官 ··· 143

　第一节　消化管 ··· 143
　　一、消化管的基本模式结构 ··· 143
　　二、哺乳动物消化管 ·· 145
　　三、鱼类消化管 ·· 150
　　四、无脊椎动物消化管 ··· 153
　第二节　消化腺 ··· 157
　　一、哺乳动物消化腺 ·· 157
　　二、鱼类消化腺 ·· 161
　　三、无脊椎动物消化腺 ··· 162

本章小结 ·· 164
思考题 ·· 165

第二篇 胚 胎 学

第十章 普通胚胎学 ·· 166

第一节 生殖细胞 ·· 166
一、原始生殖细胞 ·· 166
二、精子 ·· 167
三、卵子 ·· 175
四、精子与卵子发生过程的比较 ·· 180

第二节 受精 ·· 181
一、受精作用和受精方式 ·· 181
二、受精过程 ·· 183
三、受精的条件和影响因素 ··· 188
四、单精受精与多精受精 ·· 189
五、人工授精及其对生产实践的意义 ·· 190
六、单性生殖 ·· 191

第三节 早期胚胎发育 ··· 192
一、卵裂 ·· 192
二、囊胚 ·· 197
三、原肠胚 ··· 199
四、胚层的分化 ··· 201

第四节 个体发生类型 ··· 202
一、幼虫发生类型 ·· 202
二、非幼虫发生类型 ··· 202
三、昆虫的变态 ··· 202

第五节 影响胚胎发育的因素 ·· 203
一、卵子成熟度 ··· 204
二、环境条件 ·· 204

本章小结 ·· 209
思考题 ·· 209

第十一章 腔肠动物的发生 ·· 210

第一节 筒螅的发生 ·· 210
一、水螅体的发育 ·· 210
二、水母体的发育 ·· 212

第二节　海蜇的发生 ··· 212
　　　一、水螅体发育 ·· 213
　　　二、水母体发育 ·· 213
　　本章小结 ·· 215
　　思考题 ·· 215

第十二章　环节动物的发生 216
　　第一节　发生概述 ·· 216
　　　一、多毛类的生殖方式 ·· 216
　　　二、多毛类的卵裂 ··· 216
　　　三、担轮幼虫 ··· 217
　　第二节　内刺盘管虫的发生 ·· 217
　　　一、生殖习性 ··· 218
　　　二、早期胚胎发育 ··· 218
　　　三、幼虫阶段 ··· 218
　　第三节　幼虫的变态附着 ··· 220
　　本章小结 ·· 221
　　思考题 ·· 221

第十三章　软体动物的发生 222
　　第一节　软体动物发生概述 ·· 222
　　　一、生殖习性 ··· 222
　　　二、生殖细胞 ··· 223
　　　三、受精 ·· 224
　　　四、卵裂 ·· 224
　　　五、囊胚 ·· 225
　　　六、原肠胚 ·· 225
　　　七、幼虫发育 ··· 226
　　第二节　扇贝的发生 ··· 227
　　　一、生殖习性 ··· 227
　　　二、胚胎发育和幼虫 ·· 227
　　第三节　鲍的发生 ·· 228
　　　一、生殖习性 ··· 228
　　　二、早期胚胎发育 ··· 229
　　　三、幼虫发育 ··· 229
　　　四、稚鲍 ·· 231
　　本章小结 ·· 231

思考题 ··· 232

第十四章　甲壳动物的发生 ··· 233

第一节　甲壳动物发生概述 ··· 233
　　一、繁殖习性 ·· 233
　　二、生殖细胞 ·· 234
　　三、受精及早期胚胎发育 ·· 235
　　四、胚后发育 ·· 237
　　五、幼虫的蜕皮 ··· 237

第二节　对虾的发生 ·· 238
　　一、生殖习性 ·· 238
　　二、生殖细胞 ·· 240
　　三、受精 ··· 241
　　四、早期胚胎发育 ··· 242
　　五、幼虫发育 ·· 244

第三节　蟹类的发生 ·· 246
　　一、生殖习性 ·· 246
　　二、生殖细胞 ·· 247
　　三、受精与早期胚胎发育 ·· 248
　　四、胚后发育 ·· 250
　　本章小结 ··· 251
　　思考题 ·· 252

第十五章　棘皮动物的发生 ··· 253

第一节　海参的发生 ·· 253
　　一、性腺发育 ·· 253
　　二、生殖习性 ·· 254
　　三、仿刺参的发育 ··· 254

第二节　海胆的发生 ·· 257
　　一、生殖习性 ·· 257
　　二、生殖细胞 ·· 258
　　三、受精和早期胚胎发育 ·· 258
　　四、幼虫发育 ·· 258
　　五、幼虫变态和成体器官的发生 ·· 261
　　六、幼海胆 ·· 264
　　本章小结 ··· 265
　　思考题 ·· 266

第十六章 硬骨鱼类的发生 ·· 267

第一节 生殖习性 ·· 267
第二节 生殖细胞 ·· 268
一、精子 ··· 268
二、卵子 ··· 270
第三节 早期胚胎发育 ·· 274
一、卵裂 ··· 274
二、囊胚 ··· 275
三、原肠作用 ·· 276
四、神经胚 ·· 277
第四节 主要器官的发生过程 ··· 278
一、消化器官和呼吸器官的发生 ····································· 278
二、排泄器官和生殖器官的发生 ····································· 281
三、循环器官的发生 ··· 282
四、神经系统的发生 ··· 285
五、感觉器官的发生 ··· 286
六、皮肤及其衍生物的发生 ··· 289
第五节 鱼类个体发育 ·· 289
本章小结 ·· 293
思考题 ·· 294

参考文献 ·· 295

绪 论

一、组织胚胎学的定义

组织胚胎学是组织学与胚胎学的简称。它是两门独立的学科，但彼此之间的关系极为密切，所以在水产类专业中将它们合并为一门课讲授。而在畜牧、医学等相关专业中，往往独立授课。

组织学（histology）是研究有机体的微细结构及其机能的科学。微细结构是个较模糊的概念，细分起来应包括细胞、组织和器官结构。所以从组织学又演化出以下三门学科即研究细胞的结构、生理功能及其起源等问题的学科，称为细胞生物学（cell biology）；研究各种组织的起源、分化、形态结构、机能以及组织再生等问题的学科叫普通组织学；研究各种器官的构造、机能及组织间关系等问题的学科为器官组织学。细胞是构成有机体的基本结构单位，所以细胞生物学是一切生物科学的基础。普通组织学是器官组织学研究的基础。

胚胎学（embryology）是研究有机体的发生及其发展规律的科学。它所包括的内容有：胚前发育、胚胎发育和胚后发育。胚前发育是指生殖细胞（精子和卵子）在亲体内的发育、成熟过程，由于生殖细胞质量对个体以后的发育起着非常重要的作用，所以这一阶段越来越受到重视。胚胎发育指从受精卵开始直到幼虫或幼体破膜孵化或者从母体产出。胚后发育指产出的幼虫或幼体进一步发育直到性成熟或死亡为止的整个过程。

综上所述，要想系统掌握有机体的结构和机能，必须了解这些结构的发生和发展。因此组织学和胚胎学紧密相关。

二、组织胚胎学的分科

（一）按研究对象分

按研究对象的不同，组织学有植物组织学、动物组织学、人体组织学之分；胚胎学也可分为植物胚胎学、动物胚胎学与人体胚胎学。动物胚胎学又分为无脊椎动物胚胎学与脊椎动物胚胎学。再细分下去，脊椎动物胚胎学又分为家畜胚胎学、家禽胚胎学及鱼类胚胎学等。

（二）按研究方法分

按研究方法分类，组织胚胎学可分为许多专门的学科。组织学可分为比较组织学、实验组织学、叙述组织学、病理组织学以及组织工程。胚胎学的门类更加繁多，如叙述胚胎学、比较胚胎学、生态胚胎学、实验胚胎学、化学胚胎学、分子胚胎学、免疫胚胎学等，现就目前研究较多的学科做一介绍。

1. 叙述组织学 用描述的方法，记述有机体内细胞是怎样有机结合成组织的，以及组织以何种形式构成器官的。该学科的发展进程与观察手段的进步密切相关，随着显微镜分辨率的提高，尤其是电子显微镜的发展，所观察的细胞或组织结构也越来越精细。目前组织学研究中大部分工作集中在这一学科，可以说叙述组织学是组织学其他学科研究的基础。

2. 病理组织学 研究疾病发病机制、组织病理变化结局和转归。活体组织病理检查是迄今诊断疾病的最可靠的方法，是水产动物疾病诊断和研究的主要方法。目前该研究扩展至分子病理学、超微结构病理学和组织病理学（细胞病理学）等，使得对疾病的研究从器官、组织、细胞和亚细胞水平，深入到分子水平。

3. 叙述胚胎学 用描述的方法，记述有机体个体发育的各个过程，包括生殖细胞的起源、成熟、受精、卵裂、胚层分化和器官形成等一系列发育过程。伴随观察技术的发展，叙述胚胎学的研究更加深入。虽然叙述胚胎学有两千多年的历史，但至今仍是胚胎学研究中最基本而又非常重要的一个分科。

4. 比较胚胎学 在描述了各种动物的胚胎发育过程后，进行比较，从而阐明动物进化的线索，所以又称为进化胚胎学，它解决了许多进化上的问题。例如俄罗斯学者柯瓦列夫斯基（1840—1901）研究了海鞘和文昌鱼的发育。海鞘为植形动物，固着在岩石上，外貌酷似腔肠动物，以前分类位置不明。柯瓦列夫斯基研究其发生及变态之后，发现有一蝌蚪状幼虫（有尾幼虫），并在尾部神经管下方出现脊索，胚胎发育具有脊索动物的特点，从而将它们确定为脊索动物门尾索亚门。通过文昌鱼的研究，确定了无脊椎动物和脊椎动物之间的直接联系。

5. 生态胚胎学 研究个体发育所需要的生态条件，即研究个体发育各阶段对环境条件的依赖关系。对水产动物来说，生态条件主要指温度、光照、盐度、水体中饵料生物、pH 等指标。生态胚胎学的研究成果可直接用来指导水产动物的人工育苗和养殖。

6. 实验胚胎学 用实验方法探索和分析个体发育的机制、器官形成的动力和器官发生时彼此之间的相互作用，以进一步了解个体发育中形态形成的规律。童第周先生等学者从1961年开始以金鱼和鳑鲏为材料，进行鱼类不同亚科间的细胞核移植并获得成功，1978 年又将黑斑蛙（*Rana nigromaculata*）成体红细胞核移入去核的未受精卵内，卵子最后发育成正常的蝌蚪，这些研究为今天的体细胞克隆打下了良好的实验基础。

7. 化学胚胎学 化学胚胎学（chemical embryology）研究胚胎发育过程中生物化学变化即酶的代谢活动及核酸、激素和维生素的形成和作用。

8. 分子胚胎学 分子胚胎学（molecular embryology）主要研究核酸、蛋白质在胚胎发育过程中的特异性表达，从而阐明其作用。

9. 免疫胚胎学 免疫胚胎学（immunoembryology）研究个体发育过程中免疫器官和免疫功能的形成。

总之，随着各学科的发展和研究手段的进步，组织学和胚胎学的研究范围不断扩大，并将产生一些交叉学科和研究。

三、组织胚胎学的研究方法

1. 活体观察 主要是观察胚胎发育过程和体外经短期或长期培养的组织和细胞。前者包括受精过程、胚胎发育的各个阶段，有时可辅助活体染料染色，以跟踪细胞的迁移或器官的形成。对活体组织和细胞的观察需用倒置显微镜，可直观地看到细胞形态、生长以及活动情况。

2. 组织切片观察 使用光学或电子显微镜观察已制作好的切片是本学科使用较多的研究方法之一，所以制作切片是本方法的基础。由于研究目的的不同，切片制作过程有所不同，但基本步骤分为：材料固定、脱水、渗透、包埋、切片和染色。

常规光镜切片的制作是将材料固定于 Bouin's 固定液（也可选用其他固定液），经各级酒精脱水后，用甲苯（或二甲苯）渗透，再用石蜡包埋，制成蜡块。用切片机将其切成几微米的薄片，薄片贴在载玻片上，干燥后用苏木精和伊红染色（简称 H.E 染色），再盖上盖玻片，就可观察并能较长时间保存。

用于电镜观察的切片的制作原理同光镜切片，但过程有所不同。在有关电镜样品制作和观察的参考书中有详细介绍。

有时除观察组织细胞形态外，还需对一些化学物质如酶、糖类、脂肪等成分的变化做分析，即所谓组织化学研究。它的基本方法是用相应的试剂处理做好的切片，使试剂和切片中的某些化学成分发生反应，然后在原位呈现颜色的变化。这类方法的优点是可测得某种化学成分存在的部位。尤其是荧光显微镜的广泛使用，采用抗体和荧光素标记的免疫组织化学方法成为重要的研究手段。

3. 组织培养技术 把生物体某些细胞、组织、器官取出体外，在模拟体内环境的条件下使其存活、生长、繁殖，借以研究其生长、发育等生命现象的一种技术。组织培养包括细胞培养、组织培养和器官培养。组织培养的目的之一是收获细胞本身。例如胚胎干细胞技术是将囊胚内层细胞团取出，在特定的培养基中培养，细胞得以增殖，成为胚胎干细胞系，然后根据实验要求，定向诱导，使其分化为需要的细胞。这些细胞移植到动物体内，可修复损伤或大量死亡的细胞。还有研究较成熟的肿瘤细胞体外培养技术，为肿瘤治疗方法的筛选奠定了基础。此外还可利用组织培养技术研究和获得细胞产物、体外观察细胞代谢变化等。

4. 显微操作技术 是在特制的显微操作仪下进行操作的一种精细技术。用来拆合和重组细胞的微细结构，以研究它们的作用和相互关系。如核移植技术，通过互换两种动物卵子的细胞核来改变后代的遗传性状，了解细胞核的遗传作用，从而可能创造生物无性杂交新品种。1961 年童第周等以金鱼和鳑鲏为实验材料，进行鱼类不同亚科间的细胞核移植获得成功，用以研究杂交细胞核和纯种细胞核在发育功能上的差异，以及细胞质对细胞核的影响。细胞核移植技术的建立，为今天的哺乳动物体细胞克隆打下了良好的实验基础。进一步演化出胚胎干细胞核移植、胎儿成纤维细胞核移植及体细胞核移植等。

显微操作技术还包括胚胎切割技术。该技术是将未着床的早期胚胎经显微手术后，分割为 2、4、6 等等份，并将每一等份送到一个受体中发育，这样由一个胚胎可以克隆出多个遗传性能完全一样的个体。

5. 胚胎移植和试管动物 又称受精卵移植，是指哺乳动物（称为供体）发情排卵并经过配种后，在一定时间内从其生殖道（输卵管或子宫角）取出受精卵或胚胎，然后把它们移植到另外一个与供体同时发情排卵但未配种的母体（称为受体）的相应部位。这个来自供体的胚胎能够在受体的子宫着床，并继续生长和发育，最后产下供体的后代。该技术在家畜研究中应用较多。胚胎移植的目的是：①发挥优良母畜的繁殖潜力，通过借腹怀胎，可以获得较多数量的具有优良品质的后代；②促进家畜改良的速度；③通过显微操作技术或其他细胞工程技术生产的"试管畜""克隆畜"都以胚胎移植作为基础；④长期冷冻保存胚胎，进行异地移植，可改变家畜种群的遗传组成，防止近亲繁殖而造成的种群退化。

6. 流式细胞仪技术 流式细胞仪（flow cytometer）是对高速直线流动的细胞或生物微粒进行定量分析和分选的装置。它可以快速测量、存储、显示悬浮在液体中的分散细胞的一系列重要的生物物理、生物化学方面的特征参量，并可以根据预选的参量范围把指定的细胞亚群从中分选出来。其特点是测量速度快、被测群体大、可进行多参数测定，通过 DNA 含量的测定、癌基因和原癌基因及黏附分子等生物标志物分析，进行肿瘤学研究。利用细胞标记和抗原决定簇进行免疫学和生物化学等研究。

四、组织胚胎学与水产养殖专业的关系

1. 组织学与生理学关系密切　对动物生理机能的研究是在对其结构研究基础上进行的，因为结构和机能密切相关。当有机体一个器官形态结构发生变化时其生理机能也随之发生改变。

2. 组织学与水产动物医学关系密切　由于微生物和寄生虫的入侵，破坏了正常的组织结构，造成生理机能的改变甚至引起死亡。组织病理变化是水产动物医学的主要研究内容。

3. 胚胎学与水产动物繁殖、育苗关系密切　了解水产动物胚胎发育过程是人工繁殖和育苗的基础。胚胎发育与环境的关系研究直接用来指导育苗和养殖生产，这个关系研究得越详尽，人工育苗成功的可能性越高。

4. 胚胎学与遗传育种学关系密切　有学者提出，育种学是胚胎学和遗传学相结合的学科。胚胎学所涉及的生殖细胞的发生、受精以及胚胎发育等知识是育种学的基础。

总之，掌握组织胚胎学知识对水产养殖工作来说十分重要和必不可少。

五、学习组织胚胎学应注意的问题

1. 形态与机能相结合　组织学是一门以形态结构为主的学科，但形态结构特点总和一定的功能相关。如微绒毛具有胞饮作用，它主要分布在小肠上皮和肝细胞表面等吸收能力强的地方。

2. 立体与整体的概念　不论细胞还是器官都是立体的，但在切片中由于切片的部位与方向不同，而呈现不同的形态。如有些细胞切面上能够见到细胞核，有些由于没有切到而见不到核，学习时要建立平面到立体、局部到整体的概念。

3. 时间与空间的概念　胚胎发育是一个连续的变化过程，每时每刻都在发生变化，组织、细胞也在经历生长、成熟、死亡的过程。如哺乳动物血细胞形成进入血液循环后，逐渐趋向衰老、死亡，在这个过程中形态发生很大的变化。

第一篇 组织学

第一章 基本组织学

第一节 上皮组织

上皮组织（epithelial tissue）简称上皮（epithelium），由排列密集的细胞和少量的细胞间质组成，呈膜状结构。大部分上皮覆盖于机体和器官的外表面或衬贴在有腔器官的腔面，也有的分布在感觉器官内，或者形成腺体。有的器官（如汗腺、乳腺等）的一些上皮细胞特化为有收缩能力的细胞，称为肌上皮细胞（myoepithelial cell）。

根据上皮组织的分布和功能的不同，可将其分成三类，即被覆上皮（covering epithelium）、腺上皮（glandular epithelium）和感觉上皮（neuro-epithelium）。

一、被覆上皮

（一）被覆上皮的一般特征

被覆上皮广泛分布于机体的外表面及衬贴在体内各管、腔、囊的腔面和某些器官的表面。由排列紧密而规则的、形态相似的细胞和少量的细胞间质组成。

由于被覆上皮处于边界位置，必然具有两个面，一个面朝向空间，即不与任何组织相接触的游离面；另一个面是与游离面相对的、附着于基膜上并借此与结缔组织相连的基底面。上皮的游离面和基底面在结构和功能上具有明显的不同，从而呈现出上皮的极性（polarity）。

被覆上皮具有保护、吸收、分泌等功能。位于机体不同部位和不同器官的上皮，面临不同的环境，功能也不相同。细胞的游离面、基底面及细胞间的邻接面常形成各种不同的特化结构，以适应各自的功能需要。

被覆上皮具有较强的再生和更新能力。由于处于边界位置，上皮表层细胞容易受到外界物理和化学因素的作用而受损。损伤的上皮细胞由基部的细胞分裂增生，不断地补充和更新。

上皮组织中一般没有血管，细胞所需的营养物质及代谢产物均通过基膜的渗透由结缔组织内的血管输送。

上皮组织中有神经末梢分布，机体能够借此敏锐地感受外界的刺激。

（二）被覆上皮的类型和结构

被覆上皮是按照上皮细胞层数和细胞形状进行分类的。根据上皮细胞的层数可分为单层上皮和复层上皮；根据表层细胞的形态又可分为扁平、立方和柱状上皮等。

1. 单层扁平上皮（simple squamous epithelium） 单层扁平上皮最薄，只由一层扁平细胞组成（图1-1、图1-2）。表面观，细胞呈不规则形或多边形，细胞边缘呈锯齿状或波浪状，用硝酸银染色可显示细胞界线。细胞核扁圆形，位于细胞中央。侧面观细胞呈梭形，胞核椭圆形，胞质很薄，只有含核的部分略厚。

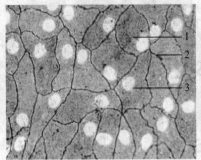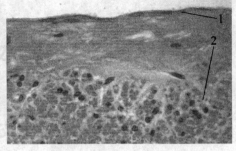

图1-1 单层扁平上皮（表面观）蟾蜍肠系膜铺片（镀银染色，3.3×40）
1. 扁平细胞 2. 细胞间质 3. 细胞核
（成令忠，组织学彩色图鉴，2000）

图1-2 单层扁平上皮（侧面观）人阑尾浆膜间皮（H.E染色，3.3×40）
1. 扁平细胞 2. 结缔组织
（成令忠，组织学彩色图鉴，2000）

根据分布和功能不同，单层扁平上皮可分为内皮（endothelium）和间皮（mesothelium）。

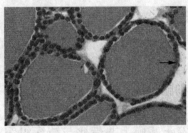

图1-3 单层立方上皮（犬甲状腺滤泡上皮，箭头所示为立方细胞）
（成令忠，组织学彩色图鉴，2000）

内皮是衬贴在心、血管和淋巴管腔面的单层扁平上皮。内皮细胞很薄，游离面光滑，有利于血液和淋巴液流动，也有利于内皮细胞内、外物质交换。

间皮是分布在胸膜、腹膜和心包膜表面的单层扁平上皮，细胞游离面湿润而光滑，便于内脏器官的活动和减少摩擦。

2. 单层立方上皮（simple cuboidal epithelium） 单层立方上皮由一层近似立方形的细胞组成（图1-3）。从上皮表面看，每个细胞呈六角形或多角形。侧面观，细胞呈立方形。细胞核圆形，位于细胞中央。这种上皮见于肾小管、外分泌腺的导管，有运输和吸收等功能。

3. 单层柱状上皮（simple columnar epithelium） 单层柱状上皮由一层棱柱状细胞组成（图1-4～图1-6）。从表面看，细胞多呈六角形。纵切面看，细胞呈柱状，细胞核长椭圆形，位于细胞近基底部。这类细胞极性明显，细胞游离面具有特化结构——纹状缘。上皮分布于胃、肠及胆囊等腔面，具有吸收和分泌等功能。在小肠和大肠腔面的单层柱状上皮中，柱状细胞间有许多散在的有分泌功能的单细胞腺体，称为杯状细胞（goblet cell），

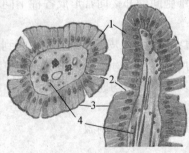

图1-4 单层柱状上皮
1. 柱状细胞 2. 杯状细胞
3. 纹状缘 4. 平滑肌细胞
（霍琨，解剖 组织 胚胎学图谱，2003）

其分泌的黏液有滑润上皮表面和保护上皮的作用。

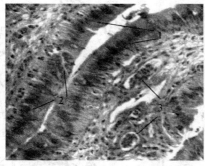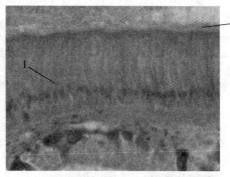

图1-5 单层柱状上皮（波纹唇鱼消化道前肠横切，200×）
1. 单层柱状细胞 2. 杯状细胞 3. 血管
（廖光勇，2011）

图1-6 单层柱状上皮（帽贝消化盲囊上皮纵切，40×）
1. 单层柱状细胞 2. 纤毛
（王梅芳提供）

有些单层柱状上皮细胞的游离面具有纤毛，如哺乳类的输卵管，双壳类软体动物的消化道和外套膜，一些鱼类的胆管、胰管、肾小管等处的柱状上皮细胞就具有纤毛，称为纤毛柱状上皮。

4. 假复层纤毛柱状上皮（pseudostratified ciliated columnar epithelium） 假复层纤毛柱状上皮由纤毛柱状细胞、梭形细胞、锥体形细胞以及杯状细胞等几种形状不同的细胞组成。侧面观这层细胞高矮不等，胞核的位置也不在同一平面上，所以光镜下形似复层上皮，但细胞基底端都附在基膜上，所以实为单层上皮，故称为假复层上皮（图1-7）。其中只有柱状细胞和杯状细胞的顶端伸到上皮游离面，且柱状细胞游离面具有纤毛，其他细胞如梭形细胞和锥体形细胞较矮小而处于较低的水平位置。传统观点认为该上皮是一种复层上皮，但由于发现各个细胞都伸出脚状突起附着于基膜

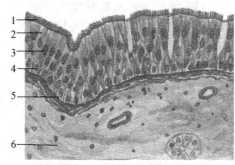

图1-7 假复层纤毛柱状上皮
1. 纤毛 2. 柱状细胞 3. 梭形细胞
4. 锥体形细胞 5. 基膜 6. 结缔组织
（霍琨，解剖 组织 胚胎学图谱，2003）

上，所以又称为假复层上皮。这种上皮主要分布在呼吸管道的腔面，具有保护和分泌功能。

5. 变移上皮（transitional epithelium） 变移上皮衬贴在排尿管道（肾盏、肾盂、输尿管和膀胱）的内腔面。这种上皮的特点是细胞形态和层数可随所在器官的收缩或扩张而发生变化。器官收缩时细胞变高，层次变多；器官扩张时细胞变扁，层次变少（图1-8）。变移上皮由游离面到基底面可分为表层细胞、中层细胞和基层细胞。表层细胞又称盖细胞，细胞大，胞质丰富，常见双核，其浅层胞质致密，嗜酸性强，形成深染的壳层，具有防止尿液侵蚀的作用（图1-9）。

电镜观察，当膀胱空虚时，表层的盖细胞表面的细胞膜内褶，形成许多凹陷，在凹陷附近顶部的细胞质中有许多梭形的扁平囊泡，扁平囊泡与细胞膜的内陷相连通。当膀胱充盈扩张时，盖细胞变扁平，细胞膜的内褶伸展，梭形的扁平囊泡也减少。

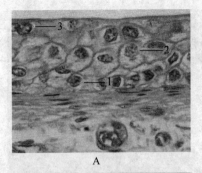
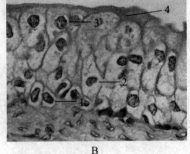
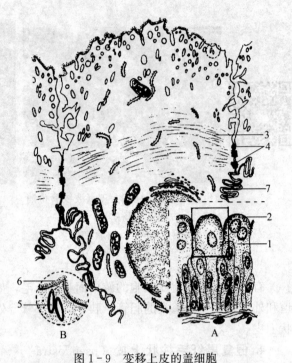

图1-8 变移上皮（膀胱）
A. 变移上皮的扩张状态（40×3.3×3）
B. 变移上皮的收缩状态（40×3.3×3）
1. 基底层细胞 2. 中间层细胞
3. 表层细胞 4. 壳层
[唐军民，组织学与胚胎学彩色图谱（实习用书），2003]

图1-9 变移上皮的盖细胞
A. 光镜下处于收缩状态的变移上皮细胞，小框内的细胞是盖细胞
B. 盖细胞的亚微结构（本图只是显示部分主要结构），
左下角的圆圈内为左上角盖细胞表面的一部分
1. 盖细胞 2. 壳层 3. 微丝 4. 两个盖细胞之间的连接复合体
5. 囊泡 6. 糖蛋白层 7. 两个盖细胞之间的相嵌连接
（楼允东，组织胚胎学，1996）

6. 复层扁平上皮（stratified squamous epithelium） 复层扁平（鳞状）上皮由多层细胞组成，是最厚的一种上皮（图1-10）。紧靠基膜的一层细胞为立方形或矮柱状，此层以上是数层多边形细胞，只有近表面的几层细胞是扁平的，似鳞片状。最表层的扁平细胞已角化，并不断脱落。基底层的细胞较幼稚，具有旺盛的分裂能力，新生的细胞渐向表层推移，以补充表层脱落的细胞，有很强的修复能力。这种上皮与深部结缔组织的连接面弯曲不平，扩大了两者的接触面积，并

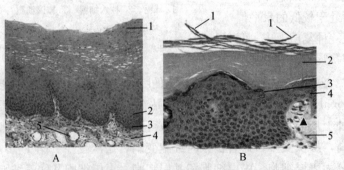

图1-10 复层扁平上皮
A. 未角质化的复层扁平上皮
1. 扁平细胞 2. 多边形细胞 3. 基底层细胞 4. 结缔组织细胞 5. 血管
B. 角质化的复层扁平上皮
1. 角质层 2. 透明层 3. 颗粒层的扁平细胞 4. 生发层的棘细胞 5. 结缔组织
（成令忠，组织学彩色图鉴，2000）

且加强了两者的相互连接。复层扁平上皮具有很强的机械保护作用，覆盖整个身体的外表面，构成皮肤的表皮，也分布于口腔、食管和阴道等的腔面，具有耐摩擦、阻止异物侵入等作用。位于皮肤表面的复层扁平上皮，浅层细胞无细胞核，已是干硬的死细胞，角化形成角质层，具有更强的保护作用，这种上皮称角化的复层扁平上皮。但衬贴在口腔和食管等腔面的复层扁平上皮，浅层细胞是有核的活细胞，含角蛋白少，称未角化的复层扁平上皮。陆生动物的表皮还有防止体内水分蒸发的作用。

真骨鱼类皮肤的表皮也是由复层扁平上皮构成。但在表层中很少见到死亡的、角质化的细胞，只有在少数鱼类体表的某些部位，如唇才能看到角质层。

硬骨鱼类口咽腔顶壁黏膜上皮也为复层扁平上皮（图1-11），表层细胞数为2~5层。表皮为扁平或椭圆形细胞，核较大，圆形或椭圆形，是一种衰老退化的细胞。棒状细胞分布在表皮细胞之间，体积远远大于其他细胞，长椭圆形，核位于中央，核质比相差悬殊，是一种腺细胞。黏膜下面是固有膜。

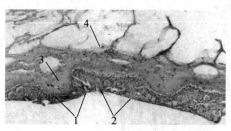

图1-11　中华沙鳅口咽腔顶壁横切
1. 复层扁平上皮　2. 棒状细胞
3. 固有膜　4. 黏膜下层
（李春涛，2009）

7. 复层柱状上皮（stratified columnar epithelium）　复层柱状上皮的深层为一层或几层多边形细胞，浅层为一层排列较整齐的柱状细胞。此种上皮只见于眼睑结膜和男性尿道海绵体等处的黏膜上皮，具有保护作用。在鱼类尚未发现这种上皮。

以上所述的上皮分类主要适用于高等脊椎动物，鱼类具有大部分上皮类型。对于无脊椎动物而言，单层柱状、单层扁平和立方上皮普遍存在，偶见报道假复层柱状上皮，如海参消化道上皮。尚未见有复层上皮的报道。

（三）上皮组织的特殊结构

上皮组织与其功能相适应，在上皮细胞的各个面常形成不同的特殊结构。这种结构有的由细胞质和细胞膜构成，有的由细胞膜、细胞质和细胞间质共同形成。

1. 上皮细胞的游离面　上皮组织表层细胞的游离面经常发生特化，形成各种特殊结构，从而以多种形式增加上皮的保护、吸收和运输功效。

（1）细胞衣（cell coat）　又称糖衣，为一薄层绒毛状的复合糖，由组成细胞膜的糖蛋白和糖脂向外伸出的低聚寡糖链组成。不同细胞的细胞衣厚薄不一，小肠上皮细胞微绒毛处最明显（图1-12），细胞基底面及侧面也有类似细胞衣结构，但不甚明显。细胞衣具有黏着、支持、保护、物质交换及识别等功能。

（2）微绒毛（microvillus）　是上皮细胞游离面伸出的微细指状突起（图1-12、图1-13），其直径约0.1 μm，长度因细胞种类或细胞生理状态的不同而有很大差别。有些上皮细胞微绒毛少，长短不等，排列也不整齐，在电镜下才能辨认清楚。而具有活跃吸收功能的上皮细胞有许多较长的微绒毛，且排列整齐，如小肠和肾小管的上皮细胞游离面密集排列的长微绒毛（图1-13），在光镜下即可观察到呈排刷状的结构，分别称为纹状缘（striated border）或刷状缘（brush border）。除上皮细胞外，其他组织的细胞表面也常有微绒毛。

电镜下可见微绒毛表面为细胞膜，内为细胞质。微绒毛轴心的胞质中有许多纵行的微丝（microfilament）。微丝一端附着于微绒毛尖端，另一端下伸到细胞顶部，附着于顶部胞质中的终末网（terminal web）（图1-12）。终末网在吸收功能旺盛的上皮细胞中明显，为顶部胞质中的细丝（filament）交织成的密网，网与细胞游离面平行，组成网的细丝固着于细胞侧面的中间连接（图1-12、图1-13）。微绒毛中的微丝为肌动蛋白丝，终末网中有肌球蛋白。推测微绒毛以肌丝滑动的方式伸长或缩短。微绒毛显著地扩大了细胞的表面积，利于细胞的吸收功能。

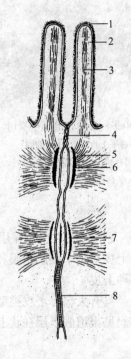 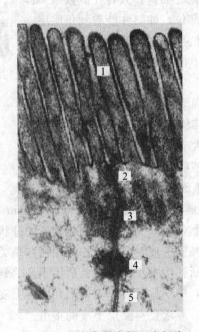

图1-12 单层柱状上皮细胞微绒毛及
细胞连接超微结构模式图
1. 细胞衣 2. 微绒毛 3. 微丝 4. 紧密连接
5. 终末网 6. 中间连接 7. 桥粒 8. 缝隙连接
（周美娟，人体组织学与解剖学，1999）

图1-13 小鼠小肠上皮细胞
电镜图（84 000×）
1. 微绒毛 2. 紧密连接 3. 中间连接
4. 桥粒 5. 缝隙连接
（上海医科大学电镜室供图）

（3）纤毛（cilium） 常见于呼吸道、生殖管道等腔面上皮细胞的表面，是细胞游离面伸出的较长的突起，比微绒毛粗且长，在光镜下可见。一个细胞可有几百根纤毛。纤毛长5～10 μm，粗约0.2 μm，根部有一个致密颗粒，称基体（basal body）。纤毛能有节律地朝一个方向摆动，许多纤毛的协调摆动像风吹麦浪起伏，把黏附在上皮表面的分泌物和颗粒状物质向一定方向推送。例如呼吸道大部分的腔面为有纤毛的上皮，由于纤毛的定向摆动，可把吸入的灰尘和细菌等排出。生殖管道上皮的纤毛能帮助运送生殖细胞。

电镜下可见纤毛表面为细胞膜，内部细胞质中有纵向排列的微管，由纤毛的基部直达纤毛的顶部。微管的排列有一定规律，但在整根纤毛中并不是始终如一。在通过纤毛中部的横切片中，可以看到中央为2条完整的微管，周围为9组成对的双联微管（图1-14、图1-15）。基体的结构与中心粒基本相同，纤毛中的微管与胞质内的基体相连。

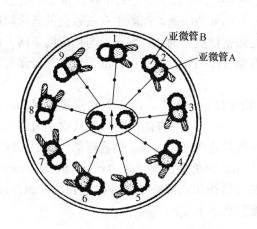

图 1-14　纤毛横切面超微结构模式图
（楼允东，组织胚胎学，1996）

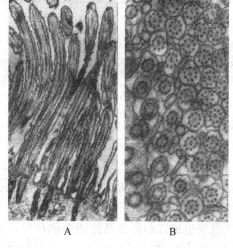

图 1-15　大鼠输卵管上皮细胞纤毛
电镜图（50 000×）
A. 纤毛纵切　B. 纤毛横切
（上海医科大学电镜室供图）

（4）微皱襞（microrugae）　一些扁平上皮细胞游离面的细胞膜和细胞质轻微突起形成指纹状的结构，如在真骨鱼类头部无鳞片皮肤的表面、口腔和食道腔面的扁平上皮（图1-16）。这些微皱襞在表面形成粗糙面，对大量分泌的黏液起到支持固定的作用，从而形成一层黏液外衣层，使体表面滑润。

2. 上皮细胞的侧面　上皮细胞排列密集，细胞间隙很窄，一般宽15～20 nm。细胞间隙中充满相邻细胞的细胞衣，并有少量糖胺多糖和钙离子，有

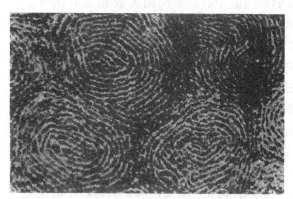

图 1-16　鱼表皮细胞游离面微皱襞扫描电镜图
（楼允东，组织胚胎学，1996）

较强的细胞黏着作用。这种黏着物质在细胞的相邻面间广泛存在。此外，有些细胞的相邻面凹凸不平，互相嵌合，又进一步加强了细胞彼此的结合。细胞间结合更重要的结构，是在细胞相邻面形成特殊构造的细胞连接（cell junction）。借助这种连接结构，维持上皮细胞间的紧密关系，这与上皮处于与外界环境接触的边界部位相关。细胞连接由相邻细胞间局部特化的细胞膜、胞质和细胞间隙组成。柱状上皮细胞间的连接结构发达，而且结构典型，主要有下列几种方式（图1-12）。

（1）紧密连接（tight junction）　又称闭锁小带（zonula occludens）。这种连接位于相邻细胞间隙的顶端侧面，呈带状环绕细胞顶部周围，常见于单层柱状上皮和单层立方上皮，小肠单层柱状上皮细胞间的紧密连接较典型。在紧密连接的连接区，两相邻细胞胞膜的外层间断融合，融合处既无细胞衣也无细胞间隙。经冰冻蚀刻复型术电镜观察证明，紧密连接的细胞膜融合区实际是两排镶嵌蛋白颗粒形成的紧密黏着。紧密连接除有机械连接作用外，更重

要的是封闭细胞顶部的细胞间隙，阻挡细胞游离面外的大分子物质经细胞间隙进入组织内。

(2) 中间连接（intermediate junction） 这种连接多为长短不等的带状，位于紧密连接下方，环绕上皮细胞顶部。相邻细胞之间有15～20 nm的间隙，间隙中有较致密的丝状物连接相邻细胞的膜。在胞膜的胞质面，附着有薄层致密物质和细丝，细丝参与构成终末网。此种连接在上皮细胞间和心肌细胞间常见。它除有黏着作用外，还有保持细胞形状和传递细胞收缩力的作用。

(3) 桥粒（desmosome） 为大小不等的点状连接，分布广，位于中间连接的深部，主要存在于上皮细胞间。连接区的细胞间隙宽20～30 nm，其中有低密度的丝状物，间隙中央有一条与细胞膜相平行而致密的中间线，此线由丝状物质交织而成。细胞膜的胞质面有较厚的致密物质构成的附着板，胞质中有许多直径10 nm的角蛋白丝（张力丝）（tonofilament）附着于板中，并常折成袢状返回胞质，起固定和支持作用。桥粒是一种很牢固的细胞连接，多见于易受机械性刺激和摩擦较多的部位，如复层扁平上皮。

(4) 缝隙连接（gap junction） 又称通讯连接（communication junction）。位于柱状上皮深部，是一种较大的平板状连接。此处细胞间隙很窄，仅2～3 nm，并见相邻两细胞的间隙中有许多间隔大致相等的连接点，在每个连接点的两细胞的胞膜中，各镶嵌着6个亚单位（由镶嵌蛋白组成），中央有直径约2 nm的管腔。相邻两细胞膜中的6个亚单位彼此相接，管腔也通连，成为细胞间直接相通的管道（图1-17）。在钙离子和其他因素作用下，管道可开放或闭合。这种连接广泛存在于胚胎和成体的多种细胞间，可供细胞相互交换某些小分子物质和离子，借以传递化学信息，调节细胞的分化和增殖。此种连接的电阻低，在心肌细胞之间、平滑肌细胞之间和神经细胞之间，可经此处传递电冲动。

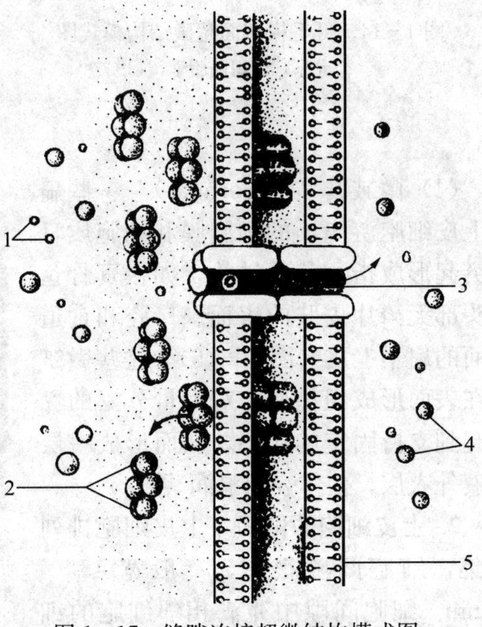

(5) 相嵌连接（interdigitation） 位于上皮细胞邻接面的深部，细胞的相邻面凹凸不平，互相嵌合，进一步加强了细胞彼此的结合，也借以增大细胞之间的接触面。

图1-17 缝隙连接超微结构模式图
↑示小分子物质经缝隙连接的小管进入相邻细胞
1. 离子 2. 6个亚单位 3. 小管 4. 荧光素 5. 细胞膜
（周美娟，人体组织学与解剖学，1999）

以上几种连接，一般只要有两个或两个以上的连接挨在一起，即可称连接复合体（junctional complex）。典型的连接复合体见于胃、肠道柱状上皮细胞的顶部侧面，它封闭上皮细胞游离面之间的细胞间隙，并加强上皮细胞之间的连接。光镜下柱状上皮细胞顶部侧面有带状连接结构，称为闭锁堤，也就是电镜下的连接复合体。

3. 上皮细胞的基底面

(1) 基膜（basement membrane） 又称基底膜，是上皮基底面与深部结缔组织间的薄膜。光镜下，基膜一般难以分辨，而复层扁平上皮和假复层纤毛柱状上皮的基膜较厚，明显易见。其化学成分为糖蛋白、层粘连蛋白和胶原蛋白等，PAS反应呈阳性。

电镜下可将基膜分为三层（图1-18）：紧贴在上皮细胞基底面的一层为透明板（lamina lucida），为电子致密度低的薄层，厚10～50 nm；其下面为电子致密度高的均质层，称致密板（lamina densa），又称基板，为20～300 nm；第三层为网织板（lamina fibroreticularis），又称网板，位于致密板之下，由网状纤维和基质构成，有时可有少许胶原纤维。基膜厚薄不一，薄者仅由透明板和致密板组成。基膜除有支持和连接作用外，还是半透膜，有利于上皮细胞与深部结缔组织进行物质交换。基膜还能引导上皮细胞移动并影响细胞的分化。

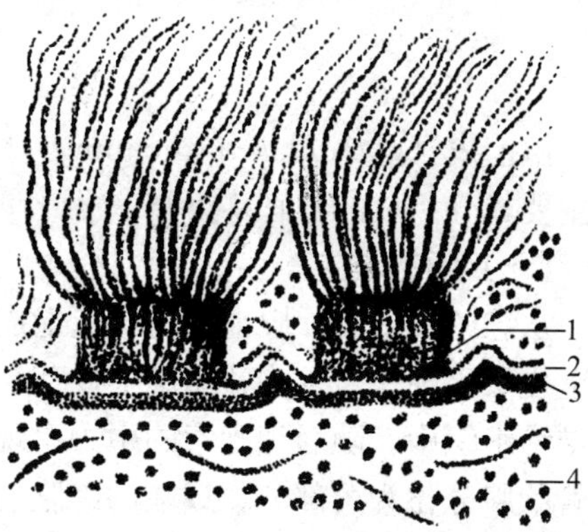

图1-18 半桥粒和基膜超微结构模式图

1. 半桥粒 2. 透明板 3. 基板 4. 网板

（周美娟，人体组织学与解剖学，1999）

层粘连蛋白（laminin，LN）是一种大分子糖蛋白，含糖15%～28%，具有与Ⅳ型胶原蛋白、硫酸乙酰肝素、半乳糖脑硫脂及神经节苷脂等分子结合的部位，这对基膜的构成具有重要意义。层粘连蛋白还可与上皮细胞、内皮细胞、神经细胞、肌细胞及多种肿瘤细胞相结合，促进它们黏着在基膜的Ⅳ型胶原蛋白上并铺展开，促进上皮细胞增殖、损伤神经元的存活及轴突生长。层粘连蛋白对保持细胞间的黏着和极性结构以及调节细胞分化皆有重要作用。现已证明，层粘连蛋白亦可增强由抗体或补体介导的巨噬细胞的吞噬功能，增强巨噬细胞对肿瘤细胞的杀伤作用。

（2）质膜内褶（plasma membrane infolding）是上皮细胞基底面的细胞膜折向胞质所形成的许多内褶（图1-19）。质膜内褶的主要作用是扩大细胞基底部的表面积，有利于水和电解质的迅速转运。由于转运过程中需要消耗能量，故在质膜内褶附近的胞质内，含有许多纵行排列的线粒体。可在肾单位近曲小管上皮细胞中观察到这种结构。

（3）半桥粒（hemidesmosome） 在某些上皮细胞的基底面，可见上皮细胞一侧形成桥粒一半的结构，将上皮细胞固着在基膜上，此种结构称为半桥粒（图1-18）。

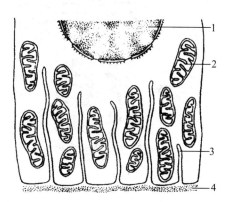

图1-19 上皮细胞基底面质膜内褶超微结构模式图

1. 细胞核 2. 线粒体 3. 质膜内褶 4. 基膜

（周美娟，人体组织学与解剖学，1999）

（四）上皮组织的更新和再生

上皮组织具有很强的再生和更新能力。在生理状态下，上皮细胞不断地衰老、死亡和脱落，并由上皮中存在的幼稚细胞增殖补充，此为生理性更新，这在皮肤的复层扁平上皮和胃肠的单层柱状上皮尤为明显。如人的小肠上皮细胞2～5 d更新一次，而表皮细胞1～2个月更新一次。由于炎症或创伤等病理原因所致的上皮损伤，由周围未受损伤的上皮细胞增生补充，新生的细胞移到损伤表面形成新的上皮，此为病理性再生。

在一般正常条件下，成年机体某个器官所特有的上皮，并不发生改变。然而，在慢性炎症或发生肿瘤时，一种类型的上皮可以转变为另一种类型的上皮，此过程称作化生（metaplasia）。例如，在一定病理条件下，支气管或鼻咽部的假复层纤毛柱状上皮可以转变为复层扁平上皮。在实验动物上能够建成类似的转变现象。

二、腺 上 皮

腺上皮（glandular epithelium）是由腺细胞组成并以分泌为主要功能的上皮。以腺上皮为主要成分组成的器官称为腺。

（一）腺的发生

从腺的发生看，腺上皮与被覆上皮有密切的关系。在发生之初，所有分泌腺都是先在表面上皮层出现一个乳头状的腺上皮芽，腺上皮芽的细胞增生，逐渐形成细胞索，深入到下面的结缔组织中。随后细胞索的中央出现一空腔，进一步发育形成一个简单的管状分泌腺。这个管状腺分化为两部分，远端的细胞构成具有分泌功能的腺末房，近端的细胞发育成导管。因腺末房的分泌物经导管排到表面上皮外面，故称外分泌腺。但有的分泌腺在发育过程中导管退化，分泌物直接分泌到周围的血管中，这样的分泌腺称内分泌腺（图1-20）。

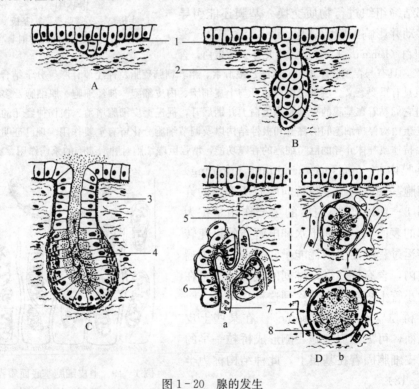

图1-20 腺的发生
A. 上皮细胞增生形成腺上皮芽　B. 腺上皮芽细胞增殖形成细胞索
C. 外分泌腺形成　D. 内分泌腺形成
a. 内分泌细胞排列成索状　b. 内分泌细胞排列成腺泡状
1. 基膜　2. 结缔组织　3. 导管　4. 腺末房　5. 导管消失
6. 腺细胞排列成索状　7. 毛细血管　8. 腺细胞排列成腺泡状
（成令忠，现代组织学，2003）

（二）腺的分类

根据腺的分泌物排出方式不同，可分为外分泌腺和内分泌腺。

外分泌腺指腺细胞的分泌物经导管被输送到体表或器官的腔内。如唾液腺、汗腺、胃腺等；内分泌腺的分泌物为激素，不经导管排出，直接进入血循环。如胰岛、甲状腺等。

1. 外分泌腺的分类 外分泌腺有多种分类方法，可以根据腺细胞的数量和位置、导管是否分支和分泌部的形态、分泌物的性质等来划分。分泌腺的分类见图 1-21、图 2-22。

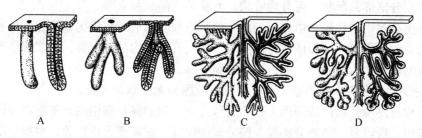

图 1-21 几种常见外分泌腺模式图
A. 单管状腺 B. 单分支管状腺 C. 复管状腺 D. 复管泡状腺
（周美娟，人体组织学与解剖学，1999）

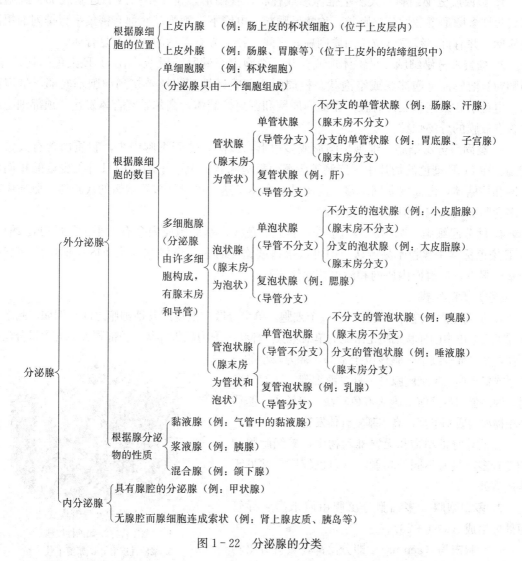

图 1-22 分泌腺的分类

（1）**根据腺细胞的位置** 可分为上皮内腺、上皮外腺。

(2) 根据腺细胞的数目　可分为单细胞腺、多细胞腺。
(3) 根据导管有无分支　可分为单式腺、复式腺。
(4) 根据分泌部的形状　可分为管状、泡状及管泡状腺。
(5) 根据分泌物的性质　由分泌蛋白质的浆液细胞组成的腺体为浆液腺，如胰腺；由分泌糖蛋白的黏液细胞组成的腺体称为黏液腺，如气管黏膜内的黏液腺；由浆液细胞和黏液细胞共同构成的腺体称为混合腺，如舌下腺和颌下腺。

2. 内分泌腺的分类　从形态上可以分成有腔腺和无腔腺两大类。

任何一种分泌腺都可以按照图1-22进行分类。例如杯状细胞的分泌物直接排到上皮层外的管、腔中，所以是一种外分泌腺。按分布的位置，它属于上皮内腺。根据腺细胞的数目它是单细胞腺，从分泌物的性质上看它是一种黏液腺。

(三) 腺细胞的类型

1. 蛋白质分泌细胞　大多呈锥体形或柱状，核圆形，位于中央或靠近基底部。细胞顶部聚集许多圆形嗜酸性分泌颗粒，称酶原颗粒。电镜下，细胞基底部有密集平行排列的粗面内质网，并有许多线粒体位于内质网扁囊之间，核上方有发达的高尔基复合体。

2. 糖蛋白分泌细胞　呈锥体形或柱状，细胞内充满黏原颗粒，在H.E染色的切片中，因颗粒被溶解而呈泡沫状或空泡状。核周胞质弱嗜碱性。胞核被挤到细胞基底部，呈扁圆形。电镜下，细胞基底部有较多粗面内质网和游离核糖体，高尔基复合体发达，顶部细胞质中含有被膜的分泌颗粒。

3. 类固醇分泌细胞　细胞呈圆形或多边形，核圆，位于细胞中央，胞质内含有大量小脂滴，在H.E染色的切片中因脂滴被溶解而呈泡沫状。电镜下胞质中只可见少量的粗面内质网和核糖体，滑面内质网丰富，高尔基复合体发达，可见许多管状嵴的线粒体，胞质中有许多含脂类的小泡，但没有分泌颗粒。

4. 肽分泌细胞　圆形、多边形等，胞质着色浅，基部胞质内含有大小不等的分泌颗粒，H.E染色标本中颗粒不易辨认，但可被银盐或铬盐着色。电镜观察胞质内粗面内质网和高尔基体很少，但滑面内质网和游离核糖体丰富。

(四) 腺的结构

1. 单细胞腺　这种分泌腺只有一个细胞，单个分散在上皮层其他细胞之间。例如，肠上皮和呼吸道上皮中的杯状细胞是常见的单细胞腺。杯状细胞为高脚杯状，顶部膨大，含大量分泌物颗粒，基底部较细窄，胞核位于基部，常为较小的三角形或扁圆形。单细胞腺是一种黏液细胞，H.E染色时，因黏蛋白被溶解，胞质着色较浅。电镜下，胞质中粗糙型内质网丰富，高尔基复合体发达。

在低等脊椎动物和无脊椎动物中，单细胞腺的种类较多，具有不同的功能，分布也较广，常见于表皮等处。

2. 多细胞腺　多细胞分泌腺由腺末房和导管两部分组成（图1-23）。

(1) 腺末房 (acinus)　即分泌部，具有分泌功能。多由单层腺细胞围成一管状或泡状的腺泡，中

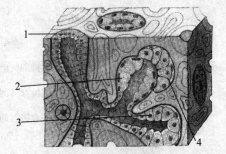

图1-23　腺泡及导管模式图
1. 导管上皮　2. 黏液性腺泡
3. 浆液性腺泡　4. 浆液半月
（韩秋生等，组织胚胎学彩色图谱，1997）

央有一腺腔，腺细胞的分泌物排入腺腔内。腺末房的外周分布着结缔组织和丰富的毛细血管，利于腺细胞从血液获取原料。腺末房的横切面常为圆形，腺细胞呈锥体形，有一宽大的底部，当细胞处在分泌高潮时，细胞体积显著增大，游离面向外突出。

(2) 导管（gland duct） 由单层或复层上皮构成，可以分支或不分支，其主要功能是排出分泌物。导管的立方形上皮细胞比腺细胞小，能分裂增生，并可转变为腺细胞。

(五) 腺的分泌方式

1. 外分泌腺的分泌方式 腺细胞释放分泌物的方式有全浆分泌型、顶浆分泌型和局部分泌型（图1-24）。当腺细胞分泌时，整个细胞被破坏，全部原生质变成分泌物的为全浆分泌腺，如皮脂腺；细胞顶部被破坏而成为分泌物的为顶浆分泌腺，如汗腺和乳腺；而腺细胞本身不受任何损伤，细胞的分泌颗粒以胞吐方式排出的称为局部分泌腺，如肠腺、唾液腺等。

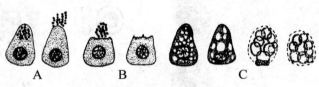

图1-24 腺细胞的分泌方式
A. 局部分泌型　B. 顶浆分泌型　C. 全浆分泌型
（楼允东，组织胚胎学，1996）

2. 内分泌腺的分泌方式 大多数内分泌腺都属于局部分泌型。

三、感觉上皮

感觉上皮又称神经上皮。上皮组织在和外界接触的过程中分化成具有特殊感觉机能的上皮，如舌黏膜的味觉上皮、鼻黏膜的嗅觉上皮、视网膜的视觉上皮以及内耳的听觉上皮等（详见第八章）。

感觉上皮覆盖在感觉器官的表面，它的细胞都是特化的，只能感受某种特殊刺激，如光、声、冷、热、压力和某些化学因子等。当感受细胞因受刺激而处于兴奋状态时，细胞中发生电位差的变化。感觉上皮具有向神经系统传导神经冲动的作用。

第二节　结缔组织

结缔组织（connective tissue）由细胞和细胞间质组成。其主要特征是细胞数量少但种类繁多；细胞间质丰富，从液体到固体，形式多样。结缔组织细胞不规则地散布在细胞间质内，分布无极性。细胞间质即由细胞合成和分泌的细胞外基质和纤维构成，纤维包埋在基质内，有一定的形态和结构，可分为三种，即胶原纤维、弹性纤维和网状纤维，基质是无定型的胶体物质。

结缔组织起源于胚胎时期的间充质（mesenchyma）。间充质又称为间叶组织，是胚胎早期的原始结缔组织，来源于中胚层，由间充质细胞和细胞间质组成。间充质细胞呈星形（图1-25），有多个胞质突起，相邻细胞以胞突相连接，形成网状结构。

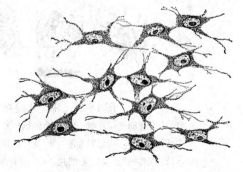

图1-25 间充质
（楼允东，组织胚胎学，1996）

间充质细胞核大，卵圆形，核仁明显，胞质呈弱嗜碱性。电镜观察，可见相邻胞突以桥粒相连，细胞质内细胞器较少，除含有一定数量的线粒体外，还有少量的粗面内质网、游离核糖体、高尔基体及散在的溶酶体和脂粒等。间充质的间质是无色透明的液体，最初尚无纤维。随着胚胎发育，基质的黏度增加，纤维的种类逐渐增多。

间充质细胞是分化很低的多潜能细胞，有很强的分裂和分化能力，随着胚胎发育，可分化为各种结缔组织细胞（图1-26）。在成年动物的结缔组织中，仍可以观察到一些具有发育潜能的间充质细胞，它们常分布在微血管的周围，起补充和修复作用。

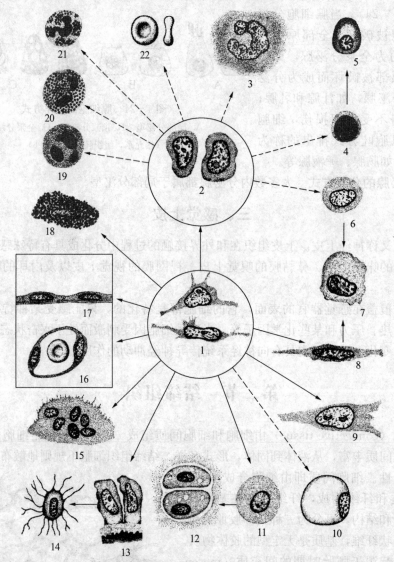

图1-26 未分化间充质细胞产生结缔组织等多种细胞
1. 未分化间充质细胞 2. 成血细胞 3. 巨核细胞 4. 淋巴细胞 5. 浆细胞 6. 单核细胞 7. 巨噬细胞 8. 组织细胞 9. 成纤维细胞 10. 脂肪细胞 11. 成软骨细胞 12. 软骨细胞 13. 成骨细胞 14. 骨细胞 15. 破骨细胞 16. 内皮细胞 17. 间皮细胞 18. 肥大细胞 19. 嗜中性粒细胞 20. 嗜酸性粒细胞 21. 嗜碱性粒细胞 22. 红细胞

(Lius C. J., Basic Histology, 1977)

结缔组织种类较多，分布广泛，功能多样。可分为固有结缔组织，包括疏松结缔组织、致密结缔组织、网状组织、脂肪组织等，具有联系和连接，保护器官、组织及贮存营养等作用；支持组织，包括软骨组织与骨组织，具有支持作用；血液和淋巴，具有营养、运输、防护和免疫等作用。

根据形态结构的不同，结缔组织通常分为以下几种类型：

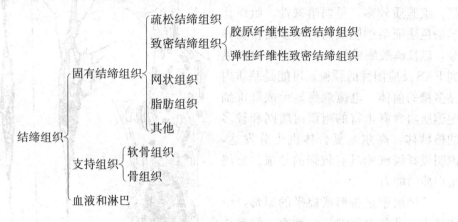

一、疏松结缔组织

疏松结缔组织（loose connective tissue）又称蜂窝组织（areolar tissue），广泛存在于动物有机体的器官之间、组织之间及细胞之间。疏松结缔组织的结构特点是细胞种类较多，纤维较少，分布比较疏松，基质相对较多，而且组织内经常伴随着血管分布。因此，疏松结缔组织具有连接、支持、运输营养物质和代谢废物、储存脂肪以及防御保护功能。此外，疏松结缔组织还有修复创伤的作用。

疏松结缔组织由细胞、细胞间质（基质和纤维）组成（图1-27）。

（一）细胞

疏松结缔组织中的细胞多样，其中包括成纤维细胞、巨噬细胞、浆细胞、脂肪细胞、色素细胞、肥大细胞及未分化的间充质细胞。另外，血液中的白细胞，如嗜酸性粒细胞、淋巴细胞等在炎症反应时可以从血液中渗出，游走到结缔组织内。各类细胞的数量和分布随疏松结缔组织的存在部位与功能状态而不同。

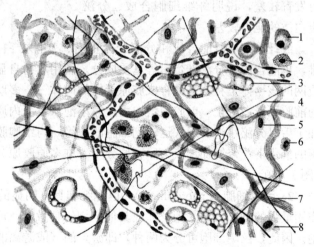

图1-27 疏松结缔组织伸展片示各成分
1.浆细胞 2.肥大细胞 3.脂肪细胞 4.弹性纤维
5.组织细胞 6.血细胞 7.胶原纤维 8.成纤维细胞
（王有琪，组织学，1965）

1. 成纤维细胞（fibroblast） 成纤维细胞是疏松结缔组织的主要细胞成分，数量最多。有两种存在状态，一般认为成纤维细胞是功能状态活跃的细胞，能够合成纤维与基质；而功能不活跃的细胞称为纤维细胞

(fibrocyte)。但在一定的条件下，如创伤修复、结缔组织再生时，纤维细胞可转化为功能活跃的成纤维细胞，合成、分泌蛋白质，形成纤维和基质。

成纤维细胞形态扁平，具有多个不规则的胞突（图1-28）。细胞核椭圆形，较大，染色浅，有1～2个大而明显的核仁。细胞质较多，呈弱嗜碱性。组织化学染色法证明细胞质内有较多的核糖核酸，碱性磷酸酶的活性很强，还可以见到PAS反应阳性的颗粒，可能是基质内黏多糖的前体。电镜观察显示成纤维细胞胞质内含有丰富的粗面内质网和较多的核糖体，高尔基复合体也十分发达，说明成纤维细胞具有较强的合成、分泌蛋白质的能力。

纤维细胞呈梭形或扁平的星形，个体较小，具有少量细长的胞突。细胞核较小，呈扁椭圆形，染色较深，核仁小而不明显。细胞质较少，呈弱嗜酸性（图1-28）。电镜下，胞质内粗面内质网少，高尔基复合体不发达，其他细胞器也发育较差，说明纤维细胞合成、分泌蛋白质的能力较差。

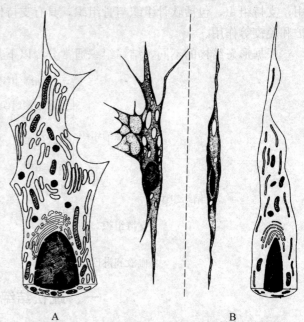

图1-28　成纤维细胞与纤维细胞的光镜与电镜结构
A. 成纤维细胞　B. 纤维细胞
(Lius C. J., Basic Histology, 1977)

成纤维细胞既能合成和分泌胶原蛋白、弹性蛋白，形成胶原纤维、弹性纤维和网状纤维，也能合成、分泌糖蛋白等基质成分。利用放射自显影技术已证明，成纤维细胞在粗面内质网的核糖体上将氨基酸合成胶原蛋白的前体——多肽链，进入内质网腔后结合成三股螺旋的前胶原蛋白分子。前胶原蛋白由运输小泡从粗面内质网运输到高尔基复合体的囊泡内，经加工后以分泌小泡的形式运输到细胞的边缘，与细胞膜融合后释放到细胞外面。在前胶原肽酶的催化下，修饰加工成为原胶原分子。许多原胶原分子平行排列，结合而成为胶原原纤维（图1-29）。

2. 巨噬细胞（macrophage）　巨噬细胞具有明显的吞噬作用和胞饮作用，是机体内吞噬作用最强的细胞。当受到炎症或其他异物的刺激时，可做变形运动，成为活跃的游走巨噬细胞。因此，巨噬细胞可分为两种，即游走的（或游离的）巨噬细胞和静止的（或固定的）巨噬细胞。后者又称为组织细胞（histocyte）。这两种细胞实际上是同一类型细胞在不同生活状态下的表现，它们可以相互转变。

巨噬细胞的数目仅次于成纤维细胞。胞体呈不规则形状，胞突较成纤维细胞少，细胞核小，染色较深。细胞质丰富，呈嗜酸性，含有很多小颗粒或空泡。电镜下，细胞表面有许多褶皱、小泡和微绒毛，胞质内含有大量的初级溶酶体、次级溶酶体、吞噬体、吞饮小泡和残体。细胞膜附近有较多的微丝和微管（图1-30）。

巨噬细胞具有很强的变形能力和吞噬作用。若以台盼蓝、卡红或墨汁经活体注射到实验

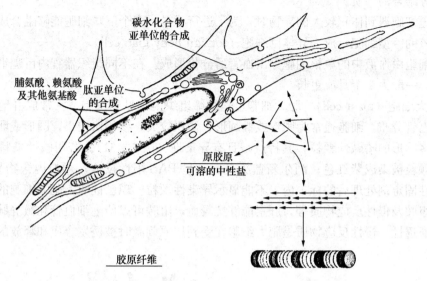

图 1-29 胶原纤维在细胞内和细胞外生成过程示意
（W. 布卢姆，组织学，1984）

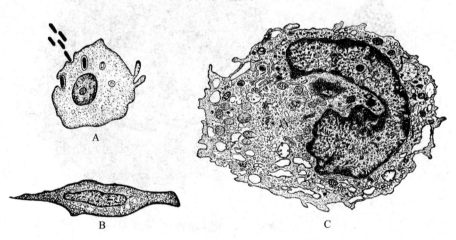

图 1-30 巨噬细胞
A. 游走的巨噬细胞　B. 组织细胞
（楼允东，组织胚胎学，1996）
C. 巨噬细胞的超微结构
（上海第一医学院，组织学，1981）

动物体内，便能引起巨噬细胞活跃的吞噬活动，将染料颗粒积聚在细胞质内。因此，一般可用此种方法鉴别巨噬细胞。当受到趋化因子（如补体、细菌的产物、炎症组织的变性蛋白等）的引诱或刺激时，巨噬细胞即以变形运动朝向趋化因子浓度高的地方移动。一旦与异物颗粒接触，便立即进行吞噬作用。巨噬细胞能够吞噬侵入结缔组织的异物颗粒、细菌、溢出血管的红细胞及组织内死亡细胞的碎片等，所以巨噬细胞是机体防御系统——单核吞噬细胞系统的成员之一。巨噬细胞的吞噬作用可分为两种，一为非特异性的吞噬作用，这种吞噬作用不需要血清因子（如抗体和补体等）参加，如对异物颗粒、活性染料的吞噬；另一种为特异性吞噬，亦叫免疫吞噬作用，它需要血清因子参加，巨噬细胞能够选择性地吞噬那些与免疫球蛋白等结合的物质。

当巨噬细胞遇到体积较大的异物时，为了进行吞噬，多个巨噬细胞能够融合成一个具有许多细胞核的巨型细胞，成为异体巨细胞（foreign body gian cell）。

巨噬细胞由血液中的单核细胞穿出血管后分化形成。在不同组织器官内巨噬细胞的存活时间不同，一般为2个月或更长。

3. 肥大细胞（mast cell） 肥大细胞也是结缔组织内常见的细胞，常常成群地沿着小血管和小淋巴管分布。细胞通常为圆形或椭圆形，体积较大，核相对较小，圆形或卵圆形。胞质内有很多圆形的嗜碱性颗粒，其特点是具有异染性（图1-31）。若用碱性染料甲苯胺蓝染色时，颗粒被染成紫红色；阿尔新蓝染色时，呈PAS阳性反应。颗粒内含物易溶于水，故在水溶性固定剂处理后的标本内，不能显示异染性颗粒。现已证明，肥大细胞的颗粒中含有肝素、组胺及慢性反应物质等，肝素能够抗凝血，组胺可以使毛细血管和微静脉扩张，从而增加其通透性。慢性反应物质是肥大细胞在受到抗原刺激时被诱发合成和释放的，能参与过敏反应。

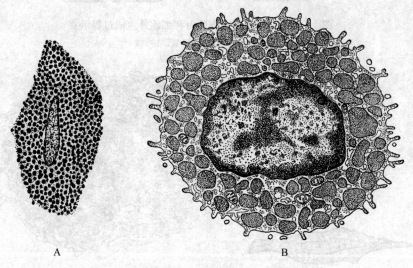

图1-31 肥大细胞
A. 肥大细胞
（楼允东，组织胚胎学，1996）
B. 肥大细胞的超微结构模式图
（上海第一医学院，组织学，1981）

一般认为，肥大细胞的祖细胞来源于骨髓，经血流迁移到结缔组织后，发育为肥大细胞。组织内的肥大细胞可以增殖，其寿命为数天至数月。

4. 浆细胞（plasma cell） 浆细胞呈圆形或卵圆形，细胞核圆形，常偏于细胞的一端。核异染色质多，呈粗大的团块状，沿核膜内侧呈辐射状排列。细胞质丰富，呈强嗜碱性。胞核的附近有一明显的浅染区域，分布着中心粒和高尔基复合体。电镜显示，成熟浆细胞的显著特点是细胞质内充满粗面内质网和大量的核糖体，粗面内质网多呈扁囊状，密集而平行排列；宽大的内质网腔内常含有电子密度较低的絮状物质。高尔基复合体发达，附近有中心体、初级溶酶体存在（图1-32）。

浆细胞具有合成、储存与分泌抗体（即免疫球蛋白，Ig）的功能，参与体液免疫应答。

浆细胞来源于 B 淋巴细胞。在抗原的反复刺激下，B 淋巴细胞增殖、分化，转变为浆细胞，产生抗体。抗体能特异性地中和、消除抗原。

浆细胞多见于消化道、呼吸道的固有膜结缔组织中，这些部位容易受到病原菌和异质性蛋白的入侵，而在其他部位的结缔组织中一般很少见到。在病理状态下，如慢性炎症病灶或慢性肉芽肿内，浆细胞增多。

5. 脂肪细胞（fat cell） 脂肪细胞是疏松结缔组织内常见的细胞，多沿小血管分布，单个或成群存在。脂肪细胞体积大，呈球形。未成熟的细胞含有多个脂肪滴，椭圆形的细胞核靠近中央。成熟的细胞，分散的脂肪滴愈合成一个大的脂肪滴，将细胞质挤压到细胞的边缘成为很薄的一层。细胞核也被挤压成扁圆形，位于细胞的一侧。常规组织切片（H.E 染色）过程中，由于中性脂肪滴常被酒精溶解，从而使细胞呈空泡状（图 1-33）。用组织化学方法可在细胞质内显示出碱性磷酸酶、酯酶和琥珀酸脱氢酶等。

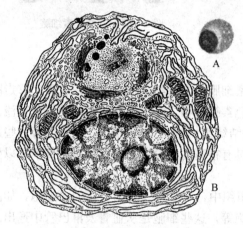

图 1-32 浆细胞
A. 光镜结构 B. 电镜结构
（上海第一医学院，组织学，1981）

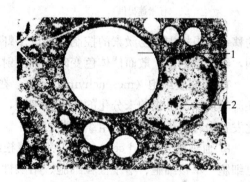

图 1-33 脂肪细胞的超微结构
1. 脂滴 2. 细胞核
（Lius C. J.，Basic Histology，1977）

脂肪细胞的主要成分是脂类，其中 90%～98% 为甘油三酯，1%～2% 为甘油二酯，其余为磷脂和胆固醇。当甘油三酯在体内彻底氧化时，可以释放较大的能量，供给其他组织利用。因此，脂肪细胞能够合成、储存脂肪，参与有机体的脂质代谢，还具有保温、缓冲等作用。

6. 色素细胞（pigment cell） 色素细胞多见于低等脊椎动物（如两栖类和鱼类）的真皮层中（图 1-34）。细胞形态扁平，具有多个不规则的胞突。细胞内含有各种颜色的色素颗粒。细胞核椭圆形（图 1-35）。色素颗粒有时散布于整个细胞中，有时集中在细胞的某一处。色素颗粒的分布程度取决于细胞受刺激的程度。

鱼类皮肤和鳞片上的色素细胞因含有的色素不同可以分为四种类型：黑色素细胞、红色素细胞、黄色素细胞及含有鸟粪素结晶的白色素细胞。体色的表现与色素细胞的种类、数量、分布及色素颗粒的集散状况有关。

甲壳类的色素细胞是位于表皮下面结缔组织中的一些呈放射状的分支细胞。胞质中含有大量的色素颗粒，呈白、红、黄、蓝、褐、黑等色。其中红、黄、蓝色是类胡萝卜素，来自于食物，在生活状态下，这些色素与蛋白质结合而呈现不同的颜色。色素颗粒在色素细胞中

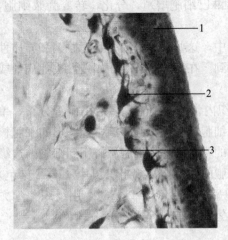

图1-34 蟾蜍皮肤色素细胞切片
1. 复层扁平上皮 2. 色素细胞 3. 结缔组织
（任素莲提供）

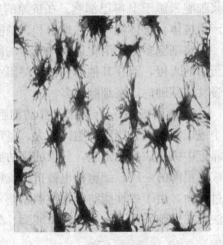

图1-35 青蛙色素细胞
（整封片）
（任素莲提供）

的移动受眼柄中分泌激素的控制。如许多虾的色素细胞内含有红、黄、蓝和白色素，移走眼柄，红、黄色素扩散而使体色变暗；如注射眼柄色素提取物，则白色素扩散而使体色变浅。

7. 间充质细胞（mesenchymal cell） 在疏松结缔组织的微血管附近，常分布着一些从胚胎时期保留下来的未分化的间充质细胞，它们具有很高的发育潜力，在一定条件下可以分化发育为各种类型的结缔组织细胞。

8. 血细胞（blood cell） 在正常的疏松结缔组织中，有时可以看到少量的血细胞，如淋巴细胞、单核细胞、嗜中性粒细胞、嗜酸性粒细胞等，这些细胞是从血管及淋巴管中逸出游走于结缔组织中的，部分细胞可能由间充质细胞分化而来。在炎症时，结缔组织内白细胞的数量增加。

在结缔组织内，血细胞参与免疫反应或炎症反应，吞噬或清除侵入机体的微生物及其他异物颗粒，或衰老死亡的细胞碎片等。

（二）纤维

1. 胶原纤维（collagenous fiber） 胶原纤维是构成细胞间质的主要成分，新鲜状态下呈白色，有光泽，又名白纤维。纤维粗细不等，直径1～20 μm，呈波浪形，并相互交织成网状。胶原纤维由直径0.2～0.3 μm的胶原原纤维借少量的黏合质连接而成。电镜观察，胶原原纤维是由更细的微原纤维组成，直径在10～100 nm，不同结缔组织之中差别较大。微原纤维上具有64 nm的周期性横纹结构（图1-36、图1-37），使每根微原纤维出现规则排列的明区和暗区，显示出明显的横纹。周期性横纹的出现是由组成微原纤维的蛋白质分子的排列方式决定的。

胶原纤维的主要成分是Ⅰ型和Ⅲ型胶原蛋白，主要由成纤维细胞分泌。若经煮沸或用化学（弱酸、弱碱）方法处理后，则成为动物明胶。它易被胃蛋白酶消化，但能抵抗胰蛋白酶。胶原纤维易被酸性染料着色，故可被伊红染为红色，也可被甲苯胺蓝或亮绿染成天蓝色或绿色，用硝酸银则染成黄色或浅棕色。胶原纤维的物理特性是韧性大、抗拉力强，但弹性弱。

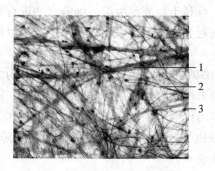

图1-36 疏松结缔组织伸展片
1. 胶原纤维 2. 弹性纤维 3. 结缔组织细胞
（任素莲提供）

图1-37 胶原纤维电镜扫描

2. 弹性纤维（elastic fiber） 疏松结缔组织中的弹性纤维少于胶原纤维，新鲜时呈浅黄色，又称为黄纤维。弹性纤维的直径小于胶原纤维，为0.2~1.0 μm，结构均质，不含原纤维。光镜观察疏松结缔组织铺片，可见弹性纤维笔直行走、分支相互交错呈网状分布，末端常常卷曲（图1-36）。电镜下，弹性纤维由两种成分构成。一种是无定型的均质状核心部分，由电子致密度低的弹性蛋白构成；另一种是覆盖在核心外的一层无横纹构造的电子致密度高的微原纤维，直径约10nm，呈短丛毛状。

弹性纤维主要由弹性蛋白组成。弹性蛋白能抵抗沸水、弱酸、弱碱而不至于溶解，但可被胃蛋白酶、胰蛋白酶及胃液中的弹性蛋白酶所消化。

弹性纤维富于弹性，被拉长50%~100%后，除去外力仍可迅速恢复原状。在疏松结缔组织中，胶原纤维和弹性纤维交织在一起，既有弹性又有韧性，可使器官、组织的形态和位置既有相对的固定性，又有一定程度的可变性。

3. 网状纤维（reticular fiber） 网状纤维很细，直径0.2~1 μm，分支很多，相互交织呈网状（图1-38）。由于含有大量己糖（6%~12%），网状纤维呈现强烈的PAS阳性反应，并具有被硝酸银浸染为黑色的特性，故又称为嗜银纤维。

网状纤维的主要成分也是胶原蛋白（Ⅲ型），在电镜下也显示出与胶原纤维一样的64 nm的周期性横纹。网状纤维除分布在网状结缔组织及肌细胞和脂肪组织细胞表面外，主要还分布在基膜的网板上。在造血器官和内分泌腺，有较多的网状纤维，构成它们的支架。

（三）基质

基质（matrix），为无色透明的均质胶体，由成纤维细胞分泌形成，主要化学成分是黏蛋白和

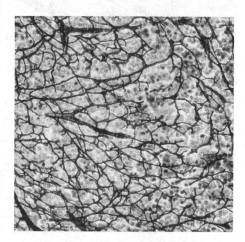

图1-38 哺乳动物脾网状纤维
（任素莲提供）

水。黏蛋白由透明质酸、硫酸软骨素A、硫酸软骨素C、硫酸皮肤素、硫酸角质素和蛋白质组成，其中以透明质酸最重要。透明质酸分子长约2.5 μm，在自然状态下曲折盘绕，上面结合着许多蛋白质分子。在黏蛋白之间有微小的孔隙，形成分子筛，仅允许小于其孔隙的物

质如水溶性电解质、气体分子、代谢产物等通过，有利于血液与组织、细胞之间进行物质交换，而对于大于其孔径的颗粒状物质如细菌等，则起屏障作用，阻止其迅速扩散，以便于结缔组织中的白细胞、巨噬细胞等将其有效消灭。

基质中还含有少量的组织液，由分布在结缔组织中的毛细血管动脉端部渗出，为溶有电解质、单糖、气体等小分子物质的水溶液。它可以再经毛细血管的静脉端返回血液，循环更新，使组织和细胞不断地获取营养物质和氧气，排出代谢废物和二氧化碳，对组织和细胞的物质交换起重要的作用。当组织液的渗出、回流或机体的水、盐、蛋白质代谢发生障碍时，组织中的组织液含量增多或减少，导致组织水肿或脱水。

二、致密结缔组织

致密结缔组织（dense connective tissue）由密集排列的纤维组成，细胞和基质相对较少。其主要功能为支持、连接作用。按照纤维的种类，可分为以下两类。

（一）胶原纤维性致密结缔组织（dense collagenous connective tissue）

以胶原纤维为主，构成肌腱、韧带、真皮及器官的被膜、被囊等，纤维的排列方式与所在组织的器官性能有关，可分为规则与不规则两种。

肌腱是规则的胶原纤维性致密结缔组织的典型代表。细胞间质主要由致密而平行排列的胶原纤维组成，纤维之间借少量的无定型基质黏合。夹在纤维束之间的成纤维细胞称为腱细胞，细胞核长而着色深，沿纤维的长轴平行排列。细胞突起呈薄膜状，插入纤维束之间（图1-39）。

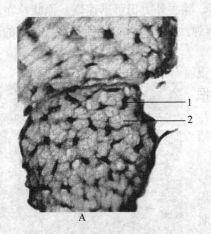
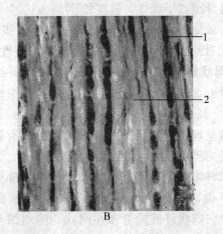

图1-39 腱纵横切片
A. 横切 B. 纵切
1. 腱细胞 2. 胶原纤维
（任素莲提供）

皮肤的真皮也由致密的胶原纤维性结缔组织组成，与肌腱的不同之处在于纤维排列不规则，彼此交织成致密的板层结构。纤维之间含有少量的成纤维细胞。

（二）弹性纤维性致密结缔组织（dense elastic connective tissue）

由大量的弹性纤维组成，如高等动物的项韧带、黄韧带等。发达的弹性纤维向一个方向伸展并彼此连接成网，弹性纤维之间分布着结缔组织细胞及少量的胶原纤维（图1-40）。

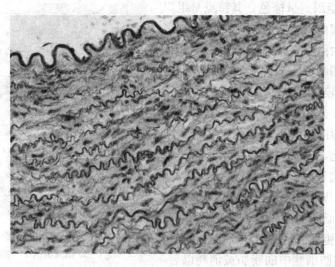

图1-40 犬股动脉弹性纤维
(任素莲提供)

三、网状组织

网状组织（reticular tissue）是淋巴器官和造血器官的基本组成成分，由网状细胞、网状纤维和基质组成。

网状细胞呈星形，具有多个突起，形态与间充质细胞相似。细胞核较大，椭圆形，着色浅，通常可见1～2个核仁。细胞质呈弱嗜碱性。相邻的网状细胞靠突起彼此相互连接。网状纤维分支交错连接成网，且被网状细胞的胞突包裹，共同构成造血组织的网架（图1-41）。基质是流动的淋巴液或组织液。网状组织为淋巴细胞的发育和血细胞的发生提供适宜的微环境。

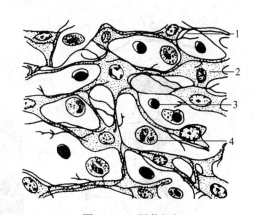

图1-41 网状组织
1.网状纤维 2.网状细胞 3.淋巴细胞 4.巨噬细胞
(王伯沄，病理学技术，2000)

四、脂肪组织

脂肪组织（adipose tissue）主要由大量群集的脂肪细胞构成，并由疏松结缔组织分割成许多小叶（图1-42）。根据脂肪细胞的结构和功能，脂肪组织分为两类。

1. 黄（白）色脂肪 即通常所说的脂肪组织，一般呈黄色（在某些哺乳动物呈白色）。它由大量的单泡脂肪细胞集聚而成，细胞中央有一大脂滴，胞质呈薄层，位于细胞的周缘，包绕脂滴。胞核扁圆形，被挤于细胞的一侧。在H.E切片上，脂滴溶解呈空泡状。黄色脂肪主要分布于皮下、系膜、网膜、肾脏周围及骨髓等处，约占成人体重的10%，是体内最大的储能库，参与能量代谢，并具有产生热量、维持体温、缓冲保护和支持填充等作用。

2. 棕色脂肪组织 呈棕色，其特点是组织中含有丰富的毛细血管，脂肪细胞内散在许多小脂滴，线粒体大而丰富，核圆形，位于细胞中央。这种脂肪细胞称为多泡脂肪细胞。棕色脂肪组织在成人较少，新生儿及冬眠动物较多，在新生儿主要分布在肩胛间区、腋窝及颈后部等处。在寒冷的刺激下，棕色脂肪细胞内的脂类分解、氧化，散发大量的热量，满足机体需要，而不转化为化学能。

一般认为脂肪细胞是不分裂的，它由成脂肪细胞产生，新的成脂肪细胞来源于未分化的间充质细胞。成脂肪细胞在细胞质中积累脂肪而分化为脂肪细胞。当脂肪细胞中的脂肪被消耗以后，它又可以恢复到成脂肪细胞阶段（图1-43）。

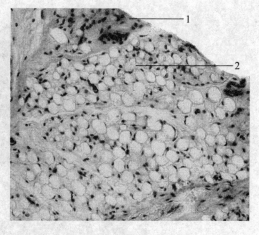

图1-42 脂肪组织
1. 结缔组织　2. 脂肪细胞
（任素莲提供）

无脊椎动物的固有结缔组织一般也由细胞、纤维和基质构成，但构造比较简单和低级，可能还没有弹性纤维的分化。在紫贻贝、牡蛎外套膜及体内，有一种泡状结缔组织，由泡状结缔组织细胞及少量的细胞间质组成，具有营养、填充和支持作用（图1-44）。

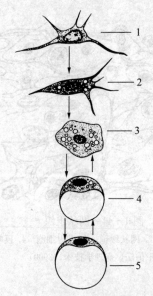

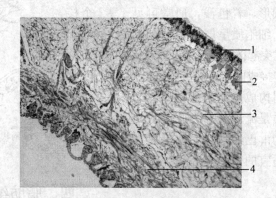

图1-43 单室脂肪细胞的发生过程
1. 间充质细胞　2、3. 成脂肪细胞
4、5. 脂肪细胞
(Lius C. J., Basic Histology, 1977)

图1-44 文蛤外套膜的泡状组织
1. 上皮层　2. 黏液细胞　3. 结缔组织　4. 肌纤维
（任素莲提供）

五、支持组织

支持组织包括软骨组织与骨组织，为支持性结缔组织。它们与其他结缔组织的不同之处是具有较坚硬的细胞间质。支持组织除支持身体的重量外，还和肌肉等组织一起构成动物的运动器官。

（一）**软骨组织**（cartilage）

软骨组织来源于胚胎时期的间充质。与其他结缔组织一样，软骨组织由软骨细胞、软骨基质和埋于基质中的纤维组成。基质呈凝胶状态，具有一定的弹性和硬度，软骨细胞则分散在基质内。软骨组织本身没有血管和神经，因此，软骨组织的营养来源于软骨膜内毛细血管的供应。

软骨组织在动物体内的分布与动物的种类和年龄有关。哺乳动物、鸟类、爬行类、两栖类和真骨鱼类在胚胎或幼体时期以软骨组织为支持性结构。到成体，除少数部位具有软骨外，多数部位的软骨组织完全被骨组织所代替。软骨鱼类终生以软骨组织为有机体的唯一支持性结构。少数无脊椎动物如乌贼、鲍在头部也有少量的软骨组织存在。

根据基质内所含纤维的种类不同，可将软骨组织区分为透明软骨、弹性软骨和纤维软骨。

1. 透明软骨（hyaline cartilage） 又称玻璃软骨，在新鲜状态下，呈乳白略带浅蓝色，半透明，稍具弹性。透明软骨分布广泛，除构成动物胚胎及幼体时期骨骼外，成年哺乳动物的鼻软骨、气管及支气管软骨、肋软骨及关节结软骨等，都属于透明软骨。

（1）软骨的结构 透明软骨由软骨细胞、软骨基质与纤维组成。

软骨细胞（chondrocyte）：包埋在软骨基质内，单个或成群分布（图1-45）。其所在的腔隙，称为软骨陷窝（cartilage lacuna），软骨陷窝的壁为软骨囊（cartilage capsule），由基质构成，含有较多的硫酸软骨素，不含胶原纤维或含量很少，具有明显的嗜碱性、异染性，并呈PAS阳性反应。软骨细胞往往两个、四个或多个聚集成群，称为同族细胞群（或同源细胞群，isogeneous group），由一个祖细胞分裂而来。

软骨细胞的形态、分布常具有一定的规律。靠近软骨膜的细胞较幼稚，体积小，呈椭圆形，其长轴与表面平行，单个分布；位于软骨中部的细胞接近圆形，同族细胞群较多，软骨细胞核较小，呈圆形或椭圆形，有1～

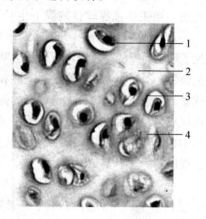

图1-45 豚鼠的透明软骨
1. 软骨细胞 2. 基质
3. 软骨陷窝 4. 同族细胞群
（任素莲提供）

2个核仁，胞质弱嗜碱性，通常可见脂滴、糖原和色素颗粒。在固定染色的片子上因脂滴溶解而出现空泡。当软骨细胞生长活跃时，胞质的嗜碱性增强。电镜观察显示，软骨细胞的形状不规则，细胞表面有许多微小的突起，幼稚细胞的突起更为明显。胞质内具有蛋白质分泌细胞所特有的膜系统。在生长活跃的软骨细胞，粗面内质网和高尔基体明显扩大。不活跃的软骨细胞，内质网与高尔基体都不发达，并见糖原和脂滴的积累。

软骨细胞具有产生胶原纤维和分泌软骨黏蛋白的能力。

软骨基质：新鲜的透明软骨基质呈均质凝胶状，主要成分为软骨黏蛋白和水，水占60%～70%。软骨黏蛋白由硫酸软骨素A、硫酸软骨素C、硫酸角质素和硬蛋白组成，其中酸性硫酸根是软骨基质中嗜碱性和异染性的主要原因。硫酸软骨素具有使软骨保持一定的弹性和阻止钙盐沉淀到基质中去的作用，在胚胎和年轻时期的基质中特别多，老年个体中则较少。硬蛋白嗜酸性，随年龄而增多，所以，老年软骨的基质被染成红色或不均匀的颜色，而且由于钙盐的沉淀变得较脆。

纤维：胶原纤维包埋在基质内，呈致密的网状排列。由于纤维较细，并与基质有相同的折射率，所以在普通的切片中难以观察。

(2) 软骨膜　软骨组织的周围覆盖着一层致密的结缔组织薄膜，称为软骨膜（perichondrium），含有血管、神经、细胞等。软骨膜可分为两层，外层与周围的结缔组织相连，为纤维层，纤维含量多，排列紧密，血管和细胞含量较少，主要起保护作用；内层为生发层，纤维稀少，血管和细胞的数量较多。软骨膜中的细胞一般呈梭形，具有分化为软骨细胞的潜力。软骨的营养来自于软骨周围的血管，并可通过软骨膜渗透到软骨内部，供应软骨细胞。

(3) 软骨的生长方式　软骨的生长有两种方式，一种是靠深层软骨细胞的分裂，同族细胞群的细胞增多。新形成的细胞能合成胶原纤维和无定型的基质，导致软骨从内部向外围扩展，这种生长方式称为软骨内生长（间质性生长，interstitial growth）。另一种方式是依靠软骨膜细胞的不断分裂增生，转化为软骨细胞，产生新的软骨基质，称为软骨膜下生长（附加性生长，appositional growth）。软骨内生长是幼稚时期软骨的主要生长方式，其生理意义在于不断地增加其表面积，从而维持细胞对氧和营养物质的需求。当软骨的基质加厚、变硬之后，则主要依靠软骨的膜下生长。

2. 弹性软骨（elastic cartilage）　弹性软骨常见于哺乳动物的外耳壳、听道和会咽等处，肉眼观呈黄色，不透明，具有明显的弹性和可曲性。这类软骨的细胞间质中含有大量分支的弹性纤维，相互连接成网，从而使软骨发黄，所以又称黄软骨。基质中也含有少量的胶原纤维，因折射率与基质相同也难以显示（图1-46）。

与透明软骨相似，弹性软骨细胞的形态也呈圆形，单个或成群分布，同族细胞群的数量较少，以2~4个较为常见。弹性软骨也有软骨膜，软骨膜下生长是软骨的主要生长方式。

3. 纤维软骨（fibrocartilage）　纤维软骨新鲜时呈不透明的乳白色，有一定的伸展性，常见于高等动物的椎间盘以及某些韧带同骨接触的地方。它的结构特点是细胞间质内含有大量的平行或交叉排列的胶原纤维束，纤维束间基质较少。软骨细胞略呈椭圆形，常成行排列。陷窝周围也有软骨囊，无软骨膜（图1-47）。纤维软骨实际上是一种过渡性或混合性的组织，即在致密的结缔组织中含有软骨细胞。

4. 低等脊椎动物和无脊椎动物的软骨组织
低等动物的软骨组织开始于圆口类，无脊椎动物则只有少数种类具有软骨组织。低等动物的透明软骨，基本构造与高等动物的透明软骨相似，又各具特点。

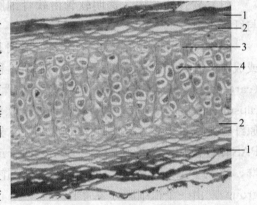

图1-46　弹性软骨
1. 软骨膜　2. 表层软骨　3. 弹性纤维　4. 成熟软骨
(任素莲提供)

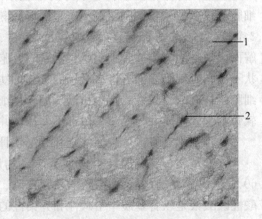

图1-47　纤维软骨
1. 胶原纤维　2. 软骨细胞
(任素莲提供)

(1) 硬骨鱼类的软骨组织　硬骨鱼类的软骨组织主要存在于鳃、颌等部位。鳃丝软骨具有明显的软骨膜，软骨细胞个体较大，部分细胞具有胞突（图1-48）。

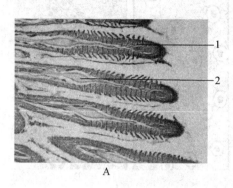 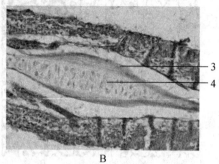

图1-48　鲤鳃丝软骨
A. 鳃丝软骨纵切　B. 鳃丝软骨放大
1. 鳃丝　2. 鳃丝软骨　3. 软骨膜　4. 软骨细胞
（任素莲提供）

(2) 软骨鱼类的透明软骨　星鲨头颅软骨具有粗大网状纤维组成的软骨膜，靠皮肤的一侧软骨膜特别厚。在软骨膜内侧为幼稚软骨层，称为表层软骨，由软骨膜分化形成。表层软骨的内侧分布着一层软骨基质钙化层，在这里软骨基质呈强嗜碱性，H.E染色的切片中被染为深紫色，包埋在钙化基质中的软骨细胞趋于退化。基质的钙化可增加软骨的机械强度，同时也使骨骼变脆。钙化层以下的软骨组织与高等动物的透明软骨的基质相似，但软骨细胞较小，有时可见细长的胞突，也可看见两个细胞组成的简单同族细胞群（图1-49）。

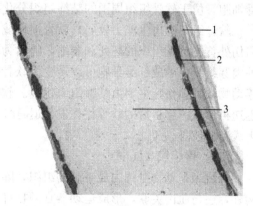

图1-49　星鲨头部透明软骨
1. 软骨膜　2. 钙化层　3. 成熟软骨
（任素莲提供）

中华鲟躯干部软骨组织的主要特点是软骨间质中可观察到分支的血管及淋巴管，外由疏松结缔组织包裹，共同形成血管通道。这些血管网的分布必然会改变软骨细胞的营养条件。软骨细胞具有胞突，胞突彼此相互接触。但软骨基质无钙化现象。

(3) 无脊椎动物软骨结构特点　乌贼头部软骨组织的主要特点是软骨细胞伸出多个细长而分支的胞突，相邻细胞彼此以胞突相互连接，有利于细胞之间的物质交换。

5. 软骨组织的发生、再生　软骨组织来源于中胚层间充质。在形成软骨的部位，间充质细胞收回胞突并聚集成团，成为软骨形成中心。细胞团中间的细胞经分裂后转变为大而圆的成软骨细胞，这些细胞产生纤维和基质。当基质的数量继续增加时，细胞被分隔在陷窝内，分化为成熟的软骨细胞，细胞团周围的间充质则分化为软骨膜（图1-50）。

弹性软骨的发生与透明软骨略有不同。胚胎时期，在将要形成弹性软骨的部位，间充质细胞首先分化为原始结缔组织，其中含有成纤维细胞和波浪形的前弹性纤维束，后者在弹性

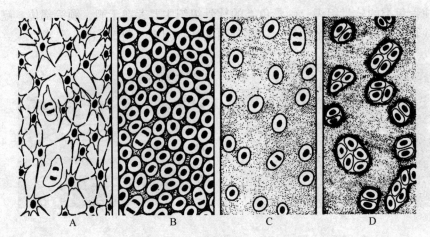

图1-50 透明软骨的发生
A. 间充质 B. 间充质细胞进行分裂 C. 产生大量的细胞间质 D. 同族细胞群
(Lius C. J., Basic Histology, 1977)

纤维成熟之前的6～7d出现。当成纤维细胞被它所产生的基质和纤维包埋时，则转变为软骨细胞。位于软骨组织周围的结缔组织分化为软骨膜并开始进行附加性生长。

软骨组织的再生能力较弱，软骨损伤或被切除一部分后，未见软骨直接再生现象，而在损伤处首先可见组织的坏死和萎缩，随后为软骨膜或临近筋膜所产生的结缔组织所填充，这种肉芽组织中的成纤维细胞可以转变为软骨细胞，产生新的基质，形成新的软骨。因此，成年动物软骨损伤，主要由结缔组织化生。软骨受伤后，若软骨细胞保存完好，软骨基质可以迅速再形成。移植后的软骨往往发生退行性变而被吸收，但它在宿主的结缔组织中可以诱导生成新的软骨。

（二）骨组织（bone）

骨组织是动物身体内最坚硬的组织，除构成全身骨骼、成为动物身体最重要的支持性结构外，还与肌肉关联，形成运动器官的杠杆。骨内有骨髓腔，内含骨髓，是高等脊椎动物重要的造血器官。另外，人体99%以上的钙和85%的磷以羟基磷灰石的形式储存于骨组织之中，因此骨也是钙、磷"仓库"。必要时骨释放大量的钙、磷进入血液，供应器官组织的需要；或将血液中过量的钙、磷储存于骨，以保证有机体内部环境的离子平衡。骨还有保护柔软组织和器官的功能，如头骨。

1. 骨组织的结构　与其他结缔组织一样，骨组织由骨细胞、骨间质和纤维构成。

（1）骨组织的细胞　骨细胞（osteocyte）包埋于钙化的细胞间质内，是一种多突起的细胞（图1-51）。其胞体在细胞间质中所占据的空间称骨陷窝（bone lacuna），而突起所占据的空间则为骨小管（bone canaliculus）。相邻骨细胞的突起常常借缝隙连接相连，因此骨陷窝得以借助于骨小管彼此沟通。骨陷窝和骨小管内含有组织液，可营养骨细胞和输送代谢产物。

骨细胞是一种高度分化的、没有分裂能力的细胞。其形态结构和功能随细胞的年龄而不同。年轻的细胞形态扁平，突起多而细，位于各自的骨小管中。胞核卵圆形，位于胞体的一端，核内有时可见一个核仁，染色质贴核膜分布。H.E染色时胞质嗜碱性，碱性磷酸酶显阳性反应，胞质中还含有PAS阳性反应颗粒。电镜下可见广泛分布的粗面内质网、游离核糖体、发达的高尔基复合体，以及中等量的线粒体等，还存在一些分散的大囊泡。这类骨细胞具有产生细胞间质的能力。随着骨陷窝周围细胞间质的钙化，年轻的骨细胞失去产生细胞间质的能力，成为较成熟的骨细胞。

较成熟骨细胞胞体较小，核较大，椭圆形，位于胞体中央。H.E染色时着色较深，仍可见核仁。胞质相对较少，H.E染色呈弱嗜碱性，甲苯胺蓝着色甚浅。电镜下的主要特征是粗面内质网和高尔基复合体很少，仅有少量的线粒体和游离核糖体存在。而成熟骨细胞的胞质极易被甲苯胺蓝染色，电镜下粗面内质网极少，但线粒体较多。

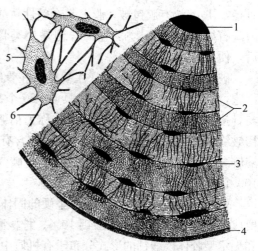

图 1-51 骨细胞的形态与骨板结构
1. 哈佛氏骨板 2. 骨板 3. 骨陷窝
4. 黏合物质 5. 骨细胞 6. 突起
(Lius C.J., Basic Histology, 1977)

骨原细胞（osteogenic cell）：骨组织中的干细胞，位于骨外膜和骨内膜近骨处。细胞较小，呈梭形，核椭圆形，胞质少，弱嗜碱性。当骨组织生长或改建时，骨原细胞能分裂分化为成骨细胞。

成骨细胞（osteoblast）：分布在骨组织表面，成年前较多，常排成一层（图1-52）。成骨细胞是具有细小突起的细胞，胞体呈矮柱状或椭圆形，其突起常常伸入骨质表层的骨小管内，与表层骨细胞的突起形成连接。核椭圆形，位于细胞的游离端。胞质嗜碱性，电镜下可见大量的粗面内质网和发达的高尔基体。成骨时，成骨细胞分泌骨基质的有机成分，称为类骨质（osteoid），同时向类骨质内释放一些小泡，称为基质小泡（matrix vesicle）。基质小泡

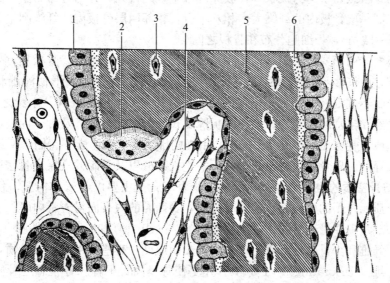

图 1-52 成骨细胞和破骨细胞
1. 成骨细胞 2. 破骨细胞 3. 骨细胞 4. 间充质 5. 骨基质 6. 前骨组织
(Lius C.J., Basic Histology, 1977)

直径 0.1 μm，有膜包被，膜上具有碱性磷酸酶、焦磷酸酶和 ATP 酶，泡内含有钙和小的羟磷灰石结晶。一般认为，基质小泡是使类骨质钙化的主要结构。当成骨细胞被类骨质包埋后，便成为骨细胞。

破骨细胞（osteoclast）：主要分布在骨组织的表面，数目较少。破骨细胞是一种多核的细胞，直径可达 30～100 μm，具 6～50 个甚至更多的细胞核。电镜下观察发现在破骨细胞与骨接触的表面具有许多微绒毛，称为褶皱缘（ruffled border），借以增加吸收的表面积。褶皱缘基部含有吞饮泡和吞噬泡，泡内含有小骨盐晶体及解体的有机成分，表明破骨细胞有溶解和吸收骨基质的作用。破骨细胞的破骨活动相当活跃，一个破骨细胞可以侵蚀溶解由 100 个成骨细胞形成的骨基质。

（2）骨间质　骨间质是一种坚硬的固体，由无机物和有机物组成。无机物又称骨盐，主要成分为磷酸钙 84%、碳酸钙 10%、柠檬酸钙 2%、磷酸氢二钠 2%。它们以羟磷灰石结晶和无定型胶体磷酸钙的形式分布于有机质中。有机物包括无定型基质和骨胶纤维。基质约占有机物的 10%，主要为糖蛋白复合物，具有弱异染性，并呈 PAS 阳性反应，H.E 染色呈嗜酸性。骨胶纤维即胶原纤维，是有机物中的主要成分。人的胶原纤维约 50% 存在于骨组织内，占有机物的 90%。电镜下骨胶原纤维的结构与一般结缔组织中的胶原原纤维相同。在不脱钙的骨超薄切片上，可见羟磷灰石结晶沿原纤维的长轴分布。

骨胶原纤维的抗压性和弹性较差，羟磷灰石结晶易碎，但二者结合在一起，则具有很大的结构强度，从而使骨组织获得坚硬的机械强度。

2. 骨组织的种类　根据骨组织发生的早晚、骨细胞及细胞间质的特征及其组合形式，可分为未成熟的骨组织和成熟的骨组织。前者为非板层骨，由于纤维束较粗大，又称粗纤维骨；后者为板层骨，纤维束一般较细，又称细纤维骨。胚胎时期最初形成的骨组织都属非板层骨，它们迟早会被板层骨所取代。

成年骨的骨组织几乎均为板状骨，胶原纤维束规则排列，并与骨盐、基质紧密结合，共同构成骨板。同一层骨板内的纤维大多相互平行，相邻两层骨板内的纤维则呈交叉排列。每层骨板厚 4.5～11 μm，骨细胞分布在骨板之间。

根据骨板的排列形式和空间结构，骨组织分为骨松质和骨密质。骨松质（spongy bone）位于骨的深部，由许多不规则排列的骨板构成的骨小梁连接而成，形似海绵状，又称海绵骨。骨小梁形状不规则，呈针状、片状或杆状，彼此交叉，连接成网。小梁之间为骨髓腔，内有骨髓、神经和丰富的血管等。扁骨的板障、长骨骨骺的大部分及骨干内表面的一小部分都由骨松质组成。骨密质（compact bone）由规则排列的骨板构成，它们紧密结合，血管和神经在骨板内穿行。扁骨的表层、长骨骨干的绝大部分以及骨骺的表层由骨密质组成。

3. 骨膜与骨密质的组织结构　哺乳动物长骨的骨干主要由骨密质构成，仅在近髓腔面有少量的骨松质。骨干的外表面覆盖着骨外膜，骨髓腔的内表面衬着骨内膜。

（1）骨膜　覆盖在骨干外表面的一层致密的结缔组织薄膜，称为骨外膜（periosteum），由大量的胶原纤维和少量弹性纤维组成，彼此交织成网。有些纤维束穿入骨质，称为夏贝氏纤维或贯穿纤维（perforating fiber），其作用是使骨膜固着于骨。骨膜靠近骨质的地方含有较多的成骨细胞、血管、神经等。

骨内膜是贴附在骨髓腔面的网状结缔组织薄层，兼有成骨和造血功能。有小血管从骨髓腔穿过骨内膜进入骨组织中。

(2) 骨板 根据骨板所在的位置及排列形状，可分为环骨板、哈佛氏骨板和间骨板（图 1-53）。

环骨板（circumferential lamella）是指环绕骨干内、外表面排列的骨板，分别称为外环骨板和内环骨板。外环骨板较厚，由数层到十几层骨板组成，环形于骨干表面，排列整齐。骨陷窝分布在骨板之间，借骨小管彼此相连。骨外膜中的小血管横穿外环骨板进入骨组织中，形成的血管通道称为伏克曼氏管（Volkmann's canal）。内环骨板位于骨髓腔面，仅由少数骨板组成，排列不规则。内环骨板中也有伏克曼氏管穿行，内部的小血管与骨髓血管相通。从内外环骨板表层骨陷窝发出的骨小管，一部分伸向深层，与深层骨陷窝的骨小管通连，一部分深向表面，终止于骨与骨膜交界处，其末端是开放的。

哈佛氏系统（Haversian system）介于内、外环骨板之间，包括两部分即哈佛氏管和哈佛氏骨板（图1-54）。哈佛氏管呈圆筒状，与骨干的长轴平行排列，管内有血管、神经及少量疏松结缔组织。哈佛氏骨板以哈佛氏管为中心，环绕多层排列。因为长骨骨干主要由大量的哈佛氏系统组成，因此哈佛氏系统又有骨单位之称（osteon）。

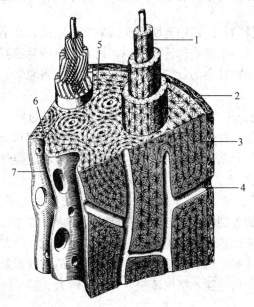

图 1-53 骨的基本结构
1. 哈佛氏系统 2. 骨外膜 3. 外环骨板 4. 穿通管
5. 间骨板 6. 内环骨板 7. 骨内膜
(Lius C. J., Basic Histology, 1977)

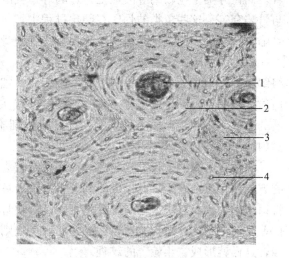

图 1-54 哈佛氏系统和间骨板
1. 哈佛氏管 2. 哈佛氏骨板
3. 间骨板 4. 骨陷窝
（任素莲提供）

间骨板（interstitial lamella）是位于哈佛氏系统之间的一些形状不规则的骨板，是原有的骨单位或内外环骨板未被吸收的残留部分（图1-54）。

骨陷窝分布在骨板之间，借骨小管彼此相连。在哈佛氏系统中，最内层骨板的骨小管直接通入哈佛氏管内，外层的骨小管则折回。哈佛氏管之间通过交通管和伏克曼氏管相联系，在骨密质中形成了一个完整的营养运输系统。

4. 骨组织的发生、生长 骨来源于胚胎时期的间充质。其发生有两种方式，一种是膜内成骨（intramembranous ossification），即在间充质细胞增殖密集形成的原始结缔组织膜内成骨；第二种是软骨内成骨（endochondral ossification），即在间充质分化形成的软骨内成骨。二者的形成过程一致，形成的骨组织也没有本质区别。

成骨细胞和破骨细胞在骨的生长发育过程中发挥着重要作用。成骨细胞的活动，能够产生骨胶纤维和有机质，形成类骨质，经钙化以后成为骨组织。在形成的骨组织的表面又有新的成骨细胞形成类骨质，然后钙化。如此不断进行，使骨质逐渐增厚。在成骨的同时，破骨细胞不断进行破骨作用，分解吸收已形成的骨质，使骨干在增粗的同时保持骨组织的适当厚度，并使骨髓腔直径得以扩大（图 1-52）。

5. 硬骨鱼类骨组织的特点　与高等脊椎动物一样，鱼类骨组织外面覆盖着一层骨膜，为一种坚韧的结缔组织。骨膜内可以看到许多具突起的成骨细胞，由骨膜的结缔组织细胞转变而成，具有分泌骨基质的功能。

骨组织也分为骨松质和骨密质两种。松质骨的结构与高等动物基本相同，但密质骨的结构简单而低级。无哈佛氏系统及其他明显的管道系统，无层次分明的骨板，骨胶纤维的排列杂乱无章，骨盐比高等动物少而有机质的含量相对较多，所以骨骼柔软而富有弹性。鱼类骨组织中无骨髓组织。

鲱形目、鲤形目、鲑科和鳗科等鱼类的鳃盖骨的骨组织中有明显而密集的骨陷窝、骨小管，而在分类上比较高等的金枪鱼、鳕等鱼类的骨组织结构却比较简单，只有少量的骨细胞与骨陷窝等。这些鱼类的骨质在硬化过程中，包埋在其中的骨细胞解体消失，骨质将原来的骨陷窝填充。因此这种骨组织被称为无骨细胞骨。

鱼类的鳍条属于类骨组织（或骨样组织），是介于透明软骨和骨组织之间的一种过渡性组织。类骨组织由类骨基质、胶原纤维、成骨细胞和骨细胞组成。类骨基质含有黏多糖和蛋白质，嗜酸性，无骨盐沉淀。胶原纤维被包埋在类骨基质中不易看清。成骨细胞分布于类骨质的边缘，有继续形成类骨质的功能。成骨细胞被类骨质包埋后就成为骨细胞，位于骨陷窝内。

鱼类骨组织的生长方式与高等动物也有较大的差别，如鳃盖骨、脊椎骨等也以外加生长的方式使骨逐渐变粗，已形成的部分不再被破坏或改建，因此鱼类没有真正的骨髓腔。鱼类骨组织的生长具有季节性周期变化，所以每块骨具有生长的记录存在。在气候不适或营养条件差时，生长慢，结构紧密、透光性弱，反之则生长迅速，结构疏松，骨陷窝较大、透光性强，这样就形成"年轮"的纹理。

鱼类的骨组织具有很强的再生能力，如鳍条受伤后很快可以修复或愈合。

六、血　　液

血液是有机体内流动的液体组织，由血细胞和细胞间质（血浆）组成。与其他结缔组织一样，血液也起源于中胚层的间充质。脊椎动物新鲜的血液呈红色不透明，具有一定的黏性。血液的功能是通过血液循环，把氧和营养物质输送到全身各组织，把内分泌器官产生的激素输送到相应的靶细胞，并将代谢废物送到肝、肾、肺、皮肤等处以排出体外。此外，血液还参与体温、渗透压的调节。血液中的白细胞还参与机体的防护免疫反应。

（一）高等哺乳动物的血液

1. 血浆　血浆是微黄色的透明液体，占血液容积的 55%，其中水约占 90%，其他 10% 是蛋白质（主要是白蛋白、球蛋白、纤维蛋白原等）、糖类、维生素、激素、脂类及无机盐等。血液从血管中流出后，可溶性的纤维蛋白原变为不溶性的固态纤维蛋白，并与血细胞网在一起成为血块。除去纤维蛋白原的血浆称为血清。

2. 血细胞　血细胞约占血液容积的 45%，包括红细胞、白细胞和血小板。在正常生理情况下，血细胞和血小板有一定的形态结构，数量相对恒定。患病时，血象（血细胞形态、数量、比例和血红蛋白含量的测定）常有明显的变化，故检查血象对了解有机体的状况和诊断疾病十分重要（图1-55）。

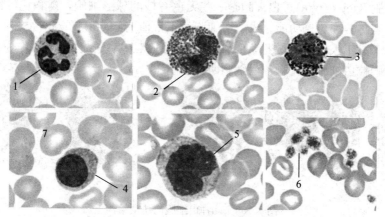

图1-55　人血涂片示各类血细胞
1. 嗜中性粒细胞　2. 嗜酸性粒细胞　3. 嗜碱性粒细胞
4. 淋巴细胞　5. 单核细胞　6. 血小板　7. 红细胞
（任素莲等，2009）

（1）红细胞（erythrocyte）　成熟的红细胞没有细胞核和任何细胞器，是高度特化的细胞。胞体呈圆盘状，边缘厚中间薄（图1-55，7），胞质内含有大量的血红蛋白（hemoglobin, Hb）。这种特殊的结构可以使细胞有较大的表面积（每个红细胞的表面积可达 140 μm^2），有利于细胞内外气体的交换。

在人类及其他哺乳动物，红细胞的大小相当恒定。人红细胞的直径为 $7.2 \sim 7.8\ \mu m$，边缘厚约 $2.0\ \mu m$，中央厚约 $1\ \mu m$。在病理情况下，可以产生红细胞大小不均匀的现象。生活状态下，单个红细胞为浅黄绿色，只有大量的细胞集中在一起时才呈猩红色，而且多个红细胞常叠在一起呈串钱状，称作红细胞缗线。

红细胞的数量与动物的种类、性别、年龄、生理状况等条件有关。在人类，正常成年男性有 400 万～500 万/mm^3，女性有 350 万～450 万/mm^3。新生婴儿比较多，在高山和深水工作的人，红细胞的数量比正常人有所增加。

红细胞的细胞膜为半透膜，在正常状态下，红细胞的细胞质与周围血浆有相同的渗透压，相当于 0.9% NaCl 溶液。当血浆的渗透压降低时，大量水分进入细胞，引起细胞膨胀，严重时细胞破裂，血红蛋白流出细胞外，称为溶血。溶血后的红细胞膜，称为血影。如果血浆的渗透压升高，细胞内水分外移，导致细胞因失水发生皱缩。若 NaCl 浓度过高，细胞膜遭受破坏，也出现溶血现象。蛇毒、溶血性细菌毒素、脂溶剂等都能引起溶血。

红细胞膜上具有抗原，为露出细胞表面的糖链或蛋白质。它们能与异体产生的相应抗体发生特异性结合。根据红细胞膜上抗原的不同，把红细胞分为不同的血型。

红细胞的生理机能是通过血红蛋白来实现的。血红蛋白约占细胞内物质总量的 33%，主要由含铁血红素和球蛋白组成。由于球蛋白为强碱性物质,所以血红蛋白为嗜酸性,常被染成红色。血红蛋白既能与氧结合又能与二氧化碳结合。当血液流经肺时,由于氧的分压比较大,二氧化碳分压低,血红蛋白便释放二氧化碳而与氧结合。当血液流经器官组织时,氧的分压比较低,二氧化碳分压高,于是血红蛋白释放氧并与二氧化碳结合。由于血红蛋白的这种特性,红细胞才能够供给全身组织和细胞所需的氧并带走部分二氧化碳。

红细胞的平均寿命约 120 d,衰老的红细胞多在脾、骨髓和肝等处被巨噬细胞吞噬。

(2) 白细胞 (leukocyte) 白细胞是一些无色有核的球形细胞,体积比红细胞大,能做变形运动,具有防护和免疫功能。成人白细胞的正常值为 4 000～10 000 个/mm³,男女差别不大,小孩多于成年人,其数量变动也与生理、病理状态有关,因此可以作为病变指标。白细胞可分为有颗粒白细胞和无颗粒白细胞两类(图 1-56)。

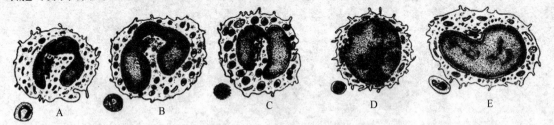

图 1-56 几种白细胞的超微结构
A. 嗜中性粒细胞　B. 嗜酸性粒细胞　C. 嗜碱性粒细胞　D. 淋巴细胞　E. 单核细胞
(王伯沄,病理学技术,2000)

① 有颗粒白细胞:细胞质内含有特殊的颗粒。依照其颗粒的染色性(如 Wright's 染色)不同又可分为嗜中性粒细胞、嗜酸性粒细胞及嗜碱性粒细胞。

嗜中性粒细胞 (neutrophilic granulocyte):在人的血液中,这类细胞占白细胞总数的 50%～70% (3 000～6 000/mm³)。细胞呈圆形,直径 10～12 μm。细胞核呈杆状或 2～5 分叶状,以 2～3 叶为最多 (76%),叶与叶之间有细丝相连(图 1-55,1;图 1-56,A)。一般认为,核的分叶越多,细胞越衰老。细胞质呈无色或极浅的淡红色,内弥散分布着许多细小的浅红和紫红色颗粒。颗粒可分为嗜天青颗粒和特殊颗粒两种。嗜天青颗粒较少,呈紫色,约占颗粒总数的 20%,光镜下着色略深,体积较大。电镜下呈圆形或椭圆形,直径 0.6～0.7 μm,电子密度较高。它是一种溶酶体,含有酸性磷酸酶和过氧化酶等,能消化分解吞噬的异物。特殊颗粒数量多,淡红色,约占颗粒总数的 80%。颗粒直径 0.3～0.4 μm,呈哑铃形或椭圆形,内含碱性磷酸酶、吞噬素、溶菌酶等。吞噬素具有杀菌作用,溶菌酶能溶解细胞表面的糖蛋白。

嗜中性粒细胞具有很强的游走变形能力和吞噬能力。它们对细菌的分泌物和受伤或衰老细胞所释放的化学物质具有趋化性,能形成伪足,做变形运动穿出血管进入发炎部位,大量吞噬细菌并在细胞内进行分解消化。嗜中性粒细胞在吞噬细菌后本身也死亡,形成脓球。

嗜中性粒细胞在血液中停留 6～7 h,在组织中存活 1～3 d。

嗜酸性粒细胞 (eosinophilic granulocyte):占人类血液中白细胞数量的 2%～4%。细胞圆形,直径 10～15 μm,核杆状或分叶,以 2 叶较多 (68%)(图 1-55,2;图 1-56,B)。细胞质为弱嗜酸性,内充满粗大的、略带折光性的嗜酸性颗粒,染为鲜红色。电镜下,颗粒多呈椭圆形,直径 0.5～1.5 μm,有膜包被,内含有颗粒状基质和致密的杆状结晶体,后者由许多层平行排列的板层结构组成,每层之间的距离为 10 nm。颗粒内含有酸性磷酸酶、芳基硫酸酯酶、过氧化酶和组胺等,也是一种溶酶体。

嗜酸性粒细胞能做变形运动,并具有较强的趋化性。它能吞噬异物或抗原抗体复合物,形成吞噬体,并释放组胺酶灭活组胺,从而减弱过敏反应。另外还借助于抗体与某些寄生虫表面结合,释放颗粒内物质,杀灭寄生虫。在过敏反应或有寄生虫寄生时,血液中的嗜酸性粒细胞增多。这类白细胞在血液中一般仅停留数小时,在组织中可存活 8~12 d。

嗜碱性粒细胞(basophilic granulocyte):此类细胞在血液中的数量最少,约占白细胞总量的 0.5%。细胞呈球形,直径为 10~12 μm,胞质嗜碱性,内充满粗大的嗜碱性颗粒。细胞核呈不规则的"S"状或分叶,常被碱性颗粒覆盖(图 1-55,3;图 1-56,C)。

与肥大细胞一样,嗜碱性粒细胞内的颗粒具有异染性,甲苯胺蓝染色呈紫红色。电镜下颗粒内充满细微颗粒,呈均匀或螺纹状分布。颗粒内含有肝素、组胺等物质。肝素具有抗凝血作用,组胺参与过敏反应,血液中大约有一半组胺存在于这类白细胞中。嗜碱性粒细胞在组织内可存活 12~15 d。

②无颗粒白细胞:无颗粒白细胞不含有特殊的颗粒,主要有淋巴细胞、单核细胞。

淋巴细胞(lymphocyte):在人类的血液中,淋巴细胞的数量仅次于嗜中性粒细胞,占白细胞总数的 20%~25%。根据大小可分为大、中、小三种类型。直径 6~8 μm 的为小淋巴细胞,9~12 μm 的为中淋巴细胞,13~20 μm 的为大淋巴细胞。小淋巴细胞的数量最多,细胞核圆形,一侧常有小凹陷,染色质致密呈块状,着色深,核占细胞的大部分。胞质少,包围在核周围成一窄层,嗜碱性,胞质内含有少量的嗜天青颗粒。中淋巴细胞和大淋巴细胞的核椭圆形,染色质疏松,着色浅。胞质较多,可见少量的嗜天青颗粒。电镜下,淋巴细胞的胞质内含有数量较多的游离核糖体,其他细胞器均不发达(图 1-55,4;图 1-56,D)。

淋巴细胞没有吞噬能力,但能够产生抗体,与免疫有关。另外,淋巴细胞中含有一些消化酶,如解脂酶和蛋白质消化酶,在进食时细胞的数量增多,所以认为它们有帮助消化的作用。

根据淋巴细胞的发生部位、表面特征、寿命长短和功能的不同,将它们分为四类,分别是 B 细胞、T 细胞、K 细胞、NK 细胞。其中,T 细胞约占淋巴细胞总数的 75%,它参与细胞免疫,如排斥异体移植、抗肿瘤,并具有免疫调节功能。B 细胞占血液中淋巴细胞总数的 10%~15%,B 细胞接触抗原致敏后,分化为浆细胞,产生抗体,参与体液免疫。K 细胞为杀伤细胞(killer cell),借助于抗体,杀死与该抗体相应抗原的细胞。NK 细胞为自然杀伤细胞(natural killer cell),可以不需抗原致敏,直接杀死某些肿瘤细胞及感染病毒的细胞。也有人认为 NK 细胞和 K 细胞可以合并为一类,统称 NK 细胞。

单核细胞(monocyte):占白细胞总数的 3%~8%,是白细胞中体积最大的细胞,直径 14~20 μm,呈圆形或椭圆形(图 1-55,5;图 1-56,E)。胞核形态多样,呈肾形、马蹄形或不规则形,常偏位,染色质颗粒细而松散。胞质较多,弱嗜碱性,含有许多细小的嗜天青颗粒,颗粒内含有过氧化酶、酸性磷酸酶、非特异性酯酶和溶菌酶。电镜下,细胞表面有褶皱和微绒毛,胞质内含有许多吞噬泡、线粒体和粗面内质网,嗜天青颗粒具溶酶体样结构。

单核细胞具有活跃的变形运动、明显的趋化性和一定的吞噬能力。它自骨髓中进入血液,在血液中停留约 40 h,然后进入结缔组织,分化成巨噬细胞。单核细胞和巨噬细胞一样，都能消灭入侵机体的细菌，吞噬异物颗粒，消除体内衰老损伤的细胞，并参与免疫反应。

(3) 血小板 (blood platelet) 血小板是骨髓中的巨核细胞脱落下来的细胞质小块，在血液中的含量为10万～30万个/mm^3。血小板成双突扁盘状，体积很小，直径2～4 μm，无细胞核，细胞膜也不完整，但有细胞器。在血液涂片中，血小板常呈多角形，聚集成群。细胞质浅蓝色，中央部有紫色的颗粒，称作颗粒区，周围部透明，称透明区。电镜下，血小板膜表面有厚15～20 nm的糖衣，由酸性黏多糖组成；表面的质膜内折，形成许多空泡，这样可以增大血小板的表面积，有利于吸附血浆中的各种凝血因子及本身废物的排出；透明区中有环行微管丝，借以维持血小板的形状。细胞质中还含有血小板颗粒、线粒体、核糖体、溶酶体和糖原颗粒等（图1-55，6）。

血小板颗粒中含有凝血致活酶和5-羟色胺等。当血液流出血管时，血小板随即释放凝血致活酶，使血浆中的凝血酶原变成凝血酶，后者又促使纤维蛋白原转变为丝状的纤维蛋白，而纤维蛋白交织成网状，与血细胞共同形成血凝块止血。血小板还有保护血管内皮，参与内皮修复，防止动脉粥样硬化的作用。血小板的寿命为7～14 d。

3. 造血干细胞 (hemopoietic stem cell) 在人体中，每秒钟约有600万新生的成红血细胞置换相同数量死亡的红细胞。血流携带不同功能的细胞，行使储存氧气、抗感染和产生抗体等功能。所有这些不同功能的细胞都是同一种干细胞即造血干细胞的后代。

造血干细胞是能够形成各种血细胞的原始细胞，又称多能干细胞 (multipotential stem cell)。血细胞的发生是造血干细胞增殖、分化成各种血细胞的过程。在人类，它起源于胚胎的卵黄囊血岛，以后随血流进入胚肝。出生后造血干细胞主要存在于红骨髓，约占骨髓有核细胞的0.5%，其次是脾和淋巴结，外周血中也有极少量。关于造血干细胞的形态结构，多数人认为与小淋巴细胞相似，直径7～9 μm。造血干细胞的基本特征是：①具有很强的增殖潜能，在一定条件下能反复分裂，大量增殖。②有多向分化能力，在一些因子的影响下能分化形成不同的细胞。③有自我复制能力，分裂后的子代细胞仍具有原有特性，故造血干细胞可始终保持恒定的数量。

骨髓干细胞是提供所有血细胞的唯一来源，没有它人类很快就会死去，因为血细胞的寿命只有几天或几周。衰老的或死亡的红细胞在淋巴器官（主要是脾）被检出，通过巨噬细胞的吞噬作用移走。血细胞的产生和分化便是造血 (hematopoiesis) 的过程。

4. 血细胞的发生过程 血细胞的发生是一连续的过程，各种血细胞的发生大致要经过三个阶段：原始阶段、幼稚阶段（分早、中、晚三期）、成熟阶段。

红细胞的发生：红细胞要经过原红细胞、早幼红细胞、中幼红细胞、晚幼红细胞后脱去胞核成为网织红细胞，最终成熟为红细胞。巨噬细胞可吞噬晚幼红细胞脱出的细胞核和其他代谢产物，并为红细胞的发育提供铁质等。

颗粒细胞的发生：经过原始细胞、早幼粒细胞、中幼粒细胞、晚幼粒细胞后分化为成熟的杆状核和分叶核粒细胞。骨髓内的杆状核粒细胞和分叶核粒细胞的储量很大，在骨髓中停留4～6 d后释放入血。

单核细胞的发生：经过原单核细胞和幼单核细胞发育为单核细胞。幼单核细胞的增殖力很强，约有38%的幼单核细胞处于增殖状态。尤其当肌体出现炎症或免疫功能活跃时，幼单核细胞加速分裂，以提供足够的单核细胞。

血小板的发生：由血液中的巨核细胞的胞质脱落形成。巨核细胞形状不规则，直径40～70 μm，甚至更大，胞核分叶状，胞质内具有许多血小板颗粒，还有许多由滑面内质网形成的网状小管,将胞质分为许多小区,每一个小区即是一个未来的血小板。巨核细胞伸出细长的胞质突起并沿着血窦壁伸入窦腔内,其胞质末端膨大脱落形成血小板。每个巨核细胞可形成2 000个血小板。

淋巴细胞的发生:淋巴细胞通常有多种亚群,它们既有发生、发育过程,又有转化、增殖的过程,而且缺乏血红蛋白、特殊颗粒那样的形态学标志,因而很难划分其发育阶段。目前仍传统地将淋巴细胞的发育区分为原淋巴细胞、幼淋巴细胞和淋巴细胞三个阶段。

(二) 鱼类的血液

鱼类的血液含量较少,仅占体重的1.6%～5.2%。和高等动物一样,鱼类的血液也由血浆和血细胞组成,血细胞包括红细胞、白细胞和血栓细胞。而且从圆口类开始,血液中就出现了红细胞和各种类型的白细胞。

1. 红细胞 鱼类和其他脊椎动物的红细胞呈椭圆形,都具有细胞核。核所在区域略外突。细胞的大小、数量因鱼的种类不同而有差异(表1-1)。一般真骨鱼类的红细胞较小,如虹鳟红细胞长径在11.9～18.7 μm(平均约16 μm),短径在8.5～11.9 μm(平均9.5 μm),鲫红细胞长径9.9～16.8 μm(平均14 μm),短径6.3～9.9 μm(平均7.6 μm);软骨鱼类的红细胞较大,如白边金鲨的红细胞长径16.2～35.0 μm,短径12.2～28.0 μm。因此,鱼类红细胞要明显大于哺乳动物的红细胞(犬7.0 μm、兔6.8 μm、小鼠5.7 μm)。鱼类红细胞的数量变动范围为14万～360万个/mm^3,猫鲨0.192万个/mm^3,星鲨0.393万个/mm^3,在300万个/mm^3以上的只有少数鱼类如鲐、鲣、金枪鱼等海产鱼类,数量远远少于哺乳动物(如犬680万个/mm^3,兔560万个/mm^3,小鼠900万个/mm^3)。不同生理条件或病理状态下红细胞的形态、大小可发生变化。据研究,在产卵、长期饥饿或寒冷的情况下,鲤红细胞的数量减少;在缺氧的情况下,红细胞数量激增。而由于寄生虫所引起的机体的各种病理状态,则红细胞和血红蛋白的含量会降低。

表1-1 5种水产动物红细胞大小的比较 (μm)

种 类	长 径	短 径
中华鳖	22.20±1.27	11.57±0.81
美国青蛙	26.30±3.53	15.40±0.69
鳜	12.90±0.35	9.60±0.35
草鱼	12.93±0.75	9.80±0.35
鲢	12.20±0.42	8.76±1.09

鱼类的外周血中常可以看到处于不同发育阶段的尚未成熟的红细胞,以网织红细胞最为常见。这些尚未成熟的红细胞,在血液循环过程中可以继续发育成熟。还可以观察到红细胞的分裂现象(图1-57)。

2. 白细胞 鱼类白细胞的数量一般在1万个/mm^3以上,而长吻角鲨的白细胞数量高达83 500万个/mm^3,鲇、鳗鲡较少,约5 000万个/mm^3,但这种情况少见。鱼的白细胞可分为有颗粒型和无颗粒型两类,圆口类已具备这两种类型的白细胞。七鳃鳗能分辨出大、小淋巴细胞,单核细胞,嗜中性粒细胞等。

(1) **嗜中性粒细胞** 有颗粒白细胞中数量最多的一种。细胞呈圆形或椭圆形,核偏位,

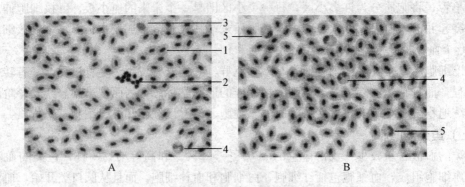

图 1-57 鲫血细胞
A. 细胞类型一 B. 细胞类型二
1. 红细胞 2. 血栓细胞 3. 淋巴细胞 4. 嗜酸性粒细胞 5. 嗜中性粒细胞
(任素莲等，水产动物组织胚胎学实验，2009)

形状不规则，为肾形、带状或分叶核。电镜观察，在细胞的表面伸出伪足状突起，核染色质集中在周边地区。细胞质中含有内质网、线粒体、高尔基复合体、核糖体和糖原颗粒。此外尚见许多由膜包裹的大小不等的圆球形颗粒，电子密度较高，为光镜下所见的嗜中性颗粒。

鱼类嗜中性粒细胞具有趋化性，并参与炎症反应，在受伤组织中常发现有嗜中性粒细胞的浸润现象。

(2) 嗜酸性粒细胞 数量较少，细胞呈圆形，胞核弯曲或为长椭圆形、肾形，或分成两叶，常常偏在细胞的一旁。细胞质中的嗜酸性颗粒被染成橘红色，并有粗、细之分，因此可将细胞分为粗颗粒嗜酸性粒细胞和细颗粒嗜酸性粒细胞。电镜下除见到各种细胞器之外，还有椭圆形或纺锤形的嗜酸性颗粒，颗粒中有一至数枚棒针状结晶体及一些没有晶体的小颗粒。

鱼类嗜酸性粒细胞具有一定的吞噬作用。炎症能引起某些真骨类嗜酸性粒细胞数量增多。患寄生虫病时，在虫体寄生部位的局部组织中，嗜酸性粒细胞增多。

(3) 嗜碱性粒细胞 这种细胞是血液中数量最少的一种血细胞，有些鱼类甚至没有。细胞呈圆形，胞核呈扁圆形或有凹陷偏于一侧，细胞质中含有许多粗大的圆形或椭圆形嗜碱性颗粒，被染成深蓝紫色，这些颗粒往往将细胞核覆盖起来。电镜下可观察到细胞质内含有粗面内质网、线粒体等细胞器及具有较高电子密度的嗜碱性颗粒。颗粒中含肝素，有抗凝血作用。

(4) 淋巴细胞 鱼类淋巴细胞的数量最多，约占白细胞的60%。其形态与哺乳动物的淋巴细胞的形态很相似，可分成大、小两种。小淋巴细胞呈圆形，有一个很大的细胞核，几乎占据整个细胞，染色质致密，聚集成块状，染成深蓝色。细胞质很少，成一薄层包围在核周围。大淋巴细胞在电镜下可看到细胞表面伸出伪足样突起，细胞质中含有线粒体、粗面内质网、高尔基复合体和溶酶体等细胞器。

淋巴细胞膜的表面有免疫球蛋白，故可用荧光免疫技术特异性识别。鱼类的淋巴细胞也能产生抗体，具有免疫功能。

(5) 单核细胞 鱼类单核细胞的数量很少，如鲽仅占白细胞总数的0.1%。具有中等程度的吞噬能力。如腹腔注射胶体碳后，单核细胞的细胞质中可出现碳粒。单核细胞呈圆形，细胞核椭圆形、肾形或马蹄形，染色质较疏松，着色浅淡。电镜下单核细胞表面有伪足样突起，染色质少，成稀疏网状分布。细胞质中有粗面内质网、线粒体、高尔基复合体、核糖核蛋白体及糖原颗粒等。

3. 血栓细胞 低等脊椎动物没有血小板，但普遍都有血栓细胞（thrombocyte）。鱼类的血栓细胞为纺锤形或圆形，在血液涂片上往往四五个聚集在一起。血栓细胞的大小略大于红细胞的细胞核。胞核为椭圆形，染色质浓密，着色深。在核周围有很薄的一层细胞质，纺锤形血栓细胞的细胞质则集中在核两端尖削的部分，有时几乎看不出细胞质，像是一个裸露的细胞核。

血栓细胞的功能与血液凝固有关。如鲽的血液凝固成血块时，血栓细胞的胞质向周围扩散，产生长的线状物，把裸露细胞核交织在一起，形成一个纤维网，有网罗血细胞的作用。Ferguson 研究鲽的白细胞时，通过注射碳发现血栓细胞能吞噬碳粒，认为它有吞噬作用。研究发现，血栓细胞在靠近细胞膜处有小泡，两端有微管，这些结构确实与细胞吞噬作用有关。

4. 鱼类的血浆 鱼类血浆也包括水、无机盐和有机成分。水占80%以上，但淡水鱼的含量比海水鱼低，运动量大的鱼，血液中含水量低。血液中的无机成分，主要为钠、钾、钙、镁、磷酸盐、硫酸盐及氯化物等，其主要功能是调节渗透压，维持内环境的稳定。有机物质包括糖、蛋白质、胆固醇、血脂及非蛋白含氯化合物等。

5. 鱼类血细胞的分化 通过对鲫、鲤、草鱼、鳜等多种鱼类的血液观察发现，鱼类的外周血白细胞中，处于晚幼期的嗜中性粒细胞很多，处于发育早期的嗜中性幼粒细胞也可见，而代表成熟的杆状核嗜中性粒细胞则较少，成熟后的分叶核嗜中性粒细胞极少。红细胞方面，对外周血的观察发现，处于幼稚阶段的红细胞数量也较多。因此，鱼类的血细胞分化水平较低，外周血中大部分血细胞的功能处在相当于高等脊椎动物血细胞幼稚阶段的晚期，这些幼稚的细胞将在外周血液中进一步发育成熟。

（三）无脊椎动物的血液

无脊椎动物的血细胞通常没有颜色，那些能够与氧结合的呼吸色素都是溶解在血浆中的。有些软体动物（如 *Slanorbis*）的血浆中含有血红蛋白，大多数软体动物和甲壳动物的血浆中都含有血蓝蛋白，这是一种含铜离子的蛋白质，也有与氧结合的性能，但和血红蛋白比较与氧结合的能力较低。血红蛋白能结合相当于本身容积1/4的氧，而血蓝蛋白只能结合血容积8%~9%的氧。血蓝蛋白是无色的，它和空气接触后才变成蓝色，从而使血液呈淡蓝色。

1. 软体动物的血细胞 在少数软体动物如魁蚶（*Arca inflata*）的血液中发现有红细胞，椭圆形，直径为 $18\sim21~\mu m$，厚 $1.5~\mu m$，核的直径为 $5~\mu m$。随着渗透压的变化，该种血细胞也发生溶血现象。而绝大多数的软体动物没有红细胞。目前，有关软体动物血细胞的分类方法与名称尚不统一，一般可分为颗粒型和无颗粒型两类。除少数例外，大多数白细胞都能变形运动。

在腹足类[如海螺（*Busycon carica*）]的血液中有三种类型的细胞：①淋巴样细胞：这类细胞通常为圆形，很像高等动物的淋巴细胞。具有少量嗜碱性细胞质，能做微弱的变形运动。②巨噬细胞：这类细胞能做剧烈的变形运动，细胞质丰富，含有微细的嗜伊红颗粒。在细胞质中常见大小不等的液泡。③嗜伊红颗粒白细胞：这类细胞含有大的嗜伊红颗粒，核偏位，有微弱的吞噬能力。*Busycon carica* 血细胞和细胞碎片占身体总血量的1%~2%。

在双壳类 Cardium norvegicum 中发现三类白细胞：①细颗粒的嗜伊红白细胞，占白细胞总数的 48%；②粗颗粒的嗜伊红白细胞，占 44%；③小的嗜碱性粒细胞，在圆形的细胞核外只有少量细胞质。牡蛎的血液有两类血细胞：一类为淋巴细胞，直径为 5~15 μm；另一类为有颗粒白细胞，直径为 9~13 μm，后者有绿色或黄色颗粒，经固定液处理，颗粒消失。异物进入贝类体内，除非颗粒较大，往往被血细胞吞噬，吞噬泡与溶酶体结合成为次级溶酶体，在次级溶酶体内被各种水解酶消化降解。Moore 观察到帘蛤的血细胞有很强的吞噬碳粒的能力。

在文蛤（Meretrix meretrix）中发现有四种类型血细胞，分别为无颗粒细胞、淋巴样细胞、小颗粒细胞和大颗粒细胞（图 1-58）。电镜观察显示，无颗粒细胞胞质内含有丰富的线粒体、高尔基体、内质网及一定量的糖原储存物，未见颗粒存在；淋巴样细胞核质比较高，细胞器较少，胞质内无颗粒；小颗粒细胞胞质内含有直径为 0.2~0.5 μm 的高电子密度颗粒，以及丰富的线粒体等细胞器。大颗粒细胞胞质内颗粒较大，直径 0.8~2.4 μm，细胞器最少。

酵母菌、细菌及大肠杆菌的吞噬实验结果表明：文蛤四种类型的血细胞都具有吞噬作用，其中无颗粒细胞吞噬作用最强。

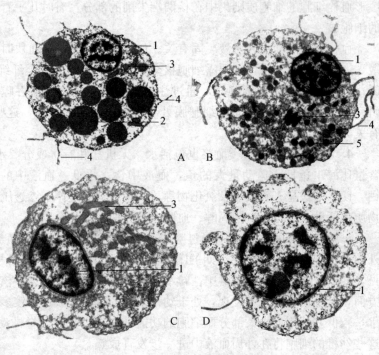

图 1-58 文蛤血细胞超微结构
A. 大颗粒细胞 B. 小颗粒细胞 C. 无颗粒细胞 D. 淋巴样细胞
1. 细胞核 2. 大颗粒 3. 线粒体 4. 胞突 5. 小颗粒
(Zhang 等，2006)

2. 甲壳动物的血细胞 甲壳动物的血细胞占血液量的 0.25%~1.0%。血细胞都是无色的白细胞，其分类与命名的依据是细胞胞质中颗粒的有无、多少及大小等。据此，将甲壳动物的血细胞分为大颗粒细胞、小颗粒细胞和无颗粒细胞（图 1-59）。

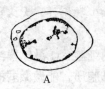 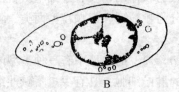 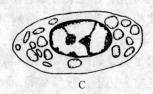

图 1-59 对虾的血细胞
A. 无颗粒细胞 B. 小颗粒细胞 C. 大颗粒细胞
(Dall W.，对虾生物学，1992)

血浆为血液的主要部分，含有血蓝蛋白。虾蟹类血液的生理功能主要是物质合成、储存及运输。血液成分、物质浓度及血量呈周期性变动，并参与渗透压及离子调节。虾类的造血组织为外被结缔组织的系列结节，位于前肠背方额角基部及消化腺前方腹部，其产生血细胞和血蓝素细胞，后者形成血蓝素并将它释放到血浆中。其他血细胞也参与血蓝素的合成。

甲壳类的凝血机能在某些种类是很强的，而在另一些种类则较弱。血细胞的主要功能是运送养料，特别是把养料运送到卵巢中去，送走残余物或废物，堵塞伤口或在伤口下形成多核体。许多大的吞噬细胞还有储存脂肪和糖原的作用。

淋巴（lymph）是流动在淋巴管内的结缔组织性液体，是组织液渗入毛细淋巴管后形成的。在回流过程中经过淋巴结添加了淋巴细胞等成分，最终汇入静脉。因为回流部位不同，所以淋巴的组成成分和细胞数量是经常变动的。如肢体的淋巴液清亮透明，小肠的淋巴液因含有大量的脂滴而呈乳白色，称为乳糜，肝的淋巴液内含有大量的血浆蛋白。淋巴流经的淋巴结越多，所含的淋巴细胞也就越多，有时还有单核细胞。淋巴是组织液回流的渠道之一，在维持全身各部分组织液动态平衡、滤过防御过程中起重要作用。

第三节 肌 组 织

一、肌组织的一般特征和分类

肌肉（muscle）是机体活动的动力器官，能够接受刺激而发生收缩。机体的一切运动，无论是外在的运动（如动物的行走、鱼类的游动、鸟类的飞翔）还是内在的运动（如血液循环、消化道和生殖道的蠕动、排泄物和分泌物的排出等）都是在神经系统的支配下，通过肌肉收缩和舒张来完成的。肌肉主要由肌组织构成。

肌组织（muscle tissue）主要由肌细胞（muscle cell）构成，肌细胞之间分布有少量的结缔组织及其中的血管和神经。肌细胞细而长，呈纤维状，又称肌纤维（muscle fiber），其细胞膜称肌膜（sarcolemma），细胞质称肌质或肌浆（sarcoplasm），肌浆中的滑面内质网称肌浆网（sarcoplasmic reticulum），肌浆内有大量肌丝（myofilament），是肌纤维收缩和舒张的物质基础。

根据形态结构、功能特点和分布部位的不同，可将肌组织分为骨骼肌、心肌和平滑肌（图1-60）。

骨骼肌和心肌上有明显的横纹，统称横纹肌。骨骼肌的活动受意识支配，又称随意肌，而心肌和平滑肌在一定程度上不受意识的直接控制，又称非随意肌。

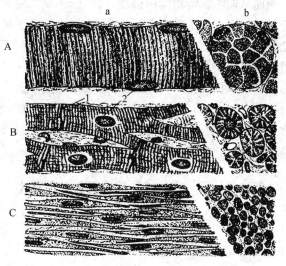

图1-60 三种肌组织
A. 骨骼肌 B. 心肌 C. 平滑肌
a. 纵断面 b. 横断面
1. 闰盘 2. 细胞核
（何泽涌，组织学与胚胎学，1983）

三种肌组织都来源于中胚层，骨骼肌由中胚层体节分化的生肌节（myotome）分化形成,心肌和平滑肌来源于中胚层的间充质。但睫状肌、瞳孔括约肌、瞳孔开大肌等平滑肌来源于外胚层。

二、骨骼肌

骨骼肌（skeletal muscle）主要分布于头部、躯干和四肢的骨骼,在某些器官（如舌、咽、食道和生殖器）的一定部位也有骨骼肌的分布。

（一）骨骼肌纤维的光镜结构

骨骼肌纤维（skeletal muscle fiber）为长圆柱状的多核细胞,长数毫米至数厘米,直径为 10~100 μm。在一条肌纤维内有数十甚至数百个细胞核,核呈椭圆形,位于肌纤维的边缘,着色浅,核仁明显。这种多核细胞是由成肌细胞分裂后又相互融合而逐渐形成的。

肌浆的基质为均质性物质,肌浆中含有许多与细胞长轴平行、均匀或成束分布的细丝状结构,为肌原纤维（myofibril）。肌原纤维直径为 1~2 μm,每条肌纤维含有数百至数千条肌原纤维。在骨骼肌纤维的横切面上,肌原纤维呈点状。在纵切面上,每条肌原纤维上有许多相间排列的明带和暗带,所有肌原纤维的明带和暗带相应地排列在同一平面上,使得肌纤维的纵断面呈现明、暗相间的横纹（图 1-60）。横纹由明带和暗带组成,暗带色深,在偏振光显微镜下呈双折光（各向异性,anisotropic）,又称 A 带,宽约 1.5 μm,暗带中央有一浅色区,称 H 带,H 带中央有一暗线,称 M 线。明带色浅,在偏振光显微镜下呈单折光（各向同性,isotropic）,又称 I 带,在 I 带中央有一暗线,称 Z 线（或间线）。相邻两条 Z 线之间的肌原纤维,称肌节（sarcomere）,一个肌节包括 $\frac{1}{2}$ I 带 + A 带 + $\frac{1}{2}$ I 带,舒张时长 2~3 μm,是骨骼肌收缩的基本结构单位（图 1-61）。

每条肌纤维的肌膜外面有基膜紧密贴附。在肌膜与基膜之间有一种扁平有突起的细胞,称肌卫星细胞（muscle satellite cell）,该细胞核扁圆,着色浅,核仁清楚。一般多见于生长的肌组织中,成年时较少。但当肌纤维受损伤后,这种细胞可分化形成肌纤维,参与骨骼肌的再生。

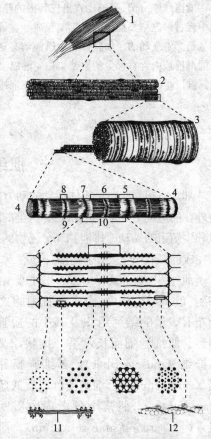

图 1-61 骨骼肌构造
1. 骨骼肌 2. 骨骼肌束 3. 骨骼肌纤维
4. 肌原纤维 5. I 带 6. A 带 7. Z 线
8. H 带 9. M 线 10. 肌节
11. 粗肌丝 12. 细肌丝
（路易斯·金·奎拉,基础组织学,1982）

（二）骨骼肌纤维的超微结构

肌浆中除肌原纤维外,还含有横小管、肌浆网、线粒体、肌红蛋白、糖原、脂滴、色素等。

1. 肌原纤维 每条肌原纤维由 1 000~2 000 条肌丝（myofilament）沿着肌原纤维的长轴平行排列而成,肌丝可分粗、细两种,这两种肌丝按特定的空间排布规律平行排列,明、暗带就是这两种肌丝规律排列的结果。粗肌丝（thick myofilament）长约 1.5 μm，直径约 15 nm，位于肌节的暗带，中央借 M 线固定，两端游离。细肌丝（thin myofilament）长约 1 μm，直径约 5 nm，其一端固定在 Z 线上，另一端平行插入粗肌丝之间止于 H 带外侧，末端游离。所以，明带只有细肌丝，而暗带中央的 H 带只有粗肌丝，H 带两侧的暗带内既有粗肌丝也有细肌丝（图 1-61）。

从分子结构看，粗肌丝主要由肌球蛋白分子组成，肌球蛋白（myosin）的形状似豆芽，包括一个杆和两个头，总长约 150 nm。肌球蛋白在 M 线两侧对称排列，杆部均朝向粗肌丝的中部，相当于 H 带，头部均朝向粗肌丝的两端并露出表面，称为横桥（cross bridge），此处有 ATP 酶，具有与 ATP 结合的能力，同时头部还具有与肌动蛋白结合的位点。当头部未与肌动蛋白接触时，ATP 酶没有活性，只有当肌动蛋白与肌球蛋白分子的头部接触时，ATP 酶才被激活，分解 ATP 放出能量，使横桥发生屈伸运动（图 1-61）。

从分子结构看，细肌丝由肌动蛋白、原肌球蛋白和肌原蛋白三种不同的蛋白质分子组成。肌动蛋白（actin）单体为球状的蛋白质，每一单体上都有一个能与肌球蛋白头部结合的位点，许多肌动蛋白分子单体连接形成串珠状的长链，每一条细肌丝是由两条肌动蛋白单体链相互缠绕在一起形成的双螺旋链。原肌球蛋白（tropomyosin）是一条细长的极性分子，含两条多肽链，两条多肽链相互缠绕呈螺旋状，原肌球蛋白的首尾相接形成丝，缠在肌动蛋白双螺旋的沟内。肌原蛋白（troponin）由 3 个球状亚单位组成，T 亚单位（TnT）结合原肌球蛋白；C 亚单位（TnC）结合 Ca^{2+}；I 亚单位（TnI）抑制肌动蛋白和肌球蛋白的相互作用。每一肌原蛋白复合体连在一个原肌球蛋白分子的特殊位点上（图 1-61）。

骨骼肌的收缩机理目前公认的是肌丝滑动学说（sliding filament mechanism）：当肌纤维收缩时，粗肌丝与细肌丝的长度并不改变，而是细肌丝在粗肌丝之间向 M 线滑动，这样使明带和 H 带都变窄，甚至消失，而暗带宽度不变，导致整个肌节变短，肌原纤维收缩，从而肌纤维收缩。在肌纤维收缩的过程中需要 Ca^{2+} 的参与。

2. 横小管 横小管（transverse tubule）简称 T 小管，是肌膜向肌纤维内陷形成的小管，方向与肌原纤维的长轴垂直，缠绕在每条肌原纤维的周围。人与哺乳动物的横小管位于肌原纤维的明带与暗带的交界处，两栖类的横小管位于肌原纤维的 Z 线处。相邻肌原纤维周围的横小管在同一平面上互相通连，并在肌膜表面有许多开口（图 1-62）。

横小管可将肌膜传来的神经冲动迅速传到每一个肌节，引起肌原纤维的同步收缩。

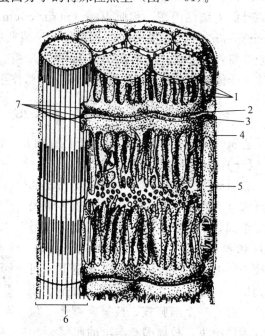

图 1-62 骨骼肌超微结构模式图
1. 纵小管 2. 终池 3. 横小管
4. 肌膜 5. 线粒体 6. 肌原纤维
7. 三联体的横切面

（楼允东，组织胚胎学，1996）

3. 肌浆网 肌浆网是肌原纤维间的滑面内质网，位于肌原纤维周围，纵向排列于两条横小管之间，故又称纵小管（longitudinal tubule），简称 L 小管。位于横小管两侧的 L 小管膨大并连接成管状，称终池（terminal cistern），横小管与两侧的终池合称三联体（triad）（图 1-62）。肌浆网有储存 Ca^{2+} 的能力，肌浆网膜上有丰富的钙泵，可将肌浆内的 Ca^{2+} 泵入肌浆网内，以调节肌浆内 Ca^{2+} 的浓度。当神经冲动由肌膜经横小管迅速传到三联体的终池时，肌浆网释放 Ca^{2+}，肌浆中 Ca^{2+} 浓度升高，启动肌丝的滑动，引起肌纤维的收缩。收缩完毕，肌浆内 Ca^{2+} 重新泵入肌浆网内，肌浆中 Ca^{2+} 浓度降低，骨骼肌处于松弛状态。

4. 肌浆的其他成分 肌浆中有很多粗大的糖原颗粒，是肌细胞收缩的能源物质之一。肌浆中还可以看到少量的粗面内质网和核糖体，在肌原纤维之间和细胞核附近分布着丰富的线粒体。肌红蛋白也是肌浆中的一种成分，它是一种类似血红蛋白的色素，其作用是储氧。

大多数脊椎动物的骨骼肌含有三种类型的肌纤维，即红肌纤维（red muscle fiber）、白肌纤维（white muscle fiber）及介于两型之间的中间型纤维（intermediate muscle fiber）。红肌纤维中含有大量的肌浆、丰富的肌红蛋白和细胞色素及少量的肌原纤维，这类肌纤维收缩较慢，但可以较长时间地工作而不易疲劳，如人类的肋间肌、鸟类的翼肌。白肌纤维中肌红蛋白和细胞色素含量较少，肌原纤维多，所以收缩反应快，但易疲劳，如鸟类的胸肌。也有介于红肌纤维和白肌纤维之间的中间类型。

（三）骨骼肌纤维的结合

许多骨骼肌纤维平行排列，由结缔组织包裹在一起就构成骨骼肌。包在每一条肌纤维外面的一层极薄的结缔组织，称肌内膜（endomysium）。许多肌纤维聚集成束，包在每一肌纤维束外面的结缔组织，称肌束膜（perimysium）。最后，所有的肌纤维束都被称为肌外膜（epimysium）的致密结缔组织包裹住，形成肌肉。在所有这些结缔组织中都含有血管、神经及少量弹性纤维。这些结缔组织膜除有支持、连接、营养和保护肌组织的作用外，还对肌纤维的个体活动及肌组织的群体活动起调整作用。

三、心　　肌

心肌（cardiac muscle）分布于心脏和大血管的近心端，其收缩有自动节律性。

（一）心肌纤维的光镜结构

心肌纤维呈短柱状，常有分支与相邻肌纤维互相吻合成网，网孔内有较多疏松结缔组织，结缔组织内有丰富的血窦、淋巴管和神经。心肌纤维长 50～100 μm，直径 10～20 μm。心肌纤维在光镜下也可见到横纹，但不如骨骼肌明显。每条心肌纤维一般有一个细胞核，核呈椭圆形，位于细胞的中央。核周围有丰富的肌浆。

在心肌纤维上，每隔一定距离就有染色较深的粗线，与肌纤维长轴垂直或呈阶梯状，称闰盘（intercalated disk）。闰盘实际上是两个心肌纤维的连接处（图 1-63）。

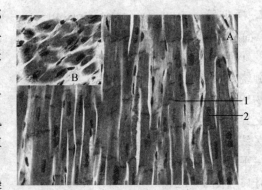

图 1-63　心肌光镜图
A. 心肌纤维纵切面　B. 心肌纤维横切面
1. 闰盘　2. 心肌细胞核

(二)心肌纤维的超微结构

心肌纤维的超微结构与骨骼肌相似,但有以下特点(图1-64):

(1) 心肌纤维也含粗、细两种肌丝,但无典型的肌原纤维。肌丝在肌节内的排列与骨骼肌纤维相似,也显现A带、I带、Z线和H带,但这些肌丝被肌浆网、线粒体分隔成粗、细不等的肌丝束,所以心肌纤维的肌原纤维不如骨骼肌规则、明显。

(2) 心肌纤维的横小管较粗,人和哺乳动物的横小管位于Z线水平。

(3) 心肌纤维的肌浆网较稀疏,纵小管、终池不发达,储Ca^{2+}能力较差。常见在横小管的一侧有终池存在,与横小管形成二联体(diad)。

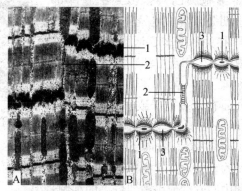

图1-64 心肌纤维超微结构
A. 心肌电镜图 B. 心肌超微结构模式图
1. 桥粒连接 2. 缝隙连接 3. 中间连接

(4) 电镜下可见心肌闰盘位于Z线水平,由相邻心肌纤维的肌膜伸出许多短突相互嵌合而成,在细胞间横向的接触面上为中间连接和桥粒连接,以便相邻细胞间的牢固结合,在纵向的接触面上为缝隙连接,此乃低电阻区,有利于细胞间传递化学信息和电冲动,使心肌纤维同步收缩和舒张。

(5) 肌浆中富有线粒体和糖原,从而保证心脏高度的工作效能。在肌浆中还可以见到脂滴和色素颗粒。

四、平 滑 肌

平滑肌(smooth muscle)主要分布在各种内脏器官如消化道、呼吸道和泌尿生殖道的管壁,也见于血管和淋巴管的管壁。平滑肌的基本成分是平滑肌纤维(smooth muscle fiber),即平滑肌细胞。

(一)平滑肌纤维的光镜结构

平滑肌纤维呈梭形,无横纹,其长短、粗细在不同的部位有很大的差别,如在人的小血管壁上的平滑肌纤维长约20 μm,而在妊娠子宫壁可长达500 μm。每条肌纤维有一个呈长椭圆形或杆状的细胞核,位于细胞的中央,核内染色质呈细网状,有1~2个核仁。肌纤维收缩时,核扭曲成螺旋状。在平滑肌纤维的周围有基膜和一层网状纤维缠绕。为了保持最紧密的排列,一条肌纤维的最狭窄部分往往与相邻肌纤维的最粗处毗邻(图1-65)。

图1-65 平滑肌光镜图
A. 平滑肌纤维纵切面 B. 平滑肌纤维横切面

(二)平滑肌纤维的超微结构

电镜下观察(图1-66),平滑肌纤维无横小管,但肌膜内陷形成一些小凹(caveola),

这些小凹沿细胞长轴成行排列，多数人认为其相当于骨骼肌和心肌的横小管，但小凹很浅，并不能将细胞膜的兴奋传到细胞深部。目前认为，小凹是细胞的信号传导中心，与细胞信号传导有关的受体、激酶及联结蛋白质（如蛋白激酶C、G蛋白等）在小凹区域内高度富集。

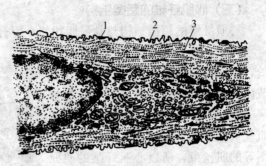

图1-66 平滑肌纤维超微结构模式图
1. 密区 2. 小凹 3. 密体

在肌膜内面有许多电子致密度高的区域，称密区（dense area），肌浆内散布有电子致密度高的小体，称密体（dense body）。密区和密体是细肌丝附着的地方，密区和密体之间及相邻的密体之间由直径10 nm的中间丝相连。密区、密体和中间丝构成平滑肌纤维的细胞骨架。

肌浆内分布着大量粗、细肌丝，但不形成肌节和横纹。细肌丝直径5 nm，呈花瓣状环绕在粗肌丝之间，细肌丝一端与密区或密体相连，另一端游离于肌浆中。一般认为，密区、密体相当于横纹肌的Z线。粗肌丝稀少，直径8～16 nm，均匀分布于细肌丝之间。平滑肌纤维的收缩也是通过肌丝滑动而实现的，但在收缩的细节上与骨骼肌有所不同。

在靠近细胞核的两端是无肌丝的区域，其中含有丰富的线粒体、高尔基复合体、粗面内质网和游离核糖体等。

相邻的两个平滑肌纤维之间常常形成齿状突起和缝隙连接，后者便于化学信息和神经冲动的传导，以保证众多平滑肌纤维同步收缩而形成功能整体。

研究证明，平滑肌除了有收缩能力外，还能合成胶原纤维、弹性纤维以及蛋白多糖。

五、鱼类肌肉的特点

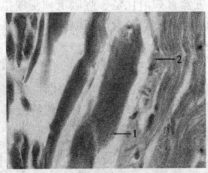

图1-67 鲫骨骼肌纤维纵断面
1. 骨骼肌细胞核 2. 毛细血管

鱼类的肌组织包括骨骼肌、心肌和平滑肌，平滑肌和心肌与高等动物无大的差别，但骨骼肌有其特征（图1-67）。

鱼体骨骼肌主要分布于躯干部和尾部。覆盖在脊椎骨外周从躯干到尾部的大块肌肉叫体侧肌，左、右两片体侧肌被从脊椎骨左右延伸的水平隔膜分为背、腹两部分。体侧肌被结缔组织膜构成的肌隔分隔成若干连续排列呈"M"的肌肉节，各种鱼的肌肉节数都与其自身的脊椎骨节数一致，每一肌肉节由无数平行的肌纤维纵向排列构成。蒸煮时肌隔胶原蛋白变性，肌肉节彼此分离开形成一块块鱼肉。但陆生动物（两栖类、爬行类、鸟类、哺乳类）因生活方式的改变，躯体和四肢的运动更加剧烈和复杂，肌肉的原始分节现象被打破，取而代之的是肌肉块。

鱼类骨骼肌肌纤维长度为若干厘米，但直径仅为几十微米。相比其他禽畜类的肌肉，鱼类比其他脊椎动物的肌纤维更细，肌纤维较短，蛋白质组织松散，水分含量高。

鱼类没有与骨骼相连的肌腱，依靠结缔组织与骨骼和皮肤连接。

研究表明，大多数硬骨鱼中白肌占较大比例。

六、无脊椎动物肌肉组织的特点

无脊椎动物的平滑肌细胞与脊椎动物的不同之处是明显地存在粗细不同的肌丝，粗的直径可长达150nm，这种粗丝以副肌球蛋白（paramyosin）为轴心，外围以肌动蛋白。

腔肠动物的皮肌细胞是两胚层的主要细胞，它们既是上皮细胞，又是原始的肌肉细胞，形状为"⊥"形，细胞基部向两个方向延伸，其内有能收缩的肌原纤维。

软体动物的肌肉分为平滑肌和骨骼肌。双壳贝类发达的闭壳肌由骨骼肌和平滑肌组成，足则由骨骼肌组成。控制头部伸缩的肌纤维是平滑肌，而控制外套膜收缩的既有平滑肌，也有横纹肌。在淡水双壳类的心肌纤维中没有发现横纹，细胞是长形的，每个细胞有一个核，不形成合胞体。脉红螺的心肌纤维的结构类似于河蚌、散大蜗牛，排列疏松，细胞间质较多，横切面多为多边形或三角形，不显横纹。乌贼的肌细胞呈长梭形，含有椭圆形的核，在细胞的边缘有肌原纤维。鲍的右侧壳肌为纵横交错的横纹肌束，但横纹不明显，肌细胞核较稀少。

各类节肢动物的肌肉均为横纹肌，成束状。肌纤维一般呈长筒状，经染色后，甚至在新鲜的材料中都可以看到肌原纤维上有非常清楚的横纹。细胞核分布在肌纤维的中央或边缘。肌纤维与外骨骼附着的地方有特殊的表皮细胞，在这些细胞内分布着很多肌原纤维。甲壳纲的虾类有发达的肌肉，形成强有力的肌纤维束，分布于头、胸、腹各部，以腹部的肌肉最发达。就功能而言，可分背伸肌和腹收肌两部分。

棘皮动物的肌细胞为平滑肌细胞。包括控制体壁收缩的五条纵肌带、消化管肌层等。

肌纤维的再生和修复组织工程

一般认为，骨骼肌纤维的细胞核因不合成DNA，故不发生有丝分裂，高等脊椎动物成体骨骼肌纤维再生的唯一来源是肌卫星细胞。当骨骼肌纤维受损时，肌卫星细胞可分裂并分化成成肌细胞，最后形成肌纤维，但肌卫星细胞在机体幼年时较多，成年后数量减少。而心肌纤维受损后再生能力很弱，常由结缔组织填补，形成永久性瘢痕。成体平滑肌纤维的分裂增生一般较少。

多年以来，科学家一直探索利用组织工程技术等各种方法修复和替代损伤的肌组织，培育具有收缩能力并自愈的肌肉。骨骼肌组织工程中的一个关键挑战是重建具有适当组织结构的天然肌肉，以确保最有效的产生和传输收缩力。在过去的10年中，骨骼肌组织工程已取得相当大的进展，产生了较高肌纤维密度的三维工程肌束。2014年4月，美国杜克大学的布尔萨奇团队第一次在动物身上证明，可以利用干细胞生成自我修复并逐渐变强的肌肉组织。布朗大学的范登伯格博士等则利用不同的干细胞处理方法使培育出的肌肉组织可以达到机能正常肌肉纤维90%～95%的力量。

模仿原生形态和功能的成人心脏组织一直是心脏组织工程的一个长期目标。在过去的几年，由于人类干细胞生物学的最新进展，心脏组织工程领域已经从动物来源的心脏组织变为三维工程化心肌组织。到目前为止，虽然三维工程化心肌组织没有进入临床，但广泛应用在目标验证和临床前药物筛选。

第四节　神经组织

细胞生活在不断变化的环境中，所有细胞对周围环境的刺激均能产生相应的反应，以适应环境的变化。细胞对刺激发生反应的这种能力称为感应性。感应性在神经组织中表现得最为明显。

神经组织（nerve tissue）由神经细胞和神经胶质细胞组成。神经细胞（nerve cell）是神经系统结构和功能的基本单位，又称神经元（neuron）。其形态多样，结构复杂，能够感受刺激和传导神经冲动，有些神经元（如丘脑下部的某些神经元）尚有内分泌功能。神经元之间以突触彼此联系，形成复杂的神经网络。神经胶质细胞（neuroglial cell）是神经组织的辅助部分，无传导神经冲动的功能，但具有支持、营养、绝缘、保护和修复的作用，数量多于神经元。

神经组织是构成神经系统的主要成分。神经系统分为中枢神经系统和周围神经系统两部分，前者包括脑和脊髓，大量集中在头部和身体的背中线；后者由脑神经、脊神经、植物性神经及神经节组成，广泛分布于身体各组织和器官。神经系统是动物体内起主导作用的调节系统，它可使动物体各器官和系统的活动协调一致，使有机体适应外界环境的变化，同时也调节机体内环境的相对平衡，保证生命活动的正常进行。

一、神 经 元

（一）神经元的形态结构

神经元形态多样，大小不一，但一般都由胞体和突起两部分构成，突起又分为轴突和树突两种（图1-68）。

1. 胞体 胞体位于脑和脊髓的灰质及神经节内，是整个神经元营养和代谢的中心，也具有接受神经冲动的功能，许多其他神经元的末梢都与胞体接触。由于胞体所处的位置和功能不同，其形态和大小差别较大，常见的为星形、锥体形、梭形、梨形和圆形等，直径为4～120 μm。

（1）细胞膜 神经元细胞膜上有各种受体和离子通道，受体可与相应的化学物质即神经递质结合，使膜的离子通透性及膜内外电位差发生改变，产生相应的生理活动，因此细胞膜具有产生和传导神经冲动

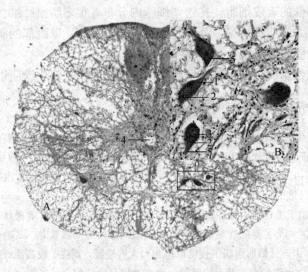

图1-68 鲤脊髓及运动神经元
A. 鲤脊髓（低倍） B. 分布在脊髓的运动神经元（高倍）
1. 轴突 2. 尼氏体 3. 细胞核 4. 脊髓中央管 5. 树突

的功能。

（2）细胞核 神经元的细胞核大而圆，位于细胞的中央，染色质少，核呈空泡状，核仁明显，核膜清楚。

（3）细胞质 位于核的周围，又称核周质（perikaryon）。与其他组织的细胞相比，在核周质中除含有一般的细胞器，如线粒体、高尔基复合体外，尚含有尼氏体和神经原纤维两种特有的结构。

尼氏体（Nissl's body）：光镜下，尼氏体是一些嗜碱性的颗粒状或块状物质，在一般染

色中易被碱性染料着色,所以又称嗜染质(chromophilic substance),含有核糖核酸和蛋白质。尼氏体分布在核周质和树突内,在轴突的起始部(轴丘)和轴突内没有尼氏体。尼氏体的形状和数量因神经元的类型不同而有很大的差异。如脊髓腹角的运动神经元中的尼氏体呈斑块状,形似虎皮的斑纹,所以又称虎斑(tigroid body)(图1-68);而脊神经节神经元中的尼氏体则为分散存在的颗粒状。

电镜下,尼氏体由发达的平行排列的粗面内质网和游离的核糖体所构成。神经元活动所需要的大量蛋白质在尼氏体合成,所以尼氏体对神经递质和神经分泌物的形成以及执行神经元的功能活动都是很重要的。在不同的生理和病理状况下,尼氏体的数量发生很大的变化,当神经元受损、过度疲劳和衰老时,尼氏体减少、解体甚至消失。若除去不利因素或损伤修复,尼氏体又可恢复。因此,尼氏体的形态结构可作为判定神经元机能状态的一种标志。

神经原纤维(neurofibril):光镜下观察银染切片标本,可见神经元中有一种很细的棕黑色细丝,在胞体内交织成网,在突起内平行成束(图1-69),为神经原纤

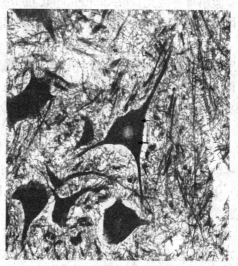

图1-69 运动神经元的神经原纤维
(箭头所示为神经原纤维)

维。电镜下观察,神经原纤维由直径约10 nm的神经丝和直径约25 nm的神经微管聚集成束构成,神经丝和神经微管除构成细胞的骨架外,还与神经元胞体内蛋白质、化学递质和离子的运输有关。

2. 突起 突起由神经元的胞体部延伸形成,是神经元的主要形态特点之一。可分为树突和轴突。

(1)树突(dendrite) 大多数神经元有多个树突(图1-68),连接胞体的起始部较粗,向外逐渐变细并反复分支,形如树枝状,称为树突。树突表面常有许多棘状或小芽状突起,称树突棘(dendritic spine),是形成突触的主要部位。树突的结构类似核周体,表面是细胞膜,内有胞质、神经原纤维、线粒体、尼氏体等。树突可扩大与其他神经元接触的面积,其作用是接受刺激并将冲动传入细胞体。

(2)轴突(axon) 一般每个神经元只有一个轴突(图1-68)。胞体发出轴突的部位常呈圆锥形,称轴丘(axon hillock),轴丘和轴突中均不含尼氏体,根据这一形态特点可区别树突和轴突。轴突细长,直径均匀,表面光滑,分支较少,可有呈直角分出的侧支。轴突末梢发出的分支较多,称轴突终末,与其他神经元或效应器接触。轴突表面的细胞膜称轴膜(axolemma),轴突内的细胞质称轴浆或轴质(axoplasm)。在轴质内含线粒体、神经原纤维。电镜下,从轴丘至轴突全长可见有许多纵向平行排列的神经丝和神经微管,以及连接纵行的长管状的滑面内质网和一些多泡体等。轴突末端还有突触小泡。轴突的主要功能是将神经冲动由胞体传至其他神经元或效应器。

(二) 神经元的分类

神经元的分类有许多方法，常根据神经元突起的数目、功能、所释放的神经递质及其化学性质进行分类。

1. 根据神经元突起的数目　根据神经元突起的多少可分为三种（图1-70）。

（1）假单极神经元（pseudounipolar neuron）　由胞体发出一支突起，但距胞体不远，突起分为两支，一支走向周围，称周围突，相当于树突，能感受刺激并将冲动传给胞体；另一支走向中枢，称中枢突，相当于轴突，将冲动传给另一个神经元。脊神经节中的神经元为假单极神经元。

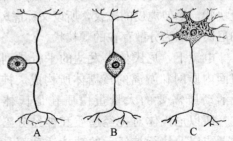

图1-70　神经元的种类
A. 假单极神经元　B. 双极神经元　C. 多极神经元

（2）双极神经元（bipolar neuron）　由胞体两端各发出一支突起，一支树突，一支轴突。脊椎动物内耳、嗅器官和视网膜上的感觉神经元属于双极神经元。

（3）多极神经元（multipolar neuron）　从胞体上发出多个突起，一支轴突，多支树突。如脊髓腹角中的运动神经元。

2. 根据神经元的功能　根据神经元的功能，可分为三种。

（1）感觉神经元（sensory neuron）　又称传入神经元，多为假单极神经元和双极神经元。这种神经元的一支突起（树突）与感受器相连，可感受体内外的各种刺激，并将刺激转变为神经冲动，将神经冲动传递给细胞体，再经另一支突起（轴突），将冲动传至中枢神经系统。

（2）运动神经元（motor neuron）　又称传出神经元，多为多极神经元，胞体位于脑、脊髓和植物性神经节内。可将树突接受的神经冲动传给细胞体，再由胞体通过轴突传给效应器（如肌肉或腺体）。

（3）联络神经元（associated neuron）　又称中间神经元，位于感觉神经元和运动神经元之间，起联络作用。胞体一般位于脑和脊髓中。

另外，根据神经元所释放的神经递质不同，可将其分为胆碱能神经元、肾上腺素能神经元、肽能神经元、氨基酸能神经元及胺能神经元等。

(三) 神经元之间的联系——突触

作为神经系统结构和功能单位的神经元在体内不是彼此孤立的，而是互相联系、彼此衔接，形成一个功能整体，完成神经系统的各种活动。神经元与神经元之间或神经元与非神经元（肌细胞、腺细胞等靶细胞）之间的接触点，称为突触（synapse）。突触是神经元之间进行联系或进行生理活动的关键性结构。

突触的形态多样，在光镜下，常见的为一个神经元的轴突末梢失去髓鞘后形成杵状或扣状的膨大，附着在另一个神经元的胞体或树突表面，形成轴-体突触或轴-树突触，此外还有轴-轴突触、树-树突触、体-树突触等（图1-71）。

突触可分为化学性突触和电突触。

1. 化学性突触（chemical synapse）　利用神经递质（化学物质）作为介质，将信息传递至突触后神经元的突触称化学性突触。

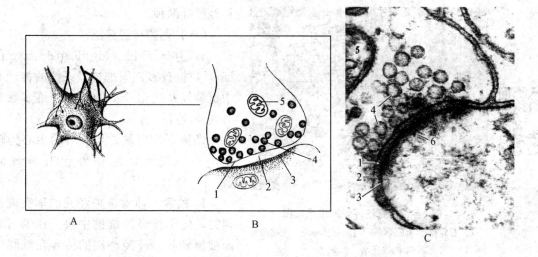

图 1-71 突 触
A. 神经元及其突起的外形,突触的光镜结构(如方框中)
B. 突触的超微结构模式图 C. 突触电镜图
1. 突触前膜 2. 突触间隙 3. 突触后膜 4. 突触小泡 5. 线粒体 6. 突触下终网

电镜下,突触的结构基本相似,由突触前成分、突触间隙和突触后膜三部分构成(图 1-71)。

(1) 突触前成分(presynaptic element) 包括突触前膨大和突触前膜。突触前膨大为轴突终末的膨大部分。突触前膜(presynaptic membrane)为轴突终末增厚的轴膜,在靠近突触前膜的轴质内有许多含有神经递质的突触小泡(synaptic vesicle),此外还有线粒体、滑面内质网、微丝和微管。突触小泡中含有各种神经递质,如乙酰胆碱、单胺类(肾上腺素、去甲肾上腺素、多巴胺和 5-羟色胺)、某些氨基酸(γ-氨基丁酸、甘氨酸、谷氨酸和天门冬氨酸等)和神经肽类(如 P 物质、脑啡肽、血管活性肠肽等)。一般球形突触小泡含有乙酰胆碱,颗粒型突触小泡含单胺类,而扁平的小泡中含单胺类及某些氨基酸如 γ-氨基丁酸等。

(2) 突触间隙(synaptic cleft) 是突触前膜和突触后膜之间的狭小的缝隙,宽 15~30 nm,内含糖蛋白及一些细丝状的物质。

(3) 突触后膜(postsynaptic membrane) 是与突触前膜相对应的另一神经元或靶细胞的细胞膜,在突触后膜上有与神经递质特异性结合的受体。

当神经冲动传到突触前膜时,突触小泡贴附在突触前膜上,以胞吐的形式将神经递质释放到突触间隙,神经递质与突触后膜上的特异性受体结合,改变膜对离子的通透性,引起突触后膜发生兴奋性或抑制性的变化,使突触后神经元兴奋或抑制。随后神经递质受到突触间隙中相应的酶作用而失活,以保证突触传递神经冲动的正常功能。化学性突触传导神经冲动是单向性的。

2. 电突触(electrical synapse) 是神经元间传递信息最简单的方式。突触的前、后膜之间为缝隙连接,可以直接传递电信息,不需要化学物质作为媒介,而且冲动的传导是双向性的。

二、神经纤维和神经

神经纤维(nerve fiber)由神经元的突起(轴突或长树突)及包围在其外面的神经胶质细胞组成。主要机能是传导神经冲动。根据神经纤维有无髓鞘,可分为有髓神经纤维和无髓神经纤维两种。

（一）有髓神经纤维

有髓神经纤维（myelinated nerve fiber）数量较多，周围神经系统的神经和中枢神经系统白质中的神经纤维多数是有髓神经纤维。

光镜下，有髓神经纤维的中心为轴索，外包髓鞘，髓鞘外包有神经膜（图1-72）。

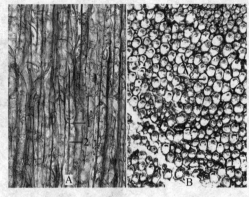

图1-72 有髓神经纤维光镜图
A. 有髓神经纤维纵断面　B. 有髓神经纤维横断面
1. 郎飞氏结　2. 轴索

1. 轴索　轴索是神经元的轴突或长树突，位于神经纤维的中央。在轴索表面被覆轴膜。神经冲动的传导在轴膜上进行。

2. 髓鞘　髓鞘（myelin sheath）包在轴索的外面，其主要成分是髓磷脂（60%）和蛋白质（40%），在H.E染色的切片上呈空泡细丝状，用锇酸固定，髓鞘显黑色。髓鞘的功能是支持轴索，对神经冲动的传导有绝缘作用。

周围神经系统中有髓神经纤维的髓鞘由神经膜细胞（neurolemmal cell）（又称许旺氏细胞，Schwann's cell）节段性包绕轴索而成，每一节有一个神经膜细胞，相邻节段间有一无髓鞘的狭窄处，称神经纤维结（node of never fiber）或郎飞氏结（node of Ranvier），此处无髓鞘，部分轴膜裸露，电阻较低，有利于神经冲动呈跳跃式传导。相邻两个郎飞氏结之间的一段神经纤维，称结间段（internode），长0.5~1 mm（图1-72）。轴突越粗，结间段则越长。有髓神经纤维神经冲动的传导，是从一个郎飞氏结跳到另一个郎飞氏结。因此，结间段越长，跳跃的距离就越远，传导的速度就越快。电镜下，可见髓鞘由许多明暗相间的同心圆板层组成，由神经膜细胞的胞膜多层包绕轴索而成。

髓鞘形成过程：伴随轴突生长，神经膜细胞表面凹陷成纵沟，轴突陷入纵沟，沟两边的质膜逐渐靠拢并融合，形成具有双层神经膜细胞膜的轴突系膜，随后轴突系膜不断伸长并围着轴突缠绕，结果在轴突周围形成逐渐加厚的、同心圆排列的板层膜，即为髓鞘。板层的排列很紧密，板层之间没有细胞质，只有靠近轴突和髓鞘板层最表面的地方保留少量的神经膜细胞的细胞质。细胞核分布在表层的细胞质中。缠绕周数的多少决定髓磷脂层的厚度（图1-73）。

中枢神经系统有髓神经纤维的髓鞘是由少突胶质细胞形成的。每个少突胶质细胞有多个突起，可分别包绕多个轴索，其胞体位于神经纤维之间。这种髓鞘的超微结构，与神经膜细胞形成的髓鞘是相同的。

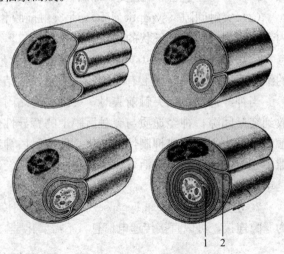

图1-73 周围神经系统形成髓鞘的过程
1. 内系膜　2. 外系膜
（路易斯·金·奎拉，基础组织学，1982）

3. 神经膜　神经膜（neurilemma）是包在髓鞘外面的薄膜，由神经膜细胞的外层与基膜组成。神经膜细胞的外层是较薄的细胞质层，只含细胞核、细胞质和细胞器，一个结间段只有一个神经膜细胞包裹。

（二）无髓神经纤维

无髓神经纤维（unmyelinated nerve fiber）较细，光镜下可见细长的神经膜细胞核排列于轴突的表面（图1-74）。电镜下，可见一神经膜细胞包埋数条轴索（图1-75）。

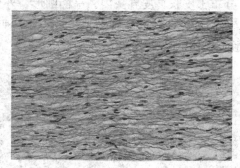
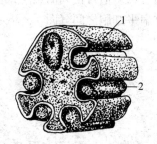

图1-74　无髓神经纤维纵断面光镜图

图1-75　无髓神经纤维示意图
1. 神经膜细胞　2. 轴索
（沈霞芬，家畜组织学与胚胎学，2015）

有些轴索并没有被神经膜细胞完全包住，常有部分轴索裸露于表面。部分感觉神经纤维属无髓神经纤维。无髓神经纤维的神经冲动为连续性传导，传导速度较慢。

三、神经末梢

神经末梢（nerve ending）是周围神经纤维的终末部分在各种组织和器官中所形成的各种各样的特有结构。根据生理机能的不同，可分为感觉神经末梢和运动神经末梢。

（一）感觉神经末梢

感觉神经末梢（sensory nerve ending）指感觉神经元树突终末部分的特有结构，又称感受器（receptor），能感受机体内外环境的各种刺激，并转化为神经冲动，经感觉纤维传入神经中枢。感觉神经末梢是严格特化的，每一种末梢只具有分析某种刺激的能力。生物在进化过程中，机体为适应内外界不同性质的各种刺激，分化形成多种多样的感觉神经末梢。

1. 游离神经末梢（free nerve ending）　主要分布于表皮，也分布于角膜、黏膜上皮、浆膜、肌肉和结缔组织中。感觉神经元树突在接近这些组织器官时，有髓神经纤维的髓鞘消失，变成裸露的细支，裸露的细支又反复分支，游离分散于上皮细胞之间或结缔组织内（图1-76），可感受

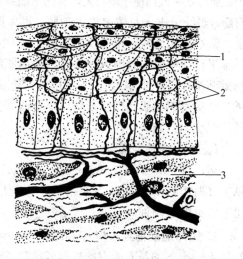

图1-76　游离感觉神经末梢
1. 感觉神经末梢　2. 上皮细胞　3. 结缔组织
（楼允东，组织胚胎学，1996）

疼痛、冷、热的刺激。

2. 环层小体（Pacinian corpuscle） 多见于皮下组织、腹膜、肠系膜等结缔组织中。一般呈圆形或椭圆形，大小不一，直径约150 μm，长达2 mm。环层小体的中轴为一条无结构的圆柱体，称内棍，周围是由数十层同心圆排列的、扁平的结缔组织细胞和纤维所构成的被囊，有髓神经纤维在失去髓鞘后进入内棍中（图1-77）。环层小体的功能主要是感受压力、振动、张力觉等。

3. 触觉小体（tactile corpuscle） 分布于皮肤真皮乳头内。呈椭圆形，外包有结缔组织被囊，内有许多横行排列的扁平细胞。有髓神经纤维进入被囊前失去髓鞘，神经终末分成细支盘绕在扁平细胞之间（图1-78）。触觉小体的功能是感受触觉。

图1-77 环层小体
1. 结缔组织被囊 2. 内棍

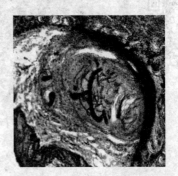

图1-78 触觉小体

4. 肌梭（muscle spindle）**和腱梭**（tendon spindle） 分布在骨骼肌内的一种特殊的感觉神经末梢。呈细长梭形，长1.8～7.2 mm，表面为结缔组织的被囊，内有数条特殊分化的、细小的横纹肌纤维，称梭内肌纤维。这些纤维的细胞核有的集中在肌纤维中段而使中段膨大，有的沿肌纤维的纵轴成串排列。有髓神经纤维进入肌梭前失去髓鞘，进入肌梭后形成许多分支，缠绕于梭内肌纤维上（图1-79）。肌梭的长轴与梭外肌纤维平行。当肌肉收缩或舒张时，梭内肌纤维也被牵张从而刺激缠绕在其上的神经末梢，并向中枢传导冲动而产生感觉。肌梭可感受肌肉运动及肢体位置改变的刺激。

肌腱中的腱梭结构类似于肌梭。

（二）运动神经末梢

运动神经末梢（motor nerve ending）是运动神经元的轴突在肌组织和腺体的终末结构，支配肌肉收缩和腺体分泌。常见的有两种。

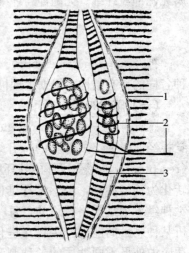

图1-79 肌梭
1. 结缔组织被囊 2. 感觉神经末梢 3. 梭内肌

1. 躯体运动神经末梢（somatic motor nerve ending） 躯体运动神经末梢分布在骨骼肌纤维上。运动神经元的有髓神经纤维接近肌纤维时失去髓鞘并反复分支，每个分支末端形成扣状膨大附着于骨骼肌纤维的表面，形成神经-肌突触，此处呈板状隆起，也称运动终板（motor end plate）（图1-80）。每个神经元可支配多条肌纤维。

电镜下（图1-81），运动终板处的肌纤维膜向内凹陷成浅槽，轴突末端嵌入槽内。轴突终末的细胞膜形成突触前膜，槽底肌膜为突触后膜，两者之间40～60 nm的裂隙为突触间隙。槽底肌膜再向肌浆内凹陷，形成许多许多深沟和皱褶，增大了突触后膜的表面积。轴突终末膨大处富有线粒体和突触小泡，突触小泡内的神经递质为乙酰胆碱。当神经冲动传到轴突终末时，突触小泡释放乙酰胆碱，与突触后膜上的受体结合，引起肌膜兴奋，经横小管传至整个肌纤维，引起肌肉的收缩。

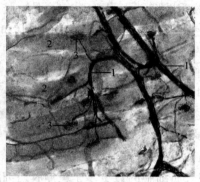 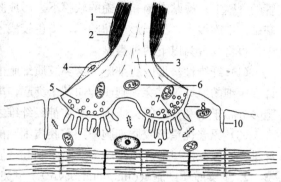

图1-80　运动终板光镜图　　　　图1-81　运动终板超微结构模式图
1. 运动神经末梢　2. 骨骼肌纤维　　1. 神经膜　2. 髓鞘　3. 轴突终末　4. 许旺氏细胞核
3. 运动终板　　　　　　　　　　　5. 突触小泡　6. 线粒体　7. 突触前膜
　　　　　　　　　　　　　　　　　8. 肌细胞膜　9. 肌细胞核　10. 横小管

2. 内脏运动神经末梢（visceral motor nerve ending）　内脏运动神经末梢分布在内脏器官及血管的平滑肌、心肌和腺体上。神经纤维较细，无髓鞘，末梢分支呈串珠状或膨大的小结状，附于肌细胞或腺细胞上。串珠状或小结内含许多突触小泡，小泡内的递质为去甲肾上腺素，肌细胞或腺细胞膜上有神经递质的受体。

四、神经胶质细胞

神经胶质细胞又称为神经胶质（neuroglia），是神经组织特有的另一大类细胞，广泛分布于中枢神经系统和周围神经系统中（图1-82），其数量是神经细胞的10～50倍。H.E染色只能显示神经胶质细胞的核，用特殊染色法（如镀银法或免疫细胞化学法）方可显示其整体形态而进行分类。神经胶质细胞有突起，但无树突和轴突之分，与相邻的细胞之间不形成突触，细胞内无尼氏体和神经原纤维，不能传导神经冲动。神经胶质细胞终生具有增殖能力，对神经元具有支持、营

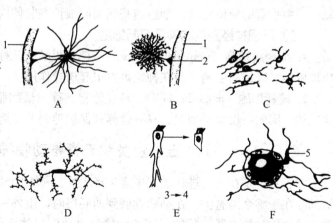

图1-82　神经胶质细胞
A. 纤维性星形胶质细胞　B. 原浆性星形胶质细胞
C. 少突胶质细胞　D. 小胶质细胞　E. 室管膜细胞　F. 被囊细胞
1. 毛细血管　2. 突起末端　3. 胚胎　4. 成体　5. 神经元
（沈霞芬，家畜组织学与胚胎学，2015）

养、形成髓鞘、绝缘、防御和修复等多种功能。

（一）中枢神经系统的神经胶质细胞

中枢神经系统的神经胶质细胞有星形胶质细胞、少突胶质细胞、小胶质细胞和室管膜细胞，它们构成网状的支架支持着神经元和神经纤维。

1. 星形胶质细胞（astrocyte） 星形胶质细胞是中枢神经胶质细胞体积最大的一种。胞体呈星形，由胞体上伸出许多放射状突起，其末端膨大形成脚板（end feet），附着在毛细血管的管壁上；或贴在脑和脊髓的软膜下，形成胶质界膜（glia limitans），是血脑屏障的结构基础。细胞核大，呈圆形或卵圆形，染色较浅。根据星形胶质细胞突起的形状和原纤维的多少，可将其分为以下两种类型。

（1）纤维性星形胶质细胞 这类胶质细胞的突起细长，分支少，表面光滑，细胞质内有许多极细的原纤维贯穿细胞质伸向各个突起，电镜下可见较多的胶质丝。纤维性星形胶质细胞多分布于脑和脊髓的白质内，夹在神经纤维之间。

（2）原浆性星形胶质细胞 这类胶质细胞的突起粗短，分支多，表面粗糙，细胞质内原纤维少。原浆性星形胶质细胞多分布于脑和脊髓的灰质内。

2. 少突胶质细胞（oligodendrocyte） 少突胶质细胞的数量多于星形胶质细胞。细胞体较小，多呈圆形或卵圆形，突起较少，核圆形或卵圆形，染色较深。这类细胞分布于脑和脊髓的灰质和白质内。少突胶质细胞有不同的生理特性。有些少突胶质细胞的突起形成有髓神经纤维的髓鞘，有些参加神经元的营养供应。

3. 小胶质细胞（microglia） 小胶质细胞是神经组织中唯一来源于中胚层的细胞，这类细胞数量较少，而且体积也最小，细胞细长，突起少，分支少，但突起上有棘。核呈椭圆形或三角形，染色较深。小胶质细胞多分布在大、小脑的皮质和脊髓灰质中，具有很强的吞噬能力，属于单核吞噬细胞系统。

4. 室管膜细胞（ependymal cell） 室管膜细胞是衬在脑室和脊髓中央管管壁上的一层立方或柱状上皮细胞，形成室管膜。细胞游离面有许多微绒毛，有的细胞有纤毛，纤毛的运动能使中央管的液体流动；细胞的基底面的细长突起伸向脑和脊髓的深层。

（二）周围神经系统的神经胶质细胞

1. 神经膜细胞（neurolemmal cell） 神经膜细胞又称许旺氏细胞（Schwann's cell），形成周围神经纤维的髓鞘，并在神经再生中起诱导作用。

2. 被囊细胞（capsular cell） 被囊细胞又称卫星细胞（satellite cell），是神经节内神经元胞体周围的一层扁平细胞，具有营养和保护神经节细胞的功能。

五、鱼类和无脊椎动物神经组织

神经系统是在动物进化过程中逐步产生的。单细胞动物虽具有反应性和传导性，但这些活动存在于整个细胞体。在动物发展到两胚层时，由外胚层分化出神经组织，完成接受刺激并把冲动传到效应器的功能。随着动物的进化，机体由简单构造发展到具有很多器官系统时，神经系统也由分散到集中，由网状、链状到管状，由脑化到皮质化不断地发展完善。

腔肠动物的双极和多极神经细胞以突起相互连接成一个疏松的神经网，神经细胞之间一般以突触相连接，也有非突触连接。神经细胞又与内、外胚层的感觉细胞、皮肌细胞相连，形成一个感应体系。没有神经中枢，信息的传导是弥散的、无方向性的、较低级的。神经肌肉的接触部分的超微结构与高等动物相似。

环节动物和节肢动物的神经组织集中，构成链状神经系统，包括神经节和位于神经节之间的节间纤维，每个神经节发出的神经支配该神经节所在体节的附肢、肌肉及器官，另外又通过节间纤维使全身各体节内神经节互相联系起来。中华绒螯蟹的神经细胞高度集中愈合形成两大神经节：脑和腹神经团，脑呈块状，发出四对主要神经；腹神经团呈圆盘状，由食管下神经节、胸神经节以及腹神经节愈合而成，由其发出多对神经，主要有五对步足神经。神经节均由神经细胞、胶质细胞、疏松结缔组织等组成。神经细胞多呈圆形，大小不一。细胞质内弥散着细小的尼氏体。神经细胞有树突，未见轴突。神经细胞周围分布着一层神经胶质细胞。胶质细胞数量多，小而扁平，可分三种：星形胶质细胞、少突胶质细胞和小胶质细胞。甲壳动物的脑内还有神经分泌细胞，该细胞分泌的激素沿其轴突而下，经血液以调节色素细胞或活化胸腺细胞，使之分泌蜕皮激素，控制幼虫的蜕皮。无脊椎动物的神经纤维大都属于无髓鞘类型，但有些甲壳类的种类如海水对虾、淡水沼虾、侧足厚蟹的神经具有髓鞘。

软体动物的神经系统有四对主要的神经节，即脑神经节、足神经节、侧神经节和脏神经节，它们之间有神经相互连接。在软体动物的神经节中可发现大量的各种形态的神经分泌细胞，它们是激素的主要来源。脑神经节可能是神经整体中最重要的中枢部分，与高等动物的脑类似，是调控神经系统其他部分功能的活动中心。乌贼的神经系统发达，而且比较集中，由中枢神经、周围神经及交感神经系统三个部分组成，中枢神经系统又分为食道周围的脑神经节、脏神经节及足神经节，由中枢神经发出周围神经，中枢神经包括口球下神经节及由它分出的一些神经。

脊椎动物神经系统的中枢部分呈管状，胚胎时期的神经管的前段膨大部分形成脑，向后延伸部分为脊髓。从脑发出10～12对脑神经，从脊髓发出若干对脊神经。但与哺乳动物相比，鱼类的脑分为五部分（即嗅脑、端脑、小脑、延脑、间脑），大脑不发达，硬骨鱼在脑背面仅为上皮组织而无神经细胞。脑神经为10对，无副神经和舌下神经。某些鱼类有一对很细且白色的端神经或称零对神经，它在嗅神经连到嗅叶的地方发出，有它自己的神经节伸入鼻黏膜上，可能有使血管舒缩的作用。

中枢神经的再生与修复

神经科学是21世纪发展最为活跃的学科，神经再生则是神经科学中最具潜力的领域之一。以前认为周围神经系统受损后可以再生，而成年哺乳动物中枢神经系统里的神经元是不可能分裂和再生的。但进入20世纪90年代后，由于新的实验手段的出现及一些神经元特异标记物的发现，中枢神经系统受损后不能再生的观念已经受到挑战。1998年，瑞典科学家Eriksson应用胸腺嘧啶脱氧核苷类似物5-溴脱氧尿核苷标记分裂细胞，发现了人脑中神经元再生现象，这一发现解决了神经元再生理论认识过程中的焦点问题，是神经元再生理论百年教条彻底崩溃的转折点。另外，人们注意到中枢神经内的微环境对受损神经的存活和再生至关重要。因而中枢神经系统轴突再生失败从大的方面来说有两个原因：①损伤的神经元存在内在的再生能力的缺陷；②中枢微环境不适合轴突再生。其中，抑制性因素被认为可能起着更重要的作用。研究发现：哺乳动物有髓神经纤维髓磷脂中含有一种名为Nogo-A的蛋白质，能抑制哺乳动物中枢神经系统轴突的生长，哺乳动物大脑和脊髓中的受损轴突无法再生，因此，脊髓损伤可导致永久性瘫痪。而鱼类缺少Nogo-A，其中枢神经系统轴突能够再生。然而如果鱼类的神经末梢接触到哺乳动物的髓磷脂，再生就会停止。除此之外，尚有许多的抑制因子被鉴定。目前促进神经再生与修复的策略也主要是通过促进内在的再生能力和消除外在的抑制因素两大途径。

2013年11月科学家发现鉴别出再生神经细胞的新路径,来自华盛顿大学医学院的研究者通过研究发现了一种连锁反应,其可以诱导某些损伤的神经细胞分支进行再生长,这项研究或将帮助改善神经损伤的疗法。

本章小结

上皮组织由排列密集的细胞和少量的细胞间质组成。大部分上皮覆盖于机体和器官的外表面或衬贴在有腔器官的腔面,也有分布在感觉器官内,或者形成腺体。所以上皮组织又分为被覆上皮、感觉上皮和腺上皮。被覆上皮根据细胞层数及形态分为单层扁平上皮、单层立方上皮、单层柱状上皮、复层扁平上皮、假复层纤毛柱状上皮、变移上皮等。上皮表面具有纤毛、微绒毛等特殊结构,具有保护、吸收、分泌等功能。

结缔组织由细胞和细胞间质组成,细胞种类多、数量少,无规则地散布在间质中。间质分为液态、固态和半固态,其中有成纤维细胞分泌的纤维。结缔组织种类较多,分布广泛,功能多样。可区分为固有结缔组织,包括疏松结缔组织、致密结缔组织、网状组织、脂肪组织等,具有联系和连接、保护器官、组织及储存营养等作用;支持组织,包括软骨组织与骨组织,具有支持作用;血液和淋巴,具有营养、运输、防护和免疫等作用。

肌肉组织分为骨骼肌、心肌和平滑肌,三种肌肉组织的显微和亚显微结构有明显区别,其收缩机制也不同。骨骼肌是随意肌,心肌和平滑肌为不随意肌。

神经组织包括神经元和神经胶质细胞两大类。神经元包括本体、神经纤维和神经末梢三部分。神经纤维又分为有髓鞘的神经纤维和无髓鞘的神经纤维。而神经末梢种类多样,依功能分为感觉神经末梢如环层小体、运动神经末梢如运动终板。神经胶质细胞没有传导功能,但具有支持、营养、形成髓鞘、绝缘、防御和修复等多种功能。

思考题

1. 简述被覆上皮的类型及结构特点。
2. 简述上皮表面的特殊结构及功能。
3. 简述结缔组织的特点与类型。
4. 简述疏松结缔组织、致密结缔组织、脂肪组织、网状组织的形态结构特点、分布与功能。
5. 简述软骨的类型与结构特点。
6. 简述软骨的生长方式。
7. 简述骨组织的基本结构。
8. 简述哺乳动物、鱼类、无脊椎动物血液基本成分及血细胞的形态结构与功能特性。
9. 简述三种肌肉组织的显微和亚显微结构特点。
10. 简述神经元的类型及结构。
11. 简述神经末梢的类型及功能。
12. 简述突触的概念及类型。

第二章 生殖器官

生殖器官包括精巢或者卵巢、生殖输送管以及附属腺体。本章重点介绍哺乳动物、鱼类以及部分无脊椎动物的精巢和卵巢结构。精巢和卵巢分别是精子和卵子的发生器官,同时还产生性激素,以促进生殖细胞的发育和性别特征的出现。

第一节 哺乳动物精巢和卵巢

一、睾丸(精巢)的形态结构

睾丸(testis)位于阴囊内,左右各一,呈略扁的椭圆形,表面光滑。在性成熟之前发育比较缓慢,至性成熟期发育迅速,老年后则逐渐萎缩。

睾丸表面覆盖浆膜,浆膜下方为致密结缔组织构成的白膜。白膜在睾丸后缘增厚形成睾丸纵隔,深入实质将睾丸分隔成小叶。每个小叶内有1~4条细长盘曲的生精小管(又称曲细精管),生精小管之间的疏松结缔组织称为睾丸间质。生精小管在近睾丸纵隔处变为短而直的直精小管,直精小管相互吻合成睾丸网。精子由生精小管产生,经直精小管、睾丸网送出睾丸(图2-1)。

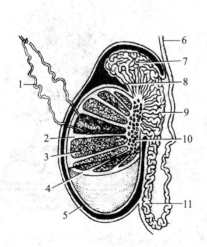

图2-1 睾丸的结构
1. 生精小管 2. 睾丸小隔 3. 睾丸小叶
4. 睾丸白膜 5. 鞘膜腔 6. 输精管
7. 附睾头 8. 睾丸输出小管 9. 附睾管
10. 睾丸网 11. 附睾尾

(周美娟,人体组织学与解剖学,1999)

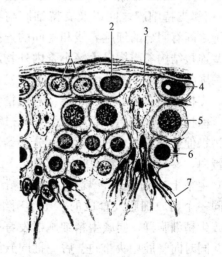

图2-2 哺乳动物生精小管横切面模式图
1. 精原细胞B 2. 精原细胞A2 3. 支持细胞
4. 精原细胞A1 5. 初级精母细胞
6. 次级精母细胞 7. 精子细胞

(张红卫,发育生物学,2001)

1. 生精小管(seminiferous tubule) 管壁主要由生精上皮构成。生精上皮由生精细胞和支持细胞组成。上皮下有明显的基膜,基膜下的结缔组织中有一些梭形的肌样细胞称类肌细胞，有助于精子的排出。

在生精小管的横切面上，可以看到由基膜向管腔依次排列着不同发育时期的生精细胞：精原细胞、初级精母细胞、次级精母细胞、精细胞和分化中的精子（图 2-2）。

(1) 生精细胞的形态特征　精原细胞：紧靠生精上皮基膜，圆形或椭圆形，直径约 12 μm。精原细胞可分为 A 型和 B 型，A 型精原细胞核椭圆形，染色质着色深，为精原细胞干细胞。B 型精原细胞有一较大的圆形核，可分化为初级精母细胞。

初级精母细胞：位于精原细胞近腔侧，体积较大，直径约 18 μm。细胞核大而圆，经过 DNA 复制后进行第一次成熟分裂，形成两个次级精母细胞。由于分裂前期历时较长，所以在切片中常见到初级精母细胞的不同阶段（细线期、偶线期、粗线期、双线期、终变期）。

次级精母细胞：次级精母细胞位于近管腔，直径约 12 μm，核圆，染色较深。次级精母细胞间期短，不进行 DNA 复制即进行第二次成熟分裂形成两个精子细胞，切片中不易见到。

精子细胞：靠近管腔，直径约 8 μm，核较次级精母细胞小且圆，染色质致密。精子细胞埋于支持细胞的凹窝中，经过变态形成精子。

精子：精子是一个形态特殊的细胞，形似蝌蚪，长约 60 μm，可分为头、颈、尾三部分。人的精子头部正面观呈扁圆形，侧面观呈梨形。

(2) 支持细胞　底部紧贴基膜，顶部伸达管腔。光镜下细胞轮廓不清，细胞核的形态不规则。电镜下为极不规则高锥体形，核不规则，核仁明显。侧面及顶部嵌有各级生精细胞（图 2-3）。相邻支持细胞之间以及支持细胞与各级生精细胞之间有明显的细胞界线和不同的连接结构。这些连接结构参与构成生精小管内外物质交换的血睾屏障，保证了生精细胞有一正常发育的微环境。支持细胞有多方面的功能：对生精细胞有支持、保护和营养作用；吞噬精子形成过程中的遗弃物；促进精子的释放和运送；分泌雄性激素结合蛋白，参与调节生精细胞周期。

(3) 生精上皮细胞组合规律　在生精上皮中，由同一个精原细胞发育成的多个生精细胞，称为同族生精细胞群。同族生精细胞群发育是同步的，并同时向管腔中央推进。后一批同族细胞群的发育阶段次于前一批同族细胞。由于各级生精细胞出现顺序和持续时间都有一定规律，所以在曲细精管横切面上各级生精细胞的数目和排列方式都有一定规律，称为一个时相，这种规律

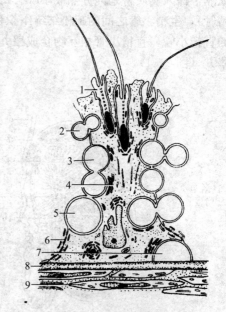

图 2-3　支持细胞
1. 变态中精子细胞　2. 精子细胞　3. 次级精母细胞
4. 支持细胞　5. 初级精母细胞　6. 紧密连接
7. 精原细胞　8. 基膜　9. 肌样细胞
（周美娟，人体组织学与解剖学，1999）

循环往复，即为生精上皮的周期性变化。图 2-4 显示人生精上皮周期的 6 个阶段。

2. 睾丸间质（interstitial tissue）　睾丸间质是位于生精小管之间的富含血管和淋巴管的结缔组织。间质内除有通常的结缔组织细胞外，还有一种间质细胞（interstitial cell）。间质

细胞常三五成群分布，体积较大，圆形或多边形，胞质嗜酸性，主要功能是分泌雄激素。雄激素可以促进精子发生和雄性生殖器官的发育等。

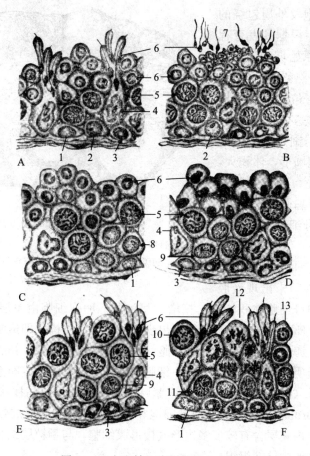

图 2-4　人生精上皮周期的 6 个阶段

1. 明 A 型精原细胞（Ap）　2. B 型精原细胞　3. 暗 A 型精原细胞（Ad）　4. 支持细胞
5. 粗线期精母细胞　6. 不同分化阶段的精子细胞　7. 残体　8. 静止期的初级精母细胞
9. 细线期精母细胞　10. 双线期精母细胞　11. 偶线期精母细胞
12. 正在分裂的初级精母细胞　13. 处于分裂间期的次级精母细胞

（曲漱惠等，动物胚胎学，1980）

3. 直精小管（tubulus rectus）**和睾丸网**（rete testis）　直精小管管径较细，管壁上皮为单层立方或矮柱状上皮。睾丸网管腔较大而不规则，管壁由单层立方上皮组成。它们将生精小管产生的精子送出睾丸。

二、卵巢的形态结构

卵巢（ovary）为成对的实质性器官，呈扁椭圆形，其大小和形状随年龄而有差异。性成熟前，卵巢表面光滑。性成熟期体积最大。此后由于多次排卵，卵巢表面显得凹凸不平。停经后逐渐萎缩。

卵巢表面覆盖的单层扁平或立方上皮称表面上皮，上皮下方为薄层致密结缔组织构成的白膜。卵巢外周为皮质，中央为髓质。皮质内含有不同发育阶段的卵泡、黄体和退化的卵泡及卵泡间结缔组织。髓质由结缔组织构成，含有血管、淋巴管和神经等（图2-5）。

1. 不同发育阶段卵泡的形态结构 卵泡由卵母细胞及外周包绕的多个卵泡细胞组成。根据其发育程度的不同，可分为原始卵泡、初级卵泡、次级卵泡、成熟卵泡。

（1）原始卵泡 位于卵巢皮质浅层，体积小，数量多。卵泡中央为初级卵母细胞，周围是一层卵泡细胞。初级卵母细胞圆形，体积大，核大而圆，核仁清楚。卵泡细胞呈扁平形，胞体小，核扁圆，着色深。卵泡细胞对初级卵母细胞有支持和营养作用。

（2）初级卵泡 由原始卵泡发育而成，为卵泡细胞间未出现液腔

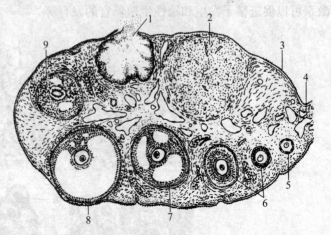

图2-5 卵巢结构模式图
1. 排卵 2. 黄体 3. 表面上皮 4. 卵巢门 5. 原始卵泡
6. 初级卵泡 7. 次级卵泡 8. 成熟卵泡 9. 闭锁卵泡
（周美娟，人体组织学与解剖学，1999）

的生长卵泡。初级卵母细胞体积增大，核增大呈泡状。卵泡细胞由单层扁平变成立方或柱状，进而增至多层。卵母细胞与卵泡细胞间出现嗜酸性膜状结构，即透明带。

（3）次级卵泡 卵泡体积更大，卵泡细胞间出现含液体的腔隙。初级卵母细胞达到最大体积，周围有厚的透明带。卵泡细胞增生，细胞间液腔汇合扩大形成卵泡腔，卵母细胞与部分卵泡细胞形成卵丘（cumulus oophorus）。紧贴卵母细胞的一层高柱状卵泡细胞呈放射状排列，称放射冠（corona radiata）。分布在卵泡腔周边的卵泡细胞形成颗粒层。卵泡膜分化为内膜层和外膜层。内膜层含有较多多边形或梭形膜细胞，与颗粒层细胞协同合成、分泌类固醇激素。外膜层主要为结缔组织。

（4）成熟卵泡 体积最大，内含大量卵泡液，突出于卵巢表面，颗粒层变薄。处于排卵前期。如人的成熟卵泡直径可达28 mm。

2. 排卵 成熟卵泡破裂，卵母细胞连同透明带、放射冠与卵泡液一起自卵巢中排出。排卵前，初级卵母细胞进行成熟分裂，停止于第二次成熟分裂中期的次级卵母细胞阶段。

3. 黄体 排卵后，残余于卵巢中的卵泡壁塌陷，卵泡膜的结缔组织和血管伸入颗粒层。在黄体生成素的作用下，卵泡壁细胞体积增大，分化成一个体积很大并富含血管的内分泌细胞团，新鲜时呈黄色，称为黄体（corpus luteum），由颗粒黄体细胞和膜黄体细胞组成。由颗粒细胞分化而成的颗粒黄体细胞位于黄体的中央，主要分泌孕酮和松弛素。由膜细胞分化成的膜黄体细胞位于黄体的周边，主要分泌雌激素。

黄体存在的时间长短，取决于排出的卵是否受精，如果未受精，仅维持2周左右即萎缩退化，称月经黄体；如果受精，可维持6个月，甚至更长，称妊娠黄体。黄体退化后为结缔组织所代替，称为白体。

4. 闭锁卵泡与间质腺 退化的卵泡称为闭锁卵泡（atretic follicle）。卵巢内的绝大部分卵泡在发育的不同时期陆续退化，其形态结构也不一致。

晚期次级卵泡退化形成的闭锁卵泡较特殊，卵泡壁塌陷，形似黄体，膜细胞增大，并被

结缔组织和血管分隔成分散的细胞团索，称为间质腺（interstitial gland），可以分泌雌激素。人类间质腺不发达，猫及啮齿动物卵巢中的间质腺较多。

第二节 鱼类性腺

鱼类性腺的发育过程具有一定的规律性，显示出其特殊的形态结构和生理特征。在解剖学上和发生学上生殖器官与泌尿器官有着密切的关系，所以常合并在一起称为泄殖系统。鱼类性腺成熟与繁殖的周期性既受体内神经、内分泌腺的调节控制，也受外界环境条件的影响。

一、精 巢

（一）一般形态结构

大多数鱼类有一对精巢，位于鳔的腹面两侧（只有少数鱼类如黄鳝等只有一个精巢），彼此分开。它们在腹腔的尾端接触，但每侧的精巢仍各由自己的被膜覆盖着。例如，鲤科鱼类左右精巢在尾端合并成"Y"形，汇合成很短的输精管，进入泄殖窦，通过泄殖孔与外界相通（图2-6，A）。鱼类的精巢体积较小，乳白色，圆柱状、盘曲的细带状或多叶状。在横切面上常呈长形、椭圆形或三角形。未达性成熟的个体，精巢平直，细线状，表面光滑；性成熟和生殖多年的个体则呈不规则的盘曲状，在表面也出现很多皱褶（如鲤科的部分种类）。当精巢成熟时，它生长到最大的体积，形状也发生相应的变化。

精巢壁由两层被膜构成，外层为腹膜（peritoneum），内层为白膜（tunica albuginea）。腹膜上有一层较薄的间皮。白膜是由具有弹性的疏松结缔组织构成的。在纤维之间分布着许多典型的结缔组织细胞核（不显现细胞质），这些细胞核能被苏木精染成很深的颜色。白膜向精巢内部伸进形成许多隔膜（septum），把精巢分成许多精小叶（seminiferous lobules），而精小叶之间的结缔组织称为间介组织（图2-6，B）。

1. 精小叶 在横切面上，精小叶的形状和大小很不相同。有些直径较小，圆形，像小管的断面，称为精细管。有些直径比较大，而且形状不规则，又称壶腹。根据现有资料分析，精小叶、精细管和壶腹是不同形态的同一结构。通常在性腺发育早期的雄鱼中，精小叶较小，随着雄鱼

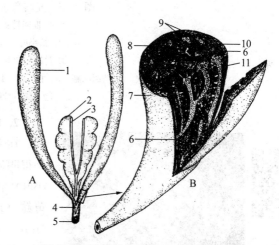

图2-6 真骨鱼类精巢的一般形态结构
A. 精巢的外部形态　B. 精巢的横切面和纵切面（示意图）
1. 精巢　2. 肾脏　3. 输尿管　4. 输精管
5. 泄殖孔　6. 输出管　7. 腹膜　8. 白膜
9. 精小叶　10. 间介组织　11. 小叶腔
（楼允东，组织胚胎学，1996）

性腺的发育，小叶变大，其中出现腔隙而成为一个复杂的精小叶系统。在有些鱼类（如鲱科、鲤科、鲶科和狗鱼科等），精小叶的排列都是不规则的，这类精巢称为壶腹型精巢。在

鲈形目，精小叶的排列呈规则的辐射状，所以称辐射型精巢（图2-7）。这两种类型精巢的基本结构是相同的。在每个小叶的边缘内侧分布有由生殖细胞聚集而成的精小囊（cyst）或称胞囊。在精小囊的外面盖着一层薄的滤泡细胞（follicle cell）。在小叶中，不同精小囊内的生殖细胞的发育程度可以不一致，但是同一精小囊内的生殖细胞的分裂是同步的，所以它们都处在相同的发育阶段。精小叶的中央是空腔，是精子排出的通路。雄鱼生殖细胞的整个发育过程都是在精小囊中进行的，当精子形成后，精小囊破裂，成熟的精子便进入精小叶腔中（图2-8）。

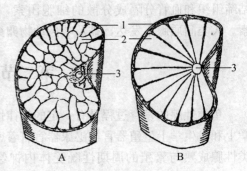

图 2-7 鱼类精巢的两种类型
A. 壶腹型 B. 辐射型
1. 被膜 2. 精小叶 3. 输精管
（王瑞霞，组织学与胚胎学，1993）

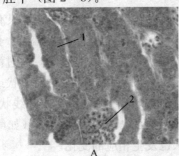
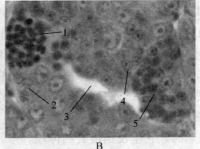

图 2-8 光唇鱼Ⅲ期精巢切片
A. Ⅲ期精巢切片
1. 精小叶 2. 血管
B. Ⅲ期精巢切片放大
1. 精子细胞 2. 精原细胞 3. 小叶腔 4. 初级精母细胞 5. 次级精母细胞
（姜建湖，2012）

图 2-9 红鲫精巢切片（示精小叶）
1. 初级精母细胞 2. 间质细胞
3. 次级精母细胞
（姚珺，2008）

2. 间介组织 这是精小叶之间的一种结缔组织。在未成熟的精巢中，结缔组织白膜和间介组织是很明显的。成熟的精巢，由于精子数量增加，精小叶体积增大，而使这些组织变薄。在少数鱼类如黄鲅（*Barbus luteus*），间介组织中含有间质细胞（interstitial cell），但是大多数鱼类没有间质细胞。这种细胞体积较大，平均直径为11.0 μm，圆形或椭圆形，有一个强嗜碱性、体积较大的细胞核（图2-9）。间质细胞能分泌雄性激素，其数量在一年之中呈现出周期性的变化。有些鱼类如 *Couesius plumbeus*，分泌雄性激素的功能是由小叶边界细胞（lobule boundary cell）来完成的。这类细胞位于小叶壁的内侧，为椭圆形、立方形或长方形，没有明显的核仁，细胞质中含有大量类脂质。在各类细胞中，只有小叶边界细胞对类固醇的测定呈阳性反应，这类细胞的数量和组织化学反应都有明显的季节性变化。还有一些鱼类,小叶间还有一种游走细胞(似淋巴细胞),在排精后处于恢复期的精巢,这类细胞的数量较多。

3. 输出管 在精巢的边缘内侧有许多分支状的输出管(efferent duct),成熟的精小叶与这些输出管相通。输出管的细胞具有分泌特性。在生殖季节,这些细胞变大,核移向基部,细胞游离端的细胞质中积累大量颗粒状分泌物质。在生殖过后的精巢中,这些分泌细胞变小,出现液泡化现象,然后变成扁平状。

(二)不同发育阶段生殖细胞的形态

和其他脊椎动物一样,鱼类精子的发生是在精巢中经过增殖、生长、成熟和变态几个连续的时期进行的(详见第十一章)。处在不同发育阶段的雄性生殖细胞有各自的形态特点。在不同的鱼类中,同一发育阶段的生殖细胞虽然在外形和大小等方面略有差别,但基本结构是一致的。在鱼类的精巢中有以下几类生殖细胞:

1. 精原细胞(spermatogonium) 圆形,体积较大,直径为 9~15 μm。细胞质为弱嗜碱性或嫌色性(即对染料无明显的亲和力)。细胞核一般比较大,直径为 5~12 μm,嗜碱性,位于细胞的中央。有些学者又把精原细胞分成初级精原细胞(primary spermatogonium)和次级精原细胞(secondary spermatogonium)。它们之间的差异是后者的细胞膜较明显,体积也较小,细胞核的嗜碱性增强。有人认为在有些鱼类如 *Couesius plumbeus*,精原细胞是由原始生殖细胞(primary germ cell)产生的。这类细胞一年四季都可以在精巢中找到,但在成熟的精巢中则比较少。原始生殖细胞又称休止生殖细胞(resting germ cell),体积比精原细胞大,细胞质和核着色很浅,有一个偏位的核仁。

2. 初级精母细胞(primary spermatocyte) 细胞呈圆形或椭圆形,直径比精原细胞小,平均 4.0~5.5 μm,细胞质为嫌色性。核的直径为 3.0~3.8 μm,染色质丰富,所以染色比精原细胞深,没有明显的核仁(图 2-9、图 2-10)。初级精母细胞是由精原细胞转化而成的。

3. 次级精母细胞(secondary spermatocyte) 由初级精母细胞经第一次成熟分裂而形成。圆形,较小,直径为 3.5~4.0 μm,细胞质很少,为嫌色性。核的嗜碱性比上一阶段增强(图 2-9)。次级精母细胞在发生中存在的时间是短暂的,紧接着进入第二次成熟分裂。

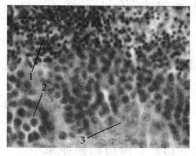

图 2-10 光唇鱼Ⅳ期精巢切片
1. 精子 2. 次级精母细胞 3. 初级精母细胞
(姜建湖,2012)

4. 精子细胞(spermatid) 细胞小,无明显的细胞质,只含有强嗜碱性的细胞核。由次级精母细胞分裂而成。大多数鱼类精子细胞核呈圆形,有些鱼如鳗鲡的核呈镰刀状。精子细胞的平均直径为 2.5 μm。

5. 精子(spermatozoon) 这是精巢中最小的一种细胞。多数鱼类精子由头、颈、尾三部分组成,头部直径因不同鱼类而异,一般为 1~2.5 μm。白鲢精子头部近乎圆球形,直径 2.2~2.5 μm,颈部长约 1.1 μm,尾部长约 35 μm。

(三)精巢发育的分期

在生殖周期中,鱼类精巢的组织结构及细胞成分发生形态和数量的变化。通常根据这些变化把精巢划分为若干期。各种鱼类的精巢在发育、成熟、排精过程中,其组织结构呈现几乎相同的图像。一个新的生殖周期从第Ⅱ期开始,而细线状、半透明的第Ⅰ期精巢,只在未成熟个体中出现,在鱼类一生中只有一次。以白鲢为例从外部形态和组织结构阐述精巢发育分期(表2-1)。

表2-1 白鲢精巢发育的分期

分期	外部形态	组织学特征
Ⅰ期	细线状,贴在腹腔壁上,不能分辨雌雄	主要为分散分布的精原细胞
Ⅱ期	细线状,血管不明显,浅灰色	精小叶无腔隙,小叶间有结缔组织。精原细胞数量明显增多
Ⅲ期	圆柱状,血管发达,呈粉红色	精小叶出现空腔。初级精母细胞沿小叶边缘单层或多层排列
Ⅳ期	乳白色,表面血管可分辨。挤压腹部有白色精液流出	精小叶由初级精母细胞、次级精母细胞、精子细胞和精子组成,形成精小囊
Ⅴ期	轻挤腹部,就会有大量精液流出	精小叶的空腔扩大,腔中充满成熟的精子,小叶壁有少量发育早期的细胞
Ⅵ期	精巢体积缩小,呈淡红色	大部分精子已排出。小叶中只残留少量精子。小叶壁有少数精原细胞和精母细胞

二、卵 巢

(一)一般形态结构

在大多数鱼类,卵巢是成对的,位于体腔的腹中线两侧,它们在身体的后端相遇,形成一短的输卵管,进入泄殖窦,由泄殖孔开口于体外(图2-11,A)。未成熟的卵巢呈条状,成熟的卵巢里充满卵粒,并随卵粒的长大而逐渐膨大,最后可占据体腔的大部分空间。卵巢表面的被膜由两层构成,外层为腹膜,内层是结缔组织的白膜。由白膜向卵巢内部伸进许多由结缔组织纤维、毛细血管和生殖上皮组成的板层状结构(lamellae),它们是产生卵子的地方,称为产卵板(图2-11,B)。大多数鱼类的卵巢有卵巢腔,成熟的卵子先突破包围在它周围的滤泡膜而跌入卵巢腔,然后经输卵管从泄殖孔排出体外。有些鱼类如鲤科鱼类,既无卵巢腔,也无输卵管,成熟的卵子先跌入体腔,然后从这里经泄殖孔排出体外。

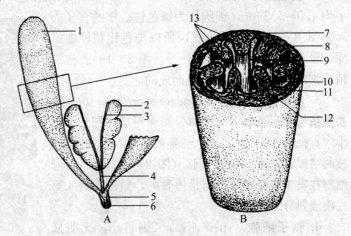

图2-11 真骨鱼类卵巢的一般形态结构
A. 卵巢的外部形态　B. 卵巢的横切面(示意图)
1. 卵巢　2. 肾脏　3、4. 输尿管　5. 输卵管　6. 泄殖孔
7. 腹膜　8. 白膜　9. 卵巢腔　10. 生殖上皮
11. 发育中的卵母细胞　12. 结缔组织　13. 产卵板
(楼允东,组织胚胎学,1996)

（二）不同发育阶段生殖细胞的形态

鱼类卵子的发生要经过增殖、生长和成熟3个时期。随着季节的变化和性周期的运转，在卵巢的发育过程中，可以观察到处在不同发育阶段（时相）的生殖细胞，通常用数字来表示它们的成熟度。以白鲢为例，描述各阶段的形态特征（图2-12）。

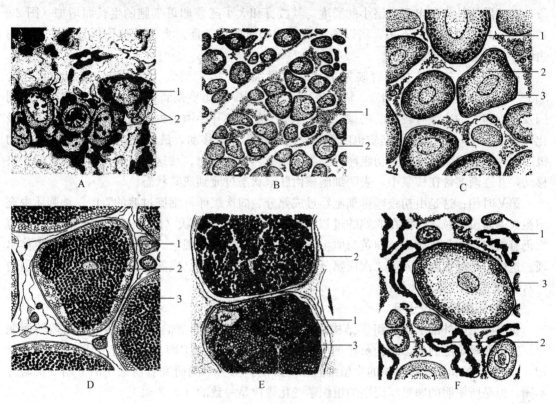

图2-12　白鲢卵巢切片图
A. 白鲢Ⅰ期卵巢　1. 第Ⅰ时相卵细胞　2. 细胞核
B. 白鲢Ⅱ期卵巢　1. 第Ⅱ时相卵细胞　2. 细胞核
C. 白鲢Ⅲ期卵巢　1. 第Ⅲ时相卵细胞的滤泡膜（两层）　2. 卵黄颗粒　3. 液泡
D. 白鲢Ⅳ期卵巢　1. 第Ⅳ时相卵细胞　2. 液泡　3. 卵黄颗粒
E. 白鲢Ⅴ期卵巢　1. 第Ⅴ时相卵细胞　2. 滤泡膜　3. 卵黄
F. 白鲢Ⅵ期卵巢　1. 滤泡膜　2. 第Ⅱ时相卵细胞　3. 第Ⅲ时相卵细胞
（曲漱惠等，动物胚胎学，1980）

第Ⅰ时相：这是处于卵原细胞阶段或由卵原细胞向初级卵母细胞过渡的细胞。卵原细胞的细胞质很少，是各时相中体积最小的。细胞直径为 $12\sim22~\mu m$，有明显的细胞核，直径为 $6\sim11~\mu m$。在核的中部有1～2个核仁。核内染色质作细丝状，形成稀疏的网（图2-12，A）。卵原细胞有分裂能力，一般每个卵原细胞分裂7～13代，所以鱼类生殖细胞的数量很大。

第Ⅱ时相：这是处于初级卵母细胞小生长期的细胞，细胞呈多角形。在白鲢等家鱼中，第Ⅱ时相卵母细胞的直径为 $90\sim300~\mu m$，核相应增大。细胞质为嗜碱性，细胞核中的核仁数增加，靠近核膜内侧分布（图2-12，B）。大部分卵母细胞外面有一层滤泡细胞。在较早阶段的第Ⅱ时相卵母细胞的细胞质中，可以看到一个染成蓝色的团块状结构，称为卵黄核，它可能与卵黄的形成有关。

第Ⅲ时相：这是进入大生长期的初级卵母细胞。白鲢第Ⅲ时相卵母细胞的直径为250～500 μm。在质膜的外面有两层滤泡膜。外层较厚，细胞呈梭形，有一核，细胞之间的界线不清楚；内层较薄，没有细胞界线，似乎是一种共质体结构。出现能被Mallory氏三色法染成深蓝色的辐射带，这层膜随细胞体积的增大而加厚。细胞质为弱嗜碱性，在发育的较早阶段，在卵质的外缘先出现一层小的液泡，其数目和大小随着卵母细胞的生长而增加（图2-12，C）。核膜变得凹凸不平，借以增加核质和卵质的接触面。大部分核仁仍分布在核膜的边缘，少数分散在核的中央。

第Ⅳ时相：这是处在发育晚期的初级卵母细胞，体积增大。在白鲢，细胞的直径为800～1580 μm（图2-12，D）。辐射带增厚，卵黄颗粒几乎充满核外空间，只有在核的周围及靠近卵膜的边缘有较多的嗜碱性的细胞质。细胞核开始由中央向动物极移动（所谓"极化"现象）。不含卵黄的细胞质也随着卵核向卵膜孔方向移动，最后抵达卵膜孔正下方动物极的原生质盘内。核偏移是初级卵母细胞进入成熟期的标志。在这个时候，核仁向核的中央移动，并逐渐溶解在核浆中，表明细胞核由胚泡状态过渡到成熟状态。

第Ⅴ时相：这是由初级卵母细胞经过成熟分裂向次级卵母细胞过渡的阶段。细胞质中充满粗大的卵黄颗粒，它们在成熟的过程中逐渐互相融合成块状（图2-12，E）。在卵质的边缘仍有液泡，称为皮质泡。卵黄与原生质表现出明显的极化现象。核膜穿孔溶解，染色体出现。这样，卵母细胞进入第二次成熟分裂中期。此时卵细胞已成熟，游离在卵巢包膜内（内产），或经输卵管排出体外。

（三）卵巢发育的分期

鱼类卵巢的外部形态和组织结构，随着年龄的增加、季节的更换和性周期的运转而变化。根据卵母细胞的形态结构及卵巢本身的组织特点可把鱼类卵巢的发育分成6期（图2-12），每一期是和上述各时相的生殖细胞相对应的。虽然不同研究者所采用的分期方法略有不同，但是所阐明的卵巢年周期的组织学变化规律是一致的（表2-2）。

表2-2 白鲢卵巢发育的分期

分期	外部形态	组织结构
Ⅰ期	细线状，外观不能分辨雌雄	以卵原细胞为主，正在向初级卵母细胞过渡。卵巢腔不明显；卵巢内的结缔组织及血管的发育均十分细弱
Ⅱ期	扁带状，出现血管，呈浅粉色或浅黄色	全部为第Ⅱ时相卵母细胞，或者产卵之后退化到第Ⅱ期的卵巢，除了第Ⅱ时相的卵母细胞外，还有Ⅱ到Ⅳ时相的退化类型。血管与结缔组织均十分发达
Ⅲ期	黄白色，肉眼可分辨卵粒	以第Ⅲ时相卵母细胞为主，也有较早期的卵母细胞。血管的发育较好，有分支
Ⅳ期	淡黄色或粉红色，肉眼见卵粒饱满，因挤压呈不规则形	以第Ⅳ时相卵母细胞为主，早期的卵母细胞数量较少。在一次产卵的鱼类，第Ⅳ时相卵母细胞已进入卵黄充满期；在分批产卵的鱼类，其卵母细胞则存在着各种过渡的类型
Ⅴ期	卵子排到卵巢腔中，轻挤压就有卵子从生殖孔流出	在一次产卵的鱼类中，卵巢内剩留的主要是第Ⅱ时相卵母细胞，当年不再成熟。在分批产卵的鱼类，卵巢中还有Ⅱ、Ⅲ、Ⅳ时相的卵母细胞，它们可以发育成熟，当年再次产卵
Ⅵ期	体积缩小，松软，血管丰富，紫红色	在一次产卵的鱼类，卵巢中有大量空滤泡膜，残留少数将退化的第Ⅳ时相卵母细胞和第Ⅱ时相的卵母细胞。在分批产卵的鱼类中，空滤泡膜较少。有许多过渡型的卵母细胞，即不同时相的卵母细胞

(四)卵母细胞的萎缩

在卵母细胞生长发育的过程中,在第Ⅲ时相和接近成熟的卵母细胞当中,总有一部分卵母细胞不能完成其整个发育过程而出现萎缩(败育)的现象。萎缩的卵子最终会被分解吸收。产生败育的原因很复杂,主要的原因之一是卵在发育的过程中缺乏必需的营养,使第Ⅲ时相的卵母细胞向第Ⅳ时相过渡时,卵黄的形成受到阻碍,甚至使第Ⅱ时相的卵母细胞向第Ⅲ时相转变也受到抑制。还存在另一种情况,在产卵不久的第Ⅵ期卵巢中,往往残留一部分过分成熟而未能排出的卵子,这些卵子也会被逐渐分解吸收。在这个过程中可以看到卵黄颗粒融合,卵膜发生皱褶,最后断裂而消失。卵子外面的滤泡膜变厚,层数增加,有单个细胞游离出来。这时整个滤泡失去原形,有人称为萎缩滤泡。在不同的鱼类中,萎缩的卵母细胞在被吸收时有不同的形态表现。

(五)一次性产卵和分批产卵卵巢的组织学特征

有的鱼类如青鱼、草鱼、鲢和鳙等在性成熟后每年产卵一次。这种一次性产卵鱼类产卵后的卵巢中除第Ⅱ时相以前各发育阶段的、等待下一生殖周期继续发育成熟的卵母细胞之外,那些第Ⅲ时相卵母细胞的发育基本上是同步的。产卵后的卵巢,仅留有极少数第Ⅲ时相、第Ⅳ时相和未产出的第Ⅴ时相的卵母细胞,并有大量空滤泡。有的鱼类在一个生殖周期中,卵母细胞发育不同步,是分批发育成熟并产卵,于是在生殖季节,卵巢中有一些排卵后的空滤泡以及第Ⅲ和第Ⅳ时相等各期的卵母细胞,使一次性产卵和分批产卵卵巢的组织学特征呈现出明显的差异。

第三节 无脊椎动物性腺

一、软体动物的性腺

双壳类动物一般为雌雄异体,但性别很不稳定,有性反转现象。如牡蛎、贻贝、珍珠贝、江珧等。生殖腺发育呈现明显的周期性变化。成熟期生殖腺分散分布在外套膜、内脏团表面等处,其颜色雌雄有别。多数种类精巢为乳白色或淡黄色,但卵巢颜色差别很大,如贻贝、扇贝、江珧为橘红色,鲍为褐绿色。

双壳类的性腺主要由滤泡(follicle)构成,滤泡为生殖管分支的末端膨大而成的泡囊状结构。滤泡壁由生殖上皮及结缔组织构成。生殖上皮增殖为精原细胞或卵原细胞,并进一步发育为初级精母细胞或初级卵母细胞。

雄性滤泡中紧靠滤泡壁的精原细胞大量增生,分化成不同发育阶段的生精细胞,逐渐向滤泡腔推进,填充滤泡腔隙。到发育晚期,滤泡腔内充满成熟精子,精子头部朝向滤泡壁,尾部聚集成束朝向滤泡腔中央(图2-13)。

雌性滤泡中的卵原细胞体积小,紧贴在滤泡壁上。它发育为胞体较大、核逐渐透亮的初级卵母细胞。早期的初级卵母细胞中无卵黄,随着卵母细胞的生长,细胞形态发生变化,一端逐渐突向滤泡腔中,另一端通过卵柄仍与滤泡壁相连,卵黄逐渐出现并增多,细胞体积也逐渐增大,细胞形态从扁平或不规则形渐变为梨形。进而卵柄逐渐变窄,直至卵子成熟而消失(图2-14)。

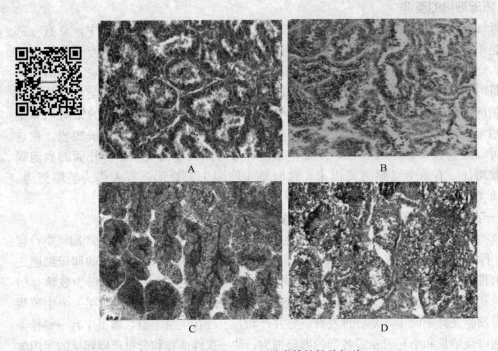

图2-13 贝类雄性性腺切片
A. 增殖期 B. 生长期 C. 成熟期 D. 排放期
(王梅芳提供)

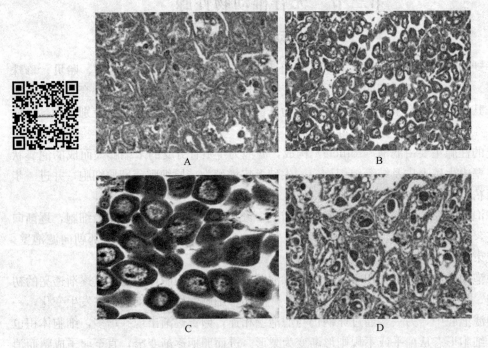

图2-14 贝类雌性性腺切片
A. 增殖期 B. 生长期 C. 成熟期 D. 排放期
(王梅芳提供)

在性腺发育过程中除生殖细胞的数量和类型有明显变化外，滤泡壁的结缔组织也有明显的改变。早期滤泡，由于细胞都贴在滤泡壁上，看上去基本上是一空腔，滤泡之间的结缔组织发达。发育中的滤泡因卵母细胞或精母细胞的生长，滤泡腔逐渐被细胞填充，腔隙变狭窄。成熟滤泡无明显空隙，结缔组织不明显，整个性腺几乎都由充满生殖细胞的滤泡组成。通常雄性滤泡大小与形状比较一致，而雌性滤泡大小则不均匀。可根据性腺颜色、饱满度、滤泡的形态、生殖细胞的数量和类型对性腺发育进行分期。

二、甲壳动物的性腺

大多数甲壳类为雌雄异体，且在外形上雌雄有别，如对虾，雄虾个体较小，体色较黄，有交接器等；而雌虾个体较大，壳色透明，具纳精囊。现以对虾为例，介绍其性腺的形态结构。

1. 卵巢 对虾的卵巢一对，自头胸部向腹部延伸，位于肠道上方，心脏下方。在发育的过程中，具有明显的体积与色泽变化。表现为体积由小变大，颜色由浅变深（从无色透明变为不透明，而后变为淡黄绿色、青绿色、灰绿色，成熟时为褐绿色），这些变化透过甲壳即可观察到。

切片观察显示，对虾卵巢外被一薄层结缔组织被膜，其内由许多卵室及中央卵管组成。卵管壁的周缘由生殖上皮组成。生殖上皮中含有两种形态、大小各不相同的细胞，其中较大的一种逐渐发育为卵原细胞，以后分化为初级卵母细胞，而较小的一种则分化为滤泡细胞。

我国学者根据卵子在发生与成熟过程中的细胞学特征，把对虾卵子发生分为以下 6 个时相。由于对虾卵巢中卵母细胞的发育不同步，在卵巢发育的不同阶段，同时存在着不同发育时相的卵母细胞，但所占的比例不同。因此，根据对虾卵巢的色泽、透明度、体积以及各时相卵母细胞所占比例进行综合分析，将卵巢发育也相应地分为 6 个时期（图 2-15）。

Ⅰ时相：为卵原细胞，是卵巢中最小的性细胞，细胞直径约 20 μm，形态不规则，核大而圆，位于细胞中央。核仁 1～2 个。细胞质嗜酸性。在Ⅰ期卵巢中（图 2-15，A），Ⅰ时相卵原细胞的数量和体积占优势。

Ⅱ时相：为卵黄发生前（小生长期）的初级卵母细胞。细胞为不等多边形，大小为 20～50 μm。核大而圆，近细胞中央，核仁多个，呈致密颗粒状，紧贴于核内膜。卵的表面围有一层立方形的滤泡细胞。卵黄发生前的初级卵母细胞是Ⅱ期卵巢（图 2-15，B）中的主要成分。

Ⅲ时相：进入大生长期的初级卵母细胞，胞质增多，并出现卵黄颗粒，卵径 100～170 μm，同时在卵细胞的皮层中出现小球状的周边体（或黏液泡）。卵表面的滤泡细胞变薄呈扁平状。大生长期的初级卵母细胞为Ⅲ期卵巢（图 2-15，C）的主要成分。

Ⅳ时相：初级卵母细胞体积长足，卵径 200～300 μm，周边体增长，呈棒状并辐射排列于卵细胞的皮质中。核呈不规则的多角形。卵表面的滤泡细胞仅呈一薄膜状（图 2-15，D）。

Ⅴ时相：系指处于第一次成熟分裂中期，排离滤泡膜的初级卵母细胞，细胞核由于偏位，且核膜消失，故不易见到。周边体仍辐射状排列于卵的周边（图 2-15，E）。

Ⅵ时相：在产卵后的卵巢中，没有排离滤泡膜的Ⅳ时相初级卵母细胞，和脱离滤泡膜没有产出的Ⅴ时相的初级卵母细胞将解体被吸收，正在解体处于被吸收状态的初级卵母细胞称为Ⅵ时相（图 2-15，F）。

2. 精巢 精巢一对位于心脏下方，贴附于肝胰腺之上。成熟时，精巢呈半透明乳白色，叶状。

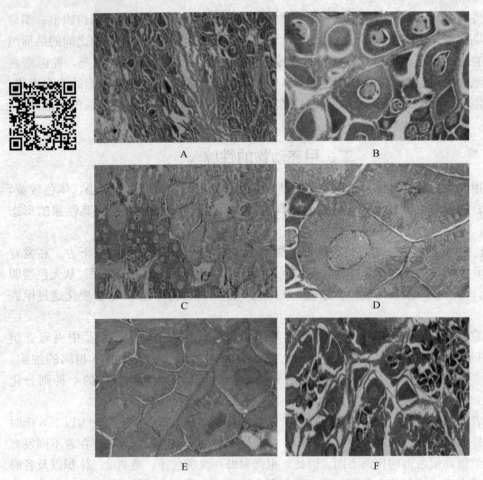

图 2-15 中国对虾各发育时期卵巢切片
A. Ⅰ期卵巢　B. Ⅱ期卵巢　C. Ⅲ期卵巢　D. Ⅳ期卵巢　E. Ⅴ期卵巢　F. Ⅵ期卵巢
(任素莲、李霞提供)

切片观察显示，精巢外被结缔组织薄膜，精巢内部是由结缔组织围成许多弯曲的盲管组成。盲管之间有血窦存在。盲管内侧为生殖细胞的生发区（germinative area）。随着发育，精原细胞分裂增殖，分化为初级精母细胞、次级精母细胞、精细胞和精子。对虾精子的发生为非同步。精巢盲管基端（与输精管接近）的生殖细胞分裂早于末端；不同盲管内生殖细胞发育阶段亦不相同。当精子形成并相继排出精巢时，精原细胞数量又增多，继续进行分裂，使雄虾能连续不断产生精子。

三、棘皮动物的性腺

棘皮动物为雌雄异体，但外观不易分辨雌雄，生殖腺为分支树状（海参）或辐射对称的5部分（海胆）。成熟时，海参精巢为乳白色，卵巢为浅橘黄色；有的海胆精、卵巢颜色差别不大，如光棘球海胆。但如马粪海胆，精巢比卵巢颜色要浅一些。用硬物轻触精巢，有白色精液流出。

棘皮动物性腺为典型滤泡型。发育早期，滤泡腔很大。滤泡壁排列着精原细胞或者卵原细胞，随性腺发育和成熟，生殖细胞逐渐移向滤泡腔，并将其充满。

在海胆滤泡腔中充满营养吞噬细胞，这些细胞含有丰富的营养颗粒。颗粒的数量随生殖细胞的发育而有变化。在发育早期，营养吞噬细胞数量较多；性腺进入成熟期，随生殖细胞的长大，该细胞数量和其中营养颗粒有所减少。目前研究表明营养吞噬细胞中含有蛋白质、糖原、脂质，尤其是蛋白成分的卵黄蛋白原，对卵黄形成起至关重要的作用。此外，由于海胆器官结构比较简单，没有明显的消化腺和肌肉组织等，营养吞噬细胞可用来储存能量，即海胆性腺还担负着机体储能功能（图2-16）。

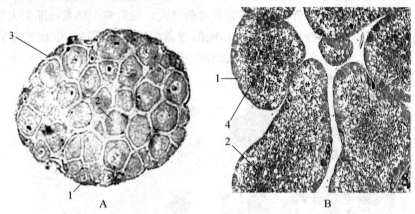

图2-16 海参和海胆的性腺（400×）
A. 海参卵巢中一个滤泡　B. 海胆卵巢
1. 卵黄形成前的初级卵母细胞　2. 卵黄形成后的初级卵母细胞
3. 滤泡细胞　4. 营养颗粒
(李霞提供)

第四节　雌雄同体和性转换

一、雌雄同体

雌雄同体（hermaphroditism）是指一个体内同时含有可辨认的卵巢组织和精巢组织，并分别产生卵子和精子，但一般精子和卵子发育和成熟的时间并不相同，因而自体受精者甚少。

在鱼类，虽然雌雄同体只是某些种属中的个别个体或少数个体偶然出现的现象，但在胡瓜鱼（Osmerus eperlanus）中则是较为常见的。目前已知具有雌雄同体现象的鱼类计300～400种，主要发现于鲈形目鮨科、鲷科以及灯笼鱼目等。其性腺有雌性先成熟的（如鮨科石斑鱼属），有雄性先成熟的（如鲷属），也有雌雄性腺同步发育的（鮨属以及灯笼鱼目）。

软体动物一般为雌雄异体，但腹足纲的后鳃类（如海兔）和肺螺类（蜗牛及椎实螺等）则为雌雄同体，个体可以行雌性和雄性的双重作用，自然状态下一般进行异体受精。瓣鳃纲中海湾扇贝也为雌雄同体，精巢和卵巢有一分界，各自有生殖管输送生殖产物。也有的个体雌雄滤泡混杂在一起，或同一个滤泡既能产生精子也能产生卵子。

甲壳类动物中也存在雌雄同体的种类，如蔓足类的藤壶（Balanus）和茗荷（Lepas）等。在单个生存时，可以进行自体受精，而当组成群体时，行异体受精。

二、性转换

性转换又称性反转或性逆转（sex reversal），即个体在不同的生长阶段表现出不同的性别。有的首先出现雌性,即第一次性成熟为雌性的卵巢,以后转变为雄性的精巢,称为"首雌特征"(protogynous);有的则是第一次性成熟为雄性,具有精巢组织,然后再转变为雌性,称为"首雄特征"(proterandrous),如海产鲷科(*Mylio macrocephalus*),幼鱼的性腺是精巢,年长后反转成为卵巢。石斑鱼类的情况恰好相反,在发育过程中,生殖腺的皮质部优先发育成具有功能的卵巢,但髓质部仍以小群细胞形式构成精原囊存在于卵巢中。随着鱼龄增大,卵巢及其卵母细胞逐渐萎缩,精原囊逐渐增大,最后整个卵巢萎缩失去功能,精巢取而代之(图2-17),个体变成具有正常功能的雄鱼。淡水的黄鳝,也属先雌后雄型,即首次性成熟全为雌性,成熟产卵后,卵巢组织发生变化,逐渐向精巢转变,到下一生殖周期成了雄性,生殖腺转变成精巢,只产生精子。

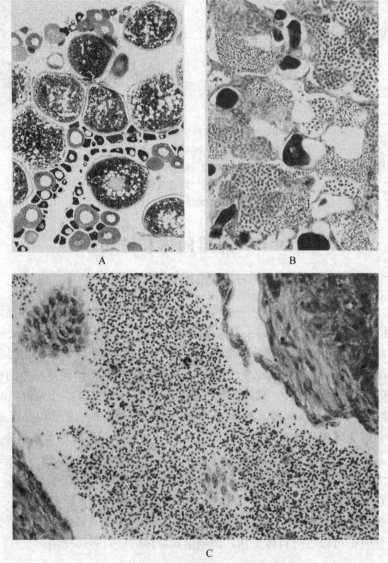

图2-17 赤点石斑鱼(*Epinephelus akaara*)性腺(200×)
A. 雌性期 B. 过渡期 C. 雄性期
(李广丽提供)

近年来，有关双壳类的性反转有一些研究报道，从已有的资料来看，多数种类一生中会出现性反转现象，如牡蛎科、贻贝科、珍珠贝科的种类，即在某一个阶段出现雌雄同体的性腺。在其性腺切片中，雌雄滤泡有两种类型，一种为滤泡混合型，即两性生殖细胞可在同一滤泡中出现；另一种为滤泡并存型，指雌雄生殖细胞分别位于不同的滤泡中（图 2-18）。从性别转化的方向上看，雄性转变为雌性的类型占绝大多数，但也存在雌性转化为雄性及两种性别均衡发育的情形（图 2-19、图 2-20），这表明水产动物性别决定的方式相对较原始，环境因子对性别决定起非常重要的作用，如温度、盐度和营养条件等。一些内分泌因子在其中也起一定的作用。

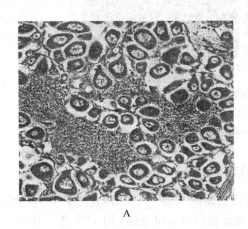
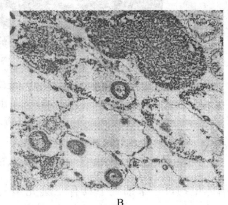

图 2-18 贝类性腺，示雌雄同体、性反转现象（200×）
A. 混合型：两性生殖细胞存在于同一滤泡内，其内含大量精子，卵母细胞分布于滤泡边缘
B. 并存型：两性生殖细胞分布于不同的滤泡中
（古丸 明 1988）

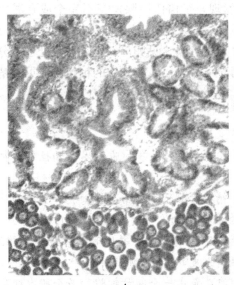
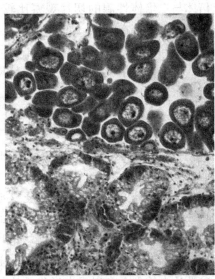

图 2-19 马氏珠母贝性腺
A. 雄性转变为雌性 B. 雌性转变为雄性
（王梅芳提供）

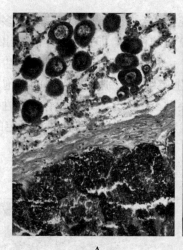

图 2-20 雌雄性别均衡发育
A. 马氏珠母贝性腺　B. 帽贝性腺
(王梅芳提供)

三、三倍体性腺

三倍体生物每一个细胞中具有三套完整的染色体组，即 $3n$。从理论上讲，三倍体由于性腺发育不完全，具有不育或低育性，用于性腺发育的能量可能转到生长方面，从而加速生长，具有潜在的生长速度快、肉质好、抗逆性强、不干扰生物资源等特点。在水产业，经过多年的研究，鱼类三倍体诱导技术已经比较成熟并在鲤、大西洋鲑、虹鳟、大菱鲆、香鱼、草鱼等鱼类中应用成功。贝类的三倍体牡蛎已商业化。

通过对三倍体与二倍体性腺的切片观察比较发现，三倍体性腺发育不完全或有滞后现象，与二倍体性腺的发育存在差异，如在牙鲆中（图 2-21），二倍体卵巢发育处于第Ⅱ期，可见到早、中、晚不同时期的卵母细胞，三倍体牙鲆的卵巢未见卵母细胞，卵巢处于未分化的卵原细胞阶段；二倍体的精巢中可见到大量精母细胞和精子，三倍体的精巢也能见到精母细胞和精子，但是密度要比二倍体中小很多。

本章小结

生殖器官是精子和卵子的发生器官，并产生性激素，促进生殖细胞的发育和性别特征的出现。

在哺乳动物精巢中，精子由生精小管产生。生精小管管壁主要由生精细胞和支持细胞组成，由基膜向管腔方向依次排列着不同发育时期的生精细胞，即精原细胞、初级精母细胞、次级精母细胞、精细胞和变态中的精子。同族生精细胞群同步发育并同时向管腔中央推进。支持细胞对生精细胞有支持、保护和营养作用。生精上皮具有周期性变化。

哺乳动物卵巢的皮质内含有不同发育阶段的卵泡，是由一个卵母细胞和多个卵泡细胞组成，可分为原始卵泡、初级卵泡、次级卵泡、成熟卵泡等。成熟卵泡排卵后，残余的卵泡壁塌陷形成黄体，可分泌孕酮等雌激素。

鱼类精巢由精小叶和间介组织构成，可分为辐射型和壶腹型。随着性腺的发育，精小叶

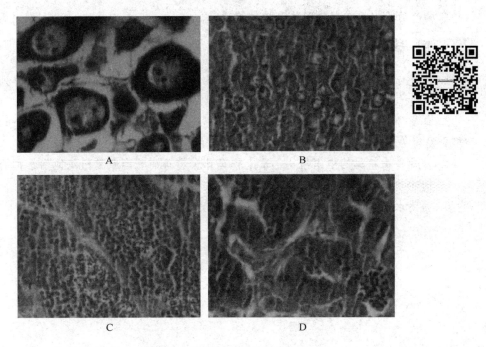

图 2-21　二倍体与三倍体牙鲆成鱼性腺切片对比
A. 二倍体卵巢组织切片　B. 三倍体卵巢组织切片
C. 二倍体精巢组织切片　D. 三倍体精巢组织切片
（王磊等，2011）

由小变大，形态也发生变化，由实心的小叶出现腔隙而成为精细管，腔隙进一步增大呈不规则状形成壶腹。因此精小叶、精细管和壶腹是不同发育时期、不同形态下的同一结构。精小叶内侧分布有许多精小囊。精小囊由生精细胞聚集而成，外被一层薄的滤泡细胞。不同精小囊内的生精细胞的发育程度可以不一致，但同一精小囊内的生精细胞的分裂是同步的，当精子变态成熟后，精小囊破裂，成熟的精子便落入精小叶腔隙中。

鱼类卵巢被膜内层向内部伸进组成产卵板，在发育过程中可观察到处在不同发育阶段的生殖细胞，依形态特征划分为 5 个时相。

在生殖周期中，鱼类精巢、卵巢的外观形态、组织结构及细胞成分发生形态和数量的变化，依变化将性腺划分为 6 个期。

软体动物双壳类一般为雌雄异体，有性反转现象。性腺由滤泡构成。雄性滤泡中紧靠滤泡壁的精原细胞大量增生，分化成不同发育阶段的生精细胞，逐渐向滤泡腔推进，填充滤泡腔隙。在雌性滤泡中紧贴滤泡壁的卵原细胞增生、分化成卵母细胞，随细胞体积增大逐渐突向滤泡腔中，借一卵柄与滤泡壁相连，卵子成熟时卵柄消失。生殖腺发育呈现周期性变化，可分为增殖期、生长期、成熟期、排放期。

甲壳类多为雌雄异体异形，如对虾，雄虾个体较小，体色较黄，有交接器。而雌虾个体较大，壳色透明，具纳精囊。对虾性腺具有明显的体积与色泽变化，分 6 个时期。其精卵发生为非同步，可连续产精或排卵。

海参生殖腺呈分支树状，滤泡型。滤泡壁排列着精原细胞或卵原细胞，随性腺发育和成熟，生殖细胞逐渐移向滤泡腔，并将其充满。成熟时，精巢为乳白色，卵巢为浅橘黄色。

在水产动物中存在雌雄同体和性转换现象。

思考题

1. 简述哺乳动物生精小管的组织结构，各级生精细胞的形态结构特征和排列规律。
2. 真骨鱼类卵子发生经过几个时期？何谓小生长期、大生长期？
3. 鱼类卵子发生与成熟过程中 5 个时相卵胞的主要特征有哪些？鱼类卵子发育到何时相停止发育等待受精？此时卵母细胞处在发生的何期？
4. 真骨鱼类精巢的组织结构，试比较真骨鱼类与哺乳类精巢组织微细结构的差异。
5. 简述软体动物性腺发育的不同阶段的主要组织特征。
6. 简述水产动物中的雌雄同体与性转化现象。

第三章 循环器官

循环器官构成循环系统，循环系统包括心血管系统和淋巴管系统。

脊椎动物的心血管系统是封闭的管道系统，包括心脏、动脉、毛细血管和静脉。心脏是推动血液流动的动力器官；动脉是引导血液流出心脏的管道；毛细血管最细，管壁最薄，是血液与组织、细胞进行物质交换的部位；静脉是引导血液流回心脏的管道。

淋巴管系统由毛细淋巴管、淋巴管和淋巴导管组成，是单程向心回流的管道系统，可视为心血管系统的辅助装置。

循环系统的功能是输送营养物质和代谢产物，以保证机体代谢的正常进行。此外内分泌腺分泌的激素也借助于血液和淋巴的循环运送到全身的组织和器官，对机体的生长发育和生理功能起调节作用。

第一节 哺乳动物循环系统

一、毛细血管

毛细血管（capillary）是动物体内分布最广、分支最多、管径最小、管壁最薄的血管，是血液与组织细胞间物质交换的主要部位。平均直径为 $7\sim9\ \mu m$，可容许 $1\sim2$ 个红细胞通过。

毛细血管一般位于动脉和静脉之间，但也有少数位于动脉与动脉（如肾入球微动脉和出球微动脉之间的血管球）或静脉与静脉（如肝门静脉和肝静脉之间的肝血窦）之间。毛细血管在组织器官内有许多分支并互相通连吻合成网。一般来说，肺、鳃、肾、肝、骨骼肌、心肌、胃肠黏膜、中枢神经系统等代谢功能旺盛的组织器官，毛细血管网稠密；韧带、肌腱、平滑肌、周围神经系统等代谢较低的组织，毛细血管网较稀疏；而上皮、软骨、角膜、晶状体等少数组织器官无毛细血管分布。

（一）毛细血管的结构

毛细血管的结构简单，由内皮、基膜和周细胞构成。内皮为单层扁平上皮，内皮细胞的长轴与毛细血管的长轴平行，细胞核扁圆，位于细胞的中央。横切面观，毛细血管一般由 $2\sim3$ 个内皮细胞围成，有的仅由一个内皮细胞围成。内皮的外面为一层很薄的基膜，基膜外面有少量结缔组织。某些毛细血管的基膜与内皮之间有一种扁平而有许多突起能收缩的细胞，称为周细胞（pericyte），周细胞可以通过直接接触或旁分泌的方式和内皮细胞进行信号传递。在脑中，周细胞缺乏会影响血脑屏障的功能（图 3-1）。

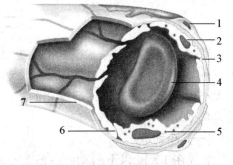

图 3-1 连续毛细血管结构
1. 周细胞 2. 内皮细胞 3. 胞间隙 4. 血细胞
5. 胞饮小泡 6. 紧密连接 7. 基膜

（二）毛细血管的类型

光镜下，各组织器官的毛细血管的结构相似，但电镜下，结构不同，可将其分为以下三种类型：

1. 连续毛细血管（continuous capillary） 主要结构特点为：内皮连续，细胞间有紧密连接，内皮细胞内有许多吞饮小泡；基膜完整；常见周细胞（图3-1）。连续毛细血管主要分布于结缔组织、肌组织、中枢神经系统、皮肤、肺等处。

2. 有孔毛细血管（fenestrated capillary） 主要结构特点为：内皮连续，细胞间也有紧密连接，内皮细胞内吞饮小泡较少，无核部分很薄，并有许多贯穿细胞的小孔，且有的小孔上有薄膜覆盖；基膜完整；周细胞较少（图3-2）。有孔毛细血管主要分布于肾血管球、胃肠黏膜、鱼类鳃小片和某些内分泌腺等需要快速渗透的部位。

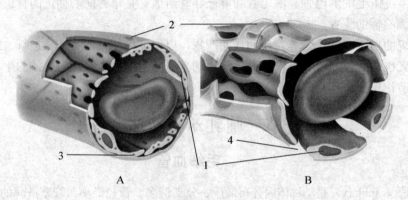

图3-2 两种毛细血管的结构
A. 有孔毛细血管 B. 窦状毛细血管
1. 内皮细胞核 2. 基膜 3. 吞饮小泡 4. 窗孔

3. 窦状毛细血管（sinusoidal capillary） 也称血窦（sinusoid）或不连续的毛细血管（discontinuous capillary）。主要结构特点为：管腔大而不规则，管壁薄；内皮细胞不仅有孔，而且细胞间有较大的间隙；基膜间断或无；周细胞极少或无。窦状毛细血管主要分布于肝、脾、红骨髓、某些内分泌腺等物质交换频繁的器官内。

二、动　脉

动脉（artery）是将血液从心脏运出的管道，根据管径的大小，可将其分为大、中、小三种，管壁结构一般包括内膜、中膜、外膜三层。从最大的动脉到最小的动脉，管径的大小和管壁的结构是逐渐变化的，它们之间没有明显的分界。其中，以中动脉的结构最为典型。

（一）小动脉

管径在1 mm以下的动脉一般为小动脉（small artery）（图3-3）。通常又将管径在0.3 mm以下的小动脉称为微动脉（arteriole）。小动脉也属肌性动脉，其结构特点是：较大的小动脉，内弹性膜较明显；中膜有3~4层平滑肌；外膜与中膜厚度相近，无外弹性膜。微动脉内弹性膜薄而不明显，中膜有1~2层环行平滑肌。小动脉的收缩或舒张，能够影响流向毛细血管的血流量，对于调节血压有重要意义。

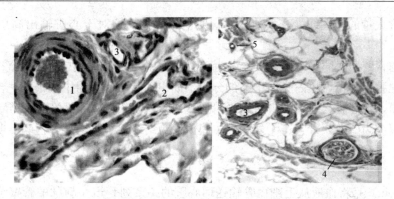

图 3-3 小血管、微血管和毛细血管
1. 小动脉 2. 小静脉 3. 微动脉 4. 微静脉 5. 毛细血管

(二) 中动脉

除主动脉、肺动脉等大动脉外,凡解剖学上已命名的动脉均属中动脉 (medium sized artery),其主要特点是中膜中含有大量的平滑肌,故也称肌性动脉 (muscular artery)。中动脉管壁中平滑肌的收缩,可推动血液流动加速,并继续向较小的动脉流去,对于局部血量的调节起重要的作用 (图 3-4)。

1. 内膜 (tunica intima) 位于腔面,较薄,由内向外又可分为内皮、内皮下层和内弹性膜。

(1) 内皮 (endothelium) 单层扁平上皮,表面光滑,可减少血流阻力。现在研究证明内皮有内分泌功能。

(2) 内皮下层 (subendothelial layer) 内皮下的薄层结缔组织,有缓冲和联系的作用。

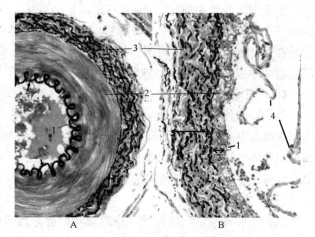

图 3-4 中动脉和中静脉
1. 内弹性膜 2. 中膜 3. 外膜 4. 静脉瓣

(3) 内弹性膜 (internal elastic membrane) 内膜的最外层,由弹性纤维构成。在血管横切面上,因血管壁平滑肌的收缩,内弹性膜常呈波浪状。内弹性膜可作为内膜和中膜的分界。

2. 中膜 (tunica media) 很厚,由数十层环行排列的平滑肌构成,平滑肌之间夹有少量胶原纤维和弹性纤维。中膜平滑肌纤维的收缩与舒张,可使管腔缩小或扩大,从而调节血流量。

3. 外膜 (tunica externa) 厚度与中膜相近,由结缔组织构成,胶原纤维多为纵行。内含小的营养血管、淋巴管和神经纤维。在外膜与中膜的交界处,有一明显的外弹性膜 (external elastic membrane),可作为外膜与中膜的分界。

(三) 大动脉

大动脉 (large artery) 是指由心脏发出的大血管,包括主动脉、肺动脉、颈总动脉、髂总动脉和锁骨下动脉等,其主要特点是中膜中含大量的弹性纤维,故也称弹性动脉 (elastic artery)。因含大量的弹性纤维，大动脉的管壁富有弹性，这对于心脏输出高压的血液有缓冲作用。

大动脉的管壁层次同中动脉，其结构特点为：①内皮下层较中动脉厚；②内弹性膜常与中膜的弹性膜相移行，故内膜与中膜的分界不如中动脉明显；③中膜很厚，含数十层环行排列的弹性膜，弹性膜之间夹有少量的平滑肌纤维、弹性纤维、胶原纤维和异染性的基质，基质的主要成分为硫酸软骨素；④外膜较中膜薄，为结缔组织层，外弹性膜不明显。

三、静　脉

静脉（vein）是将血液从毛细血管输送回心脏的一系列管道。静脉的管壁也由内膜、中膜和外膜三层构成。根据管径的大小，也可以分为小、中、大静脉，这种分级同动脉一样是逐渐过渡的。中、小静脉常与相应的动脉伴行。与伴行的动脉相比，静脉具有管径大、管壁薄、弹性小、管壁中结缔组织多而平滑肌少、管腔不规则等特点。

（一）小静脉

由毛细血管至小静脉（small vein）是渐变的，一般将管径在 50~200 μm 的称微静脉（venule）。靠近毛细血管的小静脉管壁只由内皮及其外面的薄层结缔组织构成。当小静脉的管径在 0.2 mm 以上时，可明显地分为三层：内皮、结缔组织及二者之间由稀疏排列的平滑肌组成的中膜。更大些的小静脉，则平滑肌排列成层（图 3-3）。

（二）中静脉

除大静脉外，凡有解剖学名称的静脉均为中静脉（medium sized vein），管径在 2~9 mm。内膜很薄，由内皮和内皮下层构成，内弹性膜不发达或无；中膜较相应的中动脉薄得多，由结缔组织和环行排列的平滑肌组成，但平滑肌纤维的层数少，排列也较稀疏，常被结缔组织分隔；外膜比中膜厚，由结缔组织构成，没有外弹性膜，此层含有营养血管（图 3-4）。

（三）大静脉

人的上腔静脉、下腔静脉、颈静脉和门静脉均属大静脉（large vein），这类静脉的管径在 10 mm 以上。其特点是：内膜与中静脉相似，仅由内皮和内皮下层构成；中膜很薄，有少量平滑肌和结缔组织；外膜很厚，厚度通常是中膜的几倍，含有许多纵行平滑肌束、弹性纤维和结缔组织，并含有营养血管和神经纤维，外膜构成管壁的大部分。

（四）静脉瓣

管径 2 mm 以上的静脉管壁上常有瓣膜，称静脉瓣（valves of vein），是由内膜向管腔突出所形成的半月形的皱褶。静脉瓣成对，其游离面朝向血流的方向，作用是防止血液倒流。

四、心脏的结构特点

心脏是血液循环的动力中心，为一厚壁的中空的肌性器官，具有节律性的收缩能力。心脏持续而有节律的收缩，推动血液在血管中环流不息，使身体各组织器官得到血液供应。

各纲脊椎动物的心脏构造不同，哺乳动物的心脏由两心房和两心室构成，心房和心室壁由内向外均由心内膜、心肌膜和心外膜构成（图 3-5）。

（一）心内膜

心内膜（endocardium）是心脏的内层，心房的心内膜较心室的厚。心内膜的最内层是内皮，为单层扁平上皮，与血管内皮相连；内皮的外面是内皮下层，为一薄层结缔组织；在内皮下层的外面是由疏松结缔组织所构成的心内膜下层（subendocardial layer），其中含有血管、神经和蒲肯野氏（Purkinje）纤维。蒲肯野氏纤维是心脏传导系的分支，是一种特殊的心肌纤维，其形态结构不同于普通的心肌纤维，细胞较普通心肌纤维短而粗，细胞中央有1～2个核，胞质内含丰富的糖原和线粒体，肌原纤维少，H.E染色时，胞质浅淡。蒲肯野氏纤维与普通心肌纤维相连，将冲动快速传到心室各部。

在心脏的房室口和动脉口处有由内膜向心腔内突出所形成的瓣膜，称心瓣膜（cardiac valve），可阻止心室和心房收缩时血液倒流。

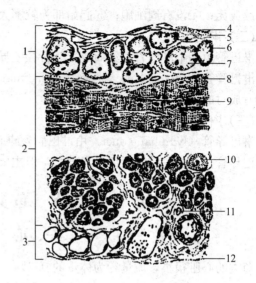

图3-5 心壁的结构

1. 心内膜 2. 心肌膜 3. 心外膜 4. 内皮 5. 内皮下层
6. 心内膜下层 7. 蒲肯野氏纤维 8. 心肌纤维纵切面
9. 闰盘 10. 心肌纤维横切面 11. 毛细血管 12. 间皮

(邹仲之，组织学与胚胎学，2002)

(二) 心肌膜

心肌膜（myocardium）主要由心肌纤维构成，心肌纤维之间有结缔组织、血管、淋巴管和神经。心肌膜各层厚薄不一。心室肌层较厚，且肌纤维较粗长，横小管较多，心肌纤维呈螺旋状排列，大致分为内纵、中环和外斜三层。心房肌层较薄，分内、外两层，常有各个方向排列的肌束，且肌纤维较细短，横小管很少或无。电镜下，部分心房肌纤维的肌浆中含电子致密颗粒，称心房颗粒（atrial granule），内含心钠素（cardionatrin），具有利尿、排钠、扩张血管和降低血压等作用。

(三) 心外膜

心外膜（epicardium）为心包膜的脏层，属浆膜，表面是间皮，间皮下是薄层疏松结缔组织，内含血管、淋巴管、神经和脂肪细胞。

心脏除一般的心肌纤维外，心脏壁内还含有少量的特殊心肌纤维，这些特殊的心肌纤维组成了心脏的传导系统，能够产生兴奋和传导冲动到整个心脏，使心房和心室按一定的节律收缩和舒张。此系统包括窦房结、房室结、房室束及其分支。

五、淋巴管的结构和功能

淋巴管（lymphatic vessel）是指输送淋巴的管道。淋巴管起始于结缔组织间隙的毛细淋巴管，血液经毛细血管渗入组织细胞之间形成组织液，在进行物质交换以后，一部分含有代谢物质的组织液进入毛细淋巴管成为淋巴，淋巴为浅黄色液体，其中含有水、电解质和少量蛋白质，在高等动物中还含有淋巴细胞。毛细淋巴管逐渐汇集形成较大的淋巴管，再汇集成淋巴导管，最后通入大的静脉。

(一) 毛细淋巴管

毛细淋巴管（lymphatic capillary）与毛细血管相似，管壁由一层内皮和极薄的结缔组织构成，但有其特点：①管壁很薄，管腔大而不规则；②内皮细胞间有较大的间隙；③基膜不连续或无;④没有周细胞;⑤起始部为较膨大的盲端。

(二) 淋巴管

淋巴管由毛细淋巴管汇集而成,其管径差异较大。淋巴管的结构与静脉相似,但主要区别是淋巴管管腔较大而壁薄。直径大于 0.2 mm 的淋巴管,其管壁可有三层结构。淋巴管管壁也有成对的瓣膜。

(三) 淋巴导管

淋巴导管(lymphatic duct)由淋巴管逐渐汇合而成,是最大的淋巴管,包括胸导管和右淋巴导管。其管壁结构近似于大静脉,但主要区别是管壁更薄、三层膜更难区分清楚。

第二节 鱼类循环系统

一、心 脏

鱼类的心脏很小,质量约为体重的 0.2%。鱼类的心脏有 4 个腔:静脉窦(sinus venosus)、心房(atrium)、心室(ventricle)和动脉球(bulbus arteriosus),后者在板鳃类称动脉锥(conus arteriosus)(图 3-6)。动脉锥有肌组织能进行收缩,动脉球是腹主动脉基部一扩大部分,不含心肌,不能收缩,但富含弹性纤维而具有弹性。多数鱼类的动脉球内具有海绵状结构,有降低血流速度和混合血液的作用。鱼类用鳃呼吸,心脏中的血是缺氧血,心室泵出的血液经动脉流到鳃进行气体交换,含氧血经动脉分送到全身各处,缺氧血由静脉送回心脏,循环途径只有一条,所以血液循环属于单循环。

鱼类的心脏、动脉和静脉的组织结构类似于哺乳动物,都可以分为内膜、中膜和外膜三层。但各层组织结构的发育程度不如高等脊椎动物发达。心脏的外膜由单层扁平上皮构成的间皮包围,下面有薄层的结缔组织。心脏的中膜和哺乳动物不同,它具有再生功能。中膜的厚度在静脉窦、心房和心室部位有变化。在静脉窦的位置薄,但是有弹性,静脉窦的体积和心房接近。心房肌肉略厚,梳状肌肉从心房底部发出,组成放射形的网状结构。心室在心血管系统

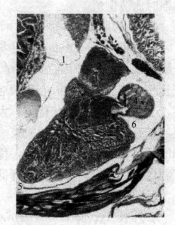

图 3-6 花鲈心脏结构
1. 静脉窦 2. 心房 3. 心室
4. 动脉球 5. 心包膜 6. 心包腔
(Franck Genten 等,
Atlas of Fish Histology, 2009)

中最厚,其厚度和鱼的性别、年龄有关,包含几层肌肉纤维,还有海绵状的心肌形成空隙,血液可以在其中流动。血液在心室中获得高压,进入后面的动脉。心脏的内膜和血管内膜同源,为单层上皮细胞构成的内皮。有的品种(如鳕、鲽)的内皮细胞有吞噬功能。心房、心室、静脉窦和动脉球间有瓣膜,这些瓣膜也是由内膜层向腔面突出所形成的皱褶,可阻止血液倒流。鱼类的心脏包裹在心包膜内,心包膜通过纤维和周围的组织紧密连接。心包膜和心脏之间形成密闭的空间,内部充满来自血浆的滤液,使心脏在收缩时不会和周围的组织产生摩擦。

构成心肌膜的心肌细胞在结构和机能上也分两种,一种是普通的心肌纤维,即主心肌细胞,另一种是构成心脏传导系的特殊心肌细胞。主心肌细胞的肌原纤维丰富,肌浆少,没有

自律性，而是通过传导来的刺激进行收缩，可将血液输入动脉进行血液循环。特殊心肌细胞也类似于哺乳动物，胞质内含丰富的肌浆、糖原和线粒体，肌原纤维少，具有自律性，而且随着刺激进行收缩。

二、血　　管

鱼类体内肌性动脉和高等脊椎动物类似。内膜为单层扁平上皮构成的内皮层，与内皮下层的结缔组织联系；中膜由厚薄不同的平滑肌构成；外膜由疏松结缔组织构成。弹性动脉（如腹大动脉和鳃动脉）靠近心脏，其中膜富含弹性纤维。总之，鱼类动脉管壁内弹性纤维比哺乳动物少，说明其血液压力更低。鱼类大的静脉也有静脉瓣，但是静脉血管比哺乳动物的静脉管壁薄，肌肉层更少。鱼类的毛细血管和哺乳动物类似，但是通透性更强，由单层扁平上皮细胞外包围着一层基底膜构成。

鱼类没有淋巴结。圆口纲的鱼类由于淋巴管和血管间有一些略为散在的连接而与高等鱼类不同，因此被认为有一个血淋巴系统（hemolymph system）。有些鱼类有淋巴囊结构，淋巴管扩大成淋巴心（lymph heart）。例如鳗鲡和鳟等鱼类，具有扁形或圆形淋巴心，位于尾部，淋巴心具有瓣膜和肌纤维，淋巴心的作用是驱使淋巴液向心方向流动（图3-7）。

图3-7　虹鳟的血管
1. 动脉　2. 静脉　3. 淋巴囊
(Sonia Munford 等，Fish Histology and Histopathology)

第三节　两栖类和爬行类循环系统

两栖类幼体的循环与鱼类相似。从两栖类开始出现肺，成体血液循环包括体循环和肺循环两条途径，但属于不完全的双循环。两栖类的循环系统也包括血液循环系统和淋巴循环系统。前者由心脏、动脉、静脉和毛细血管组成，心脏由两心房、一心室、一个静脉窦和一个动脉圆锥构成，在心室内表面有许多肌肉束，可减少两心房来的血液互相混合。房室孔处有房室瓣，动脉圆锥的基部和远端各有3个半月瓣，内壁还有一条纵行的螺旋瓣，能随动脉圆锥的收缩而转动，具有辅助分配含氧量不同的血液的作用。流经前、后腔静脉的缺氧血经静脉窦到右心房，在肺部交换后的富氧血经肺静脉到左心房，然后均进入心室，因此，心室中含有缺氧和富氧两种混合血，所以肺循环和体循环还不能完全分开，即称之为不完全的双循环。蛙类的淋巴循环系统很发达，有淋巴管、两对淋巴心、皮下淋巴囊及脾。淋巴心分别位于颈内静脉和髂静脉，无淋巴结。

龟、鳖、蜥蜴、蛇、鳄鱼等爬行类动物的循环系统也属于不完全双循环，但与两栖类相比，其主要特点是心室中出现了隔膜，但不同的类群有不同发展程度的隔膜，血液在两心室内部分发生混合。动脉圆锥不存在，静脉窦趋于退化。

两栖类和爬行类的心脏、动脉和静脉的组织结构类似于哺乳动物，但不如哺乳动物发达。

第四节 无脊椎动物开放式循环系统

开放式循环系统即血液从心脏搏出进入动脉，再散布到组织间隙，血流之间与组织细胞接触，然后再从静脉流回心脏。也就是说血液不是完全封闭在血管里流动，在动脉和静脉之间往往有血窦。开放式循环由于血液在血腔或血窦中运行，压力较低，可避免附肢折断引起的大量失血。

三角帆蚌具有开放式的循环系统，血淋巴（hemolymph）在其中流动。心脏位于围心腔中，有3个腔，包括2个心耳（auricle）和1个心室（ventricle）。心耳在心室旁，壁薄，血液回流入心耳，再入心室。心室具有肌肉层，把血淋巴泵入动脉，然后流到身体其他部位。有的双壳类具有单个主动脉，但是大多数有2个。鳃吸收水体中的氧气进入血淋巴，鳃在外套膜腔内。外套膜腔表面有大量的毛细血管，也可以进行气体交换。一些没有鳃的贝类，如异韧带亚纲（Anomalodesmata）的贝类就依靠外套膜腔进行气体交换。在潮汐带生活的贝类，当退潮没有水的时候，可以把壳紧密关闭几个小时。一些淡水贝类在缺水时贝壳可以打开一个小口，进行呼吸。可见它们对环境的适应性很强。贝类血淋巴一般缺少血红素。魁蛤科（Arcidae）和狐蛤科（Limidae）血淋巴有血红蛋白（haemoglobin），但是这种蛋白是直接溶于血清内的。肉食性的砂蛤属（*Poromya*）血淋巴有红色的变形细胞，其内含有血红蛋白。

十足类循环系统主要包括动脉球和头胸部后方的心脏。心脏通过一系列的心门（ostia）接收血淋巴。心门由心包囊包围，其内收集了流回来的静脉血。心门的数量与物种有关，一般是3对。心门可能成对地分布在心脏的背部、侧面或腹部。一些主要的动脉和前主动脉联系，前主动脉会扩大为头心（cor frontale）或称副心（auxiliary heart）（图3-8）。循环系统中流动的血淋巴发挥生理和免疫的功能。血淋巴细胞主要包括三类：透明细胞（hyalinocyte）、半颗粒细胞（semigranulocyte）和颗粒细胞（granulocyte）。

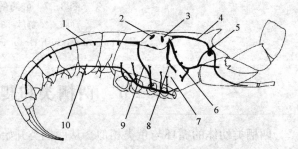

图3-8 虾循环系统模式图
1. 背主动脉 2. 心门 3. 心脏 4. 前主动脉
5. 头心 6. 头侧动脉 7. 腹静脉窦 8. 肝动脉
9. 降支动脉 10. 腹动脉
(Burnett, 1984)

本章小结

哺乳动物的心血管系统是封闭的管道，包括心脏、动脉、毛细血管和静脉。淋巴管系统由毛细淋巴管、淋巴管和淋巴导管组成，是单程向心回流的管道，可视为心血管系统的辅助装置。动脉是将血液从心脏运输到毛细血管的管道。相反,静脉是将血液从毛细血管输送回心脏的管道。动脉和静脉的管壁均由内膜、中膜和外膜三层构成。根据管径的大小,也可以将血管分为小、中、大动脉或静脉,三者是逐渐过渡的。毛细血管最薄,管壁由单层内皮细胞组成。

鱼类的心脏小,有4个连续的腔:静脉窦、心房、心室和动脉球,后者在板鳃类称动脉锥。鱼类血液循环途径属于单循环。鱼类缺乏真正的淋巴系统,但是也有一套存在于皮肤、鳃、口腔黏膜和腹膜等器官的组织液回收系统,但是尚不能确定它和哺乳动物淋巴系统是否同源。心脏的壁有三层:心内膜、心肌层、心包膜。静脉血从心脏到鳃通过鳃小片的上皮完成气体交换,然后从背主动脉到各级动脉,直至外周毛细血管,最后进入静脉系统。缺氧静脉血从总主静脉、主静脉进入静脉窦。静脉窦没有静脉瓣且非常小。血液通过两个窦房瓣进入心房,心房壁薄,肌小梁穿过内腔呈松散的网状组织。心房收缩使血液通过瓣膜进入心室。心肌纤维直径大约6 μm,相当于哺乳动物肌纤维长度的1/2,也有闰盘。血液从心室通过一对瓣膜进入动脉球,动脉球是一层由弹性组织和平滑肌组成的厚膜,是一个复合结构和被动的弹性腔,起着消除由心室产生的压力脉冲和维持心室舒张时的血液流动力。腹主动脉从心脏发出,通过鳃动脉将血液送到鳃。鳃动脉有典型的脊椎动物动脉结构。主静脉的直径很大、压强很低,不到10 mmHg。毛细血管由单层内皮细胞组成,主要作用是氧气、营养物质和废物的交换场所。

从两栖类开始出现肺,成体血液循环包括体循环和肺循环两条途径,但属于不完全的双循环。爬行类动物的循环系统也属于不完全双循环,但与两栖类相比,其主要特点是心室中出现了隔膜。无脊椎动物的循环系统为开放式。如三角帆蚌心脏位于围心腔中,有3个腔,包括2心耳和1心室。血液从心脏进入动脉,再散布到组织间隙,血液与组织细胞接触,然后再从静脉流回心脏。

思考题

1. 简述中动脉的管壁结构特点。
2. 简述哺乳动物和鱼类心壁的结构特点。
3. 简述微循环的概念和组成。
4. 简述哺乳动物和鱼类血液循环的异同。
5. 简述哺乳动物淋巴器官的结构特点和功能。

第四章 呼吸器官

动物体在其生命活动中所利用的能量是机体从外界摄取的有机物，经过细胞内的氧化磷酸化过程转变而来。氧化过程中需要氧气，最终产生二氧化碳和水。动物体吸入氧气和排出二氧化碳的过程称为呼吸。单细胞动物可以直接和外界进行气体交换，而多细胞动物需要借助呼吸器官和外界进行气体交换。呼吸器官把外界的氧气运输到体内组织中，同时收集细胞释放的二氧化碳，排出体外，最终完成全部的气体交换过程。陆生脊椎动物的呼吸主要靠肺来实现。而多种水生动物则以鳃进行呼吸。鱼类除了鳃以外，还有一些辅助器官，如鳃上器、伪鳃、鳔等。一些鱼的皮肤、咽和肠也有比较强的呼吸功能。有研究表明，鱼类鳃能调节体液平衡，避免脱水。

鳃和肺在形态上差别很大，但是结构和机能上有共同特点：上皮细胞形成的壁薄、和外界接触面积大、有丰富的毛细血管，以利于气体交换。鱼类的鳃和水流直接接触，易受到水体病原体的侵袭。

第一节 哺乳动物的呼吸器官

哺乳动物呼吸系统的结构最为复杂，由鼻、咽、喉、气管、支气管、细支气管、肺泡等组成，肺为主要的呼吸器官。

肺表面覆以一层湿润而光滑的浆膜（胸膜脏层），它在肺门处返折与胸膜壁层相续。肺组织分实质和间质两部分，实质即肺内支气管的各级分支及其终端的大量肺泡，间质为肺间的结缔组织、血管、淋巴管和神经等。支气管从肺门入肺后反复分支呈树状，故称支气管树（bronchial tree）。支气管分支为叶支气管，叶支气管继而分成段支气管，段支气管以下的多次分支，统称小支气管，至管径 1 mm 左右的终末细支气管，为肺的导气部。终末细支气管以下的分支为肺呼吸部，包括呼吸性细支气管、肺泡管、肺泡囊和肺泡。

每个细支气管连同它的各级分支和肺泡组成一个肺小叶（pulmonary lobule）。肺小叶呈锥体形，尖向肺门，底多朝向肺表面。

（一）肺导气部

肺导气部的各级分支的管径渐细，管壁渐薄，管壁结构也有变化。

1. 叶支气管至小支气管 管壁逐渐变薄，黏膜、黏膜下层和外膜三层结构渐不明显。管壁结构的变化是：①上皮均为假复层纤毛柱状细胞，但上皮逐渐变薄，杯状细胞也渐减少；②腺体逐渐减少；③软骨呈不规则片状，并逐渐减少；④平滑肌首先呈分散的螺旋形排列，后逐渐增多，形成环行肌束围绕管壁（图 4-1）。

2. 细支气管（bronchiole） 起始段的结构与小支气管相似。随后，上皮渐变为单层纤毛柱状，杯状细胞、腺体和软骨更少或消失，环行平滑肌则渐明显，黏膜常见皱襞。

3. 终末细支气管（terminal bronchiole） 上皮为单层柱状，部分细胞有纤毛，无杯状细胞，腺体和软骨均消失，平滑肌明显，形成完整的环行层。黏膜皱襞明显。

（二）肺呼吸部

1. 呼吸性细支气管（respiratory bronchiole） 是终末细支气管的分支，每个终末细支气管可分出两支或两支以上的呼吸性细支气管。它是肺导气部和呼吸部之间的过渡性管道，管壁结构与终末细支气管近似，表面是单层立方上皮，有的细胞有纤毛，也有分泌细胞。上皮下的结缔组织内有少量环行平滑肌。呼吸性细支气管不同于终末细支气管的是在管壁上有肺泡相接，在肺泡开口处，单层立方上皮移行为肺泡的单层扁平上皮，所以从呼吸性细支气管开始具有气体交换功能。

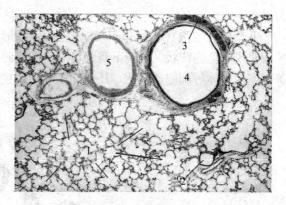

图 4-1 肺泡和肺泡管
1. 肺泡管和肺泡 2. 细支气管 3. 支气管毛细血管
4. 小支气管 5. 动脉

2. 肺泡管（alveolar duct） 是呼吸性细支气管的分支，每个呼吸性细支气管分成 2～3 个肺泡管。它是由许多肺泡围成的管道，故其自身的管壁结构很少，只存在于相邻肺泡开口之间的部分，此处的单层立方或扁平上皮的下方，有薄层结缔组织和少量平滑肌，肌纤维环行围绕在肺泡开口处，所以在切片中所见的肺泡管断面，相邻肺泡之间的隔（肺泡隔）的末端呈结节状膨大。

3. 肺泡囊（alveolar sac） 与肺泡管相连接，结构与肺泡管相似，也由许多肺泡围成。但在肺泡开口处无环行平滑肌，故切片中的肺泡囊断面，肺泡隔末端无明显的结节性膨大。因此，肺泡囊实为众多肺泡的共同开口处。

4. 肺泡（pulmonary alveoli） 支气管的终末部分，呈杯状，是肺进行气体交换的场所。每个肺有肺泡 3 亿～4 亿个，总面积达 70～80 m^2。肺泡壁很薄，表面覆以单层扁平上皮，有基膜。相邻肺泡紧密相贴，仅隔以薄层结缔组织，称肺泡隔，见图 4-2。

（1）肺泡上皮 肺泡上皮由Ⅰ型和Ⅱ型两种细胞组成。

Ⅰ型肺泡细胞（type Ⅰ alveolar cell）：数量多，肺泡表面大部分由Ⅰ型细胞覆盖。细胞扁平，表面光滑，核扁圆形，含核部分略厚，其他部分很薄，厚约 0.2 μm。胞质内细胞器很少，吞饮水泡

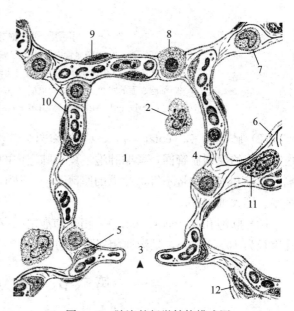

图 4-2 肺泡的超微结构模式图
1. 肺泡 2. 游离的吞噬细胞 3. 肺泡孔 4. 胶原蛋白
5. 内皮细胞 6. 弹性蛋白 7. 巨噬细胞 8. Ⅱ型肺泡细胞
9. Ⅰ型肺泡细胞 10. 毛细血管
11. 固定的巨噬细胞 12. 纤维细胞
（Yves Clermont 等）

甚多。

Ⅱ型肺泡细胞（type Ⅱ alveolar cell）：圆形或立方形，嵌于Ⅰ型细胞之间。核圆形，胞质着色浅，呈泡沫状。电镜下观察可见，细胞游离面有少量微绒毛，胞质内粗面型内质网、高尔基复合体等细胞器发达，还有许多分泌颗粒，故Ⅱ型细胞是一种分泌细胞（图4-3）。

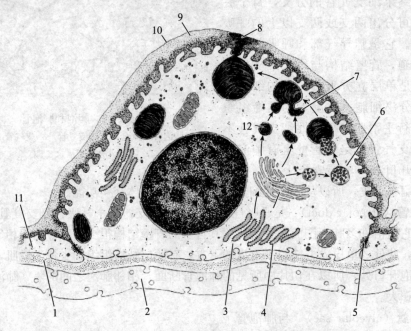

图4-3　Ⅱ型肺泡细胞超微结构模式图
1. 基底膜　2. 毛细血管内皮　3. 胆碱　4. 氨基酸　5. 闭锁连接
6. 多泡小体（蛋白质）　7. 脂蛋白运输小泡　8. 脂蛋白小体释放
9. 细胞表面的水相层　10. 脂单层　11. Ⅰ型肺泡细胞　12. 磷脂小体
（Anthony L. Mescher 等, Basic Histology: Text and Atlas）

（2）肺泡隔（alveolar septum）　相邻两个肺泡之间的薄层结缔组织为肺泡隔。肺泡隔内有丰富的毛细血管网，紧贴肺泡上皮，肺泡内的氧气与血液中的二氧化碳进行交换。肺泡隔的纤维和细胞含量不等，故隔的厚薄不一。肺泡隔内的细胞有成纤维细胞、巨噬细胞、浆细胞、肥大细胞等。

（3）肺泡孔（alveolar pore）　相邻肺泡之间有小孔相通，每个肺泡有一个或多个。肺泡孔直径为10~15 μm，是沟通相邻肺泡的孔道。

第二节　鱼类的呼吸

一、鳃

（一）鳃的一般构造

各种鱼鳃裂的数目不同。鲨、鳐类一般为5对，少数有6~7对，属于开放型；真骨鱼类一般为5对，外面有鳃盖包围。圆口纲也有鳃，如七鳃鳗有7对，盲鳗有1~14对，被开放型的球形囊包围。

相邻两鳃裂间以鳃间隔分开。鳃间隔的前后两侧生出鳃片（或称鳃瓣），它是鳃的主要组成部分。真骨鱼类的鳃间隔已退化。

鳃片是由很多鳃丝平行排列而成。鳃丝的一端固着在鳃弓上，另一端游离，使鳃片呈梳状。每一鳃丝向上下两侧伸出许多细小的片状突起，称为鳃小片（gill lamellae），是与外界环境进行气体交换的场所。每一鳃丝的鳃小片数目很多，在1 mm鳃丝上有20～30片。由于鳃小片细小而排列又较为紧密，故不为肉眼所察觉。鳃小片表面的上皮很薄，内部含有丰富的毛细血管，因此鲜活鱼的鳃总是呈鲜红色。

（二）鳃的微细结构

鱼类的鳃由鳃弓和鳃丝两部分构成。鳃弓由骨骼支持着。鳃弓的一侧具有鳃耙（有些鱼类缺乏鳃耙），另一侧有鳃丝固着其上。

1. 鳃弓　鳃弓的横断面为半椭圆形，两片鳃瓣固着在鳃弓上。鳃弓骨骼呈圆弧形，在它的下方有两支血管，背面一支为出鳃动脉，腹面一支为入鳃动脉，它们都有分支伸入鳃丝，在血管和鳃弓骨骼周围填充以结缔组织。鳃弓的表面覆盖着复层上皮。鳃弓的纵断面骨骼呈长条状，在它下方的出鳃动脉和入鳃动脉平行排列（图4-4）。

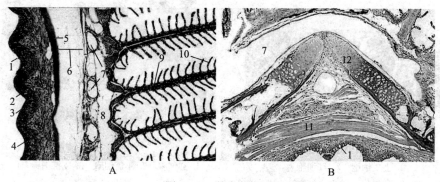

图4-4　黑头鱼鳃弓
A. 鳃弓纵切　B. 鳃弓横切
1. 鳃耙　2. 黏膜上皮　3. 基底膜　4. 黏膜下层　5. 骨　6. 脂肪组织
7. 出鳃小动脉　8. 入鳃小动脉　9. 鳃丝　10. 鳃小片　11. 展肌　12. 软骨

2. 鳃丝　鳃丝的一端固着于鳃弓，另一端游离，整片鳃丝呈战刀状。鳃丝内外两侧的表面覆盖着复层上皮，此上皮与鳃弓的上皮相连续。每一鳃丝由一根小棒状的鳃丝软骨支持，软骨的长度约为鳃丝全长的2/3或稍长一些，其位置偏于鳃丝内侧。鳃丝的两侧靠近边缘处各有一支血管，靠内侧的一支为入鳃丝动脉，靠外侧的一支为出鳃丝动脉，它们分别与鳃弓的出鳃动脉和入鳃动脉相连通。入鳃丝动脉和出鳃丝动脉，在每一鳃小片的基部水平地伸出小支进入鳃小片，并在鳃小片分支形成毛细血管网，或称窦状隙（sinusoid）。

在入鳃动脉的两侧靠近鳃丝的基部，各有一横纹肌纤维束，它们互相交叉与对侧鳃丝内的鳃丝软骨相连系。此处的横纹肌束具有两种作用：其一是当它收缩时，可以牵动鳃丝软骨，使鳃丝分开或靠拢；另一作用是当横纹肌纤维收缩时，牵动入鳃动脉管壁，使血流畅通。此横纹肌纤维束进行有节律地收缩，起到了"鳃心"的作用。

3. 鳃小片　鳃小片（branch leaf）是鱼类与周围环境进行气体交换的结构单位，由上下两层单层呼吸上皮及其间的支持细胞和毛细血管网所构成。上皮细胞的高低和形态，在不同种鱼类有所不同，真骨鱼类是单层扁平上皮，板鳃鱼类的是较厚一些的多角形扁平上皮。光镜下呼吸上皮的基底面看不见基膜，两层单层扁平上皮由呈柱状的支持细胞把它们撑开，支持细胞的核位于中央，细胞两端扩大成膜状，相邻的支持细胞两端的薄膜互相连接，这层薄膜与呼吸上皮的基底面相接触。

电镜观察（图4-5），可以看见鳃小片呼吸上皮由近位细胞层和远位细胞层构成，远位细胞层面向空间，近位细胞层靠近毛细血管。呼吸上皮的远位细胞层和近位细胞层之间有较宽的间隙。远位细胞层上皮细胞稍厚一些，有丰富的细胞器，上皮细胞没有特殊的小孔。近位细胞层上皮细胞薄而扁平，细胞器不丰富，上皮细胞有特殊的小孔。在基膜的内面是毛细血管内皮，它与呼吸上皮有一层共同的基膜。毛细血管内皮细胞没有特殊的小孔，属连续性毛细血管。内皮延伸至柱细胞（pillar cell），在柱细胞与基膜之间有较多的胶原纤维束，使鳃小片具有一定的伸缩性，在鳃小片中没有神经纤维。

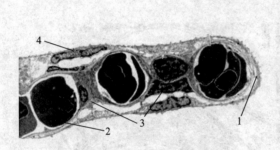 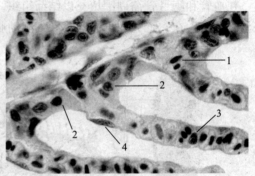

图4-5 鳃小片电镜照片
1. 上皮细胞 2. 红细胞
3. 柱细胞 4. 内皮细胞
（David H. 等，2005）

图4-6 鳃小片
1. 红细胞 2. 泌氯细胞 3. 支持细胞 4. 上皮细胞
（Sonia Mumford 等，Fish Histology and Histopathology，2007）

在鳃小片的复层上皮中除夹杂着单个的腺细胞外，还有一种细胞质中含有微细的嗜伊红颗粒的细胞，称为泌氯细胞。这种细胞较其他细胞大，一般呈椭圆形，细胞核位于中央，核内有一个核仁和稀疏的染色质网（图4-6）。有些泌氯细胞延长成柱状，细胞核位于细胞的基部。泌氯细胞几乎存在于所有海水真骨鱼类的鳃中。在一些淡水真骨鱼类例如鳊（*Abramis blica*）、普通雅罗鱼（*Leuciscus vulgaris*）等鱼类鳃中也能够找到，但泌氯细胞的数量比海水真骨鱼类少得多。泌氯细胞含有碳酸酐酶，其功能与渗透压调节有关。海水真骨鱼类泌氯细胞游离端存在着排泄小泡（excretory vesicle），这显然是与血液中的氯化物排入海水有关。淡水鱼类的泌氯细胞不存在排泄小泡，如果把氯化物从口腔注入消化管，也能刺激泌氯细胞形成排泄小泡，其作用是分泌氯化物到血液中以维持血液的含盐量。

二、辅助呼吸器官

鱼类的生活习性是多样化的，有一些鱼类可暂时离开水域，爬上陆地，做短距离的迁移，有些鱼类能够在含氧量低的水中生活，这是由于它们除了鳃之外，还有能够同空气进行气体交换的辅助呼吸器官。

(一) 幼鱼呼吸器官

有些鱼类在胚胎期或幼鱼阶段出现外鳃（external gill）（图4-7），根据发生的来源不同可以将其分为内胚层性外鳃和外胚层性外鳃两类。内胚层性外鳃多见于板鳃类的胚胎，是一种从鳃孔中伸出的丝状物，有时也从喷水孔伸出。外胚层性外鳃是由皮肤形成的，它在鳃盖和鳃孔前方发生，动脉弓或鳃动脉发出分支进入外鳃，这些簇状或树枝状的外鳃具有独特的肌肉，能移动外鳃以接触水体吸取氧气。

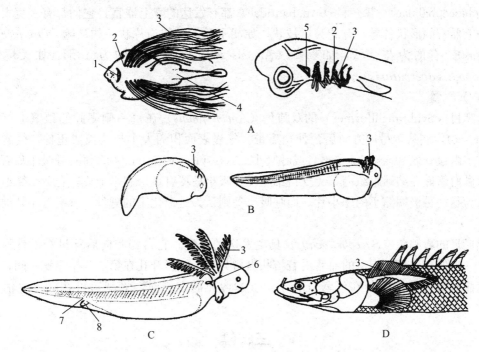

图4-7 几种鱼的外鳃
A. 石纹电鳐（*Torpedo marmorata*） B. 白斑角鲨（*Squalus acanthias*）
C. 美洲肺鱼（*Lepidosiren paraoxa*） D. 多鳍鱼（*Polypterus*）
1. 口 2. 鳃裂 3. 外鳃 4. 肛门 5. 喷水孔 6. 胸鳍 7. 泄殖孔突 8. 腹鳍
(Kner 及 Steindachner 等)

(二) 皮肤呼吸

鳗鲡、弹涂鱼、黄鳝、鲇等鱼类的皮肤都具有呼吸作用。这些鱼类皮肤的上皮细胞层数较少，来自真皮的毛细血管穿过复层上皮的基底层细胞，到达表层的鳞状上皮细胞基底面，并形成许多分支状的血管网，同外界进行气体交换。

(三) 肠

有些鱼类如泥鳅，在水中氧气含量低或二氧化碳含量高等情况下，可以利用肠黏膜进行气体交换。泥鳅后肠的黏膜上皮变为扁平，固有膜的结缔组织中含有丰富的毛细血管，以利于气体交换。夏季高温季节，泥鳅不摄食，游到水的表层将口张开伸出水面，吞入空气到后肠进行气体交换，废气从肛门排出。

(四) 口咽腔黏膜

有些鱼类的口咽腔黏膜层中血管丰富，有时还有不少乳头状突起，它能吸取空气中的氧。如黄鳝口咽腔内壁的扁平上皮细胞下布满血管，而它的鳃非常特化，只有依靠这一辅助呼吸器官才能正常生活。双肺鱼（*Amphipnous*）也与黄鳝一样口咽腔黏膜多褶，血管丰富，鳃已退化，只有一对全鳃，鳃丝上的鳃小片也很退化，只是在含氧量非常高的水体中，它们的鳃才能发挥作用，氧气主要是通过口咽腔黏膜吸收。

（五）鳃上器官

鳃上器官（suprabranchial organ）是一种生长在鳃弓上方的辅助呼吸器官，由鳃弓的一部分特化而成。鲇形目的胡子鲇（*Clarias fuscus*）和鲈形目攀鲈亚目（Anabantoidei）的鳢科（Ophiocephalidae）、攀鲈科（Anabantidae）都有发达的鳃上器官，它们都有一宽大的鳃腔但鳃上器官的形状各异。有的为树枝状，如胡子鲇；有的为片状，如乌鳢（*Ophiocephalus argus*）；有的为花朵状，如攀鲈（*Anabas scandens*）；有的为T形，如叉尾斗鱼（*Macropodus opercularis*）。

（六）气囊

合鳃目（Synbranchiformes）的双肺鱼（*Amphipnous*）在每一侧鳃腔的顶壁上有一气囊（air sac），它从舌弓后方向后延伸至肩带。气囊表面积的大小与体长成正比。气囊的上皮有许多微血管区（vascular area）或呼吸小岛（respiratory islands），每一呼吸小岛有许多花朵状微血管嵌在结缔组织内，无支持细胞。呼吸小岛覆有单层扁平上皮，花朵状微血管构造被认为是一种极端缩小的鳃小片，而呼吸小岛则认为是退化了的鳃丝，气囊有小孔通向口咽腔。

鲇形目的囊鳃鱼（*Saccobranchus*）具更发达的气囊。它自鳃腔向后穿过脊椎骨附近的肌肉，一直伸到尾部。丰富的血管沿着梳状纵褶分布。气囊开孔在第二与第三鳃弓间，由鳃丝演变而成的叶状瓣膜长在气囊开孔上，气囊内充满空气时，囊鳃鱼可在陆上生活一段时间。

三、鳔

绝大多数硬骨鱼类消化管背方及腹膜外方有一大而中空的囊状器官，囊内充满氧气、二氧化碳等气体，这就是鳔（swim bladder）。鳔有一细长的鳔管与食管连接。

（一）鳔的组织结构

鳔壁的结构大致可以分成黏膜、肌层和外膜或外纤维层三层。

1. 黏膜　黏膜层构成了鳔壁的内层，由上皮和固有膜组成。上皮类型随鱼的种类而不同，有些鱼类（如鲤科、鳕科）为单层鳞状上皮，有些鱼类（如虹鳟、姆）是单层低柱状纤毛上皮，并有大量黏液细胞。在气腺处的上皮细胞改变其原来的形状成立方形或低柱状，上皮细胞的基底面联系着丰富的毛细血管。固有膜由疏松结缔组织构成，此层一般较薄。靠近肌层的结缔组织纤维变得较为致密，在气腺处含有丰富的环状高密度毛细血管（图4-8）。

2. 肌层　由平滑肌构成，通常分成内环行和外纵行两层，内环肌较厚，外纵肌较薄。

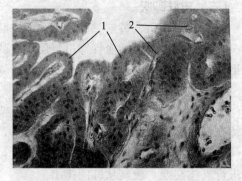

图4-8　鳗鲡（*Anguilla anguilla*）鳔
1. 上皮　2. 毛细血管（环形高密度）
（Franck Genten 等，Atlas of Fish Histology，2009）

3. 外膜 是鳔壁的最外层，由纤维组织构成，亦可称为外纤维层，在鳔的腹面，外纤维层的外面覆盖着间皮，形成浆膜。它是由腹膜延伸并覆盖在外纤维层所成。

（二）鳔管

鳔管的组织结构与食管有些类似，是由黏膜、黏膜下层、肌层和外膜四层组成。鳔管前端和后端的黏膜向腔面突出形成高的纵行皱襞，鳔管中段的皱襞较为低平。上皮的类型各种鱼类并不一致，有些为单层柱状上皮（如鲤），有些是单层纤毛柱状上皮（如虹鳟）。固有膜为致密结缔组织构成，缺乏黏膜肌。黏膜下层是由疏松结缔组织构成，含有血管和神经纤维。有些鳔管外膜的结缔组织外面覆盖着一层间皮。

鳔的功能是比较多样化的，如肺鱼、多鳍鱼、弓鳍鱼和雀鳝等的鳔能起肺的作用，具有呼吸机能。除此外，还有调节密度、感受声波和水压以及发声等功能。

第三节 两栖类及无脊椎动物的呼吸

一、两栖类的呼吸

对于两栖类而言，要逐渐开始适应陆地生活，生活方式和环境变化很大。不同种的两栖类，或者在同一种的幼体阶段和成体阶段，或者在不同的生活状态下，都可能要进行鳃呼吸、皮肤呼吸、口咽腔呼吸和肺呼吸。

两栖类的幼体具有外鳃，如蝌蚪营鳃呼吸，在第Ⅱ、Ⅳ、Ⅴ咽弓上生有 3 对羽状外鳃，其后外鳃逐渐退化，鳃裂壁上生长的 3 对内鳃（图4-9）开始执行呼吸的功能，变态后消失。低等有尾两栖类，如洞螈（*Proteus*）、泥螈（*Necturus*）、鳗螈（*Siren*）的外鳃一直保留。大鲵（*Megalobatrachus*）幼体具 3 对外鳃，成体时外鳃消失，开在体表的鳃孔随后也关闭。有尾两栖类开始有肺，如泥螈的肺构造极为简单，只是一对薄壁的囊状物，内壁光滑或仅基部稍有隔膜，其结构尚不如肺鱼鳔的结构复杂，进行气体交换的面积很有限，泥螈通过肺呼吸所获得的氧仅有 2%，气体交换主要还是通过皮肤和外鳃。无肺螈科（Plethodontidae）的有尾类成体完全无肺，也没有气管和喉头的痕迹，完全依靠皮肤呼吸和口咽腔呼吸。

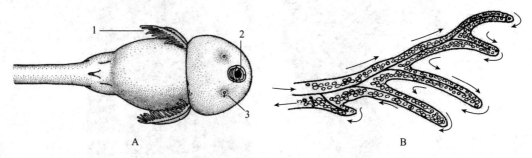

图 4-9 蝌蚪的外鳃
A. 蝌蚪及外鳃的形态（Hill M. A., 2015）
B. 外鳃的血液流动方向（Machean D. G.）
1. 外鳃 2. 口 3. 眼

无尾两栖类的肺内壁呈蜂窝状，但肺的表面积还不大，如蛙肺的表面积与皮肤表面积的比例是 2:3。皮肤呼吸仍占重要地位，蛙在冬眠时肺呼吸完全停止，只用皮肤进行呼吸。

二、无脊椎动物的呼吸

在单细胞动物中，没有专门行呼吸的构造，其呼吸一般是靠细胞膜直接与外界水中的游离氧进行气体交换，为一种极原始的弥散式呼吸（diffuse respiration）。有些多细胞动物如多孔动物与腔肠动物等，其身体的全部细胞都可进行气体交换，消化管细胞和表皮细胞都能直接从水中获得氧，并排出二氧化碳于水中。

构造较为复杂的无脊椎动物，例如环节动物的蚯蚓等，体内细胞与外界环境没有直接的接触，身体表皮出现了微血管的分布，动物借助于全部体表细胞和外界进行气体交换，而体内细胞则依靠体液的环流而进行呼吸。这种呼吸类型称为体壁皮肤呼吸（parietal integumentary respiration）。

鳃型呼吸是多数水生无脊椎动物呼吸器官的基本形式。例如软体动物的鳃是进行气体交换的重要器官，水在鳃内的流动主要是鳃表面上纤毛不断摆动的结果，因而使鳃内血液与不断流动的水流通过呼吸上皮进行气体交换（图 4-10）。不同的软体动物其鳃的形状不同，如皱纹盘鲍（*Haliotisdiscus hannai* Ino.）为一对楯鳃，紫贻贝（*Mytilus edulis* L.）为一对瓣鳃，而香螺（*Neptunea arthritica cumingi* Crosse）只具有一个栉状鳃等，但这些鳃的结构基本类似，都是由一系列结构相同的鳃叶组成，鳃叶上皮从腹侧到背侧可以分为几个不同的区带：前纤毛柱状上皮区、立方上皮区、侧纤毛柱状上皮区、呼吸上皮区及后纤毛柱状上皮区，每个区带含有少量的黏液细胞和颗粒状腺细胞，分别执行不同的功能，其中气体交换是由呼吸上皮区来承担，其他上皮区与水的流动和食物的运送有关。另外甲壳类（Crustacea）动物也属于鳃型呼吸，如沼虾（*Macrobrachium*）具 6 对叶片状侧鳃，还有的动物为羽鳃（plumose gill）及书鳃（book gill）等。

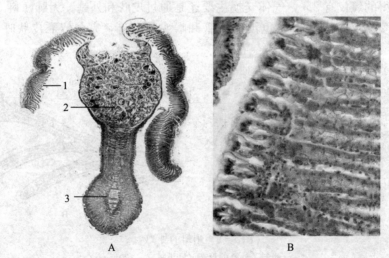

图 4-10 巨蛤（vesicomyid clam）的外鳃
A. 雌蛤横切 B. 鳃丝
1. 鳃 2. 卵巢 3. 足

本章小结

哺乳动物呼吸系统的结构最为复杂，由鼻、咽、喉、气管、支气管、细支气管、肺泡等组成。每个细支气管连同它的各级分支和肺泡组成一个肺小叶。肺小叶呈锥体形，尖向肺门，底多朝向肺表面。肺泡是支气管的终末部分，呈杯状，是肺进行气体交换的场所。肺泡壁很薄，表面覆以单层扁平上皮，有基膜。人的肺泡上皮由Ⅰ型和Ⅱ型两种细胞组成。

鳃是多数硬骨鱼的主要呼吸器官。皮肤、咽、肠和鳔等器官也有辅助呼吸功能，特别是对于一些能短期离开水生活的鱼类非常重要。多数硬骨鱼有4对鳃弓，从口腔底部伸向顶部。每对鳃弓由软骨和横纹肌支撑和调节。鳃有鳃盖保护，和软骨鱼不同，硬骨鱼鳃丝独立排列，能提供更大的气体交换空间。鳃丝上都有一系列垂直的细小片状突起，称为鳃小片，鳃小片被覆一层上皮细胞。而鳃丝根部上皮比较厚，通常会有一些黏液细胞，在这些表皮之下通常有淋巴组织。鳃丝上皮含有泌氯细胞，这些细胞主要集中在鳃小片的基底部。它们在离子转运中发挥重要功能。鳃中气体交换发生在鳃小片的表面，主要是在血液与外部水流的逆向流动过程中完成气体交换。鳃小片表面是由重叠的指状突起的扁平上皮细胞组成，一般为单层细胞的厚度，由很多柱状细胞支持或分隔开。柱状细胞主要起支持功能，还紧密连接基底膜，组成毛细血管网壁的一部分。来自腹主动脉的血液到达鳃毛细血管时具有很高的血压，而柱细胞的收缩能力能缓冲这种压力。鳃小片上皮表面有微绒毛，有助于黏液的附着。黏液不仅能预防感染和损伤，更重要的是辅助气体、水和离子交换。表皮、呼吸上皮和柱细胞边缘的结合形成厚度变化在 $0.5\ \mu m$ 到 $4\ \mu m$ 之间的气体交换区域，即为气体扩散距离。

两栖类要逐渐开始适应陆地生活，生活方式和环境变化决定其具有多样的呼吸方式。如蝌蚪由鳃负责呼吸，变态完成后鳃消失，蛙主要由肺呼吸。水生无脊椎动物一般也通过鳃进行呼吸。以软体动物为例，鳃由一系列结构相同的鳃叶组成，鳃叶又可以分为不同的区带，每个区带含有少量的黏液细胞和颗粒状腺细胞，分别执行不同的功能，其中气体交换是由呼吸上皮区来承担的，其他上皮区可能会参与其他生理活动。甲壳类动物，如中国对虾有25对鳃，其中有19对为枝状鳃，主要负责呼吸功能。枝状鳃上的鳃丝是气体交换的主要场所。

思考题

1. 简述哺乳动物的肺和鱼鳃组织学特点的异同。
2. 简述肺导管和呼吸部的组成。
3. 简述肺泡上皮的类型、区别和功能。
4. 简述鳃血液流动的特点。
5. 简述鳃小片的微细结构如何使其适应在水中进行气体交换。

第五章 排泄器官

第一节 哺乳动物的肾

一、肾的一般结构

肾（kidney）是成对的实质性器官，一般呈豆状，由被膜和实质构成。

肾表面有结缔组织构成的被膜，称肾纤维膜，可分内、外两层，外层致密，含胶原纤维和弹性纤维；内层疏松，含网状纤维和平滑肌纤维。将肾纵切，肾内侧缘中部的凹陷称为肾门，为肾动脉、肾静脉、输尿管和淋巴管出入的部位。肾门向内的空隙为肾窦，窦内有肾盂，肾盂顶端分支形成肾盏。被膜的结缔组织在肾门处伸入肾窦内，形成肾盂的外膜，并伸入肾实质形成肾内的间质组织。肾实质由外部颜色较深的皮质（renal cortex）和内部颜色较浅的髓质（renal medulla）构成（图5-1）。在新鲜肾的纵切面上，可见皮质富含血管，为红褐色，内有细小的红色点状颗粒，主要由肾小体、肾小管构成。髓质血管较少，为淡红色，呈条纹状。在人、牛和猪，髓质形成若干个圆锥形的隆起，称肾锥体（renal pyramid）。而马和羊的肾锥体相互融合成嵴状。肾锥体底部宽大，朝向皮质，尖端朝向肾窦，称为肾乳头（renal papilla），突入肾盏内，肾乳头上有若干乳头孔，为乳头管的开口。相邻肾锥体间的皮质称肾柱（renal column）。髓质伸入皮质内的放射状条纹称髓放线（medullary ray）。髓放线之间的皮质，称为皮质迷路（cortical labyrinth）。每个髓放线和周围的皮质迷路构成肾小叶。

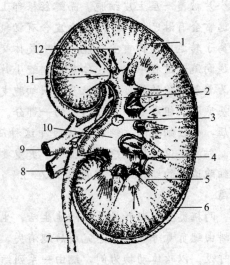

图5-1 人右肾纵切面
1. 肾皮质 2. 肾大盏 3. 乳头孔
4. 肾小盏 5. 肾柱 6. 纤维囊
7. 输尿管 8. 肾静脉 9. 肾动脉
10. 肾盂 11. 肾柱 12. 肾锥体
（陈子链，人体结构学，2001）

二、肾的组织结构

肾组织主要由许多泌尿小管（uriniferous tubule）和少量肾间质组成。泌尿小管与尿液的形成有关，是由单层上皮构成的管道，包括肾小管和集合小管两部分，每条肾小管起始端膨大内陷成双层肾小囊，并与肾小球共同构成肾小体。每个肾小体和一条与它相连的肾小管合成一个肾单位。肾间质由少量结缔组织、血管和神经等构成。

第五章 排泄器官

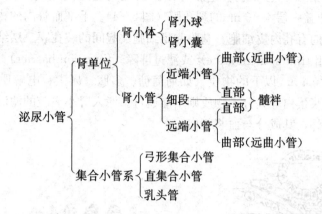

（一）肾单位

肾单位（nephron）是肾尿液形成的结构和功能单位，每个肾的肾单位的数目随哺乳动物的种类不同而异，如人有100万～400万个，牛约800万个，兔约有20万个。肾单位由肾小体和肾小管构成，肾小管包括近端小管、细段和远端小管（图5-2）。

1. 肾小体（renal corpuscle） 由肾小球和肾小囊构成。肾小体的大小随动物种类不同而异。肾小体的一侧为肾小球的血管出入端，称为血管极（vascular pole），血管极的对侧称为尿极（urinary pole），是肾小囊与近端小管连接处（图5-2）。

（1）肾小球（glomerulus） 位于肾小囊中，是入球微动脉和出球微动脉之间的一团毛细血管。入球微动脉是肾动脉的小分支，进入肾小体后，分为4～8支初级毛细血管，继而每支再分支，形成相互吻合的次级毛细血管网，随后汇聚形成出球微动脉。电镜下，肾小球毛细血管为有孔毛细血管，孔径为50～100 nm，孔上无膜封闭，有利于滤过。由于出球微动脉较入球微动脉细，肾小球内保持有较高血压，当血液流经肾小球时，大量水和小分子物质易滤过到肾小囊腔中。另外，在内皮细胞的腔面覆有一层带负电荷的细胞衣，对血液中的物质有选择性透过作用。

（2）肾小囊（renal capsule） 包围在肾小球外面的双层囊，位于肾小管的起始端。肾小囊外层（壁层）为单层扁平上皮，内层（脏层）由一层多突起的扁平细胞——足细胞（podocyte）构成，两层间的狭窄的腔隙称肾小囊腔（图5-3），与近曲小管腔相通。足细胞较大，包在每条毛细血管的外面，胞核大，染色较淡。用电镜观察，可见足细胞自胞体伸出几个大的初级突起，初级突起上又发出许多指状的次级突起，相邻的次级突起交错排列，相互嵌

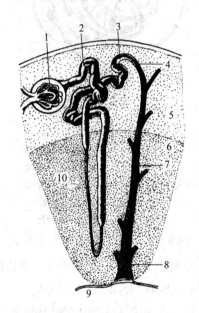

图5-2 肾结构示意图
1. 肾小球 2. 近曲小管 3. 远曲小管
4. 弓形集合小管 5. 皮质 6. 髓质
7. 直集合小管 8. 乳头管 9. 乳头
10. 髓袢

（路易斯·金·奎拉，基础组织学，1982）

合，形成栅栏状，紧贴于毛细血管基膜外面。次级突起之间宽约 25 nm 的裂隙，称裂孔（slit pore），孔上覆盖一层 4~6 nm 的裂孔膜（图 5-4）。毛细血管内的物质要渗入肾小囊腔必须通过毛细血管的有孔内皮细胞、基膜和足细胞突起间的裂孔膜三层结构，这三层结构统称肾小体滤过膜（filtration membrane）或滤过屏障（filtration barrier）。一般情况下，分子量 70 ku 以下、直径 4 nm 以下的物质（如葡萄糖、多肽、尿素、电解质和水等）可通过滤过膜，血细胞、血浆蛋白等大分子物质则不能通过。滤入肾小囊腔的滤液称原尿，原尿除不含大分子的蛋白质外，其成分与血浆相似。

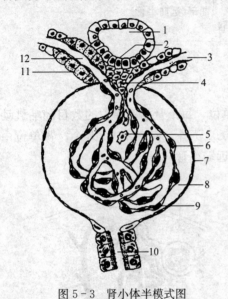 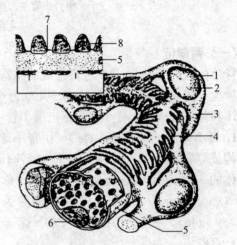

图 5-3 肾小体半模式图
1. 远曲小管 2. 致密斑 3. 出球微动脉
4. 球外系膜细胞 5. 球内系膜细胞
6. 足细胞 7. 肾小囊壁层 8. 肾小囊腔
9. 毛细血管袢 10. 近曲小管
11. 球旁细胞 12. 入球微动脉
（沈霞芬，家畜组织学与胚胎学，2001）

图 5-4 肾小球毛细血管、基膜和足细胞超微结构模式图
1. 足细胞 2. 足细胞核 3. 初级突起
4. 次级突起 5. 基膜 6. 内皮细胞核
7. 裂孔膜 8. 足细胞突起
（沈霞芬，家畜组织学与胚胎学，2001）

2. 肾小管（renal tubule） 细长的单层上皮管道，可分为近端小管、细段和远端小管，主要有重吸收和排泄作用（图 5-5）。

（1）近端小管（proximal tubule） 肾小管中最粗最长的一段，人的近端小管管径为 50~60 μm，管长约 14 mm，占肾小管总长度的 1/2 左右，可分曲部和直部。

近端小管曲部：简称近曲小管（proximal convoluted tubule），盘曲于肾小体附近。光镜下，管腔小而不规则，管壁由锥形或立方形上皮细胞组成，细胞界线不清，胞质强嗜酸性。胞核大而圆，着色淡，位于细胞基部。细胞游离面有明显的刷状缘，细胞基底部有纵纹。电镜下，刷状缘由密集而排列整齐的微绒毛构成，以扩大细胞的表面积，有利于重吸收；纵纹为细胞基底面的质膜向内凹陷形成的质膜内褶，内褶间的胞质内有许多纵向排列的杆状线粒体，质膜上有丰富的 Na^+、K^+-ATP 酶，可将细胞内的 Na^+ 泵入细胞间质；电镜下还可见到细胞的侧面有许多较大侧突，相邻细胞的侧突凹凸相嵌。质膜内褶和细胞侧突扩大了细胞的基底面和侧面的面积，有利于重吸收物排出。

近端小管直部：直行，沿髓放线向髓质方向延伸。结构与近曲小管基本相似，但上皮稍矮，管腔稍大，刷状缘不明显，细胞器、质膜内褶和细胞侧突均不显著。

近端小管是对原尿进行重吸收的主要部位，原尿中80%以上的水分、全部的葡萄糖、无机盐、氨基酸和蛋白质以及部分尿素在此被重吸收回血液。此外，近端小管还向管腔中分泌氢离子、氨、肌酐和马尿酸等。

（2）细段（thin segment）

肾小管中最细、最薄的一段，人的细段管径约15 μm，位于髓放线和髓质内。构成细段的上皮为单层扁平上皮，无刷状缘，胞质弱嗜酸性，染色较浅，细胞含核部分突入管腔。电镜下，有少许短的微绒毛和少许质膜内褶。细段上皮很薄，有利于水和离子通透。

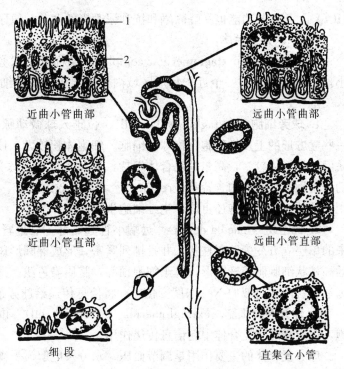

图5-5 泌尿小管各段细胞结构模式图
1. 微绒毛　2. 线粒体
(何泽涌，组织学与胚胎学，1983)

（3）远端小管（distal tubule） 管腔规则，管径较大，管壁细胞呈立方形，细胞体积较近端小管小，细胞界线清楚，游离面无刷状缘，基底部纵纹明显。远端小管也分为曲部和直部。

远端小管直部：是一直行上皮管，管径约30 μm，由髓质沿髓放线伸入皮质转成曲部，参与形成髓袢升支。电镜下，细胞游离面微绒毛短而少，基部质膜内褶发达，之间嵌有许多细长的线粒体。质膜内褶处的膜上富有Na^+、K^+-ATP酶，在线粒体提供能量下，能主动地向间质排Na^+，使间质的渗透压升高，使尿液浓缩。

远端小管曲部：简称远曲小管（distal convoluted tubule），分布于皮质迷路。管径35～45 μm，较短。管壁结构与直部相似，但与直部相比，质膜内褶和线粒体不发达。远曲小管是离子交换的重要部位，能重吸收Na^+和水，排K^+、H^+和NH_3，从而具有调节体液酸碱平衡和浓缩尿液的作用。其功能活动受醛固酮和抗利尿激素的调节。

(二) 集合小管系

集合小管系（collecting tubule system）包括弓形集合小管、直集合小管和乳头管（图5-2）。集合小管的管径由细逐渐变粗，管壁也由单层立方上皮逐渐变为单层柱状上皮，至乳头管处则变为高柱状上皮。上皮细胞界线清楚，胞质着色浅而明亮，细胞核圆形，位于细胞中央。电镜下，上皮细胞游离面有少量短小的微绒毛、少量的侧突和短小的质膜内褶。

集合小管具有与远曲小管相类似的功能，可重吸收水、Na^+，排K^+，分泌H^+或

HCO_3^-，其吸收功能也受醛固酮和抗利尿激素的调节。原尿通过集合小管得到进一步浓缩。

（三）球旁复合体

球旁复合体（juxtaglomerular complex）又称肾小球旁器或肾小球旁复合体，位于肾小球近血管极处的一个近三角形区域内，主要包括球旁细胞、致密斑及球外系膜细胞（图5-3）。

1. 球旁细胞（juxtaglomerular cell） 位于入球微动脉管壁中的平滑肌细胞特化而成的一些立方形的上皮样细胞，称球旁细胞。细胞体积较大，核大而圆。电镜下，胞质内粗面内质网、核糖体较多，高尔基复合体发达，肌丝含量少。球旁细胞胞质内含PAS反应呈阳性的分泌颗粒，颗粒内含肾素（renin）。肾素具有收缩血管、升高血压和增强肾小体滤过的作用。此外，球旁细胞还可能产生红细胞生成因子。

2. 致密斑（macula densa） 远端小管起始部，靠近肾小体血管极一侧的管壁上皮由原来的单层立方变为单层柱状，并且排列紧密，形成椭圆形斑状结构，称致密斑。构成致密斑的高柱状细胞胞核椭圆形，位于细胞顶部，胞质染色浅。致密斑是一种离子感受器，可感受远端小管内滤过液的Na^+浓度变化，并将信息传递给球旁细胞，调节肾素的释放。

3. 球外系膜细胞（extraglomerular mesangial cell） 位于肾小体血管极三角区的一群细胞，可能在球旁复合体中起信息传递作用。

球旁复合体的主要作用是调节血压、水分及电解质平衡，此外，还可以产生促红细胞生成因子，使血液中促红细胞生成素原转变成促红细胞生成素，诱发造血干细胞向红细胞系分化发育。

（四）肾间质

肾间质（renal interstitium）是填充于泌尿小管和肾内血管之间的结缔组织、血管和神经等。肾间质的结缔组织分布不均匀，从肾皮质到髓质的肾乳头，逐渐增加，除成纤维细胞、巨噬细胞外，还有特殊的间质细胞（interstitial cell），它除能形成间质内的纤维和基质外，还可分泌前列腺素。

第二节 鱼类的肾

鱼类的肾脏起源于中胚层的生肾节。在发育过程中先后出现前肾和中肾。前肾（pronephros）是鱼类胚胎时期的主要泌尿器官，在仔鱼阶段有泌尿作用，成鱼后组织结构发生变化，成为类淋巴组织，有造血功能，产生血小板和淋巴细胞，称为头肾。中肾（mesonephros）是真骨鱼类成体的泌尿器官。中肾一对，各有一输尿管，在末端处合二为一，并稍扩大，形成膀胱，经泄殖孔开口于体外。硬骨鱼类肾形态差别较大，见图5-6。

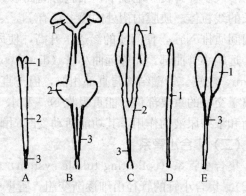

图5-6 硬骨鱼类的肾形态
A. 池沼公鱼 B. 鲤 C. 鲈 D. 舒氏海龙 E. 鳖鱼
1. 头肾 2. 中肾 3. 输尿管

一、前肾的结构

前肾是脊椎动物最先出现的泌尿结构，位于体腔的最前端，形成于胚胎期，由头后若干对生肾节参与形成。

前肾由许多按节排列的前肾小管组成。前肾小管的数目在不同的种类不同。每一前肾小管形略弯曲，一端开口处为肾口，其边缘具有纤毛，并与体腔相通。背主动脉的分支血管结成一团微血管球，伸到每个肾口附近。每一前肾小管的另一端最初为盲管，后来在左右两侧，前后彼此愈合成一对前肾管，其末端直通泄殖腔（图5-7）。

血管球将血液中的废物渗透到体腔，借肾口周围的纤毛摆动，把血液和体腔的废物吸入肾口，然后经前肾小管到前肾管，再经泄殖腔排出体外。

前肾为绝大多数鱼类胚胎时期的泌尿器官；少数鱼类在仔鱼期前肾仍有泌尿功能，而在成体则几乎完全没有作用，如鲟，刚孵出6 mm长时，其前肾仍有泌尿功能，体长12 mm时已开始萎缩，体长33 mm的稚鱼仍有2条前肾小管，而达到125 mm时仅残留1条，稍后完全消失。个别鱼类的成体前肾仍保留泌尿功能，如真骨鱼类的光鱼。绝大多数鱼类成体前肾退化，不具泌尿机能，残留部分称为头肾，成为一拟淋巴组织，是一种造血器官。

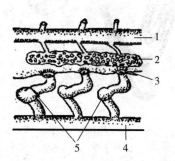

图5-7 鱼类前肾结构模式图
1. 主动脉 2. 肾小球 3. 肾腔口
4. 前肾管 5. 前肾小管

二、中肾的组织结构与功能

（一）中肾的组织结构

中肾位于体腔背壁，鳔的背方，腹面覆有体腔上皮。由两部分组成，一是与泌尿有关的肾主质，包括肾单位、集合小管和集合管；另一部分是含有丰富的造血细胞的肾间质。

1. 肾单位 包括肾小体和肾小管两部分。

（1）肾小体 肾小体也叫肾小球，由血管球和肾小囊组成。一般来说淡水鱼类的肾小球较发达，直径为48～104 μm，可达10 000个左右，毛细血管壁较薄；海水鱼类的肾小球小，直径为27～94 μm，数量较淡水硬骨鱼类要少得多，且毛细血管少、管壁较厚。海龙科、巨喉鱼科等鱼类肾脏没有肾小球，在发育过程中退化消失。肾小囊壁层由扁平上皮构成，脏层是具有突起的足细胞。

（2）肾小管（图5-8） 肾小管分为颈段、近曲小管和远曲小管。

颈段较短，由单层立方上皮构成。上皮细胞游离面有纤毛，细胞顶端有黏液颗粒。颈段的功能还未查明，但其纤毛运动可以推动液体沿肾小管流动。

近曲小管在结构和功能上与哺乳动物相似。有肾小球的鱼类，此段可分为第一近端段和第二近端段，没有肾小球的鱼类只有第二近端段。第一近端段上皮为立方或低柱状，细胞游离面有发达的刷状缘、顶端小管和空泡，细胞内有丰富的溶酶体和线粒体。第二近端段上皮为柱状，刷状缘不如第一近端段发达，但线粒体要多得多。

远曲小管上皮为低柱状，溶酶体和微绒毛很不发达（图5-9）。

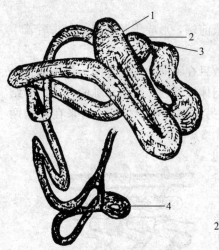

图5-8 鲤的肾小管
1. 近曲小管 2. 肾小管 3. 肾小管的颈部
4. 集合管
(楼允东，组织胚胎学，1996)

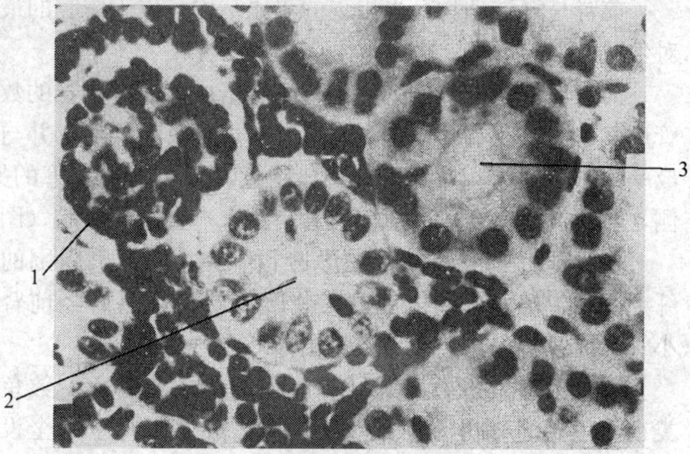

图5-9 虹鳟中肾显微照像
1. 肾小体 2. 近曲小管 3. 远曲小管
(楼允东，组织胚胎学，1996)

2. 集合小管和集合管 结构较简单，上皮细胞顶端可见大量线粒体，刷状缘不发达，在电镜下仅见少量微绒毛。

(二) 中肾的功能

1. 泌尿机能 有肾小体的鱼类，其肾脏的泌尿作用借肾小体的过滤作用和肾小管的重吸收作用而完成，如板鳃鱼类的尿素在肾小管处大部分被吸收，同时盐分也被吸收。缺肾小体的鱼类其过滤和吸收作用由肾小管完成。肾小管的吸收有选择性，如氨基酸会被完全吸收。肾主要排泄氮化物分解产物中比较难以扩散的物质，如尿酸、肌酸和肌酸酐等。

2. 调节渗透压 已有的研究表明海淡水鱼类都有调节渗透压的能力。淡水鱼类利用排尿方式排出体内过多的水分，所以淡水鱼类肾小体发达，肾小体数目多，排尿量比海水鱼要多。尿液稀薄，其尿液的渗透压仅为海水硬骨鱼类的0.5%。另外，肾小管有一段吸盐细胞，使通过肾小管的过滤液中的大部分盐重新吸收回来，同时可以借助鳃上特化的吸盐细胞从周围水环境中吸收盐离子，从消化管也可以吸收一些盐分。海水鱼类体液的渗透浓度低于海水，需要通过保水、排盐两个途径调节渗透压。除从食物中获取水分外，还需多吞海水，少排尿，以补充水的流失。吞下的海水经消化管吸收进入血液，再由鳃中的排盐细胞将多余的盐分排出，把水留下来。因此海水鱼类肾小体不发达，排尿量也比淡水鱼少，使水分不会大量消耗在尿液排泄方面。海水板鳃类血液中存在大量的尿素和氧化三甲胺，导致其渗透压略高于海水，甚至还需要有少量水渗入体内才正好满足肾的排泄需要。板鳃类的原尿中70%~90%的尿素可被重吸收，当血液中的尿素累积到一定程度时，从鳃进入的水分就增多，冲淡血液中的尿素，排尿量增加。有些淡水鱼类，如鳗鲡，生殖时要到入海口产卵，其对渗透压的调节方法是：在淡水生活时，借肾调节水分；入海后，依靠鳃上的排盐细胞，将多余的盐分排出而保留水分。

第三节 无脊椎动物的排泄器官

软体动物具备了真正的体腔,它们的排泄器官基本上是后肾管,其数目一般与鳃的数目一致,只有少数种类的幼体为原肾管。后肾管来源于中胚层,由体腔上皮向外突出形成,为一管状构造,一端以肾口开口于围心腔(即真体腔),另一端以肾孔开口于外套腔。肾口具有纤毛,可收集体腔中的代谢产物。肾口之后是肾的腺体部分,即肾主体,血管丰富,血液的代谢产物可以通过渗透作用进入肾,最后经肾的膨大部分——膀胱,由肾孔排出体外(图5-10)。另外,围心腔内壁上的围心腔腺,是围心腔表皮分化形成的分支状腺体,由扁平上皮细胞及结缔组织组成,微血管密布,可排出代谢产物于围心腔内,由后肾管排出体外。瓣鳃纲的蚌具一对肾,由后肾管特化形成,又称鲍雅诺氏器(organ of Bojanus);还有围心腔腺,亦称凯伯尔氏器(Keber's organ)。各组织间的吞噬细胞也有排泄功能。

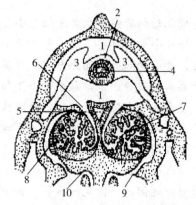

图5-10 瓣鳃类的围心腔与肾的横断面
1. 围心腔 2. 心室 3. 心耳 4. 肠
5. 静脉窦 6. 内肾孔 7. 肾腔
8. 肾的管状部 9. 外肾孔 10. 生殖孔
(自 Lang)

甲壳动物不同于一般的动物,其蛋白质代谢的最终氮废物大部分为氨,只一小部分是尿素和尿酸,因此被称为排氨型代谢动物。代谢废物主要借一对触角腺(antennary gland,也称绿腺)和一对小颚腺(maxillary gland,也称壳腺)排出体外。这两种腺体在发生上属于后肾管类型,前者见于比较高等的类群(如十足目)的成体,后者则见于高等种类的幼体和低等种类的成体(如口足目)。甲壳动物的幼体既有触角腺,也有小颚腺,而成体只有其中之一,例如日本沼虾的成体就只有一对触角腺。无论触角腺还是小颚腺都由环节动物的后肾管即体节器演变而来。在环节动物中,每个体节通常都有一对后肾管,但甲壳动物只在头部保留两对或一对,其余都已退化。后肾管一端开口于真体腔,称为肾口,另一端则为排泄孔。触角腺或小颚腺的结构与后肾管基本相同,但肾口封闭,这一端呈小囊状,称为端囊,端囊之后为细长盘曲的排泄管。排泄管内面常多皱褶,以扩大其排泄面,同时有些部分还膨大,特别是近排泄孔的末端常常膨大为膀胱。排泄物由血液透入触角腺或小颚腺,最后积储于膀胱内,经排泄孔排出体外。排泄孔位于第二触角或第二小颚的基部。由于甲壳动物真体腔的退化和触角腺或小颚腺的端部封闭,因此与其他无脊椎动物两端开口的后肾管不同。这两类腺体,除有处理代谢废物等排泄功能外,还有等同的潴留功能,在调节渗透压、维持酸碱平衡以及保持体液的量和成分的相对稳定方面均有重要作用。另外,甲壳动物的一部分排泄物由鳃排放;鳃除呼吸外,兼有排泄机能。

头足纲的排泄器官为一对肾,呈囊状,包括一个背室和两个腹室。两个腹室位于直肠背面两侧,左右对称。一对肾孔,开口于直肠末端两侧的套膜腔中。围心腔以一对导管伸入腹室,其开口为肾口。肾可自围心腔内收集代谢产物。肾静脉周围有海绵状的静脉腺,其分支中空,与静脉相通。这些腺体具有一层有排泄功能的腺质上皮,可从血液中吸收代谢产物,排入肾囊。肾的背室位于腹室的背侧,有孔与腹室相通。乌贼的排泄物不含尿酸,而是鸟嘌呤(guanin),它的肾由两个左右对称的腹囊及一个背囊组成,静脉附属腺也是一种排泄组织(图5-11)。

本章小结

哺乳动物肾组织主要由泌尿小管和少量肾间质组成。泌尿小管为单层上皮,包括肾小管和集合小管两部分,肾小管起始端膨大内陷成双层肾小囊,并与血管球共同构成肾小体,每个肾小体和一条与它相连的肾小管合成一个肾单位,是肾的结构和功能单位。肾间质是填充于泌尿小管和肾内血管之间的结缔组织,它能形成间质内的纤维和基质,还可分泌前列腺素。

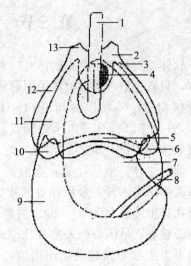

图5-11 乌贼的排泄系统
1. 直肠 2. 肾囊左腹室 3. 肾围心腔孔
4. 肾囊腹室与背室间的孔 5. 围心腔与生殖腔
内的隔膜 6. 左鳃心位置 7. 肾囊背室
8. 生殖管 9. 生殖腔 10. 右鳃心位置
11. 围心腔 12. 肾囊右腹室
13. 肾囊右腹室的乳突
(自张彦衡)

哺乳动物构成肾单位的血管球是入球微动脉和出球微动脉之间的一团毛细血管。肾小囊外层为单层扁平上皮,内层由一层足细胞构成,两层间狭窄的腔隙称肾小囊腔。足细胞自胞体伸出各级突起交错排列形成栅栏状,突起之间有裂孔和裂孔膜,毛细血管内的物质通过毛细血管的有孔内皮细胞、基膜和足细胞突起间的裂孔膜构成的肾小体滤过膜渗入肾小囊腔,形成原尿。肾小管是单层上皮管道,可分为近端小管、细段和远端小管,有重吸收和排泄作用。集合小管系包括弓形集合小管、直集合小管和乳头管,管径由细逐渐变粗,管壁也由单层立方上皮逐渐变为单层柱状上皮,至乳头管处则变为高柱状上皮。原尿通过集合小管进一步浓缩。

鱼类前肾是胚胎和仔鱼时期的主要泌尿器官,成鱼后成为类淋巴组织,有造血功能,称为头肾。前肾由许多前肾小管组成,前肾小管一端开口处为肾口,背主动脉的分支血管结成血管球伸到每个肾口附近,前肾小管的另一端彼此愈合成一对前肾管,其末端直通泄殖腔。中肾是真骨鱼类成体的泌尿器官,其肾单位也包括肾小体和肾小管两部分,肾小体由血管球和肾小囊组成,肾小管分为颈段、近曲小管和远曲小管。集合小管和集合管结构较简单。

软体动物的排泄器官基本上是后肾管。后肾管一端以肾口开口于围心腔,另一端以肾孔开口于外套腔。肾口之后的肾主体血管丰富,血液的代谢产物可以通过渗透作用进入肾,最后经膀胱,由肾孔排出体外。另外,围心腔内壁的扁平上皮细胞及结缔组织组成围心腔腺,可排出代谢产物于围心腔内,由后肾管排出体外。

甲壳动物代谢废物主要借一对触角腺和一对小颚腺排出体外。触角腺、小颚腺肾口封闭为端囊,端囊之后为细长盘曲的排泄管,近排泄孔的末端膨大为膀胱。这两类腺体除排泄功能外,在调节渗透压、维持酸碱平衡以及保持体液相对稳定上均有重要作用。另外,甲壳动物的一部分排泄物由鳃排放。

头足纲的肾呈囊状,包括一个背室和两个腹室。另外,肾静脉周围有海绵状的静脉腺,也是一种排泄组织。

思考题

1. 简述哺乳动物肾单位的组成及结构。
2. 简述肾小体滤过膜的结构组成及重要作用。
3. 鱼类肾的发育过程是怎样的？中肾的结构组成和功能如何？
4. 软体动物、甲壳动物后肾管的组成分别是怎样的？参与排泄的器官分别有哪些？

第六章 内分泌器官

第一节 哺乳动物主要内分泌器官的组织结构

哺乳动物的内分泌腺主要包括脑垂体、甲状腺、甲状旁腺、肾上腺、松果体等，在此主要介绍脑垂体、甲状腺和肾上腺的组织结构特点。

一、脑垂体

脑垂体（hypophysis）位于颅底蝶骨所构成的垂体窝内，借漏斗与丘脑下部相连。脑垂体可分泌多种激素，是动物体内最重要、功能最复杂的内分泌腺。

脑垂体的外面覆盖富含丰富血管的结缔组织被膜，按其发生和组织结构特点可分为腺垂体和神经垂体两大部分。腺垂体来自原始口腔外胚层上皮向背侧突起形成的拉克氏囊（Rathke's pouch）；神经垂体由间脑底部向腹侧下垂形成漏斗。二者相遇，前者分化为腺垂体，后者分化为神经垂体。腺垂体又可分为远侧部、结节部和中间部，而神经垂体又可分为神经部、漏斗柄和正中隆起（图6-1）。有些动物的拉克氏囊腔在发育过程中消失，但大部分动物可残留裂隙，称垂体裂（hypophyseal cleft）。第三脑室伸入漏斗或神经部的部分，称为垂体腔（hypophyseal cavity）。

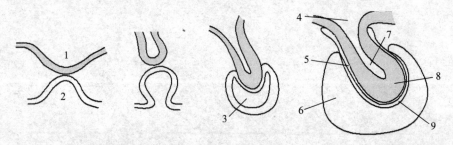

图6-1 垂体发生示意
1.脑漏斗管　2.原口腔顶　3.拉克氏囊　4.第三脑室　5.中间部　6.腺垂体
7.中央腔　8.神经部　9.中间部（遗留空腔）

腺垂体（adenohypophysis）内含有大量的可分泌多种激素的细胞。垂体中细胞的分类主要利用光镜和电镜观察，结合免疫组化等染色技术进行。分类依据均与垂体细胞的分泌颗粒有关。光镜分类依据分泌颗粒的染色特性；电镜分类依据分泌颗粒的形态、大小和分布位置；免疫组化染色可以分辨分泌颗粒所含激素的种类。

（一）腺垂体

1. 远侧部（pars distalis）　由不规则的细胞索团或小滤泡构成，其间有窦状毛细血管。据腺细胞的染色特性不同，可分为嗜酸性细胞、嗜碱性细胞和嫌色细胞。根据各种腺细胞分泌颗粒的大小及所含激素的性质分为催乳激素细胞、生长激素细胞、促甲状腺素细胞、促性腺激素细胞和促肾上腺皮质激素细胞（图6-2），各种腺细胞的特征及功能可概括如表6-1。

表6-1 远侧部细胞与功能

细胞名称	染色特性（光镜）	分泌颗粒（电镜）	功能	数量
催乳激素（LTH）细胞	嗜酸性细胞（含嗜酸性颗粒，核圆形，位于细胞中央）	最大，形态多样，充满胞质	分泌催乳激素	占远侧部细胞的40%
生长激素（STH）细胞		较大而均匀的圆形颗粒，充满胞质	分泌生长激素	
促甲状腺素（TSH）细胞	嗜碱性细胞（含嗜碱性颗粒，核圆形，常偏于细胞一侧）	最小，少，靠细胞周边分布	分泌促甲状腺素	占远侧部细胞的10%
促性腺激素细胞		中等圆形致密颗粒，充满胞质	分泌卵泡刺激素和黄体生成素	
促肾上腺皮质激素（ACTH）细胞		颗粒小，少，致密度不一	分泌促肾上腺皮质激素	
嫌色细胞	嫌色细胞（着色淡，核圆形）	无或极少	认为是上述细胞的前体细胞或它们的脱颗粒细胞	占远侧部细胞的50%

2. 结节部（pars tuberalis） 前叶的一小部分，主要含嫌色细胞，也有少量的嗜色细胞，能分泌少量促性腺激素。

3. 中间部（pars intermedia） 紧贴神经部，两者合称垂体后叶。主要含嫌色细胞及少量的弱嗜碱性细胞。可分泌黑色素细胞刺激素。

（二）神经垂体

神经垂体（neurohypophysis）主要由大量的无髓神经纤维、神经胶质细胞组成，其间有丰富的血窦。无髓神经纤维是下丘脑视上核和室旁核神经元的轴突，经漏斗直达神经部，形成下丘脑神经垂体束。视上核和室旁核有许多神经内分泌细胞，具有分泌催产素（oxytocin, OT）和加压素（vasopressin, VP）的功能，分

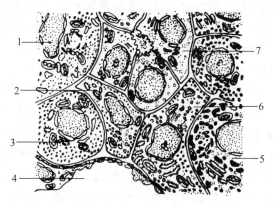

图6-2 腺垂体远侧部腺细胞超微结构模式图
1. 促性腺激素细胞　2. 促甲状腺素细胞
3. 生长激素细胞　4. 窦状毛细血管
5. 催乳激素细胞　6. 促肾上腺皮质激素细胞
7. 嫌色细胞
（沈霞芬，家畜组织学与胚胎学，2001）

泌颗粒沿轴突输送到神经部储存，通过末梢释放入血窦。分泌颗粒沿轴突输送到神经部的过程中，许多能聚集成光镜下可见的嗜酸性小团块，称赫令氏体（Herring's body）。神经胶质细胞又称垂体细胞（pituicyte），有支持、营养和保护作用。神经垂体本身没有分泌功能，是激素储存、释放的部位。

近年来，在神经垂体内还发现 P 物质（SP）、脑啡肽（ENK）、甘丙肽（GAL）、5-羟色胺（5-HT）、生长抑素（SOM）、神经紧张素（NT）等多种生物活性物质。

二、肾 上 腺

肾上腺（adrenal gland）的表面为薄层结缔组织的被膜，被膜中的少量结缔组织可伸入实质，实质由周围的皮质和中央的髓质两部分构成（图6-3）。

（一）皮质

位于肾上腺外周，占肾上腺体积的绝大部分，根据细胞的排列和形态不同，皮质从外向内可分为球状带、束状带和网状带。虽然皮质细胞的形态和功能不同，但其所分泌的激素均属类固醇激素，因此具有分泌类固醇激素细胞的超微结构特征，即胞质内含丰富的滑面内质网、脂滴、高尔基复合体和线粒体。

1. 球状带（zona multiformis） 位于被膜下方，细胞的形态和排列因动物不同而异。细胞可呈低柱状、高柱状或多边形，可排列成团状、不规则形或弓形。细胞索、团之间有窦状毛细血管和少量结缔组织。细胞质染色深，核小，胞质内有少量脂滴。球状带的细胞分泌盐皮质激素，如醛固酮，调节机体的水盐代谢。

2. 束状带（zona fasciculata） 位于球状带深面，是皮质中最厚的一层。细胞排列成单行或双行的索状，索间有窦状毛细血管。细胞呈多边形，体积较大，核大，着色浅，胞质内富含脂滴，在 H.E 染色切片中因脂滴被溶解，细胞呈空泡状。束状带的细胞分泌糖皮质激素，主要是皮质醇和皮质酮，

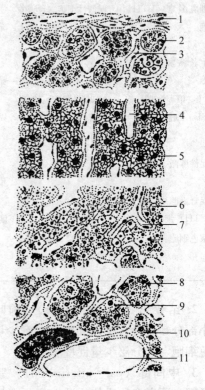

图 6-3 肾上腺组织结构
1. 被膜 2. 球状带细胞 3、4、7. 血窦
5. 束状带细胞 6. 网状带细胞
8. 去甲肾上腺素细胞 9. 交感神经节细胞
10. 肾上腺素细胞 11. 中央静脉
（邹仲之，组织学与胚胎学，2002）

主要作用是促使蛋白质及脂肪分解并转变成糖（糖异生），还有抗炎症及降低免疫应答的作用。

3. 网状带（zona reticularis） 位于束状带和髓质之间，细胞排列呈索状，再吻合成网，索间有窦状毛细血管和少量结缔组织。细胞较小，呈多边形，核小，着色深，胞质内脂滴较少而脂褐素较多，染色较束状带深。网状带的细胞主要分泌雄激素，也分泌少量雌激素，维持动物的第二性征。

（二）髓质

主要由髓质细胞组成，细胞排列成索状然后连接成网，其间有窦状毛细血管和少量结缔组织。细胞呈多边形，用铬盐处理时，细胞内有棕黄色的嗜铬颗粒，故髓质细胞又称嗜铬细胞（chromaffin cell）。髓质细胞分泌肾上腺素和去甲肾上腺素。肾上腺素使心率加快、心脏

和骨骼肌的血管扩张。去甲肾上腺素使血压增高，心脏、脑和骨骼肌内的血流加速。此外，髓质细胞之间还分散存在着单个或成群的交感神经节细胞。

三、甲状腺

哺乳类的甲状腺（thyroid gland）为一对或一个，其表面是薄层结缔组织构成的被膜，被膜的结缔组织伸入实质将其分成许多分界明显或不明显的小叶。每个小叶内有大量滤泡和滤泡旁细胞，滤泡间是少量结缔组织和丰富的毛细血管（图6-4）。

（一）滤泡

滤泡（follicle）呈圆形、椭圆形或不规则形，大小不等。滤泡由单层立方上皮细胞围成，滤泡腔内充满嗜酸性的胶质，为甲状腺球蛋白。滤泡上皮细胞的形态与滤泡的功能活动有关。功能活跃时，细胞增高，反之，细胞变矮。电镜下，滤泡上皮细胞顶端有微绒毛，胞质内粗面内质网、线粒体、溶酶体、高尔基复合体等细胞器发达。

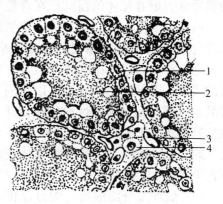

图6-4 甲状腺滤泡
1. 滤泡上皮细胞 2. 胶质 3. 毛细血管
4. 滤泡旁细胞
（沈霞芬，家畜组织学与胚胎学，2001）

甲状腺的滤泡上皮细胞可合成和分泌甲状腺素，主要功能是促进机体的新陈代谢和生长发育。

（二）滤泡旁细胞

滤泡旁细胞（parafollicular cell）又称C细胞，数量少，单个位于滤泡上皮细胞之间或成群分布在滤泡间的结缔组织中。H.E染色可见细胞呈椭圆形或多边形，比滤泡上皮细胞略大，胞质着色浅。银染法可见胞质内有黑色嗜银颗粒。滤泡旁细胞分泌降钙素，可促进成骨细胞的活动，使骨盐沉着于类骨质，并抑制胃肠和肾小管吸收Ca^{2+}，使血钙降低。

第二节 鱼类主要内分泌器官的组织结构

鱼类内分泌器官有脑垂体、甲状腺、肾间组织和嗜铬组织、性腺、胰岛、后鳃腺、尾垂体、斯坦尼斯小体、松果体和消化道分散的内分泌系细胞等，本章重点介绍脑垂体、甲状腺，肾间组织和嗜铬组织。

一、脑垂体

鱼类脑垂体与哺乳动物一样，分为腺垂体和神经垂体两部分。其中腺垂体又分为前腺垂体（proadenohypophysis）、中腺垂体（mesoadenohypophysis）和后腺垂体（metaadenohypophysis）。真骨鱼类的腺垂体亦有催乳素分泌细胞、促甲状腺素分泌细胞、促肾上腺皮质素分泌细胞、促性腺激素分泌细胞——FSH分泌细胞和LH分泌细胞、生长激素分泌细胞和黑色素细胞刺激素细胞。

鱼类脑垂体形状不一，可分为前后型和背腹型（图6-5）。

（一）腺垂体

1. 前腺垂体 在前后型的垂体中，前腺垂体占据着腺体的前部；在背腹型中，前腺垂体占腺体的前背部。腺细胞的排列在有些鱼类如鲱和鲑等呈滤泡状，在有些鱼类如白鲢、花鲢和草鱼等呈紧密的索状。用组织化学方法可以区别出催乳素分泌细胞（嗜酸性的）和促肾上腺皮质素分泌细胞（嗜碱性的）；有些鱼类（如金鱼、鳗鲡等）的前腺垂体还含有促甲状腺分泌细胞。

（1）催乳素分泌细胞 能分泌催乳素，在真骨鱼类这种细胞占前腺垂体的大部分。

细胞多边形，直径一般为7～15 μm，核位于中央。细胞质被偶氮卡红G和亮绿染色，用组织化学方法表明：此细胞对于显示蛋白质的汞-溴酚蓝（Hg-BPB）染色法呈现阳性反应，而对显示多糖的PAS、AF方法，显示脂肪的苏丹黑B方法均为阴性反应。这说明细胞质中的颗粒主要是由蛋白质组成。在一些鱼类如金鱼和阔尾鳉，催乳素分泌细胞几乎布满全叶，并且没有显出特殊的排列方式。而有一些鱼类如鳗鲡和鲑，则排列成滤泡状，细胞呈圆柱形。在鱼类并没有乳汁分泌，但却存在催乳素分泌细胞，而其功能与哺乳动物（催乳素可促进乳腺发育和乳汁分泌）不同，发现这种细胞在淡水鱼中比在海水鱼中活跃得多，催乳素分泌细胞在淡水鱼中是通过保持钠离子浓度以行使渗透调节的任务。

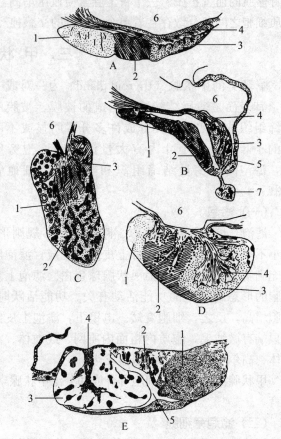

图6-5 几种鱼类脑垂体切面
A. 海七鳃鳗 B. 角鲨 C. 鲑 D. 赤鲈 E. 鲟
1. 前腺垂体 2. 中腺垂体 3. 后腺垂体
4. 神经垂体 5. 垂体腔 6. 漏斗 7. 腹叶
（孟庆闻，鱼类比较解剖，1987）

（2）促肾上腺皮质素分泌细胞 多分布在前腺垂体与神经垂体连接的区域，如金鱼、鳗鲡和鲑等。细胞圆形、圆柱形或长形，核圆形，位于中央或偏于靠近神经垂体的分支的一端。细胞呈分散状态或排列成栅状（如鳗鲡和鲑）。它能分泌促肾上腺皮质激素。

2. 中腺垂体 不论是前后型还是背腹型的垂体，中腺垂体都在腺体的中央部，所占位置的大小和细胞的组成成分，在真骨鱼类性成熟前后有差别。已达性成熟的鱼中腺垂体占整个脑垂体的1/2以上，在生殖季节嗜碱性细胞大大超过嗜酸性细胞的数量。而未达性成熟的鱼则不到1/2，且嗜酸性细胞占多数。通常嗜酸性细胞紧密地聚集成群夹杂在嗜碱性细胞之间。中腺垂体存在三种激素分泌细胞，即生长激素分泌细胞（嗜酸性的）、促甲状腺素细胞（嗜碱性的）和促性腺激素分泌细胞（嗜碱性的）。

（1）生长激素分泌细胞 为嗜酸性细胞，呈长形、圆形或多角形。细胞质被偶氮卡红 G、橘黄 G 和亮绿等酸性染料强烈染色。对苏丹黑 B 呈阳性反应，对 PAS 呈阴性反应。它能够分泌生长激素。在未达性成熟、处于生长发育阶段中的鱼类，这种细胞的数量较多。

（2）促甲状腺素分泌细胞 是一种嗜碱性细胞，一般呈多角形或圆形。细胞核位于中央。细胞质被苯胺蓝染色，对 PAS 和 AF 均呈阳性反应，然而对这些染色剂的亲和力比促性腺激素分泌细胞弱。此细胞分布的区域在各种鱼类有些不同，如鳗鲡和金鱼分布在前腺垂体，与催乳素分泌细胞相混杂，在鲑位于前腺垂体与中腺垂体之间的中间位置，在阔尾鳉则仅限于中腺垂体背前区。

在所有研究过的真骨鱼类中，在光镜下，欲从嗜碱性细胞中把促甲状腺素分泌细胞同促性腺激素分泌细胞区别开来是不容易的。因为真骨鱼类的促甲状腺素分泌细胞和促性腺激素分泌细胞都是嗜碱性的，对 PAS 和 AF 也都呈阳性反应。但是，经硫脲处理后，可引起促甲状腺素分泌细胞中的颗粒消失，而促性腺激素分泌细胞不起变化，借此方法可以将两者区别开来。

（3）促性腺激素分泌细胞 为嗜碱性细胞，多呈圆形和椭圆形，核偏于细胞的一端，有一明显核仁，是中腺垂体中最大的细胞。在性成熟的鱼占据中腺垂体的中部和腹部的主要部分。有些鱼类（如鲑和鳗鲡）也可在前腺垂体里发现。这类细胞的主要特征是细胞质中有 1~2 个大型的嗜酸性小球，用三色染色法染色时，被橘黄 G 染成橙黄色，有的小球呈蓝色。小球的直径约 3 μm，对于 Hg-BPB、AF、PAS、苏丹黑 B 均呈阳性反应，其化学成分很可能是多糖脂蛋白。细胞中除嗜酸性小球之外，还有很多细小颗粒。

在电镜下，一些鱼类（如金鱼、鲻和白鲢）的脑垂体中，发现促性腺激素分泌细胞，胞质中含有两种颗粒，一种是数量多、电子密度高的细颗粒（直径 200~300 nm），另一种是数量少、电子密度低的大颗粒（直径约在 3 μm），它相当于嗜酸性小球。真骨鱼类与哺乳类（人）一样，这类细胞分泌促卵泡激素和黄体生成素。

多数学者观察研究了多种真骨鱼类如金鱼、大麻哈鱼、虹鳟、日本鳗鲡、食蚊鱼、鳉、剑尾鱼、鲻、鲈、鳂虎鱼和白鲢等，都发现一种促性腺激素分泌细胞含有大、小两种分泌颗粒。

实验发现，用鱼类脑垂体浸出液或雌激素处理鱼，或切除生殖腺，或人工诱导排卵等均可使促性腺激素分泌细胞发生细胞学变化，如细胞的形态、大小和数目，颗粒的多少及电子密度的高低等。

3. 后腺垂体 位于垂体的腹后部。在白鲢、花鲢和草鱼中，腺细胞聚集成不规则的细胞索或团，结缔组织纤维交织成网状，包围着腺细胞团形成许多小叶而把腺细胞和神经垂体分隔开来。腺细胞一般呈多角形，大多数被偶氮卡红 G 染色，少数是嫌色细胞。电镜下观察阔昆明鱼、金鱼和鳗鲡可区分出两种细胞：一种细胞含有不同电子密度的颗粒，另一种细胞的数量很少，含有很多高电子密度的颗粒。在鲑也有两种细胞，一种细胞的分泌颗粒较小，直径约 200 μm；另一种细胞的颗粒较大，直径约 300 μm。一般认为后腺垂体的腺细胞，可能像两栖类那样能够分泌黑色素细胞刺激素（MSH），可致皮肤黑色素细胞内的黑色素颗粒向细胞突起内扩散，使皮肤颜色变深（图 6-6）。

（二）神经垂体

在背腹型的腺体中，神经垂体一般形成中央轴，前腺垂体、中腺垂体和后腺垂体则围绕此轴排列，神经垂体形成许多分支伸入腺垂体并相互交错，而以后腺垂体最为错综复杂。在前后型的腺体中，神经垂体占据 1/2 的腺体后区的背面，其分支亦可伸到腺垂体的每一叶里。神经垂体主要由大量神经纤维和垂体细胞（pituicyte）构成，并含有丰富的毛细血管。

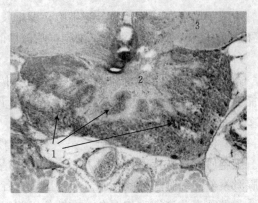

图 6-6 丽鱼的垂体
1. 腺垂体 2. 神经垂体 3. 下丘脑

1. 神经纤维 由下丘脑的神经分泌细胞发出，可分成两类：A 型神经纤维被 AF（醛复红）染色；B 型神经纤维不被 AF 染色。A、B 两种神经纤维都伸入前腺垂体、中腺垂体和后腺垂体。有一些鱼类如鲑、红大麻哈鱼、金鱼、日本鳗鲡、欧洲鳗鲡、康吉鳗、河鲈等，有一薄层结缔组织和基膜把腺细胞和神经纤维分隔开来。有一些鱼类（如阔尾鳉）的 B 型神经细胞的轴突进入腺垂体与腺细胞形成突触接触。这种直接的接触也在网蚊虹鳉、三棘刺鱼和长颌鰕虎鱼等鱼类中发现。

2. 垂体细胞 垂体细胞具有短分支的突起，细胞边界明显，细胞核内的染色质呈细粒状。细胞质中含有脂肪滴和细颗粒。垂体细胞分散在神经纤维间，其功能不详，可能对神经纤维起支持、营养和保护作用。

3. 赫令氏体（Herring's body） 下丘脑某些核团的神经分泌细胞的分泌物，沿着轴突向神经垂体输送，在沿途的不同部位，分泌颗粒可聚集成团，使轴突呈串珠样膨大，形成 AF 阳性反应的嗜酸性团块，称为赫令氏体。靠近漏斗柄处较多，它可能就是催产素和加压素的前体。在前腺垂体区和中腺垂体区的神经垂体分支中亦有一些 AF 阳性物质，但比后腺垂体区少得多。

二、甲状腺

圆口类成体的甲状腺没有被膜。板鳃类和全头类的甲状腺是个致密器官，呈新月形或不整齐块状，外面包着结缔组织囊，已具备典型的甲状腺的结构，位于腹大动脉的前端与下颌之间。真骨鱼类的甲状腺是弥散性的，缺乏被膜，分布于腹主动脉和第 Ⅰ 至第 Ⅲ 鳃动脉周围的鳃区间隙组织里，有的随着鳃动脉进入鳃，甚至发现某些鱼类的甲状腺泡弥散至眼球、肾和脾等处。Chavin（1956）发现 90% 的正常金鱼的头肾内有甲状腺泡。但也有少数一些真骨鱼类如日本鲐、鹦嘴鱼、金枪鱼和东方旗鱼等鱼类具有块状结实性的甲状腺，其外包裹着结缔组织被膜。

（一）甲状腺的组织结构

鱼类甲状腺的组织结构与高等动物相似，主要由甲状腺滤泡和滤泡间细胞构成（图 6-7）。

(二) 甲状腺的机能

鱼类甲状腺的机能和其他脊椎动物相同，总的来说是对机体的代谢以及形态发育过程起促进作用。

1. 促进代谢 甲状腺素的显著作用是促进有机体的代谢，主要是和糖代谢有关，如二三龄幼鲑在生长旺盛时，甲状腺活跃，而肝糖储量较低。同时，甲状腺素与矿物质的代谢也有密切的关系，它能影响广盐性及溯河性鱼类血液中的氯离子的平衡，并且与水分的排出有关。把海水真骨鱼放于稀释的盐溶液中，体内水分排出量明显增加，而此时甲状腺细胞的活动显得非常活跃。水温与甲状腺的分泌活动亦有密切的关系，在夏季水温高时甲状腺的分泌机能较低，而在冬季水温低时分泌机能则较高，尤以冷水性鱼类甲状腺分泌活动的变化表现特别突出。

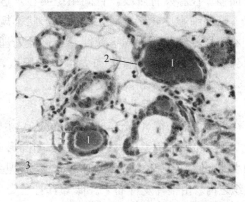

图6-7 虹鳟的甲状腺
1. 甲状腺滤泡 2. 甲状腺滤泡细胞核 3. 动脉管壁
（Sonia Mumford 等，Fish Histology and Histopathology, 2007）

2. 与生长发育和变态的关系 对正在生长发育的幼鲟进行甲状腺素处理，可明显地加速其硬鳞的形成和生长。当鳗鲡从柳叶鳗转变成玻璃样线鳗时，以及比目鱼从两侧对称转变为两眼移向一侧时，甲状腺细胞的机能活动增强。抗甲状腺素药物能够延迟胚胎的孵化时间以及对卵黄的吸收。

3. 与性腺成熟和生殖的关系 在生殖季节，甲状腺的分泌机能亦表现出明显的变化，一般是在产卵前甲状腺分泌加强，此时滤泡上皮细胞变高，产卵后分泌活动降低，或处于静止状态。

三、肾间和嗜铬组织、斯坦尼斯小体

鱼类没有肾上腺，但是有肾间组织（interrenal tissue）和嗜铬组织（suprarenal system）（图6-8）。为了和哺乳动物比较，有人把肾间组织称为肾上腺皮质，嗜铬组织称为肾上腺髓质。有些鱼类肾上腺皮质和髓质组织是分开的，如软骨鱼类，肾间组织位于两肾之间，嗜铬组织分布在肾背面，与交感神经和血管紧密相邻。硬骨鱼类，常见两种细胞都分布在头肾的腹侧，有些鱼类两种细胞混杂在一起，如鲫。

(一) 肾间和嗜铬组织

肾间组织细胞在硬骨鱼不同种属中变化很大，细胞可能呈多边形、柱状、立方形或纺锤形。细胞形态受到激素、药物、压力和盐度等因素的影响。肾间组织细胞分泌的激素为类固醇性质的皮质激素，主要为氢化可的松、皮质酮及脱氢皮质酮。这类激素对渗透压调节有一定作用，对蛋白质和糖类的代谢也有一定影响。如大麻哈鱼在长途洄游过程中需消耗肌肉中的蛋白质，以补充能量，此时肾间组织的活

图6-8 鲨（*Scyliorhinus canicula*）的肾
1. 肾间组织 2. 嗜铬组织
（Franck Genten 等，Atlas of Fish Histology, 2009）

动加强。性腺发育阶段，肾间组织明显发达，如红大麻哈鱼（*Oncorhynchus nerka*）。

嗜铬细胞主要靠近后主静脉，形状不规则或多角形，核内染色质更少，故染色更淡，核仁不明显，细胞质为弱嗜碱性，经铬盐处理后在细胞质中可以看到棕色的嗜铬颗粒。嗜铬细胞分泌的激素为肾上腺素和去甲肾上腺素，它们能加快心跳速率和增高血压、提高血糖含量、增加鳃中气体和离子交换速率。

（二）斯坦尼斯小体

斯坦尼斯小体（corpuscle of Stannius）主要存在于全头类和硬骨鱼类中，为粉红色、卵圆形或球形的小体，位于中肾后端背侧或腹面，有时埋藏在肾组织之内。由中肾发育而来。低等真骨鱼类斯坦尼斯小体的数目很多，例如弓鳍鱼有 40~50 个，鲑鳟鱼类有 6~14 个（图6-9）。多数真骨鱼类如鲫和白鲢等鱼类的小球为一对，位于中肾后端两肾管之间的肾组织的腹面，有的陷入肾组织之内。

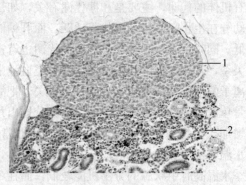

图 6-9　鲑斯坦尼斯小体
1. 斯坦尼斯小体　2. 肾
（Sonia Mumford 等，2007）

1. 斯坦尼斯小体的组织结构　小体外面包着结缔组织构成的被膜，结缔组织伸入内部把腺组织分隔成许多小叶，小叶间的结缔组织再行分支，最终把上皮性细胞围成一个个形状不规则的囊泡。血管、窦状隙和神经伴随着结缔组织伸展到囊泡周围。囊泡细胞呈锥形、圆柱形。核大，圆形或卵圆形。细胞质中含有分泌颗粒，对汞-溴酚蓝及 PAS 反应均呈阳性，说明这些分泌颗粒是一种糖蛋白类物质。分泌颗粒多在细胞的基部，颗粒排出后细胞质中出现空泡。有的囊泡中有腔隙，腔隙中有一界线不清的细胞，称为泡心细胞。随着机能状态的不同，可把囊泡分为三个时相。

（1）生长时相　囊泡小，囊泡细胞数量少，排列整齐。细胞质中的分泌颗粒少，囊泡内少有泡心细胞，囊泡间的结缔组织增厚。

（2）分泌时相　囊泡体积增大。囊泡细胞大而饱满，多数细胞充满分泌颗粒。靠近血管或窦状隙的囊泡细胞和血管以及窦状隙的壁膜破裂，细胞内的颗粒流入血管或窦状隙。剩下的细胞残骸被挤入囊泡腔内成为泡心细胞。流入血液的颗粒，最初仍保持颗粒状并聚集成堆，以后逐渐成为均一的物质随血流输出（图6-10）。

（3）萎缩时相　囊泡

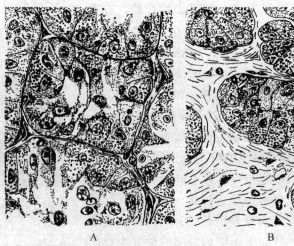

图 6-10　鲫斯坦尼斯小体的两个不同时相
A. 分泌时相　B. 生长时相
（孟庆闻，鱼类比较解剖，1987）

萎缩而融合，结构不完整，窦状隙增多。

2. 斯坦尼斯小体的功能

（1）与性腺发育的关系　小体组织学上的三个时相变化，与性腺发育和生殖密切相关。生长期是处在前一萎缩期之后重新积累物质和增加细胞数量的时期。在一些鱼类，如鲫和白鲢一般在秋季即开始生长期，此期性腺处于Ⅰ、Ⅲ期。分泌期的出现是在春季，而且与性腺发育到达Ⅳ期密切配合。随着分泌活动的进行，小体进入萎缩期。催情产卵之后，白鲢的小体转入萎缩期，此时性腺处于Ⅵ期。一些已达性成熟的白鲢因某种原因性腺在春季仍停滞于退化状态者，小体亦停顿在萎缩期。这一情况说明小体的周期变化是同性腺发育相平行的。然而，有一些鱼的性腺在冬季已达Ⅳ期，而小体却未进入分泌期，这说明在性成熟的鱼中，到了产卵季节小体乃进入分泌期，并在产卵时刻达到分泌活动的顶点。其功能在于促进能量的大量释放，以供应产卵洄游和产卵时刻所需的能量，这种对生殖过程中代谢的调节保证了生殖活动的顺利进行。

（2）与钾、钠离子浓度关系　研究表明小体具有保持钠离子浓度和降低钾离子浓度的作用，因而当小体分泌时，血液中钠离子浓度提高，促进钠离子转移入细胞内，从而加速糖原的分解，释放大量的能量。鱼类生活环境中盐分的改变，可引起小体组织结构出现相应的变化。近年来的研究指出，小体的分泌还与水中的含钙量有关，小体具有降低血浆中钙含量的功能。

第三节　无脊椎动物的内分泌器官

系统研究无脊椎动物内分泌器官的资料较少。近几年，作为水产养殖中重要的十足类品种，如中华绒螯蟹、锯缘青蟹和中国对虾等逐渐受到重视，相关文献越来越多。十足类内分泌器官有共同的特点，大多属于神经内分泌系统（neurosecretory system），主要包括 X 器、大颚器，但也包括一些兼能分泌激素的器官，如生殖腺等（图 6-11）。

以螃蟹为例，具有神经内分泌机能的器官包括两大类神经节。①视神经节位于眼柄内，由视外髓、视内髓和视端髓组成。视神经节内的 X 器-窦腺复合体，是甲壳类神经内分泌的调控中心，类似于哺乳动物下丘脑-垂体系统，是甲壳动物内分泌学的重点研究内容。窦腺由神经分泌细胞的轴突共同组成，位于血窦旁，形成甲壳类的神经血管复合结构，起储藏和释放激素的作用。X 器由许多神经内分泌细胞构成，一般认为轴突末端构成窦腺的神经细胞即为 X 器。X 器合成甲壳类高血糖素（CHHs）、性腺抑制激素（GIH）、甲壳动物高血糖素（CHH）、大颚器抑制激素（MOIH）等。②脑和胸神经节，脑和神经节能分泌促性腺激素（GSH）。

除了有神经内分泌机能的器官外，行使内分泌功能的主要腺体还有以下几类：①大颚器，又称大颚腺，位于大颚肌外侧的基部，白色至淡黄色，椭圆形或肾形。大颚器被血窦分割成许多相对独立的小叶，腺细胞近圆形或多边形。大颚器腺细胞具有发达的滑面内质网和高尔基体，线

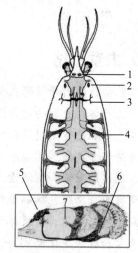

图 6-11　甲壳类神经和内分泌腺分布背面观
1. Y器　2. 大颚器　3. 后联合器
4. 围心器　5. X器　6. 窦腺　7. 视叶
（Volker Hartenstein 等，2006）

粒体呈管状嵴，细胞膜内陷或内卷。大颚器和昆虫的咽侧体（corpora allata）为同源器官，其分泌的法尼烯酸甲酯（methylfarnesoate，MF）和昆虫保幼激素的同源；②Y 器，又称蜕皮腺，位于虾蟹头胸部的前鳃腔，眼柄的后外侧。蟹类 Y 器为一致密的集合体，扁球状。Y 器细胞呈上皮样，排列紧密，核质比大。细胞核几乎占据了整个腺细胞，核内异染色质丰富，胞质稀少，细胞凸起多，线粒体常见，具有管状嵴，但高尔基体不发达，滑面内质网极少；③促雄腺，通常附着于输精管附近末端，一对。细胞排列成索状，含有分泌颗粒，细胞间为复杂的组织间隙（图 6-12）。在不同的繁殖季节，促雄腺的形态结构有所变化。中华绒螯蟹促雄腺可分为增殖期、合成期和分泌期 3 个时期。促雄腺具有激发和维持精巢成熟的功能，移植到雌性个体内可以促使雌性个体出现雄性特征，实现性逆转。

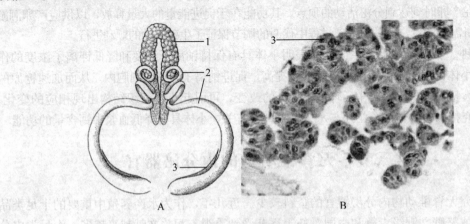

图 6-12 促雄腺结构和细胞形态
A. 长臂虾精巢和促雄腺　B. 蟹的促雄腺细胞
1. 精巢　2. 输精管　3. 促雄腺
(D. M. Thampy 和 P. A. John，1972)

本章小结

哺乳动物的内分泌腺主要包括脑垂体、甲状腺、甲状旁腺、肾上腺、胰岛、生殖腺、松果体，还有体内分散的内分泌细胞。脑垂体位于颅底蝶骨所构成的垂体窝内，借漏斗与丘脑下部相连。脑垂体是哺乳动物体内最重要、最复杂的内分泌腺。肾上腺由周围的皮质和中央的髓质两部分构成。其皮质从外向内可分为球状带、束状带和网状带，分别负责分泌盐皮质激素、糖皮质激素和雄激素。肾上腺髓质细胞分泌肾上腺素和去甲肾上腺素。

鱼类内分泌腺包括脑垂体、甲状腺、肾间组织和嗜铬组织、性腺、胰岛、后鳃腺、尾垂体、斯坦尼斯小体、松果体和体内分散的内分泌系细胞等。鱼类脑垂体与哺乳动物一样，分为腺垂体和神经垂体两部分。神经垂体和下丘脑相连，由无髓神经纤维和神经胶质细胞组成。腺垂体来源于胚胎口凹顶的上皮囊。圆口类成体的甲状腺没有被膜。板鳃类和全头类的甲状腺是个致密器官，呈新月形或不整齐块状，外面包着结缔组织囊，已具备典型的甲状腺的结构，位于腹大动脉的前端与下颌之间。真骨鱼类的甲状腺是弥散性的，缺乏被膜，分布于腹主动脉和鳃动脉周围的鳃区间隙组织里，有的随着鳃动脉进入鳃，某些鱼类的甲状腺泡弥散至眼球、肾和脾等处。鱼类没有肾上腺，但是有肾间组织和嗜铬组织。为了和哺乳动物比较，有人把肾间组织称为肾上腺皮质，嗜铬组织称为肾上腺髓质。有些鱼类肾间组织和嗜铬组织是分开的，如软骨鱼类，肾间组织位于两肾之间，嗜铬组织分布在肾背面，与交感神经和血管紧密相邻。硬骨鱼类，常见两种细胞分布都在头肾的腹侧，有些鱼类两种细胞混杂在一起。肾间组织主要负责皮质类固醇的生产。嗜铬细胞核呈卵圆形或不规则形状，比肾间细胞核大，负责产生肾上腺素和去甲肾上腺素，参与应激反应。斯坦尼斯小体是卵圆形或球形的细胞群，位于中肾后端背侧或腹面，有时埋藏在肾组织之内。斯坦尼斯小体参与钙平衡、电解质平衡等活动。

十足类内分泌器官也和神经内分泌系统密切联系，主要包括视神经结、脑和胸神经节、大颚器、Y器和促雄腺等。视神经节内的X器-窦腺复合体，是甲壳类神经内分泌的调控中心。

思考题

1. 哺乳动物和鱼类垂体结构与内分泌细胞类型的异同点有哪些？
2. 鱼类甲状腺的形态和功能有什么特点？
3. 鱼类嗜铬组织的形态和功能是什么？
4. 斯坦尼斯小体的组织学特点和功能是什么？
5. 弥散神经内分泌系统指什么？

第七章 免疫器官

生物体的免疫系统,随着种系进化由简到繁不断完善。无脊椎动物的防御功能,表现为吞噬作用和炎症反应。鱼类有了胸腺和细胞免疫应答,可排斥异体组织的移植。禽类有了法氏囊,出现特异性抗体的体液免疫应答。进化到哺乳类,就具有生物界最为完善的免疫系统。在生物进化过程中,原有的免疫功能并不被新形成的免疫功能所代替,而与后者共同发挥作用。

免疫系统包括免疫器官、淋巴组织、免疫细胞和免疫分子四类。免疫器官主要由淋巴组织构成,故亦可称淋巴器官。免疫细胞主要是淋巴细胞,尚有一些如单核-巨噬细胞等免疫辅佐细胞。免疫分子包括补体、抗体、细胞因子等。免疫细胞不仅定居在淋巴器官中,也分布在皮肤、黏膜等组织中。免疫细胞和免疫分子还可通过血液、淋巴等广泛分布全身。

第一节 哺乳动物的免疫器官

根据免疫器官发生和作用的不同,可分为中枢免疫器官和外周免疫器官。这两类免疫器官关系非常密切,但也有明显差别(表7-1)。

表7-1 中枢免疫器官与外周免疫器官的区别

	中枢免疫器官	外周免疫器官
组成	胸腺、胚胎肝、骨髓	淋巴结、脾、扁桃体、肠道相关淋巴组织
发育时间	胚胎早期	胚胎晚期或出生后
发育与抗原刺激的关系	无关(无菌动物与普通动物相同)	有关(无菌动物低于普通动物)
与浆细胞或生发中心形成的关系	无意义,甚至在非经口给予抗原后也不出现	抗原刺激后出现典型的反应
增殖	由干细胞增殖,不能由分化的淋巴细胞增殖	可由分化的淋巴细胞增殖
早期切除的后果	T细胞、B细胞数目减少,免疫应答水平降低	对免疫应答有一定的影响

一、中枢免疫器官

中枢免疫器官是免疫细胞发生、分化和成熟的场所,主要包括骨髓和胸腺。

(一)骨髓的结构

骨髓(bone marrow)可分为红骨髓和黄骨髓。红骨髓由结缔组织、血管、神经和实质细胞组成,呈海绵样存在于骨松质的腔隙中,具有活跃的造血功能。黄骨髓功能的发挥与其微环境有密切关系。骨髓微环境指造血细胞周围的微血管系统、末梢神经、网状细胞、基质细胞以及它们所表达的表面分子和所分泌的细胞因子。这些微环境组分是介导造血干细胞黏附、分化发育、参与淋巴细胞迁移和成熟的必需条件。

(二) 胸腺的结构

胸腺 (thymus) 表面有薄层结缔组织构成的被膜，被膜的结缔组织伸入胸腺实质形成小叶间隔，将胸腺分成许多小叶。每一小叶又可分为位于周边的皮质和位于中央的髓质。皮质的淋巴细胞密集，染色较深，髓质含有较多的上皮性网状细胞，着色较浅。由于小叶间隔不完整，小叶的髓质相互连接成片 (图 7-1)。

1. 皮质 由上皮性网状细胞 (epithelial-reticular cell) 构成的支架及其密集的淋巴细胞与巨噬细胞等构成 (图 7-2)。胸腺内的淋巴细胞又称胸腺细胞 (thymocyte)，它们由胸腺内的淋巴干细胞增殖分化而来。邻近被膜下及小叶间隔的淋巴细胞较大而幼稚，增殖较快；近髓质处的淋巴细胞较小而成熟，细胞表面出现特异性抗原的受体。这种受体是由细胞基因重组而表达的，故种类繁多，但每种细胞只有一种受体。皮质内的淋巴细胞约占胸腺淋巴细胞总数的85%。在被膜下、小叶间隔及血管周围的上皮性网状细胞呈扁平状，形成连续的一层。皮质中央处的上皮性网状细胞呈星形，突起有分支，胞质内含有大泡和一些中间丝束及微丝束，泡内含有分泌物。相邻细胞的突起以桥粒相连，形成海绵状多孔隙的结构，孔隙内充满淋巴细胞、巨噬细胞及细胞突起 (图7-2)。上皮性网状细胞的功能主要是分泌胸腺激素，构成微环境，诱导干细胞分裂分化形成各种T细胞，并获得识别机体自身抗原及异体抗原的能力。近来还发现，胸腺内的巨噬细胞能分泌白细胞介素Ⅰ (interleukinⅠ)，它参与组成胸腺的微环境，促进胸腺细胞的分化与增殖。

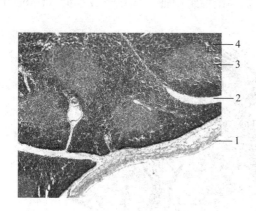

图 7-1 胸腺 (10×10)
1. 被膜 2. 小叶间隔 3. 皮质 4. 淋巴细胞
(钟蕾，2015)

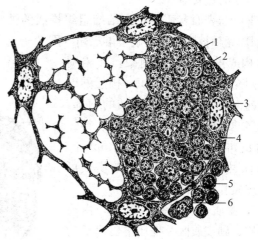

图 7-2 胸腺上皮性网状细胞模式图
1. 桥粒 2. 细胞突起 3. 上皮性网状细胞
4. 中间丝束及微丝束 5. 淋巴细胞 6. 巨噬细胞 7. 视叶
(成令忠，组织学与胚胎学，1989)

构成微环境的胸腺细胞分为两大类：一类为淋巴细胞，即胸腺细胞；另一类为非淋巴细胞，即胸腺基质细胞 (thymic stromal cell, TSC)。TSC 主要由胸腺上皮细胞 (thymic epithelial cell, TEC)、树突细胞

(dendritic cell，DC)、巨噬细胞、浆细胞、肥大细胞、嗜酸性粒细胞等组成。胸腺细胞密集分布于皮质中，皮质内有少量单核-巨噬细胞及胸腺保姆细胞（TNC）。髓质内由免疫功能相对成熟的胸腺细胞及TSC组成，TSC多，故着色浅。结合基因转型系小鼠免疫耐受的研究，TSC可能有消除对自身抗原应答的皮质胸腺细胞的作用，促使T细胞区别自我与非我的分化。近年来最引人注目的、能诱导凋亡信号的胸腺细胞膜受体分子是Fas蛋白及其配体分子Fas L（Fas Ligand），即所谓的Fas系统。目前，这两种分子的基因克隆均已成功。

2. 髓质 含有较多的上皮性网状细胞，淋巴细胞较少（15%）。髓质内常见胸腺小体（thymic corpuscle），呈椭圆形或不规则形，直径为30～150 μm，由多层扁平的上皮性网状细胞围成，外层细胞较幼稚，细胞核清晰，近内层细胞核渐不明显，胞质内渐出现嗜酸性物质，中央的细胞已变性，核消失，胞质呈均匀的嗜酸性，有的已崩解成碎片（7-3）。胸腺小体周围还常见巨噬细胞和嗜酸性粒细胞。胸腺小体的功能未明，但无胸腺小体的胸腺不能培育出功能完善的T细胞。

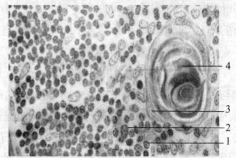

图7-3 胸腺髓质（10×100）
1. 淋巴细胞 2. 巨噬细胞
3. 上皮性网状细胞 4. 胸腺小体

二、外周免疫器官

（一）淋巴结的结构

淋巴结（lymph node）是哺乳类特有的周围淋巴器官，呈豆形，位于淋巴回流的通路上，人的淋巴结以颈部、腋窝、腹股沟、盆腔、纵隔、肠系膜处多见，是滤过淋巴液和产生免疫应答的重要器官。

淋巴结表面有薄层致密结缔组织构成的被膜，有数条输入淋巴管（afferent lymphatic vessel）穿越被膜通入被膜下淋巴窦（图7-4）。被膜结缔组织伸入实质形成小梁（trabecula），构成淋巴内的粗网架。在粗网架之间充填着的网状组织，构成淋巴组织的微细支架。在淋巴结的门部，有较多的结缔组织伸入，血管、神经及输出淋巴管（efferent lymphatic vessel）由此进出。淋巴结的实质可分为皮质和髓质两部分。

1. 皮质 位于被膜下方，由浅层皮质、副皮质区及皮质淋巴窦等构成。浅层皮质（peripheral cortex）是邻近被膜的薄层淋巴组织，主要由淋巴小管组成，含有B细胞。副皮质区（paracortical zone）位于皮质的深层，为一片弥散的淋巴组织，与周围组织无明显分界，主要是由T细胞聚

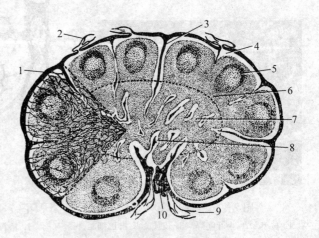

图7-4 淋巴结结构模式图
1. 网状纤维 2. 输入淋巴管 3. 小梁
4. 被膜下淋巴窦 5. 淋巴小结 6. 副皮质区
7. 髓索 8. 髓窦 9. 输出淋巴管 10. 门部
（成令忠，组织学与胚胎学，1989）

集而成。皮质淋巴窦（lymphoid sinus）主要为被膜下淋巴窦，通过深层皮质单位间的窄通道与髓质淋巴窦相通。被膜下淋巴窦为包围整个淋巴结的扁形囊，在被膜侧有数条输入淋巴管通入，窦壁的内皮细胞很薄，是连续性的，仅在淋巴细胞或巨噬细胞穿越时出现小孔隙。窦内有淋巴细胞、巨噬细胞、星状内皮细胞等。

2. 髓质 由髓索及其间的髓窦组成。髓索（medullary cord）为索状淋巴组织，与副皮质区相连。髓索相互连接呈网状，主要含有 B 细胞和一些浆细胞与巨噬细胞等，它们的数量比例因免疫应答状态而变化。髓窦（medullary sinus）即髓质内的淋巴窦，相互连接呈网状，与皮质淋巴窦相通连。髓窦的结构与皮质淋巴窦相似，但常含有较多的网状细胞及巨噬细胞，故有较强的滤过作用。

（二）脾的结构

脾（spleen）是最大的周围淋巴器官，位于血液循环的通路上，有滤过血液和对侵入血内的抗原产生免疫应答等重要功能。脾与淋巴结的共同之处是具有大量的淋巴组织，但脾无皮质与髓质之分，而是分为白髓、边缘区及红髓三部分；脾内无淋巴窦而有大量血窦。

1. 被膜与小梁 脾的被膜较厚，表面大部分覆有间皮。被膜结缔组织伸入脾内形成许多分支的小梁，被膜与小梁内含有许多平滑肌细胞，它们的收缩可调节脾的含血量。脾门部结缔组织也伸入实质内形成小梁，进出脾门的动脉和静脉随小梁而分支为小梁动脉或小梁静脉。索状的小梁网构成脾的粗支架，小梁间的网状组织构成脾实质的微细支架（图 7-5）。

2. 白髓（white pulp） 主要由密集的淋巴细胞组成，在新鲜脾的切面上呈分散的白色小点状，故称白髓。白髓包括两种不同的结构即动脉周围淋巴鞘（periarterial lymphatic sheath）和脾小体（splenic corpuscle）。动脉周围淋巴鞘是围绕在中央动脉周围的弥散淋巴组织，随中央动脉的分支而逐渐变薄，主要由 T 细胞构成，还有一些巨噬细胞和细胞突起。脾小体又称淋巴小结，结构与淋巴结内的淋巴小结相同，主要由 B 细胞构成。

3. 边缘区（marginal zone） 位于白髓与红髓交界处，宽约 100 μm。该区的淋巴细胞较白髓稀疏，但较红髓密集，含有 T 细胞和 B 细胞，但以 B 细胞为主，并有较多的巨噬细胞及一些血细胞。

4. 红髓（red pulp） 约占脾实质的 2/3，分布于被膜下、小梁周围及白髓之间，因含有大量红细胞而呈红色。红髓由脾索与脾血窦组成（图 7-6）。脾索（splenic cord）由富含血细胞的索状淋巴组织构成，脾索相互连接成网，与血窦相间分布。脾血窦（splenic sinusoid）宽 12~14 μm，形态不规则，相互连接成网。窦壁由长梭形或杆状的内皮细胞平行排列而成，细胞间常有 0.2~0.5 μm 宽的间隙，血细胞可经此穿越。内皮外有不完整的基膜及环行围绕的网状纤维，使血窦壁呈栅栏状多孔隙的结构。

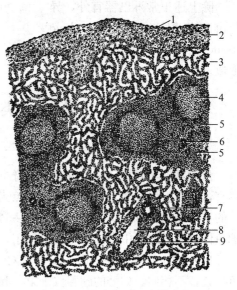

图 7-5 脾索与脾血窦模式图
1. 间皮 2. 被膜 3. 红髓 4. 淋巴小结
5. 动脉周围淋巴鞘 6. 中央动脉 7. 小梁动脉
8. 小梁静脉 9. 小梁

（成令忠，组织学与胚胎学，1989）

（三）其他外周淋巴组织

除淋巴结和脾外，淋巴细胞可散在或成群地存在于许多组织中。有些成群的淋巴细胞形成一定的解剖结构，并具有特定功能。黏膜免疫系统由集聚在黏膜上皮下的淋巴细胞、巨噬细胞和其他辅佐细胞以及广泛分散在上皮内的淋巴细胞组成。如小肠固有膜中的集合淋巴结、阑尾的淋巴滤泡、咽部的扁桃体和上呼吸道及气管的黏膜下淋巴滤泡。

皮肤免疫系统（cutaneous immune system）由表皮内淋巴细胞、真皮内淋巴细胞和辅佐细胞组成，是对触及皮肤表面的抗原的免疫应答场所。

除上述正常淋巴器官外，异位淋巴组织（ectopic lymphoid tissue）可在强免疫应答部位形成。

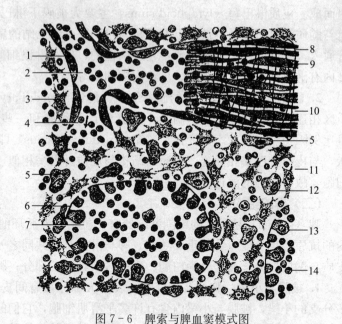

图7-6 脾索与脾血窦模式图
1. 内皮 2. 毛细血管 3. 网状细胞 4. 末端开放于脾索内
5. 巨噬细胞 6. 基膜 7. 脾血窦 8. 网状纤维 9. 杆状内皮细胞
10. 内皮间隙 11. 网状细胞 12. 浆细胞 13. 内皮细胞 14. 红细胞
（成令忠，组织学与胚胎学，1989）

第二节 鱼类及无脊椎动物的免疫

一、鱼类的免疫

鱼类是低等脊椎动物，没有高等脊椎动物所具有的骨髓和淋巴结，头肾为其主要的造血器官，胸腺、肾和脾是鱼类最主要的免疫器官，黏膜淋巴组织（MALT）同样是其免疫系统的重要组成部分。鱼类已经具备了一套相当完善的免疫系统，在抵抗不良环境的影响、保护鱼体健康的过程中发挥着重要的作用。

1. 胸腺 鱼类胸腺（thymus）成对，一般位于鳃盖与咽腔交界的背上角处，但不同种鱼位置各不相同。如鲢的胸腺位于第4和第5鳃弓的背方、翼耳骨之下；胡子鲇的胸腺位于副呼吸器官的后方；鳜的胸腺在鳃盖与背肌交界的背上角处；虹鳟的胸腺在咽腔。硬骨鱼类的胸腺一般位于浅表，并且在其个体发育过程中不从咽腔上皮分离开来，而软骨鱼的胸腺则有些内陷。

关于胸腺的起源和淋巴细胞的分化有两种假说：一种假说认为胸腺起源于咽上皮，所有的淋巴细胞都来源于胸腺，直接由胸腺上皮细胞转化而来；另一种假说认为胸腺起源于外源干细胞，即来自于其他部位的干细胞移植并定居于胸腺。胸腺细胞起源于外源干细胞这一观点在鸟类、两栖动物、爬行动物和哺乳动物已被普遍接受。在对多种鱼的研究中发现，胸腺是最早出现的免疫器官。随着年龄的增长，胸腺会逐渐萎缩退化。除圆口类七鳃鳗的幼体期具有，成体时消失外，其他鱼类均有胸腺。它是鱼类淋巴细胞增殖和分化的主要场所，并向血液和外周淋巴器官输送淋巴细胞，承担着细胞免疫的功能。

鱼类的胸腺由结缔组织被膜覆盖，其结缔组织向腺体内伸展形成许多间隔，把整个腺体分成若干小叶。所有板鳃类及大多数硬骨鱼类的胸腺都分为两个区，即皮质区和髓质区，而有些硬骨鱼类的胸腺则缺乏明显的皮、髓质分区而分成2~6个区。鱼类胸腺的形态学研究以及抗胸腺细胞抗体的研究表明，硬骨鱼胸腺的皮质区位于胸腺外层，而髓质区位于胸腺内层。皮质区由咽腔上皮及皮质部构成，淋巴细胞处于由胸腺上皮细胞形成的网状结构中。髓质区位于内层，由上皮细胞-淋巴细胞复合体及上皮细胞合胞体支持的中、小淋巴细胞构成。

(1) 皮质（cortex） 淋巴细胞密集，着色较深，是T淋巴细胞发育和成熟的主要场所（图7-7），内有少量上皮网状细胞和巨噬细胞，网状细胞向外发出细长突起，数量较少，吞噬细胞呈多角形。皮质内还有许多微血管分布，退化红细胞在其内部变成黑黄色素。

(2) 髓质（medulla） 位于皮质下面，淋巴细胞数量较少，分布也较稀疏，而网状细胞相对较多（图7-7）。网状上皮细胞呈星形，胞核卵圆形，染色较浅，胞质伸出的突起彼此连成网，在网状支架上分布有淋巴细胞、粒细胞、巨噬细胞、成纤维细胞等，而红细胞数量较多，尤其是退化的红细胞。

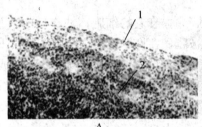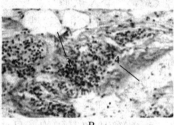

图7-7 鲤胸腺（10×40）
A. 皮质 B. 髓质
1. 被膜 2. 淋巴细胞 3. 脂肪细胞 4. 上皮网状细胞
（郭琼林，2003）

(3) 哈氏小体（corpuscle of Hassall）和髓质上皮囊（epithelial cyst） 是胸腺上皮的衍生物，是高等脊椎动物胸腺的典型结构。髓质上皮囊在软骨鱼中比较常见，分为细胞内囊和细胞外囊，细胞内囊一般出现在成群分布的肥大上皮细胞中，细胞外囊由多细胞复合体围绕一个大空腔而成，空腔内填充着一些细胞残体或无定形物质，空腔的外围则绕有大量的电子致密颗粒及肌原纤维丝，此外还有短的微绒毛或纤毛伸入囊腔中。鱼类的髓质上皮囊在形态和功能上与两栖类和爬行类相似。哈氏小体由数层上皮细胞环绕一个或多个肥大细胞或细胞残体而成。该结构只存在于少数鱼类中，如喉盘鱼的成鱼及丽鱼（Cichla ocellaris）等。软骨鱼类虽然没有哈氏小体，但其胸腺上皮细胞含有大量退化的纤维成分，类似于哺乳动物胸腺单细胞哈氏小体中的角蛋白束。

2. 肾 肾较胸腺发育得晚一些，但早于脾。成体的肾分为前肾、中肾和后肾，前肾又称为头肾，鱼类的头肾在胚胎时期具有泌尿功能，可见泌尿小管（图7-8，A），但到成体，不同种类的鱼，其头肾结构和功能差异较大。成年弹涂鱼的头肾中分布有许多由肾小体和肾小管构成的具有泌尿机能的功能性肾单位，它们与后肾典型的肾单位很难区别，而成年罗非鱼、硬头鳟、鲤等硬骨鱼的头肾均由淋巴组织构成，失去了排泄功能，保留了造血和内分泌的功能，成为造血器官和免疫器官。后肾作为排泄器官，其管间区在造血和免疫方面也具有一定作用。肾造血组织形成后肾肾单位的一种支持性介质。而头肾几乎全由造血组织所构成，其实质是由许多微静脉、血窦、网状细胞、各种血细胞和黑素-巨噬细胞中心交织在一起构成的（图7-8，B），其免疫细胞包括淋巴细胞、单核细胞、巨噬细胞和粒细胞等。网状内皮细胞衬垫于大量血窦

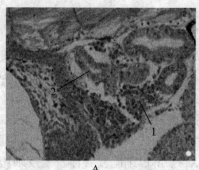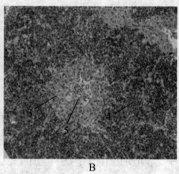

图7-8 草鱼头肾组织发生（10×40）
A. 发育早期头肾 B. 成体头肾
1. 淋巴细胞成团 2. 泌尿小管 3. 微静脉 4. 淋巴细胞 5. 血细胞
（雷雪彬，2015）

的内壁，肾内静脉流经这些血窦，滤去衰老的细胞，补充新的细胞。黑素-巨噬细胞中心通常呈结节状，有一层纤细的嗜银被膜，在许多鱼类这些中心紧贴于血管通道上，周围可有淋巴细胞围绕。血液循环中满载有可能来自微生物的颗粒状物质，或诸如蜡样物、含铁血黄素等代谢废物的巨噬细胞，选择性地聚集于这些中心内。从功能上看，一方面，前肾可以产生红细胞和淋巴细胞等血细胞，是免疫细胞的发源地，相当于哺乳动物的骨髓；另一方面，它又含有吞噬细胞和B细胞，是产生抗体的主要场所，具有类似哺乳动物淋巴结的功能。因此，鱼类的前肾具有类似哺乳动物中枢免疫器官及外周免疫器官的双重功能。

鱼类头肾是继胸腺之后第二个发育的免疫器官。一方面，真骨鱼的肾含有许多大小不一的淋巴细胞和白细胞，而且可见有不少尚处于分裂之中，组织不依赖抗原刺激可以产生红细胞、B淋巴细胞和粒细胞等，相当于哺乳动物的骨髓。另一方面，受抗原刺激，头肾和中肾细胞会出现增生。利用溶血空斑和免疫酶技术已经证实头肾和中肾都存在抗体产生细胞，表明肾又是硬骨鱼类重要的抗体产生器官，相当于哺乳动物的淋巴结，因此可以说硬骨鱼类的肾有哺乳动物中枢免疫器官及外周免疫器官的双重功能。现有的文献表明，硬骨鱼的头肾中含有B淋巴细胞、T淋巴细胞和各种粒细胞等。另外，硬骨鱼类的黑色素-巨噬细胞中心不仅能对内源或外源异物进行储存、破坏和脱毒，而且还具有参与体液免疫和炎症反应，作为记忆细胞的原始发生中心和保护组织免除自由基损伤等功能。

3. 脾 脾是唯一能在真骨鱼中发现的淋巴结样器官。有颌鱼类才出现真正的脾，软骨鱼的脾可分为红髓和白髓，包括椭圆形的淋巴小泡，内有大量淋巴细胞、巨噬细胞和黑色素吞噬细胞；硬骨鱼类的脾被膜为纤维性、无肌肉，也无哺乳动物脾的那种延伸入脾组织的致密小梁。高等鱼类的脾有红髓及白髓等复杂结构。大多数鱼类的脾主要是由椭圆体、脾髓及黑素-巨噬细胞中心构成（图7-9）。椭圆体是由围有厚鞘的动脉毛细血管组成，这种厚鞘是由处于网状纤维网中的巨噬细胞所形成。脾髓由血窦吞噬细胞组织和有嗜银纤维支持的造血组织所构成，前者类似。肾的相应组织能阻留大量红细胞，而造血组织主要是产生淋巴细胞。脾中黑素-巨噬细胞中心很多，与肾的相应组织类似。脾是鱼类淋巴组织中最后发生的器官。与头肾相比，脾在体液免疫反应中处于相对次要的地位，而且受抗原刺激后其增殖反应以弥散的方式发生在整个器官上。在真骨鱼的脾中确已查明有抗体生成细胞，但这些细胞

来源的研究还不能做出确切结论。既有切除鱼体脾对抗体应答毫无影响的一些报道，也有切除毛腹鱼脾完全阻抑鱼体对传染性胰腺坏死病毒产生中和抗体能力的报道。在鲫注射抗原后 2 d，即可在前肾中查出抗体生成细胞，而在脾中直至注射后 7 d，即在血液循环中查出抗体后 1 d，才查到有抗体生成细胞。有人认为脾中的抗体生成细胞可能是从肾中来的。脾椭圆体鞘膜中的巨噬细胞对血中携带的异物有很强的吞噬能力，载满颗粒物的巨噬细胞再由椭圆体中移向黑素-巨噬细胞中心。其黑素-巨噬细胞中心也具有类似于肾相应组织的功能。

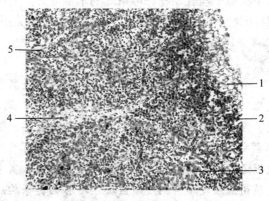

图 7-9 鲤脾外周部（10×40）
1. 被膜 2. 淋巴细胞 3. 衰老红细胞
4. 脾窦 5. 红细胞
（钟蕾，2015）

4. 分散的淋巴组织和细胞 鱼类还有分散的淋巴发生中心，它们存在于黏液组织（如皮肤、肠道和鳃），但不具备完整的淋巴结构。这些分散的淋巴组织在免疫原的摄取方面有重要的作用，它们是鱼类抵抗环境病原体侵袭的最初屏障。

鱼类外周血中的白细胞同高等脊椎动物血液中的白细胞一样，是机体细胞免疫、体液免疫的重要成分。T样淋巴细胞、B样淋巴细胞、血栓细胞、颗粒细胞都参与免疫反应。鲤、斑点叉尾鮰、丽脂鲤、虹鳟和石斑鱼的鳃及后肠固有层中具有丰富的单核细胞、巨噬细胞及粒细胞等吞噬细胞。在肠道中主要是由中性粒细胞发挥吞噬作用。在鲤、石斑鱼、木叶鲽、虹鳟的鳃、皮肤及后肠固有层中都有相当数量的淋巴细胞。

二、无脊椎动物的免疫

（一）无脊椎动物的免疫组织

无脊椎动物没有明显的相当于淋巴组织的器官。但有报道存在着一些类淋巴细胞的集合体，如蚯蚓血液中的腺体，某些软体动物的白体（white body）及其鳃状的脾。某些动物有明显的造血组织，如节肢动物的造血器官和棘皮动物的轴腺。

（二）无脊椎动物的免疫细胞

许多单细胞生物如变形虫已具有吞噬作用，它们以吞噬异物作为防御的手段。两胚层的海绵动物和腔肠动物的许多细胞具有变形运动和吞噬能力。环节动物、软体动物、节肢动物和棘皮动物血液中都出现有吞噬作用的血细胞。由于大多数无脊椎动物为开放式循环系统，所以许多类型的体腔细胞（coelomocyte）也具有吞噬功能。在血液中存在类似高等哺乳动物的淋巴细胞，但这些细胞能否参与免疫反应及其表现目前尚不清楚。

（三）非特异性免疫

现在的观点一致认为无脊椎动物为非特异性免疫，包括吞噬小颗粒的吞噬细胞及包围大颗粒的变形细胞。许多无脊椎动物，在未免疫的机体体液中，存在着一些体液因子，如凝集素等，它们包被抗原后，可以增强吞噬作用。其清除抗原作用类似于脊椎动物的调理素，被称为对抗小体（antisome）。某些无脊椎动物，例如马蹄蟹及一种蠕虫血淋巴因子中，已经有了类似于哺乳动物补体系统的末端成分，它的激活无需抗体，且已证明这些无脊椎动物中存在 C_3 激活剂前体，海星、海胆中也有相关报道。

本章小结

　　哺乳动物的免疫器官，可分为中枢免疫器官和外周免疫器官。中枢免疫器官是免疫细胞发生、分化和成熟的场所，主要包括骨髓、胸腺。骨髓可分为红骨髓和黄骨髓。胸腺由被膜、皮质和髓质构成。皮质的淋巴细胞密集，髓质含有较多的上皮性网状细胞。外周免疫器官主要有淋巴结和脾。淋巴结是哺乳类特有的周围淋巴器官，表面有被膜，输入淋巴管穿越被膜通入被膜下淋巴窦。被膜结缔组织伸入实质形成小梁。实质可分为皮质和髓质两部分。皮质由浅层皮质、副皮质区及皮质淋巴窦等构成。髓质由髓索及其间的髓窦组成。髓索为索状淋巴组织，主要含有 B 细胞和一些浆细胞与巨噬细胞等。髓窦的结构与皮质淋巴窦相似，但常含有较多的网状细胞及巨噬细胞。脾是最大的周围淋巴器官，被膜较厚，实质分为白髓、边缘区及红髓三部分；脾内无淋巴窦而有大量血窦。白髓包括两种不同的结构，即动脉周围淋巴鞘和脾小体。红髓由脾索与脾血窦组成。脾索由富含血细胞的索状淋巴组织构成，脾索相互连接成网，与血窦相间分布。除淋巴结和脾外，淋巴细胞可散在或成群地存在于许多组织中。鱼类头肾为其主要的造血器官，胸腺、肾和脾是鱼类最主要的免疫器官，黏膜淋巴组织同样是其免疫系统的重要组分。在对多种鱼的研究中发现，胸腺是最早出现的免疫器官。随着年龄的增长，胸腺会逐渐萎缩退化。胸腺是鱼类淋巴细胞增殖和分化的主要场所，并向血液和外周淋巴器官输送淋巴细胞。鱼类胸腺也由被膜、皮质和髓质构成。鱼类的髓质上皮囊在形态和功能上与两栖类和爬行类相似。哈氏小体由数层上皮细胞环绕一个或多个肥大细胞或细胞残体而成。该结构只存在于少数鱼类中。鱼类的头肾在胚胎时期具有泌尿功能，可见泌尿小管，但到成体，很多鱼类的头肾均由淋巴组织构成，失去了排泄功能，成为造血器官和免疫器官。脾是唯一能在真骨鱼中发现的淋巴结样器官。软骨鱼的脾可分为红髓和白髓；硬骨鱼类的脾被膜为纤维膜，大多数鱼类的脾主要是由椭圆体、脾髓及黑素-巨噬细胞中心构成。鱼类还有分散的淋巴发生中心，它们存在于黏液组织如皮肤、肠道和鳃，但不具备完整的淋巴结构。

思考题

1. 简述中枢免疫器官与外周免疫器官的主要区别。
2. 简述胸腺实质的主要结构和功能。
3. 简述淋巴小结和弥散性淋巴组织的主要区别。
4. 简述胸腺小体和脾小体的结构特点。
5. 简述鱼类和无脊椎动物免疫的特点。

第八章 感觉器官

感觉器官（sensory organ）是机体感受内、外环境及其变化的器官，是感受器及其辅助装置的总称。感受器（receptor）是感觉神经终末止于其他组织器官形成的特殊结构，是反射弧的一个重要组成部分，能接受体内、外环境的各种刺激，并通过感受器的换能作用，将刺激能量转换为神经冲动，经感觉神经传到中枢而产生各种感觉。感受器种类很多，有的结构简单，有的复杂。

单细胞动物的整个身体就是一个感受器，随着动物的进化过程感觉机能也发展起来，低等动物分化出特殊的细胞分布在身体表面，这些原始的感觉细胞在直接与温度的、机械的、化学的各种刺激物接触时，表现出发生反应的能力。在进一步发展过程中，有些感觉细胞开始集中在一定的区域，并产生了感觉细胞的机能分化。分化了的感觉细胞只对一定形式的刺激发生兴奋，最终形成不同的感觉器官。每一感觉器官在脑都有其对应部位，到达脑的某一特定感觉区的动作电位只能以一种方式被翻译，所以，每一种感觉器官只对某一类的刺激能量特殊敏感。

按感受器在体内的分布部位及其接受刺激的来源，可分为以下几种：

1. 外感受器（exteroceptor） 分布于皮肤、嗅黏膜、味蕾、视觉器官、听觉器官等处，接受来自外界环境的刺激，如冷、热、痛、触觉、压觉、光、声、嗅觉和味觉等。

2. 内感受器（interoceptor） 分布于内脏、腺体和心血管等处，接受内环境的刺激，如内脏痛、膨胀、痉挛、饥、渴、压力、渗透压等。

3. 本体感受器（proprioceptor） 分布于肌肉、肌腱、关节和内耳等处，接受运动和位置的刺激。

第一节 皮肤感觉器官

在动物的皮肤中分布有一些神经末梢和由这些神经末梢形成的皮肤感受器，分别感受冷、热、触、压、痛等感觉，如神经系统一章中所介绍的触觉小体、环层小体和神经末梢等。鱼类的温度感觉器为皮肤中密布的神经末梢，鱼类的皮肤尚有感水流、感水压及测定方位等作用，它们都由一些特化了的感觉器担任。最简单的感觉器是极细小的芽状突起，称为感觉芽；较为复杂的一些构造呈小丘状，称为丘状感觉器；皮肤感觉器中最高度分化的构造是侧线系统及其变形结构——板鳃鱼类的罗伦氏壶腹（ampulla Lorenzini）。此外，一些鱼类的皮肤上还分布有味蕾。

这些感受器的一个共同结构特点是由两种细胞组成，一种是感觉细胞，它的一端具有不动的纤毛，另一端与神经纤维的末端相联系；另一种是柱状的支持细胞。

1. 感觉芽（sensory bud） 分散在表皮细胞之间，具有触觉和感受水流的机能。与感觉细胞联系的神经纤维来自第Ⅶ对、第Ⅸ对和第Ⅹ对脑神经。

2. 丘状感觉器（hummocky sensory organ） 这种感觉器的特点是感觉细胞低于其周

围的支持细胞,因而形成了中央凹陷的小丘状构造,可感觉水流和水压。与感觉细胞联系的神经纤维来自侧线神经的分支。

3. 侧线感觉器官(lateral line organ) 板鳃鱼类、真骨鱼类及所有两栖类的幼体,其身体和头部两侧各有一条或数条侧线(lateral line),呈管状或沟状,管内充满黏液,感受器浸润在黏液里。不同鱼类的侧线可能出现中断或分支等情况。头部的侧线有位于眼眶上方的眶上管,位于眼眶下方的眶下管以及鳃盖舌颌管等。某些鱼类如盲鳗缺乏侧线;七鳃鳗的侧线呈点状,而尚未形成管状,感觉结构位于孔内;而有一些鱼类如泥鳅的整个侧线感觉器裸露于表皮的外面;另一些鱼类的侧线呈管状埋于皮肤内,在侧线鳞上穿孔与外界相通(图8-1)。侧线感觉器呈结节状,由感觉细胞和支持细胞构成(图8-2)。

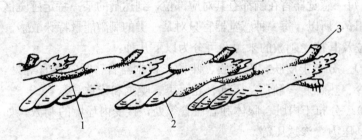
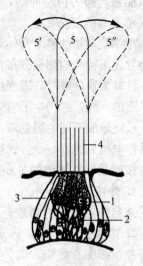

图8-1 鱼类的侧线管
1. 侧线管 2. 鳞片 3. 侧线管开口
(楼允东,组织胚胎学,1996)

图8-2 侧线感觉器的结构模式图
1. 感觉细胞 2. 神经纤维
3. 支持细胞 4. 感觉毛 5. 胶质顶
(楼允东,组织胚胎学,1996)

感觉细胞较短,呈梨形,其游离端有纤毛,另一端与神经纤维联系。在感觉细胞的周围有高柱状的支持细胞。感觉细胞的纤毛聚集成束包埋在一个由感觉细胞的分泌物凝结而成、长柱形的胶质顶内,通常露出水面 $0.1\sim0.7$ mm,有感受水压的作用。胶质顶很容易被水流振荡而发生偏移,从而把刺激传给感觉细胞,再经神经纤维传到神经中枢。分布于侧线感受器的神经来自延脑的侧听神经区。侧线系统具有测定水流、水的波动、压力(包括声波)和定方位的功能,鱼类越活泼,侧线系统越发达。一些鱼类的侧线系统在猎物识别和定位上有相当重要的作用。

第二节 视觉器官——眼

眼(eye)由胚胎间脑两侧凸出的眼泡和同眼泡相对的外胚层形成的晶体板两个原基共同发育而成。各种鱼类眼球的大小及所在位置差异较大,如带鱼、大眼鲷等的眼球很大,而白鲟、条鳅等的眼很小。

脊椎动物眼发达,因动物种类不同,眼的外形和结构有差异,但基本结构相似,由眼球和辅助器官构成。鱼眼随特殊的生活习性而在组织学上有所不同。

一、眼　球

鱼类眼球的最外侧是角膜（cornea）。角膜由外层的角膜上皮（corneal epithelium）、内层的角膜上皮及界于二者之间的胶原质纤维层（corneal stroma）所组成（图8-3）。角膜内缘边有虹彩膜（iris），中央部形成瞳孔（pupilla）。与虹彩相连、眼球的内面覆盖一层网膜，其外侧是脉络膜（chorioid）。

（一）眼球壁的组织结构

1. 纤维膜（tunica fibrosa）　是眼球的最外层，最厚最坚韧，由胶原纤维构成。人纤维膜前1/6透明，称角膜，后5/6白色不透明，为巩膜，两者交界处称角膜缘。

（1）角膜（cornea）　位于眼球前方的透明膜，其曲度直径略小于眼球直径，所以略向前方突出，但鱼类角膜的曲度稍大些，故较扁平而不太突出，这样可以减少因生于头的两侧易受摩擦所遭受到的机械损伤。角膜的组织结构自外向内由五层构成。①角膜上皮：为未角化的复层扁平上皮，由5～6层细胞组成，表层细胞被薄层泪液膜覆盖，基底层细胞再生能力强。②前界层：不含细胞的薄层结构，由胶原原纤维和基质构成，无再生能力。③角膜基质：是角膜最厚的一层，主要由胶原纤维构成。④后界层：一层均质薄层，成分同前界层，受伤后可再生。⑤角膜内皮：单层扁平上皮，有合成和分泌蛋白质的功能，参与后界层的形成与更新。

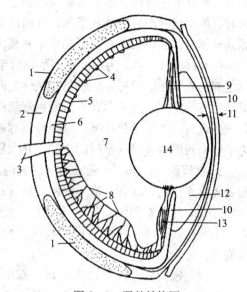

图8-3　眼的结构图
1. 软骨　2. 巩膜　3. 视神经　4. 玻璃体血管
5. 网膜　6. 脉络膜　7. 玻璃体　8. 镰状突起
9. 施勒姆管　10. 虹彩　11. 角膜　12. 前室
13. 晶体肌肉　14. 晶体
（宋振荣，水产动物病理学，2009）

角膜之所以透明，是由于它没有血管分布、上皮细胞不含色素、纤维排列整齐而有规律、固有层含有透明质酸以及含有适量水分等。

角膜内虽无血管，但神经纤维丰富。感觉神经在角膜固有层内反复分支，其末梢止于角膜上皮细胞间。

（2）巩膜（sclera）　由粗大的胶原纤维束交织而成，束间有少量成纤维细胞。巩膜厚而坚硬，是维持眼球形态结构的支架，同时也具有保护功能。角膜缘的内侧含巩膜静脉窦，参与房水循环。真骨鱼类的巩膜多为纤维质的，而软骨鱼类和鲟的巩膜则是软骨质的。

2. 血管膜（tunica vasculosa）　眼球壁的中间层，由疏松结缔组织、丰富的血管和色素细胞构成，供应眼球大部分的营养。血管膜自后向前可分为三部分：后部最大，紧贴在巩膜内面，称脉络膜；向前为睫状体；再向前为虹膜。

（1）脉络膜（choroid）　紧贴巩膜内面，是薄而软的棕色膜。外层由很细的弹性纤维网和色素细胞构成，内层和中层由粗细不同的血管构成。较大的血管靠近巩膜，稍向内是较细的血管，最内层为毛细血管，供应视网膜外层组织的营养。鱼类的脉络膜还含有一层具有银色闪光光泽的膜，含有鸟粪素，称为银膜（membrana argentea），作用似反光体，可将微弱的光线反射到视网膜。

(2) 睫状体（ciliary body） 位于脉络膜和虹膜之间。在脉络膜和睫状体的交界处凹凸交错呈锯齿状，称为锯齿缘。由此向前睫状体逐渐增厚并分成前后两部。后部平滑为睫状环，前部有几十个嵴环绕着晶状体呈放射状排列称为睫状突。睫状体自外向内可分为三层。①睫状肌层：由纵行、放射行和环行排列的平滑肌构成。②血管层：富含血管的结缔组织。③上皮层：由两层立方上皮细胞构成，外层上皮含有色素，内层上皮可产生房水和形成睫状小带。睫状突通过睫状小带与晶状体相连。睫状肌受副交感神经的支配，当睫状肌收缩或舒张时，可使睫状小带松弛或紧张，从而使晶状体变厚或变薄，以调节眼的近视或远视。鱼类靠晶状体后方的镰状突来调节晶状体和视网膜的距离，所以鱼类是近视眼。

(3) 虹膜（iris） 为一环形薄膜，位于角膜后方、晶状体前方，中央为瞳孔。虹膜与角膜之间的腔隙称眼前房，虹膜与晶状体之间的腔隙称眼后房。虹膜表面有一层内皮，内皮的深层是结缔组织，其中含有丰富的色素细胞和血管，色素细胞的多少决定了虹膜的颜色。虹膜内还含有两种平滑肌纤维，呈环行排列的为瞳孔括约肌，收缩时可使瞳孔缩小；而以瞳孔为中心向四周呈放射状排列的为瞳孔开大肌，收缩时可使瞳孔开大。

3. 视网膜（retina） 是眼球壁的最内层，衬于脉络膜内面。其中衬于睫状体和虹膜内面者无感光作用，二者合称为视网膜盲部；衬于脉络膜内面者，即视网膜从视神经乳头（视神经盘）向前到锯齿缘，这一部分有感光作用，为视网膜视部。一般所说的视网膜指视部而言。

在眼底视网膜有两个特别区域，即中央凹（黄斑）和视神经乳头。中央凹的中心是视觉机能最敏锐的区域，而且具有辨色能力。光线聚集在中央凹的中心时，外界物象才能看得最清楚。视网膜的全部神经节细胞的轴索均集合在视神经乳头而通过眼球组成视神经（optic nerve），此处没有神经细胞，所以无感光机能，称为盲点（blind spot）。

视网膜视部是高度分化的神经组织，具有很强的感光作用。除视神经乳头、中央凹和视网膜的边缘区以外，一般把视网膜的结构分为十层，实际上是四层细胞，从外到内是色素上皮细胞、视细胞、双极细胞、节细胞，此外还有一些神经胶质细胞（图8-4）。

(1) 色素上皮细胞（pigment epithelium cell） 紧贴脉络膜，是一层立方上皮细胞，细胞质中含大量黑色素颗粒、溶酶体、吞饮小泡和板层样小体等。色素上皮细胞的作用是：①细胞顶部有许多突起伸入视细胞之

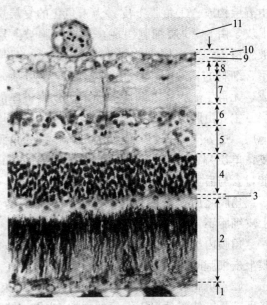

图8-4 视网膜四层细胞相互联系的图解
鱼眼的主要部分是视网膜，其基本结构与脊椎动物相似。由外及里有：
1. 脉络膜 2. 色素上皮层、杆状细胞和锥状细胞层
3. 外界膜 4. 外颗粒层 5. 外网状层 6. 内颗粒层
7. 网状层 8. 内神经细胞层 9. 神经纤维层
10. 内界膜层 11. 细小血管
（宋振荣，水产动物病理学，2009）

间，为其输送营养。②强光刺激时，色素颗粒也进入突起，以保护视细胞的感光部分不被强光所损害；弱光刺激时，颗粒移入胞体，使视细胞适应暗视；鱼类色素细胞的突起也能因光线的强弱而伸缩（图8-5）。③能吞噬并消化视细胞顶端脱落的碎片。④储存维生素A，参与视紫红质的再生。

（2）视细胞（visual cell）又名感光细胞，是高度分化的神经元，能将光的刺激转换为神经冲动，视细胞有视杆细胞和视锥细胞两种类型，大多数真骨鱼类都有三种视觉细胞，即视杆细胞、单生视锥细胞和双生视锥细胞（图8-6）。

① 视杆细胞（rod cell）：细胞细小，核小、深染。视杆细胞可分为杆状体、杆状纤维和细胞体三部分。杆状体又称视杆，可分外节和内节，外节为感光部分，电镜下可见外节含有很多平行排列的膜盘（图8-7），膜盘内有视紫素，感受弱光，但不辨色。猫、犬、猫头鹰等动物，视杆细胞较多。当视杆外节所含的视紫素受光照时，便迅速转变为一种不稳定的化合物，它被分解成感光蛋白和视黄醛（或维生素A醛）。受光照之后，二者又重新结合成视紫素，准备接受下一次光的刺激。在反复进行化学反应之后，蛋白质和维生素A逐渐被耗损，但可从食物中得到补充或在局部合成。

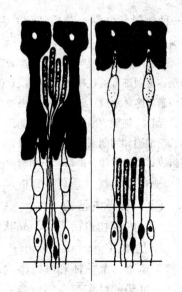

图8-5 鱼类视网膜的色素上皮细胞
（楼允东，组织胚胎学，1996）

② 视锥细胞（cone cell）：外形较视杆细胞粗大，核较大、染色较淡。其树突为锥体形，称为视锥。外节膜盘上的感光物质称视色素，可感受强光，并可辨别颜色。大多数哺乳动物和人具有感受红、蓝、绿光的三种视锥细胞。

（3）双极细胞（bipolar cell）属联络神经元，种类较多，可纵向与视细胞和节细胞形成突触，也可横向与其他联络神经元组成复杂的环路，起着调节视觉的作用。一个双极细胞常与一个视锥细胞联系，但可同几个视杆细胞联系。

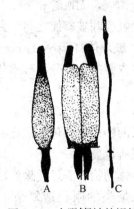

图8-6 大眼狮鲈的视杆
细胞和视锥细胞
A. 单生视锥细胞 B. 双生视锥细胞
C. 视杆细胞
（楼允东，组织胚胎学，1996）

（4）节细胞（ganglion cell）视网膜最里面的一层细胞。属多极神经元，胞体较大，核大且着色浅，树突伸入内网层可与各类双极细胞形成突触，轴突构成视神经纤维层，最后汇集成视神经穿出眼球。节细胞有两种类型：一种较大，其树突可与多个双极细胞形成突触；另一种较小，只与一个双极细胞形成突触。

分散在视网膜内的还有苗勒氏细胞

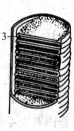

图8-7 视杆和视锥细胞
1. 外节 2. 内节 3. 膜盘
（李德雪，家畜组织学和胚胎学，2002）

(一种放射状的神经胶质细胞)和其他神经胶质细胞,这些胶质细胞具有营养、支持和保护作用。

以上这些细胞及突起排列有序,在光镜下观察,视网膜从外向内分为10层:①色素上皮层;②视杆视锥层:由视细胞的视杆和视锥组成;③外界膜:由苗勒氏细胞外侧端之间的连接复合体构成;④外核层:视细胞的胞体组成;⑤外网层:由视细胞的轴突和双极细胞的树突组成;⑥内核层:由双极细胞、水平细胞、无长突细胞、网间细胞及苗勒氏细胞胞体共同组成;⑦内网层:由双极细胞的轴突、节细胞的树突、无长突细胞和网间细胞的突起组成;⑧节细胞层:由节细胞的胞体组成;⑨视神经纤维层:由节细胞的轴突组成;⑩内界膜:由苗勒氏细胞内侧端相互连接而成。

硬骨鱼类视网膜具备脊椎动物视网膜的典型结构。

(二)眼球内容物

眼球内容物包括房水、晶状体和玻璃体,这些结构清澈透明并有屈光作用。

1. 房水(aqueous humor) 为无色透明的液体,来自睫状体的血管渗透和上皮分泌,有营养角膜、晶状体和维持眼内压的功能。房水进入眼后房后经瞳孔进入眼前房,通过虹膜角进入巩膜静脉窦而流回血液。

2. 晶状体(lens) 位于瞳孔的后方,为一具有弹性的双凸的透明的半固体。主要由上皮细胞构成,无血管和神经。晶状体外面包有一层透明而有弹性的被膜,晶状体借睫状小带固定在虹膜和玻璃体之间,大多数鱼类的晶状体几乎呈球形。

3. 玻璃体(vitreous body) 是一种胶状透明的物质,填充在晶状体和视网膜之间,占据眼球内腔的大部分。其成分99%为水分,此外是少量细胞、胶原纤维及透明质酸。

二、眼的辅助器官

眼的辅助器官包括眼睑、瞬膜、泪腺等,但多数鱼类无眼睑,有些鲨鱼有瞬膜,眼球可被瞬膜所覆盖。

软体动物(头足类除外)眼的构造简单,由色素细胞和感光细胞构成,只能感受光的强弱;头足类的眼构造复杂,有晶状体,与高等动物的眼很接近。节肢动物多具有复眼(compound eye),有的复眼之外还有1~2个小眼(ommatidia)。复眼由许多单眼(simple eye)组成,能感知运动中的物体,但没有晶状体,视距调节能力差。如甲壳动物视觉器官有中眼和复眼。

第三节 听觉和平衡器官——内耳

耳(ear)是听觉器又是平衡器。高等脊椎动物的耳分为外耳(external ear)、中耳(middle ear)和内耳(internal ear)三个部分,其中外耳和中耳的作用是收集和传导声波,而内耳是听觉和平衡觉感受器所在部位。哺乳动物的内耳由两组相套叠的弯曲管道组成,外部的骨质小管称骨迷路,由前庭、半规管和耳蜗三部分组成。前庭内有球囊和椭圆囊,骨半规管内有膜半规管,耳蜗内有耳蜗管;内部的膜性小管称膜迷路,内充满内淋巴。骨迷路和膜迷路之间充满外淋巴,淋巴有营养内耳和传递声波的作用。

鱼类只有内耳且只有由膜迷路构成的半规管,没有耳蜗和骨迷路,所以主要是平衡器官,听觉作用不大,因而大多数鱼类听觉很差,在声音强度很高时,也只对低频率的振动起反应,但鲤科鱼类具有韦伯氏器官(Weber's organ),介于球状囊与鳔之间,鳔的振动类似鼓膜,水中的振动可通过韦伯氏器官加强并传至球状囊。鱼类的内耳与侧线有密切的关系。

一、鱼类内耳的一般构造

内耳由胚体头前端两侧的外胚层增厚而成的听板发育而成。在发育过程中听板凹陷成杯状的听窝,然后杯口封闭形成听泡(听囊)。听囊由一根细长的内淋巴管与外界相通。听囊的中部内缢分化成上面的椭圆囊(utricle)和下面的球囊(saccule),由椭圆囊的前、后和侧面各发出一个突起,最终形成前、后、侧三个相互垂直的半规管(semicircular canal)(图8-8,图8-9),由于这三个半规管处于不同的空间方向,因而能够将身体所在的空间位置的感觉传给大脑。每个半规管的末端与椭圆囊的交界处膨大成壶腹(ampulla)。

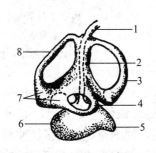

图8-8 鱼类内耳模式图
1. 内淋巴管 2. 椭圆囊 3. 后半规管
4. 侧半规管 5. 瓶状囊 6. 球囊
7. 壶腹 8. 前半规管
(楼允东,组织胚胎学,1996)

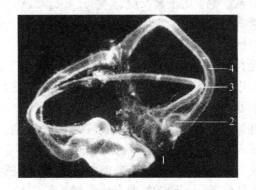

图8-9 珠星雅罗鱼的内耳
1. 小囊 2. 通囊 3. 爪状体 4. 半规管
(宋振荣,水产动物病理学,2009)

膜迷路(membranous labyrinth)里面除充满内淋巴外,还含有固定的耳石。各种鱼类耳石的形状和大小不同,但同一种鱼类的耳石的构造是一致的。板鳃鱼类的耳石是石灰质的小颗粒,由黏液粘成块状。真骨鱼类的耳石是坚硬的石灰质堆集物,一般有3~5块,球囊里的耳石最大。这些耳石和听斑紧密相贴,当身体的位置改变时,耳石对感觉器的压力起变化,同时内淋巴的压力也发生改变,产生神经冲动传至中枢神经,引起肌肉反射性的运动。耳石一般有与鳞片上的轮纹相似的同心排列的环纹,可根据耳石切面上的环纹判断鱼的年龄。

二、内耳膜迷路的组织结构

膜半规管、壶腹、椭圆囊和球囊囊壁的组织结构基本相同,均由上皮和固有层构成。上皮为单层扁平上皮,固有层为纤维性结缔组织。每个膜半规管在壶腹处的一侧黏膜增厚,突向腔内形成嵴状隆起,称壶腹嵴。而在椭圆囊和球囊内的黏膜增厚区,分别称为椭圆囊斑和球囊斑。在壶腹嵴和囊斑所在处的上皮类型改变,有感觉作用。

(一)壶腹嵴

壶腹嵴(crista ampullaris)由特化的上皮和固有层构成(图8-10)。上皮由具有感觉作用的神经上皮细胞和支持细胞构成。神经上皮细胞的顶端有感觉毛伸入圆顶状的壶腹帽内，所以也叫毛细胞，它位于支持细胞之间，在上皮的上半部，基底面不与基膜接触，毛细胞的基部与前庭神经末梢构成突触。当头旋转或偏斜时，内淋巴流动，使毛细胞受刺激，产生神经冲动。

（二）囊斑

囊斑的组织结构类似于壶腹嵴，也由毛细胞和支持细胞构成，但不动纤毛较短，通常黏合成束，胶质帽较低。耳石借胶质固着在毛细胞上，体位改变时，会牵拉毛细胞引起平衡反应。

圆口类只有两个半规管。

两栖类出现了中耳和鼓膜。

无脊椎动物从水母到甲壳动物、软体动物，具有检测与重力有关的体位变化和检测加速变化的最简单的平衡器官，称为平衡囊（statocyst）。甲壳动物十足类的虾、蟹，在触角的基部、腹肢的基部、尾肢、尾节上具有平衡囊，是由体表下凹形成的空腔，内有一些砂粒，称平衡石（statolith），腔的周围有机械感觉细胞，上面有纤毛，当动物向一侧倾斜时，平衡石就刺激该侧的机械感觉细胞，使细胞产生紧张性冲动，反射性地引起附肢的运动，使动物的身体恢复平衡。软体动物头足类的平衡囊在脑附近的软骨内，结构和功能较复杂。

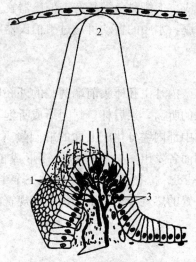

图 8-10 内耳半规管壶腹嵴模式图
1. 毛细胞 2. 壶腹帽 3. 支持细胞
（路易斯·金·奎拉，基础组织学，1982）

第四节 嗅觉器官——鼻

圆口类只有一个外鼻孔和单个嗅囊。硬骨鱼类背侧有一对鼻腔，在鼻腔的底板上由一列嗅板（olfactory laminar）构成嗅房（olfactory rosette）。见图 8-11、图 8-12。嗅房内衬以嗅黏膜，不同鱼类黏膜皱褶的发达程度及形状各不相同。脊椎动物嗅黏膜由嗅觉上皮和固有膜构成（图 8-13）。其嗅觉上皮由嗅细胞、支持细胞和基底细胞三种细胞组成。

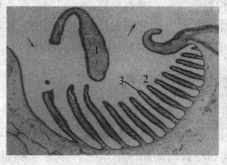

图 8-11 鲤的鼻孔
1. 盖 2. 嗅房 3. 嗅板
（宋振荣，水产动物病理学，2009）

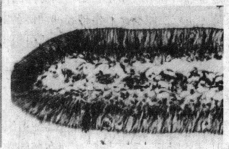

图 8-12 鲇的嗅板

① 嗅细胞（olfactory cell）：呈梭形，是位于上皮内的双极神经元，核呈圆形，位于细胞中部。树突细长，向上皮表面顶端伸出数根纤毛，称嗅毛（olfactory cilia），结构与普通纤毛相同，感受嗅觉。轴突称为嗅神经纤维，在固有膜内集合形成嗅神经，通到端脑的嗅叶。

② 支持细胞（supporting cell）：数量较多，位于嗅细胞之间，细胞呈高柱状，核呈椭圆形，位于上皮的浅层。

③ 基细胞（basal cell）：位于上皮基部，呈锥形，核小，呈圆形。基细胞分化程度较低，具有分裂增殖能力，可分化成支持细胞和嗅细胞。

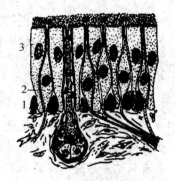

图 8-13 人嗅黏膜的三种细胞
1. 基细胞　2. 嗅细胞　3. 支持细胞
（路易斯·金·奎拉，基础组织学，1982）

固有膜（membranae propria）由结缔组织构成。

鱼类的嗅囊能感受食物所产生的化学刺激。除了寻找食物时起作用外，还能帮助识别同种或异种鱼类，以此来侦察敌害，鉴别水质和寻求异性。

第五节　味觉器官——味蕾

鱼类的味蕾（taste bud）分布范围极为广泛，不仅限于舌头上，大多数鱼类在唇、口瓣、口腔、咽、食道黏膜、鳃耙及某些鱼类（如鲴科）的皮肤和触须（如鲇科）等器官的上皮组织中都能够找到味蕾。

味蕾是由上皮分化形成的味觉感受器，呈卵圆形，它的基部和周围的上皮同在基膜上，顶部有一小孔，称味孔（taste pore），与消化管腔或体表相通。味蕾是由细长微纤毛样突起，即具有小茎（taste stem）的味细胞（taste cell）和支持细胞（supporting cell）所组成（图 8-14、图 8-15）。

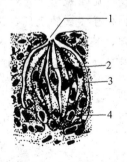

图 8-14 味 蕾
1. 味孔　2. 味细胞　3. 支持细胞　4. 基细胞
（沈霞芬，家畜组织学与胚胎学，2001）

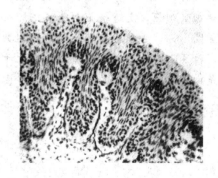

图 8-15 鳗鲇味蕾

味细胞位于味蕾中央，呈长梭形，细胞核呈椭圆形，染色较深，位于细胞的中部。顶部有微绒毛（味毛）伸入味孔。基部与味觉神经末梢构成突触。

支持细胞也呈梭形，染色较淡，位于味蕾周边和味细胞之间。

另外，在味蕾基部有少量锥体形的基细胞，可分化为味蕾内的其他细胞。

本章小结

感觉器官是机体感受内、外环境及其变化的器官，是感受器及其辅助装置的总称。本章分别介绍了皮肤感觉器官、视觉器官、听觉和平衡器官、嗅觉器官及味觉器官等感觉器官。

鱼类的温度感觉器为皮肤中密布的神经末梢，最简单的为感觉芽，分散在表皮细胞之间，具有触觉和感受水流的机能；较为复杂的为丘状感觉器，感觉细胞低于其周围的支持细胞，因而形成了中央凹陷的小丘状构造，可感觉水流和水压；最高度分化的为侧线系统及其变形结构——板鳃鱼类的罗伦氏壶腹。这些感受器的共同特点是由两种细胞组成：一种是感觉细胞，呈梨形，其游离端有纤毛，另一端与神经纤维联系；另一种是柱状的支持细胞。

鱼类眼的基本结构相似，由眼球和辅助器官构成。眼球由眼球壁和眼球内容物组成。眼球壁的组织结构包括纤维膜、血管膜、视网膜三部分。其中，纤维膜包括角膜和巩膜；血管膜自后向前可分为脉络膜、睫状体和虹膜三部分；视网膜包括四层细胞，从外到内是色素上皮细胞、视细胞、双极细胞、节细胞，此外还有一些神经胶质细胞。眼球内容物包括房水、晶状体、玻璃体三部分。眼的辅助器官包括眼睑、瞬膜、泪腺等，但多数鱼类无眼睑，有些鲨鱼有瞬膜，眼球可被瞬膜所覆盖。

耳是听觉器又是平衡器。鱼类只有内耳且只有由膜迷路构成的半规管，没有耳蜗和骨迷路，所以主要是平衡器官，听觉作用不大。内耳由胚体头前端两侧的外胚层增厚而成的听板发育而成。在发育过程中听板凹陷成杯状的听窝，然后杯口封闭形成听泡（听囊）。听囊由一根细长的内淋巴管与外界相通。听囊的中部内缢分化成上面的椭圆囊和下面的球囊，由椭圆囊的前、后和侧面各发出一个突起，最终形成前、后、侧三个相互垂直的半规管。每个半规管的末端与椭圆囊的交界处膨大成壶腹。膜迷路里面除充满内淋巴外，还含有固定的耳石。膜半规管、壶腹、椭圆囊和球囊囊壁的组织结构基本相同，均由上皮和固有层构成。

硬骨鱼类背侧有一对鼻腔，在鼻腔的底板上由一列嗅板构成嗅房。嗅房内衬以嗅黏膜，其嗅上皮是由嗅细胞、支持细胞和基底细胞所组成。嗅细胞呈梭形，是位于上皮内的双极神经元，核呈圆形，位于细胞中部；支持细胞数量较多，位于嗅细胞之间，细胞呈高柱状，核呈椭圆形，位于上皮的浅层；基底细胞，位于上皮基部，呈锥形，核小，呈圆形。

味蕾是由上皮分化形成的味觉感受器，由具有小茎的味细胞和基底细胞所组成。

思考题

1. 鱼类的皮肤感觉器官主要有哪些？各起什么作用？
2. 简述鱼类的眼球壁的构成。
3. 简述鱼类内耳的结构。
4. 简述鱼类的嗅觉器官的结构特点。
5. 不同鱼类的嗅觉器官有何差异？
6. 简述鱼类各种感受器的分布位置、结构特点和主要功能。

第九章 消化器官

在自然界的动物中,除单细胞动物可以直接通过渗透作用吸收营养外,大多数多细胞动物需要从外界摄取食物,并将其转化为能量,以维持基础代谢和生长、组织修复等的需要。在食物的基本组成中,维生素、无机盐、水可以被直接吸收利用,而蛋白质、糖类、脂肪由于是难溶于水的大分子物质,必须分解为易溶于水的小分子物质才能被吸收利用。这一转化过程对大多数动物来讲主要在消化系统中进行。

消化系统由消化管和消化腺组成。消化管是一条细长的管道,从口腔到肛门,依次分为口腔、咽、食道、胃、小肠、大肠与肛门。消化腺由上皮组织分化形成,一些腺体埋藏在消化管壁中,结构比较简单;另外一些腺体则结构复杂,并离开消化管壁成为独立的器官,由输出导管和消化管腔相通。有些腺体能产生黏液以润滑黏膜表面,有些腺体则产生消化酶用以分解、消化食物。

在消化管中,食物通过磨碎、搅拌和混合作用变为食糜,然后经过消化酶的分解作用转化为小分子物质被肠黏膜吸收,并借血液循环将消化分解后的营养成分输送到身体的其他部位,不能吸收利用的物质则成为粪便,由肛门排出体外。

第一节 消 化 管

一、消化管的基本模式结构

动物消化管的组织结构与食物在消化过程中的一系列改变密切相关。它们既有某些组织结构上的规律,又各具有与其功能相适应的特点。一般来说,由腔面向外依次可以分为黏膜、黏膜下层、肌层和外膜四部分(图9-1)。

(一) 黏膜 (mucosa)

黏膜是消化管壁的内层,是进行消化吸收的重要部分。由于所行使的功能不同,黏膜的形态结构也有较大的差异。有的褶成皱襞,有的突出形成绒毛,有的则下陷形成腺体。黏膜可区分为上皮、固有膜和黏膜肌。

1. 上皮 (epithelium) 上皮的类型因部位而异。口腔、咽、食道和肛门等部位的黏膜上皮通常为复层扁平上皮。这种上皮基部的生发层能产生新的细胞来补偿因摩擦而损耗的上皮细胞,因而能够抵抗摩擦,具有保护作用。胃肠部位的上皮为单层柱状上皮,有消化、吸收作用。

2. 固有膜 (tunica propria) 由致密的结缔组织构成,内含神经、血管、淋巴组织、腺体及少量散在的平滑肌纤维。固有膜具有联系上皮与深层组织的作用,而且它具有弹性,能够因管道的收缩运动而引起组织形态及牵引力的改变,从而起缓冲作用。另外,分布在固有膜内的平滑肌纤维不仅有助于将腺体的分泌物排入消化管腔,而且能够引起绒毛的收缩运动,便于营养物质的吸收和运输。固有膜中还有胃腺、小肠腺等腺体。

在小肠固有膜中除有大量小肠腺外,还有丰富的游走细胞。绒毛中轴的固有层结缔组织内有1~2条纵行毛细淋巴管,称中央乳糜管(central lacteal),它的起始部为盲端,向下穿过黏膜肌进入黏膜下层形成淋巴管丛。中央乳糜管管腔较大,内皮细胞间隙宽,无基膜,故通透性大。吸收细胞释出的乳糜微粒入中央乳糜管输出。此管周围有丰富的有孔毛细血管网,肠上皮吸收的氨基酸、单糖等水溶性物质主要经此入血。绒毛内还有少量来自黏膜肌的平滑肌纤维,可使绒毛收缩,利于物质吸收和淋巴与血液的运行。固有膜中除有大量分散的淋巴细胞外,尚有淋巴小结。在十二指肠和空肠多为孤立淋巴小结,在回肠多为若干淋巴小结聚集形成的集合淋巴小结,它们可穿过黏膜肌抵达黏膜下层。

3. 肌层(muscularis mucosae) 由薄层的平滑肌构成,通常排列为内环形和外纵行两层。黏膜肌的收缩使黏膜的形态发生改变,有利于物质的吸收、血液的流动和固有膜内腺体的分泌。

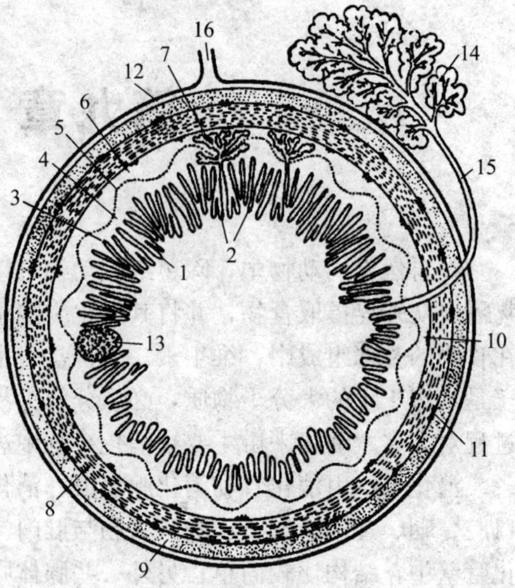

(二) 黏膜下层(submucosa)

位于黏膜外周,由疏松结缔组织构成,内部含有比较粗大的血管、淋巴管和神经丛。在食道和十二指肠的黏膜下层内,还分布着食道腺和十二指肠腺。黏膜下层中还有黏膜下神经丛,由多极神经元和无髓神经纤维构成,可调节黏膜肌的收缩和腺体的分泌。在食道、胃和小肠等部位的黏膜与黏膜下层共同向管腔内突出,形成皱襞(plica)。

图 9-1 消化管横切面模式图
1. 上皮 2. 绒毛 3. 腺体 4. 固有膜 5. 黏膜肌
6. 黏膜下层 7. 十二指肠腺 8. 环肌 9. 纵肌
10. 黏膜下层神经丛 11. 肌间神经丛 12. 浆膜
13. 淋巴小结 14. 大的腺体(如胰腺) 15. 导管
16. 系膜
(楼允东,组织胚胎学,1996)

(三) 肌层(muscular coat)

肌层由两种不同类型的肌纤维组成。口腔、咽、食道的前部和肛门等处的肌层是骨骼肌,受神经纤维的支配,收缩运动剧烈而无规则,可随意调节;食道的中下部、胃、小肠和大肠是平滑肌,受交感神经支配,运动缓和而有规律。肌层一般分为内外两层,内层为环行肌,外层为纵行肌,两层肌肉之间有肌间组织,由结缔组织、血管、淋巴管和神经丛组成。肌间神经丛的结构与黏膜下神经丛相似,可调节肌层的运动(图9-2)。

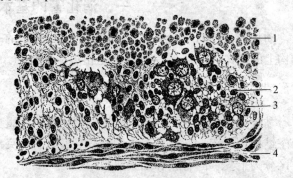

图 9-2 肌间神经丛
1. 平滑肌横切 2. 胶质细胞 3. 神经细胞 4. 平滑肌纵切
(楼允东,组织胚胎学,1996)

(四) 外膜(tunica adventitia)

外膜是消化管壁的最外层,由疏松结缔组织组成。进入消化管壁的神经、血管和淋巴管必须穿过这里。此层若直接和周围的器官相连,则称为纤维膜(fibrosa);若在疏松结缔组织的表面覆盖有一层间皮,则称为浆膜(serosa)。浆膜表面光滑,可以减少胃肠蠕动时的摩擦。

二、哺乳动物消化管

哺乳动物消化管壁除口腔与咽之外,自内向外,均由黏膜、黏膜下层、肌层与外膜组成。

(一) 口腔

口腔是消化系统的大门。主要包括牙齿、舌和唾液腺导管的开口。

口腔黏膜只有上皮和固有膜,无黏膜肌。上皮为复层扁平上皮,仅在硬腭部出现角化。大多数部位的固有膜突向上皮,形成结缔组织乳头,其内含有丰富的血管。乳头及上皮内有许多感觉神经末梢。固有膜内还有黏液性或浆液性的小唾液腺,唾液可湿润食物,便于吞咽。口腔后部的固有膜内含有许多淋巴细胞,经常可见淋巴细胞移行到上皮。固有膜下连骨骼肌或骨。

舌由表面的黏膜和深部的舌肌组成。黏膜由复层扁平上皮与固有膜组成。舌根部的黏膜内有许多淋巴小结,舌背部黏膜形成许多乳头状突起,称舌乳头 (lingual papilla)。乳头上具有味蕾 (taste bud),能够感受味觉。舌肌由纵行、横行及垂直走向的骨骼肌纤维交织而成,舌肌的活动起搅拌食物、帮助吞咽作用。

牙由牙本质、釉质及牙骨质构成。牙根周围的牙周膜、牙槽骨骨膜及牙根统称为牙周组织。牙齿主要负责切割、磨碎食物,使食物与消化液充分混合。

口腔周围分布有三对大唾液腺,即腮腺、颌下腺和舌下腺,它们各自有导管通于口腔。

(二) 咽

咽是消化系统与呼吸系统相沟通的管道,分为口咽、鼻咽和喉咽三部分。

1. 黏膜 由上皮和固有膜组成。口咽、鼻咽表面覆盖着未角化的复层扁平上皮,鼻咽主要为假复层纤毛柱状上皮。固有膜内含丰富的淋巴组织及黏液腺,深层有一层弹性纤维。

2. 肌层 由纵行和外斜行或环形的骨骼肌组成,其间可有黏液腺。

3. 外膜 为纤维膜,富含血管与结缔组织。

(三) 食道

食道是连接口腔与胃的通道,主要掌管输送作用。食道腔面有纵形皱襞,食物通过时皱襞消失 (图9-3)。

1. 黏膜 上皮为未角化的复层扁平上皮。固有膜为致密的结缔组织,并形成乳头突向上皮。黏膜肌层由纵行的平滑肌组成。

2. 黏膜下层 为疏松结缔组织,内含食道腺。食道腺周围常有较密集的淋巴细胞或淋巴小结。

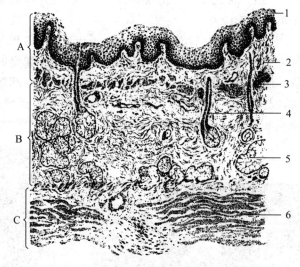

图9-3 食管纵切面
A. 黏膜层 B. 黏膜下层 C. 肌层
1. 复层扁平上皮 2. 固有膜 3. 黏膜肌
4. 腺导管 5. 食道腺 6. 骨骼肌

(南京医学院组织胚胎学教研组,组织胚胎学图谱,1979)

3. 肌层 分为内环肌与外纵肌两层。食道上1/3段为骨骼肌,下1/3段为平滑肌,中

1/3段为二者混合。食道两端的内环肌稍增厚，分别形成上、下括约肌。

4. 外膜 为纤维膜。

(四) 胃

胃是消化管最膨大的部分，是食物暂时停留和被初步消化的场所。在食物的刺激下，胃肌收缩，使食物团与胃液混合，并把经胃液消化形成的食糜分批排入肠中（图9-4、图9-5）。

1. 黏膜 胃收缩时腔面可见许多纵行的皱襞，食物充盈时皱襞几乎消失。黏膜表面分布着350万个不规则的小孔，称为胃小凹（gastric pit），每个胃小凹底部与3~5条胃腺相通连。

黏膜上皮为单层柱状上皮，在贲门部它与食道的复层扁平上皮骤然相接，分界明显。细胞的顶端充满黏原颗粒，H.E染色的切片上着色浅以至透明。黏原颗粒释放后，在细胞表面形成一层黏液保护层。上皮向固有膜中下陷形成大量分泌腺体，它们的分泌物混合形成胃液。根据其所在部位与结构的不同，分为胃底腺、贲门腺和幽门腺。胃腺之间有少量的结缔组织，纤维成分以网状纤维为主，并含有丰富的毛细血管及散在的平滑肌细胞。黏膜肌层由内环肌与外纵肌两层平滑肌组成。

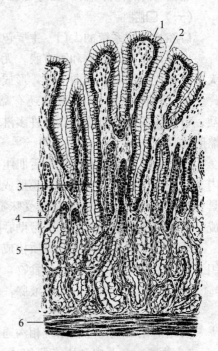

图9-4 胃幽门部黏膜
1. 胃上皮 2、3. 胃小凹 4. 固有膜
5. 幽门腺 6. 黏膜肌
（南京医学院组织胚胎学教研组，
组织胚胎学图谱，1979）

（1）胃底腺（fundic gland） 分布于胃底和胃体部，约有1 500万个，是数量最多、功能最重要的胃腺。腺呈分支管状，可分为颈、体与底部。颈部短而细，与胃小凹衔接；体部较长；底部略膨大，延伸至黏膜肌层。胃底腺由主细胞、壁细胞、颈黏液细胞及干细胞组成。

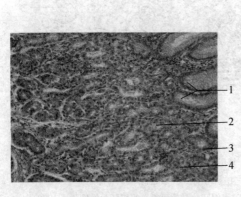

图9-5 人胃腺切片
1. 胃小凹 2. 胃腺 3. 壁细胞 4. 主细胞
（任素莲提供）

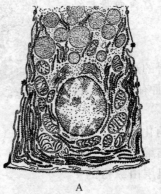 

图9-6 胃腺细胞
A. 主细胞 B. 壁细胞
（Lius C. J. 等，Basic Histology，1977）

主细胞（chief cell）：又称胃酶细胞（zymogenic cell），数量最多，主要分布于腺的体、底部。细胞呈柱状，核圆形，位于基部；胞质基部呈强嗜碱性，顶部充满酶原颗粒，但在普通固定染色的标本上，此颗粒多溶失，使该部位呈泡沫状。电镜下观察，核周有大量粗面内质网与发达的高尔基复合体，顶部有许多圆形酶原颗粒。主细胞分泌胃蛋白酶原（pepsinogen）（图9-6，A）。

壁细胞（parietal cell）：又称泌酸细胞（oxyntic cell），在腺的颈、体部较多。此细胞较大，多呈圆锥形。核圆而深染，居中，有时有双核；胞质呈均质而明显的嗜酸性。电镜下观察，壁细胞胞质中有迂曲分支的细胞内分泌小管（intracellular secretory canaliculus），管壁与细胞顶面质膜相连，并都有微绒毛。分泌小管周围有表面光滑的小管和小泡，称微管泡系统（tubulovesicular system），其膜结构与细胞顶面及分泌小管相同（图9-6，B）。在非分泌时相，分泌小管多不与胃底腺腔相通，小管与细胞顶面的微绒毛短而稀疏，微管泡系统却极发达；在分泌时相，分泌小管开放，微绒毛增多并变长，充填在分泌小管管腔内，使细胞游离面明显扩大，而微管泡系统的管泡数量则剧减。这表明微管泡系统实为分泌小管的膜之储备形式。壁细胞含有大量线粒体，其他细胞器则较少。

壁细胞能分泌盐酸，其过程是：细胞从血液中摄取或代谢产生的CO_2，在碳酸酐酶的作用下与H_2O结合形成H_2CO_3；H_2CO_3解离为H^+和HCO_3^-，H^+被主动运输到分泌小管，而HCO_3^-与血液中的Cl^-交换；Cl^-也被运输入分泌小管，与H^+结合形成盐酸，盐酸能激活胃蛋白酶原，使之成为胃蛋白酶。盐酸还具有杀菌作用。

颈黏液细胞（neck mucous cell）：数量很少，位于腺颈部，多呈楔形夹于其他细胞间。核多呈扁平形，居细胞基底部，核上方有很多黏原颗粒，H.E染色浅淡，故常不易与主细胞相区分，其分泌物为含酸性黏多糖的可溶性黏液。

干细胞（stem cell）：位于胃底腺颈部至胃小凹深部。普通制片标本中不易见。可分化为上皮细胞和胃腺细胞。

（2）贲门腺（cardiac gland） 分布于近贲门处宽5~30 mm的狭窄区域，为分支管状的黏液腺，可有少量壁细胞。

（3）幽门腺（pyloric gland） 分布于幽门部宽4~5 cm的区域，此区胃小凹甚深。幽门腺为分支较多而弯曲的管状黏液腺，内有较多内分泌细胞。

2. 黏膜下层 为疏松结缔组织，内含较粗的血管、淋巴管和神经，也可见成群的脂肪细胞。

3. 肌层 较厚，一般由内斜形、中环形及外纵行三层平滑肌构成。环肌在贲门和幽门部增厚，分别形成贲门括约肌和幽门括约肌。

4. 外膜 为浆膜。

胃液含高浓度盐酸，pH为2，腐蚀力极强，胃蛋白酶能分解蛋白质，但胃黏膜却不受破坏，这是由于胃黏膜表面存在黏液-碳酸氢盐屏障（mucous-HCO_3^- barrier）。胃上皮表面覆盖的黏液层厚0.25~0.5 mm，主要由不可溶性黏液凝胶构成，其中含大量HCO_3^-，后者部分由表面黏液细胞产生，部分来自壁细胞。凝胶层将上皮与胃蛋白酶相隔离，并减少H^+向黏膜方向的弥散；HCO_3^-可中和H^+，形成碳酸（H_2CO_3），后者被胃上皮细胞的碳酸酐酶迅速分解为H_2O和CO_2。此外，胃上皮细胞的快速更新也使胃能及时修复损伤的细胞。

（五）小肠

小肠上接胃，下接大肠，是消化、吸收的主要部位，也是消化管中最长的一部分，可分为十二指肠、空肠和回肠三部分。

1. 黏膜 小肠黏膜具有许多环状皱襞和绒毛。绒毛（intestinal villus）是小肠特有的结构和吸收功能单位，其中有毛细血管和毛细淋巴管（图9-7）。皱襞和小肠绒毛大大地增加了消化食物和吸收营养物质的面积。绒毛根部的上皮下陷至固有层形成管状的小肠腺，又称肠隐窝，故小肠腺与绒毛的上皮是连续的，小肠腺直接开口于肠腔。

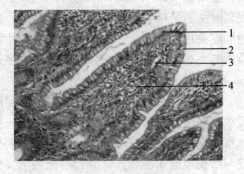

图9-7 猫小肠绒毛结构
1. 杯状细胞　2. 柱状细胞
3. 乳糜管　4. 固有膜
（任素莲提供）

绒毛部上皮由吸收细胞、杯状细胞和少量内分泌细胞组成；小肠腺上皮除上述细胞外，还有潘氏细胞和未分化细胞。

（1）吸收细胞（absorptive cell） 最多，呈高柱状，核椭圆形，位于细胞基部。绒毛表面的吸收细胞游离面在光镜下可见明显的纹状缘，电镜观察表明它是由密集而规则排列的微绒毛构成的。微绒毛表面尚有一层厚 $0.1\sim0.5~\mu m$ 的细胞衣，它是吸收细胞产生的糖蛋白，内有参与消化糖类和蛋白质的双糖酶和肽酶，并吸附有胰蛋白酶、胰淀粉酶等，故细胞衣是消化吸收的重要部位。

（2）杯状细胞（goblet cell） 散在于吸收细胞间，分泌黏液，有润滑和保护作用。从十二指肠到回肠末端，杯状细胞逐渐增多。

（3）潘氏细胞（Paneth cell） 是小肠腺的特征性细胞，位于腺底部，常三五成群。细胞呈锥体形，胞质顶部充满粗大的嗜酸性颗粒，内含溶菌酶等，具有一定的灭菌作用。

（4）未分化细胞（undifferentiated cell） 位于小肠腺下半部，散在于其他细胞之间。胞体较小，呈柱状，胞质嗜碱性。细胞不断增殖、分化、向上迁移，以补充绒毛顶端脱落的吸收细胞和杯状细胞。绒毛上皮细胞的更新周期为 2～4 d。一般认为，内分泌细胞和潘氏细胞亦来源于未分化细胞。

固有膜中除分布有大量的小肠腺外，还含有丰富的游走细胞，如淋巴细胞等，也有淋巴小结。绒毛中轴的固有膜中还含有 1～2 条纵行的毛细淋巴管，称为中央乳糜管（central lacteal），它的起始端为盲管，向下穿过黏膜肌进入黏膜下层形成淋巴管丛。吸收细胞释放的乳糜粒进入中央乳糜管输出。

2. 黏膜下层 为疏松结缔组织，含有较多的血管、淋巴管和淋巴小结。十二指肠的黏膜下层中含有十二指肠腺，为复管泡状黏液腺，其导管穿过黏膜肌开口于小肠腺底部。

3. 肌层 由内环肌与外纵肌两层平滑肌组成。

4. 外膜 除十二指肠后壁为纤维膜之外，小肠其余部分均为浆膜。

十二指肠的内侧壁有胆总管和胰管的共同开口。肝分泌胆汁，胆汁储存在胆囊里。进食后，胆囊收缩，胆汁经胆总管流入十二指肠，分泌肠液。食糜在小肠运动和各种消化酶的作用下，分解为溶于水的小分子物质。当食物到了小肠末端时，绝大部分的营养物已被吸收，剩下的食物残渣，通过小肠蠕动而进入大肠。小肠液的主要作用是：①稀释功能：大量小肠液可稀释肠内容物，降低其渗透压，从而有利于吸收的进行；②保护功能：含黏蛋白和带弱碱性的小肠液具润滑性，它可以润滑小肠黏膜表面，起减弱机械刺激的作用，并能增强肠壁对胃酸侵蚀的抵抗力。肠黏膜上皮细胞还可选择性地分泌一种免疫球蛋白（IgA），对某些具强伤害性的抗原起反应,起免疫保护作用;③消化功能:小肠液中含多种消化酶,除肠激酶外,还有淀粉酶、肽酶、脂肪酶、核酸酶、麦芽糖酶、蔗糖酶和乳糖酶等,在胃液、胰液和胆汁对食物作用的基础上,实现对食物最后的化学分解作用(图9-8、图9-9)。

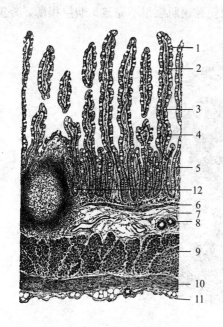
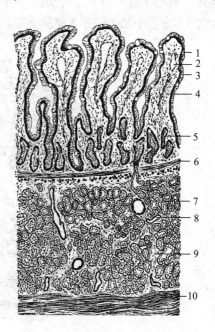

图9-8 空肠纵切
1. 上皮层 2. 绒毛 3. 杯状细胞 4. 固有膜
5. 肠腺 6. 黏膜肌 7. 黏膜下层 8. 血管
9. 环肌 10. 纵肌 11. 浆膜 12. 淋巴小结
(南京医学院组织胚胎学教研组,
组织胚胎学图谱,1979)

图9-9 十二指肠横切
1. 杯状细胞 2. 乳糜管 3. 上皮 4. 固有膜
5. 小肠腺 6. 黏膜肌 7. 十二指肠腺
8. 血管 9. 黏膜下层 10. 肌肉层
(南京医学院组织胚胎学教研组,
组织胚胎学图谱,1979)

(六) 大肠

大肠管腔较粗,上接回肠,末端开口于肛门,可分为盲肠(附阑尾)、结肠和直肠三段。大肠的主要机能是吸收水分,将不能消化的残渣以粪便的形式排出体外。此外,大肠内某些细菌能利用肠内较简单的物质合成一些维生素,如B族维生素复合物和维生素K。

1. 盲肠与结肠

(1) 黏膜 大肠黏膜的上皮为单层柱状,主要由柱状细胞和杯状黏液细胞组成,后者的数量明显多于小肠。固有膜内有大量的大肠腺,亦称肠隐窝,呈长单管状,含柱状细胞、杯状细胞、未分化细胞等。固有膜内有散在的淋巴小结。黏膜肌层为内环行、外纵行两层平滑肌。

(2) 黏膜下层 在疏松结缔组织内含有较大的血管、淋巴管,有成群的脂肪细胞。

(3) 肌层 由内环行、外纵行两层平滑肌组成。

(4) 外膜 除在升结肠与降结肠的后壁为纤维膜之外,其他均为浆膜。

2. 直肠 直肠前段,黏膜结构与结肠相似。而后段单层柱状上皮骤变为复层扁平上皮,大肠腺与黏膜肌层消失。痔环以下为角化的复层扁平上皮,近肛门处有环肛腺。黏膜下层的结缔组织中有丰富的静脉丛。肌层为内环形、外纵行两层平滑肌,内环肌在直肠下端的肛管处增厚形成肛门内括约肌；近肛门处外纵肌的周围有骨骼肌形成的肛门外括约肌。外膜与直肠上1/3段的大部分、中1/3段的前壁为浆膜，其他为纤维膜。

3. 阑尾 阑尾（图9-10）的管腔小而不规则，大肠腺短而少。固有膜内有极丰富的淋巴组织，形成许多淋巴小结，并穿入黏膜下层，致使黏膜肌层很不完整。肌层很薄，外覆浆膜。

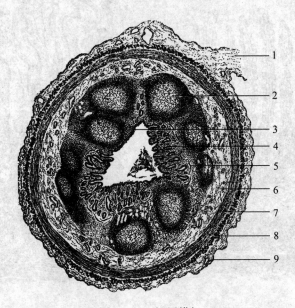

图9-10 阑尾横切
1. 肠系膜 2. 淋巴小结 3. 肠上皮 4. 肠腺 5. 固有膜
6. 黏膜下层 7. 环肌层 8. 纵肌层 9. 浆膜
（南京医学院组织胚胎学教研组，组织胚胎学图谱，1979）

三、鱼类消化管

鱼类对食物的消化、吸收也是由消化系统完成的。消化系统包括消化管和消化腺。消化管包括口咽腔、食道、胃、肠、肛门等部分。也有人将消化管划分为头肠（口咽腔）、前肠（食道和胃）、中肠（小肠）、后肠（大肠）和泄殖腔或肛门。由于鱼类食性不同，消化管的长度和形态也有区别。

（一）口咽腔

鱼的口腔和咽腔无明显的界线，统称为口咽腔。口咽腔内有齿、舌、鳃耙等构造，没有唾液腺。

鱼的舌位于口腔的底部，一般为原始型，仅由基舌骨的突出部分外覆黏膜而成。少数鱼类的舌退化，如海龙科等。舌的黏膜表面为复层扁平上皮，含有少量味蕾，被深层结缔组织隆起形成的乳头支持着。上皮下为疏松结缔组织，内含较多的胶原纤维。多数鱼类的舌无肌肉组织，也无弹性，缺乏独立运动能力，但圆口类、多鳍鱼类及肺鱼类的舌有较发达的肌纤维。

鳃耙是鱼鳃弓内侧面附生的一些稍坚硬的突出物，是鱼类滤取食物的器官，在鳃耙的顶端，鳃弓的前缘分布有味蕾，有味觉作用。草食性和杂食性的鱼类（如草鱼、鲤、鲫等）的鳃耙较疏短，以浮游生物为食的鱼类（如鲢、鳙等）的鳃耙则密而长。

真骨鱼类的口腔和前咽壁的组织结构主要由黏膜、黏膜下层、肌层组成。后咽壁的最外面还包裹着一层浆膜。

1. 黏膜 黏膜向腔内褶成皱襞，其形状在不同鱼类中有所不同。黏膜由上皮和固有膜组成，缺少黏膜肌。

黏膜表面为复层扁平上皮，上皮中含有杯状细胞和味蕾。有些鱼类如青鱼、草鱼、鲢、鳙和鲤等除杯状细胞外还有一种大型的黏液分泌细胞。杯状细胞多分布于表层，大型黏液细胞分布于中间层。上皮底部有基膜，基膜下是致密结缔组织构成的固有膜。固有膜主要是由紧密、平行排列的胶原纤维和少量弹性纤维组成，固有膜向上皮的深层隆起形成乳头，支持味蕾。有些鱼类，如草鱼和鲢等的固有膜的胶原纤维密集形成结实层。

2. 黏膜下层 黏膜下层由疏松结缔组织构成，其中含有胶原纤维和一些弹性纤维，纤维排列成稀疏的网状。有些鱼类黏膜下层的结缔组织纤维之间含有纵行及斜行的横纹肌束。

3. 肌层 肌层由横纹肌构成。

4. 外膜 口腔和前咽部没有外膜，只有延伸到体腔的那一段后咽壁的外面包有一层很薄的浆膜。

（二）食道

食道位于口咽腔与胃之间，一般为粗而短的直管，少数种类如烟管鱼科、鲇科等鱼类的食道较长。食道一般可分为黏膜、黏膜下层、肌层和浆膜四层（图9-11）。

1. 黏膜 食道黏膜向腔面褶成皱襞，不同鱼类皱襞的形状、数目是不同的，例如一些鲤科鱼类的黏膜形成无数分支的纵行皱襞，鲱科和鲻科的黏膜形成乳头状突起排列于纵行的皱褶内，有些鱼类在初级皱褶内还有次级皱褶。

黏膜表面覆有复层扁平上皮，在表层上皮细胞之间有杯状细胞，可以释放黏性物质到食道的管腔中，以保持管腔壁的润滑。上皮层中亦含有味蕾。上皮的深部是固有膜，由致密结缔组织构成，纤维纤细而紧密。有的鱼类如虹鳟在固有膜中含有腺体。很多真骨鱼类缺乏黏膜肌，因此固有膜和黏膜下层的分界不明显。

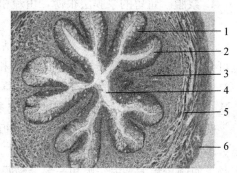

图9-11 鲫食道横切
1. 食道上皮 2. 黏液细胞 3. 固有膜
4. 食道腔 5. 肌肉层 6. 纤维膜
（任素莲提供）

2. 黏膜下层 黏膜下层由疏松结缔组织构成，其中含有成纤维细胞、游走细胞等，有些鱼类含有颗粒细胞。此层与固有膜之间主要根据结缔组织纤维的致密或疏松情况加以区分。

3. 肌层 鱼类食道的肌层较为发达，由横纹肌构成。分为内环肌与外纵肌两层。内环肌很厚，外纵肌较薄，两层肌肉之间有神经丛。食道肌的蠕动作用可将食物送到胃。

4. 浆膜 浆膜是食道的最外层，由薄层的结缔组织及其外面覆盖的间皮构成。

（三）胃

鱼胃形状随种类和所食食物不同而异，呈圆柱形（如银鱼科、烟管鱼科等）、"U"形（如银鲳等）等，多数鱼类的胃为圆锥形。有些鱼类的胃体向后有一些延长的囊状部分，称为盲囊部。有些鱼类没有胃，如海龙科、鲤科、隆头鱼科、银鲛、鳗鲇、翻车鱼等。草食或杂食性鱼胃肠分化不明显，没有形成真正的胃。

1. 黏膜

(1) 上皮　胃黏膜层上皮是单层柱状细胞，上皮表面具有顶板。无杯状细胞分布。胃小凹发达。

(2) 固有膜　由致密的结缔组织构成，其中含有少量的网状纤维。固有膜中有胃腺。

鱼类的胃腺为管状分支腺，可分为颈部、体部和底部。构成腺体部和腺底部的细胞只有一种类型，即呈低柱状，为浆液性的腺细胞，这种细胞与哺乳动物的主细胞相类似，细胞质中含有丰富的酶原颗粒，鱼类的胃腺缺乏壁细胞（盐酸细胞），但在一些真骨鱼类的鳃中却发现有与哺乳动物胃腺的盐酸细胞相同的细胞，这种细胞称为泌氯细胞。

(3) 黏膜肌　黏膜肌由平滑肌构成，肌纤维数量较少，有环行的亦有纵行的。

有些鱼类如虹鳟等在固有膜的结缔组织和黏膜肌之间，又有一层由胶原纤维束紧密排列而成的结实层，能被甲苯胺蓝染成鲜艳的蓝色。在结实层的外周还有一层由颗粒细胞构成的颗粒层。有些鱼类具有结实层而缺乏颗粒层。

2. 黏膜下层　在某些缺乏黏膜肌的鱼类胃中，固有膜的结缔组织与黏膜下层的结缔组织连续，没有明显的界线。

3. 肌层　鱼胃肌层发达，由平滑肌构成，分为内环行肌和外纵行肌两层。内环行肌层较厚，外纵行肌层较薄，两层之间往往有神经分布。

4. 浆膜　鱼胃的浆膜层很薄，由疏松结缔组织和外面覆盖的一层间皮构成。

(四) 肠

鱼类的肠位于胃的后端，起于幽门括约肌以后的部分，终止于泄殖腔或肛门。鱼类的肠也可分为小肠和大肠。长短因鱼的种类和食性而异。肉食性鱼的肠道一般较短，为体长的 1/3～1/4，形状多为直管或有些弯曲；草食性鱼的肠较长，一般为体长的 2～5 倍，有的甚至达 15 倍，这类鱼的肠在腹腔中盘曲较多；杂食性鱼的肠短于草食性鱼，而长于肉食性鱼。

圆口纲的整个消化管为一条直管，板鳃亚纲如鲨、鳐等的肠可以明显地分为小肠和大肠。小肠又可分为十二指肠和回肠。十二指肠较细，内壁一般没有螺旋瓣，胰管开口于十二指肠。回肠较粗大，由黏膜和一部分黏膜下层的结缔组织向肠腔突起形成螺旋瓣，胆管开口于回肠。大肠分为结肠和直肠，二者以直肠腺的开口为分界。真骨鱼类肠各段的区分并不明显，草食性鱼类的肠一般分为前肠、中肠和后肠三段，各段之间没有明显的分界线。肉食性鱼类可分出前肠和略粗的后肠。有些鱼类在胃肠交界处有幽门垂。有些鱼类没有真正的胃，由肠和食道直接相连，连接处的肠管略为扩大成肠球。真骨鱼类肠各段和幽门垂的组织结构极为相似，一般可以分为黏膜、肌层和浆膜三层，有些鱼类能明显地区分出黏膜下层（图 9-12、图 9-13）。

1. 黏膜　黏膜向肠腔突起形成皱襞，在不同鱼类中形状也有所差异，有纵的、横的、网状的和分支的。同种鱼类的各段皱襞的高低和形状也有所变化。黄鳝肠黏膜为纵褶，呈线状；鲫肠黏膜为"Z"形褶；白鲢的肠黏膜形状不规则，前段为纵褶，中段为较宽的"Z"形褶，后段为横褶，且有较多"Z"形褶；南方大口鲇肠黏膜呈网状褶，网目随个体增大而加大加深。

黏膜层由上皮、固有膜和黏膜肌组成。有些鱼类缺乏黏膜肌，有些鱼类具有结实层和颗粒层。前肠、中肠和后肠三段的组织结构基本相同，其差异主要表现在黏膜，其中以皱襞的高低和疏密、上皮细胞的高低与纹状缘的发达程度，以及杯状细胞的数量多少等方面的差异较为明显。

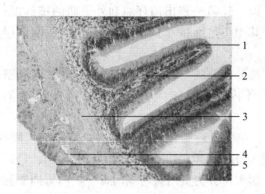

图9-12 鲫小肠切片
1. 上皮 2. 固有膜 3. 环肌层 4. 纵肌层 5. 浆膜
（任素莲提供）

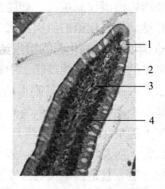

图9-13 乌鳢小肠绒毛纵切
1. 杯状细胞 2. 纹状缘 3. 固有膜 4. 上皮
（任素莲提供）

（1）上皮 肠黏膜表面覆盖着单层柱状上皮，包含有吸收细胞和杯状细胞两种，主要是吸收细胞，这种细胞呈高柱状，细胞核靠近细胞基部，细胞的游离面具有明显的纹状缘，即电镜下所见的微绒毛，这种微绒毛可以增加表面的吸收面积15～20倍。真骨鱼类的前肠、中肠和后肠以及幽门垂上皮细胞的游离面都具有微绒毛。杯状细胞数量较少，散布在吸收细胞之间，能够分泌黏液来润滑上皮表面和清除废物。在柱状上皮细胞之间还有游走细胞。

（2）固有膜 由致密结缔组织构成，血管、神经丰富。除鳕科等鱼类具有肠腺外，绝大多数真骨鱼类固有膜中没有肠腺。

有些鱼类在固有膜致密结缔组织外的地方还有一层结实层和颗粒层。很多鱼类缺乏黏膜肌，但有些鱼类具有由平滑肌构成的黏膜肌。

2. 黏膜下层 由疏松结缔组织构成，其中含有大的血管和淋巴管，有时可以看到神经丛，在缺乏黏膜肌的情况下，与固有膜之间的分界线极不明显。

3. 肌层 由内环行肌和外纵行肌组成，实际上两层纤维都是螺旋排列的，内层是紧密的螺旋，外层是伸直的螺旋。内环行肌较为发达，外纵行肌较薄，在内外两层之间有肠肌神经丛的神经细胞。无胃鱼类的肠球与食道相连接的部分有一些由食道的肌层延伸而来的横纹肌纤维。

4. 浆膜 由一层薄的结缔组织及其外周的间皮构成。有些鱼类的胰腺附着在浆膜上。

（五）肛门

一般鱼类消化管末端以肛门与外界相通，由肛门括约肌控制肛门启闭。肛门开口位于生殖导管和排泄导管开口的前方。不能消化吸收的残物均由肛门或泄殖腔排出体外。板鳃鱼类、肺鱼类和矛尾鱼类等具有泄殖腔。它除接受消化管肛门开孔外，尚接受生殖导管和排泄导管的开孔。真骨鱼类及软骨硬鳞类无泄殖腔，但少数鱼类如鲟及鲑科鱼类等，在胚胎期有泄殖腔出现。

四、无脊椎动物消化管

与脊椎动物相比，无脊椎动物的消化道组织结构简单，除节肢动物门和线虫纲之外，其他动物的上皮层一般都是纤毛柱状上皮，纤毛的发达程度在各部位有差异。上皮细胞间分布有黏液腺细胞及游走细胞。上皮附着于基膜上,基膜下也分布有结缔组织。肌肉组织不够发达。节肢动物由横纹肌组成,如昆虫前肠的肌肉,还可分辨出内环肌和外纵肌的排列形式。其他无脊椎动物消化道的肌肉都属于平滑肌,其中头足纲和海参纲有内环肌和外纵肌两层。

(一)甲壳动物消化管的组织结构特点

甲壳类的消化管分为前肠、中肠和后肠三部分。前肠与后肠来源于外胚层,二者肠壁内面有几丁质内膜覆盖,中肠则由内胚层形成,无内膜,但有十分发达的突出物,作为消化腺,这是甲壳动物消化系统的特点。

虾蟹类的消化道由前肠(口、食道、胃)、中肠、后肠及肛门组成。口位于前端腹面,虾类的口为上唇及口器所包被,蟹类的口则深入口腔内部,外面为口器附肢所遮挡。口后为短而直的食道,食道内壁覆有几丁质结构。胃膨大,分为贲门胃与幽门胃。贲门胃内壁有几丁质结构的胃磨,用来磨碎食物。幽门胃壁褶皱较多,从而使胃腔减小,褶皱上有大量的几丁质刚毛形成复杂的过滤系统,用来过滤食糜。爬行虾类胃壁的前方两侧各有一胃石,用来在蜕皮时提供部分钙。幽门胃后为中肠,虾类的中肠多为直管状结构,蟹类等腹部不发达且折叠的种类,其肠呈"U"形,弯曲又折向前方。中肠的主要功能是分泌消化酶和吸收营养物质。在中肠与胃及后肠相连处分别有中肠前盲囊和中肠后盲囊存在,在虾蟹类,盲囊的数量、位置及形态都有变化。中肠内层由单层柱状上皮细胞组成,分为分泌型中肠细胞和吸收型中肠细胞两类;肌层有连续环肌和成束的纵肌。后肠短而粗,肌肉发达,内表面有几丁质覆盖,肛门狭缝状,位于尾节腹面。

以凡纳滨对虾为例阐述对虾消化管的组织结构(姜永华等,2003)。

1. 食道 食道壁由内向外分为上皮层、结缔组织层和肌肉层三层。食道上皮内褶形成4个明显隆嵴,使食道腔缩合呈"X"形,上皮表面有薄层几丁质覆盖。食道上皮由单层柱状细胞组成,上皮之下为疏松结缔组织,内含较多黏液腺。肌肉层非常发达,包括环肌、纵肌和放射肌3种,环肌连续分布,纵肌成束分散排列于环肌外侧,放射肌穿过环、纵肌层伸至上皮和几丁质的连接处(图9-14)。

2. 胃

(1)贲门胃 贲门胃(图9-15)呈长囊状,胃壁上皮内褶成5~7个明显嵴突,一个腹突宽大而圆钝,侧突各2~3个,对称排列。胃壁的组织

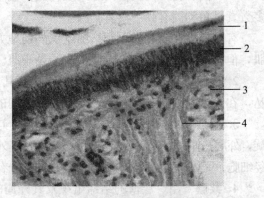

图9-14 凡纳滨对虾食道上皮
1. 角质层 2. 柱状上皮 3. 结缔组织 4. 放射肌
(任素莲提供)

结构与食道相似,上皮由单层柱状细胞组成,但结缔组织极为疏松,呈空泡状或管道状,无黏液腺;肌肉层由环、纵肌组成,且分布不均匀。贲门胃的显著特点是几丁质特别发达,加厚特化成板状,其中腹板上有成列的齿,中央为一个大的中齿,两侧为小的附属中齿;侧板上具对称排列的侧齿,并具少量几丁质刚毛。这些齿、刚毛和嵴突共同构成胃磨(gastric mill)。

(2)幽门胃 幽门胃(图9-16、图9-17)的组织结构与贲门胃相似,但肌层稍薄,侧突处各有一束放射肌插入上皮层下;腹突变尖变细,将此处的胃腔分为两个半球形的侧壶腹囊,腹突则称为间壶腹嵴,其向腔面的几丁质层特化成排列整齐的粗大刚毛;幽门胃的侧

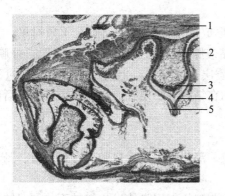 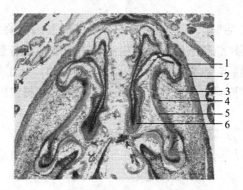

图9-15 凡纳滨对虾贲门胃横切(部分)　　图9-16 凡纳滨对虾幽门胃上端结构
1. 肌肉层　2. 结缔组织　3. 上皮层　　　　1. 外膜　2. 肌肉　3. 结缔组织　4. 上皮
4. 角质层　5. 刚毛　　　　　　　　　　　　5. 角质层　6. 突起
(任素莲提供)　　　　　　　　　　　　　　(任素莲提供)

突形成上壶腹崤,崤上几丁质特化成密集的细长刚毛。在两个侧壶腹囊内,间壶腹崤和上壶腹崤之间的通道称为过滤器,通道内壁上遍布长刚毛。

3. 中肠　中肠(图9-18)管壁前、后段褶皱较多,中段较平整,管壁组织结构由内向外依次分为上皮层、结缔组织层、肌肉层和外膜,腔面没有几丁质衬里。上皮层由排列紧密的单层矮柱状细胞组成,细胞游离面具浓密微绒毛形成的纹状缘;薄层疏松结缔组织位于基膜外则;肌肉层主要由较薄的环肌组成,结缔组织和肌肉中含有丰富的血窦。外膜极薄但明显。

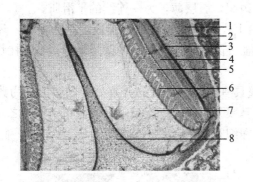 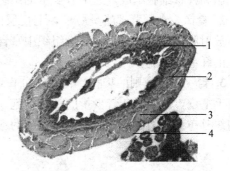

图9-17 凡纳滨对虾幽门胃下端结构(横切)　　图9-18 凡纳滨对虾中肠
1. 肌肉　2. 结缔组织　3. 上皮　4. 角质层　　1. 上皮层　2. 环肌层　3. 纵肌层　4. 外膜
5. 已过滤食物　6. 过滤器　7. 角质层与上皮脱　(任素莲提供)
离后的空腔　8. "V"形空腔
(任素莲提供)

(1) 中肠前盲囊　中肠前盲囊一对,位于中肠与幽门胃交界处的背面,盲囊壁形成许多大小、形状不一的内褶,使盲囊腔成狭窄的迷路状。盲囊上皮由排列紧密而整齐的单层细胞组成,细胞游离面具微绒毛。细胞有两种形态,一种高柱状,另一种呈杯状,其细胞中上部有一个大的分泌腔,内含分泌物。盲囊壁的其余几层均很薄,其中结缔组织中富含血窦。

(2) 中肠后盲囊　中肠后盲囊一个,位于中肠与后肠交界处背面,组织结构与前盲囊相似。

4. 后肠　后肠前粗后细，肠壁向腔内折叠形成许多纵嵴，腔面有几丁质衬里。上皮层由单层柱状细胞组成，疏松结缔组织中分布有黏液腺，肌肉层包括环肌和纵肌，外膜明显。由前向后，纵嵴由大小不一到逐渐均匀，几丁质层由薄变厚，上皮细胞由矮柱状过渡为柱状，黏液腺由少变多，肌层逐渐发达，环肌包围在结缔组织层外，纵肌成束分布在后段的纵嵴内。

（二）软体动物消化道的组织结构

软体动物的消化系统由消化管和消化腺组成。消化管由口、口腔、食道、胃、肠、肛门构成，少数寄生种类退化。

口常在身体的前端，肛门位于身体后端。但前鳃亚纲因身体发生扭转而使肛门转移到身体前方。瓣鳃类缺乏口腔，而其他口腔发达的种类，口内常有颚片及齿舌。齿舌是软体动物特有的结构，位于口腔底部舌突起的表面，齿舌上有许多小齿，摄食时口吻翻出外方，用齿舌舐取食物。某些新月贝、瓣鳃类、腹足类的个别种类无齿舌。

在瓣鳃类和某些腹足类，胃内皮层特别发达形成几丁质的胃楯，或角质甚至石灰质咀嚼板，有助于食物消化。在大多数草食性种类（多数瓣鳃类及一些腹足类）的消化道内，常有一特殊的晶杆，由具有消化酶的胶状物质组成。它自晶杆囊中伸至胃内，具有消化作用。

以栉孔扇贝为例，阐述双壳贝类消化道的组织学结构（绳秀珍等，2002）。

栉孔扇贝的消化道包括口、食道、胃、肠、直肠、肛门等。其组织学结构包括黏膜上皮、黏膜肌层、结缔组织及外膜。

1. 口　由纤毛柱状上皮构成的一条裂隙状结构。口周缘具有上下口唇，上皮由纤毛柱状细胞和杯状细胞组成，之下有少量的结缔组织，肌层薄，为一连续的平滑肌。

2. 食道　食道背部略呈弓形，上皮层由上皮细胞和杯状细胞组成。基膜很薄，环肌连续，放射肌成束分布。皮下结缔组织中富含血腔隙。紫贻贝食道内壁呈纵行褶皱，柱状纤毛细胞的纤毛较稀疏。

3. 胃　呈不规则的袋状，胃底部分胃壁具有褶皱，为食物分拣处。黏膜上皮为典型柱状纤毛上皮，之间夹杂着少量的杯状细胞。基膜下环肌近于连续，纵肌散布于环肌之外，结缔组织分布于肌肉之外。胃腔内有大量的吞噬细胞存在（图9-19）。

 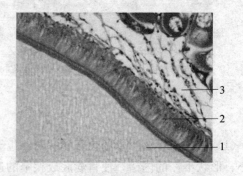

图9-19　栉孔扇贝胃切片　　　　图9-20　栉孔扇贝晶杆及晶杆囊切片
1. 腔　2. 柱状纤毛上皮　3. 结缔组织　　1. 晶杆　2. 纤毛柱状上皮　3. 结缔组织
（任素莲提供）　　　　　　　　　　（任素莲提供）

胃左后方有一胃楯，为上皮细胞分泌的几丁质结构，可作为晶杆的支座，通过晶杆的旋转可对胃内食物进行研磨。胃楯下方的上皮细胞呈高柱状，嗜碱性，游离端有微绒毛。

4. 肠 可以分为下行肠和上行肠。下行肠由晶杆囊和中肠组成。晶杆囊腔较大，内具晶杆，与中肠相连处径较窄。晶杆囊由规则排列的纤毛柱状上皮组成，内夹杂着杯状细胞。在胃与下行肠交界处杯状细胞尤其多。中肠上皮细胞较晶杆囊上皮细胞矮，纤毛稀疏，连接两者之间的狭缝处上皮细胞则较高。肌肉与结缔组织同胃（图9-20）。

上行肠的肠腔内有3个大的嵴和沟，嵴上皮细胞较沟上皮细胞长，基膜较薄。环肌连续，有些部位基膜与结缔组织之间有薄层结缔组织，大部分区域基膜与结缔组织连在一起（图9-21）。

5. 直肠与肛门 直肠长2.5~4 cm，近肛门端有0.5~0.7 cm长的一段直肠的外膜有黑色素。直肠腔的形状不规则，具有许多嵴状突起。纤毛柱状上皮间有杯状分泌细胞。肛门处杯状细胞较多，有利于粪便的排出。

双壳贝类的晶杆囊内有一棒状胶质结构，通常为乳白色，称为晶杆（crystallin style），在食物的外消化和食物的分拣过程中具有重要作用。栉孔扇贝的晶杆分为头部和杆部，二者成锐角，有时头部和杆部连接处会有一较大的弯曲。晶杆一般长5~7 cm，直径0.2~0.3 cm，头部顶端狭钝，杆部前端略粗，后端变细，末端成弯曲状态。晶杆头部伸向胃腔与胃楯接触，它能高速旋转，

图9-21 栉孔扇贝中肠切片
1. 腔及食物　2. 纤毛柱状上皮
3. 结缔组织　4. 血细胞
（任素莲提供）

与胃楯相研磨，使头部溶解释放出消化酶到胃腔，对食物进行消化；其搅拌研磨的作用，对食物进行粗细分类。

光镜下，晶杆呈同心圆环状排列，无细胞结构。晶杆头部外层处于溶化状态，并与大量的吞噬细胞、嗜伊红颗粒等相混杂。电镜下，晶杆内电子密度物质较少，呈絮状，偶尔有带状高电子密度区和电子密度颗粒，高电子密度区有透明小泡。

第二节　消　化　腺

一、哺乳动物消化腺

消化过程除了需要靠消化管道磨碎、搅拌和混合作用外，还需要消化腺分泌的消化酶的分解作用将食物变成能被机体吸收的简单的小分子物质。消化腺包括构成器官的大消化腺（如唾液腺、肝和胰腺）和消化管壁内的小消化腺（如口腔黏膜小唾液腺、胃腺、肠腺等）。大消化腺是实质性器官，外被结缔组织被膜，被膜的结缔组织深入腺内，将腺分隔为若干叶，血管、淋巴、神经也同时进入腺内部。腺体分实质和间质两部分。由腺细胞组成的腺泡和导管为实质，被膜和小叶间的结缔组织为间质。

（一）唾液腺

唾液腺的主要功能是分泌唾液。口腔的大唾液腺包括腮腺、下颌下腺和舌下腺。它们的导管开口在口腔。唾液有湿润口腔黏膜、杀菌、混合食物及对淀粉进行初步消化的作用。

唾液腺为复管泡状腺，被膜较薄，腺实质分为许多小叶，由分支的导管和腺泡组成。

1. 腺泡 呈泡状或管泡状，由单层立方上皮或锥形腺细胞组成，为腺的分泌部。腺上皮、导管上皮与基膜之间都有肌上皮细胞，细胞扁平，有突起，胞质内含有肌动蛋白肌丝。肌上皮细胞的收缩有助于腺泡分泌物的排出。唾液腺的导管是反复分支的管道，其末端与腺泡相连。

根据分泌物的性质腺泡可分为浆液性、黏液性和混合性三种类型。浆液性腺泡分泌物稀薄，含唾液淀粉酶；黏液性腺泡分泌物较黏稠，主要为黏蛋白（黏液）；混合性腺泡由浆液性、黏液性腺泡组成，其分泌物为有黏性的水样状。

2. 导管 管壁由上皮细胞组成。因其位置不同，上皮的种类也不同。近腺泡处为单层立方上皮或单层扁平上皮，靠近口腔开口处逐渐变为复层扁平上皮。导管可以分为以下几段：

（1）闰管 直接与腺泡相连，管径细，管壁为单层立方或单层扁平上皮。

（2）纹状管 或称分泌管，与闰管相接，管径粗，管壁为单层高柱状上皮。核位于细胞顶端，细胞基部可见垂直纵纹，电镜下为质膜内褶和纵行排列的线粒体，可扩大基部吸收的面积。

（3）小叶间导管和总导管 纹状管汇合成小叶间导管，行于小叶间结缔组织内。小叶间导管较粗，管壁为假复层柱状上皮。小叶间导管逐渐汇合，形成一条或几条总导管开口于口腔，导管近口腔开口处为复层扁平上皮，与口腔上皮相连。

腮腺为纯浆液性腺，分泌物含唾液淀粉酶多，黏液少；下颌下腺为混合腺，分泌物含唾液淀粉酶较少，黏液较多；舌下腺为混合腺，分泌物以黏液为主。

（二）肝

肝是人体最大的消化腺，除分泌胆汁参与消化机能外，还有储藏养分、代谢和解毒等作用。肝能把血液中多余的葡萄糖合成为糖原而储藏起来；当血液中葡萄糖减少时，又可将储存的糖原分解为葡萄糖而进入血液，供组织细胞利用；肝是人体白蛋白唯一的合成器官，除白蛋白以外的球蛋白、酶蛋白以及血浆蛋白的生成、维持和调节都需要肝参与，肝还能储存蛋白质；此外，肝还有解毒作用，可以将进入体内或在体内代谢过程中产生的有毒物质，通过氧化和结合的方式，转变为无毒或毒性较小的物质。

肝的表面覆以致密的结缔组织被膜，并富含弹性纤维。被膜的疏松结缔组织深入到肝的实质，将整个肝脏分隔成数十万到数百万个结构基本相同的肝小叶（图9-22）。

1. 肝小叶（hepatic lobule） 肝小叶是肝的基本结构和功能单位，呈多角棱柱体，长约2 mm，宽约1 mm。小叶之间以少量的结缔组织分隔。肝小叶中央有一条纵向行走的中央静脉，周围是大致呈放射状排列的肝细胞和肝血窦。

（1）肝细胞 肝细胞是构成肝小叶的主要成分，约占肝小叶体积的75%。肝细胞以中央静脉为中心，单行、大致呈放射状排列成板状，称为肝板（hepatic plate），相邻肝板吻合相接，形成迷路样结构。肝板之间为血窦，血窦经肝板上的孔相互连通，形成网状结构。肝板的横切面呈索状，称为肝索（hepatic cord）。

肝细胞体积较大，直径20～30 μm，呈多面体形。细胞核圆球形，位于中央，核内具有1～2个核仁，部分肝细胞中具有2～3个核。肝细胞具有三种不同的功能面：血窦面、细胞连接面和胆小管面。血窦面和胆小管面有发达的微绒毛，能增大细胞的表面积。

肝细胞是一种高度分化并具有多种功能的细胞，胞质内含有丰富的线粒体、内质网、高尔基复合体等细胞器，并含有糖原、脂滴、色素等内含物。

（2）胆小管（bile capillary） 相邻两个肝细胞之间的间隙形成的微细管道，在肝板内连接成网状，最终与肝小叶外围的小叶间肝管相连。

（3）肝静脉窦 位于肝板之间，相互吻合成网状管道。血窦腔大而不规则，血液经肝小叶的周边血窦流向中央静脉。血窦壁由内皮细胞、巨噬细胞及储脂细胞组成。

内皮细胞：构成肝血窦壁的主要成分。细胞扁平状，具核的部分突向窦腔。胞质内细胞器较少，但吞饮小泡较多。内皮外无基膜，仅见散在的网状纤维，内皮细胞间常有较大的空隙（0.1~0.5 μm），因而肝血窦的通透性较大，血浆中除乳糜粒之外，其他大分子物质均可自由通过，有利于肝细胞摄取血浆物质和排泄其分泌物。

肝巨噬细胞：又称枯否氏细胞（Kupffer's cell），细胞形态不规则，有许多丝状或板状伪足，细胞表面有许多褶皱和微绒毛，并有较厚的糖衣。细胞常以其伪足附于内皮细胞上或深入血窦腔内。肝巨噬细胞来源于血液中的单核细胞，是体内固定性巨噬细胞中最大的群体，具有变形运动及活跃的吞饮、吞噬能力。

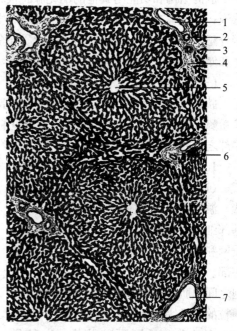

图 9-22 肝切片
1. 小叶间静脉 2. 小叶间胆管 3. 小叶间动脉
4. 小叶间结缔组织 5. 中央静脉 6. 肝板
7. 小叶下静脉
（南京医学院组织胚胎学教研组，
组织胚胎学图谱，1979）

储脂细胞：形状不规则，有突起，附于内皮细胞外表面及肝细胞的表面，细胞周围常见网状纤维。储脂细胞的主要结构特征是胞质内含有许多大小不一的脂滴，内含维生素 A。因此，储脂细胞的主要功能是储存维生素 A，另外还有产生胶原纤维的功能。在正常的肝微环境中，细胞内形成脂滴，以摄取和储存维生素 A 为主，合成胶原纤维的功能受到抑制；在病理状态下，合成胶原纤维的功能增强，与肝纤维增生性病变有关。

血窦内皮与肝细胞之间有宽约 0.4 μm 的狭小间隙，称为窦周隙（perisinusoidal space）或狄氏间隙（Disse）。血窦内的血浆经内皮细胞进入窦周隙，肝细胞血窦面的微绒毛也伸入窦周隙。因此，窦周隙是血液与肝细胞进行物质交换的场所。扫描电镜观察，有些肝细胞相邻面之间有贯通的细胞间通道，并与窦周隙相通，表面也有微绒毛，扩大了肝细胞与血液进行物质交换的表面积。

2. 肝门管（portal canal） 在肝门处纤维膜的结缔组织把伴行进出于肝的肝动脉、肝门静脉和肝管三者包裹在一起集合成束，称肝门管。肝门管随着结缔组织深入肝实质并分支，分布于肝小叶之间的结缔组织，分别形成小叶间动脉、小叶间静脉和小叶间胆管。

3. 肝的排泄管 排泄管是输送胆汁的管道，起自胆小管，经小叶间肝管出肝，与胆囊管汇合形成总胆管，进入胆囊。胆囊位于肝的胆囊窝内，有储存和浓缩胆汁的功能。胆囊内的胆汁，间断地排入十二指肠，帮助食物的消化和吸收。输送胆汁到十二指肠的管道通称为胆管。

肝的结构和功能与其他的消化腺有很大的不同，例如，肝细胞的排列分布很特殊，不形成腺泡；肝内有丰富的血窦；肝细胞既能产生胆汁排入胆管，又能合成多种蛋白质和脂类物质直接分泌入血；由胃肠吸收的物质除脂质外全部经门静脉输入肝内，在肝细胞内合成、分解、转化和储存。另外，肝内含有大量巨噬细胞，可以清除从胃肠进入机体的有害微生物等。

（三）胰腺

胰腺实质分为外分泌部和内分泌部两部分。外分泌部分泌胰液，其中含有多种消化酶如胰淀粉酶、胰蛋白酶、胰脂肪酶等，有消化糖类、蛋白质和脂肪的作用。内分泌部是散布于外分泌部之间的细胞团，称为胰岛，它分泌的激素进入血液或淋巴，参与调节糖类的代谢作用。

1. 外分泌部 为浆液性复管泡状腺，包括腺末房和导管两部分（图9-23、图9-24）。

（1）腺末房 腺细胞呈锥形或低柱状，游离端的细胞质中含有酶原颗粒，基部细胞质嗜碱性，内含丰富的粗面内质网和核糖体，细胞核圆形，位于近基底部。细胞底部位于基膜上，基膜与细胞之间无肌上皮细胞。细胞顶部的酶原颗粒的数量因功能状态不同而异，饥饿时增多，进食后因颗粒被排出，数量减少。

腺末房的腔内经常存在一些扁平或立方形细胞，个体较小，称为泡心细胞（centroacinar cell），细胞质染色浅，内无酶原颗粒，核圆形或卵圆形。泡心细胞是延伸入腺末房腔的闰管上皮细胞。

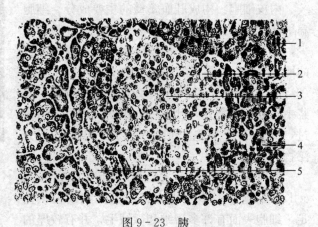

图9-23 胰
1. 闰管 2. 血管 3. 胰岛 4. 腺泡 5. 导管
（南京医学院组织胚胎学教研组，组织胚胎学图谱，1979）

（2）导管 分为闰管、小叶内导管和小叶间导管，腺末房以泡心细胞与闰管相连。闰管长，无纹状管，逐渐汇合成小叶内导管。小叶内导管在小叶间结缔组织内汇合成小叶间导管，然后汇合成一条主导管，贯穿于胰腺全长，在胰头部与胆总管汇合，开口于十二指肠。闰管腔小，为单层扁平或立方上皮，细胞结构与泡心细胞相同。从小叶内导管到主导管，管腔逐渐扩大，管壁逐渐增厚，上皮由单层立方逐渐变为单层柱状上皮。主导管为单层高柱状上皮，上皮内可见杯状细胞。

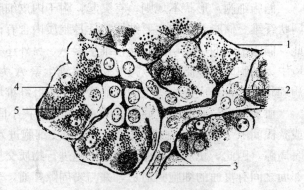

图9-24 胰腺泡（高倍）
1. 网状纤维 2. 泡心细胞 3. 闰管 4. 腺泡上皮 5. 酶原颗粒
（南京医学院组织胚胎学教研组，组织胚胎学图谱，1979）

2. 内分泌部 胰腺的内分泌部是由散布于外分泌部之间的细胞团组成，这些细胞团称为胰岛。胰岛大小不同，小的仅由10多个细胞组成，大的有数百个细胞，也见单个细胞散布于腺末房之间。胰岛外包被薄层结缔组织，内部细胞排列成不规则的细胞索，细胞间有丰富的毛细血管，便于细胞分泌的激素进入血液。人胰岛主要有 A、B、D、PP 四种细胞，某些动物的胰岛内还有 C 细胞等。H.E 染色不易区分各种细胞，特殊染色法可以将其显示出来。

(1) A 细胞　约占胰岛细胞总数的 20%，体积较大，多分布在胰岛的周缘。细胞质中的颗粒粗大，呈圆形或卵圆形，不易被酒精溶解。用 Mallory - azan 染色方法染色，颗粒呈红色。A 细胞能分泌高血糖素（glucagon），故又称高血糖素细胞。高血糖素是小分子多肽，能促进肝细胞内糖原分解为葡萄糖并抑制糖原合成，能够升高血糖。

(2) B 细胞　数量较多，约占胰岛细胞总数的 70%，主要分布在胰岛的中央部位。细胞内所含颗粒大小不一，易溶于酒精。Mallory - azan 染色方法染色，颗粒呈橘红色。H.E 染色时呈现蓝色。B 细胞能够分泌胰岛素（insulin），故又称胰岛素细胞。胰岛素是含 51 个氨基酸的多肽，主要作用是促进肝细胞吸收血液内的葡萄糖，并作为细胞代谢的主要能源；同时促进肝细胞将葡萄糖合成为糖原或转化为脂肪，可使血糖降低。

高血糖素与胰岛素的协调作用，可使血糖维持平衡。若胰岛发生病变，B 细胞退化，胰岛素分泌不足，血糖升高并从尿中排出，即为糖尿病；胰岛中 B 细胞肿瘤或细胞功能亢进，胰岛素分泌过多，可导致低血糖病。

(3) D 细胞　数量少，约占胰岛细胞总数的 5%。D 细胞散布于 A、B 细胞之间，并与 A、B 细胞紧密相贴。D 细胞的分泌颗粒较大，圆形或卵圆形，Mallory-azan 染色方法染色，颗粒呈蓝色。D 细胞分泌生长抑制激素（somatostatin），其作用是抑制 A、B 细胞的分泌活动。

(4) PP 细胞　数量很少，除存在于胰岛内之外，还见于外分泌部的导管上皮及腺泡细胞间。细胞质中也有分泌颗粒。PP 细胞能够分泌胰多肽（pancreatic polypeptide），有抑制胃肠运动、胰液分泌及胆囊收缩的作用。

二、鱼类消化腺

鱼类的消化腺同脊椎动物一样也分为两类，即大型消化腺和小型消化腺。大型消化腺主要为肝和胰，或者肝胰腺。

(一) 肝

肝（图 9-25）位于鱼腹腔前部，其形状、大小、颜色随鱼体种类甚至个体不同而异。长体型的鱼类如鳗鲡的肝为长型，宽扁体型的鱼类如鳐的肝很宽阔。肝的颜色一般为黄色或褐色，鮟鱇的肝则为白色。另外，不同鱼类肝的分叶情况也不同，七鳃鳗、雀鳝、香鱼的肝是单叶，大多数鱼类的肝分为两叶，金枪鱼和鳕的肝分成三叶，玉筋鱼的肝是多叶。

各种鱼类的肝都是实质性器官，深入肝实质的结缔组织少，不能形成完整的肝小叶。肝组织构造较复杂，组织学上称之为网管腺。肝由许多多角形肝细胞所形成的肝小叶集合而成。肝小叶中央静脉的分布较不整齐，肝细胞板往往不规整地排列在中央静脉

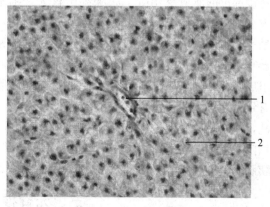

图 9-25　草鱼肝横切
1. 中央静脉　2. 肝板
（任素莲提供）

周围，因此不像哺乳动物那样有明显的分区。肝静脉窦极其狭窄或萎缩。从圆口类开始几乎所有的软骨鱼类和硬骨鱼类都有胆囊，但软骨鱼类的锤头双髻鲨和日本锯鲨缺乏胆囊。鱼类的胆囊多数埋藏在肝内，胆汁经肝管系统注入胆囊，由一根总胆管输入肠道。

每个肝小叶有一中央静脉，肝细胞由此向四周做放射状排列，此即肝细胞索。肝细胞的排列方式有三种类型：①Ⅰ型的肝细胞以单层围成管状，肝细胞管相互连接成网。肝细胞管之间为窦状腺，管腔形成胆小管。如蒲氏黏盲鳗属此类型；②Ⅱ型的肝细胞由两层肝细胞形成肝板，并围绕中央静脉做辐射状，肝板之间的腔隙为窦状腺，相邻肝细胞之间的间隙为肝小管；③Ⅲ型是大多数海水和淡水硬骨鱼类所见的类型，肝板由一层肝细胞构成，围绕中央静脉向四周做辐射状排列。窦状腺位于肝板之间并贯穿肝板，此外，有些鱼类如褐鲳、日本叉牙鱼、阔尾鳉和刺鰕虎鱼等的肝细胞排列成团块状。

肝细胞的大小在种属间有差异，随脂肪和糖原的储藏量而变动，如鲮的肝细胞 10～18 μm，细胞核 3～5 μm；鲫的肝细胞 16～22 μm，细胞核 6～7 μm；泥鳅的肝细胞 12～14 μm，细胞核 7 μm；胡子鲇的肝细胞 9～12 μm，细胞核 3～4 μm。

关于是否存在枯否氏细胞的问题，众说不一，如给鲤腹腔注射活体染料可看到枯否氏细胞，观察银鲫、鳕和日本叉牙鱼在正常情况下没有看到枯否氏细胞，经长期注射活体染料，则可看到枯否氏细胞。此外，在鱼类的肝中有脂肪摄取细胞或储脂细胞。

有些鱼类如鲤、鳗鲇、海龙、鲷类、多鳞鱚、海鲫、隆头鱼和鲆鲽的肝内有胰腺分布，形成肝胰脏。虽然肝和胰两种组织混在一起，但仍然是两个各自独立的器官，分泌物由各自的导管输送。

（二）胰

鱼类的胰也分外分泌部和内分泌部。外分泌部是消化腺，为胰的主要部分，分泌消化酶。内分泌部为胰岛，多分散于外分泌部组织之间，分泌胰岛素等激素。鱼类的胰腺可分为散生型、弥漫型和致密型三种类型。

普氏七鳃鳗的胰腺呈滤泡状，位于食道与肠连接部位的肠管突出处。胰腺细胞核大，细胞质中有很多酶原颗粒，具有蛋白分解酶的作用，这是一种最原始的胰腺。软骨鱼类的胰腺是致密性器官，形状依鱼的种类而异，由大小不等的两叶组成，两叶间以峡部相连。而硬骨鱼类的胰腺既有致密型也有弥漫型。弥漫型胰腺的分布复杂散

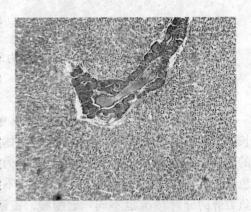

图 9-26 鲤肝胰腺
（李霞提供）

乱，一般是散生性的，沿着门静脉向肝内和肝门分布，此外还有分布于肝边缘、胆囊周围、幽门垂周围、肠道周围、肠系膜上和脾门及其周围等处，尤其是分布在肝中的胰腺，称为肝胰腺（图 9-26）。

三、无脊椎动物消化腺

贝类的消化腺，又称消化盲囊、肝胰腺，为复管状腺，由许多具分支的小管组成，各腺管之间由少量结缔组织连接。腺上皮有吸收细胞和嗜碱性分泌细胞两种类型（图 9-27）。吸

收细胞多呈柱状，体积大小不一，胞质内有许多大小不等的囊泡或嗜伊红颗粒，胞核多位于基底部。分泌细胞呈锥形，体积较小，胞质嗜碱性，胞核多呈圆形、位于细胞中央，核仁明显。散布于吸收细胞之间。众多腺管汇集于小导管，再经较大的导管开口于胃。导管上皮为单层柱状纤毛细胞。

虾蟹类的消化腺为一大型致密腺体，包被在中肠前端及幽门胃外，称为消化腺，或中肠腺，或肝胰腺。该腺是由中肠分化而来的多分支的囊状肝管组成，最终的分支称肝小管。肝小管管壁由单层柱状上皮细胞组成，上皮表面有许多微绒毛。肝管汇集后开口于胃与中肠相连处（图9-28）。

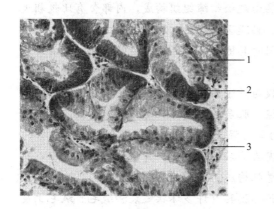

图9-27 文蛤消化盲囊
1. 吸收细胞 2. 分泌细胞 3. 结缔组织
（任素莲提供）

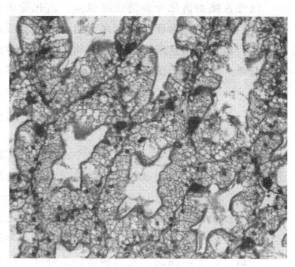

图9-28 凡纳滨对虾消化盲囊（横切）
（任素莲提供）

凡纳滨对虾肝胰腺由多级分支的小管组成，管腔呈五角或四角星形。根据细胞形态结构的不同，可将其分为4种类型：吸收细胞、分泌细胞、纤维细胞和胚细胞。有学者提出这4种类型的细胞可以相互转化。

吸收细胞（R细胞）：肝胰腺中数量最多的细胞，高柱状，细胞游离面具微绒毛，核圆形，基位，核内有1~2个核仁。R细胞胞质中含有多个小囊泡，囊泡内含均质物质。

分泌细胞（B细胞）：细胞体积最大，形状不规则，细胞游离面具微绒毛，胞质中含有一个大泡，占细胞体积的80%~90%，大泡内含有少量絮状物质。细胞核因大泡的挤压成新月状，细胞质只余一薄层成环状围绕在大泡周围。

纤维细胞（F细胞）：散布在R细胞和B细胞之间，具强嗜碱性，H.E染色时，整个细胞被染成深蓝色。细胞呈柱状，游离面具微绒毛，核圆形，位于细胞中下方，核仁明显，细胞质中含许多酶原颗粒。

胚细胞（E细胞）：只分布在肝小管的盲端，细胞体积小，近方形，排列紧密，染色较深，核大而圆，占据细胞质主要空间，核仁1~2个。可观察到处于分裂状态的胚细胞。

虾蟹类消化腺的主要功能是分泌消化酶和吸收、储存营养物质。中肠亦有部分吸收功能，前肠和后肠无吸收功能。虾蟹类摄取食物后，经大颚等口器进行初步咀嚼、撕碎后经食道进入胃中，在胃中进一步磨碎，并与来自肝胰脏的分泌物混合、消化。混合后的食糜经幽门胃过滤后进入消化腺管中被进一步消化、吸收，部分较大的颗粒返回胃中重新消化，大部分未被消化的食物残渣进入中肠。在中肠前部分泌产生一层围食膜包被在残渣之外，将其向后输送。肠中残渣输送是由肠蠕动来完成的，残渣在围食膜中由前向后运动进入后肠，随肛门间隙性的开闭被排出体外。

本章小结

消化系统由消化管和消化腺组成。消化管由腔面向外依次可以分为黏膜、黏膜下层、肌层和外膜四部分。黏膜分为上皮、固有膜和黏膜肌三层。上皮主要是复层扁平上皮和单层柱状上皮。固有膜由致密的结缔组织构成，内含神经、血管、淋巴组织、腺体及少量散在的平滑肌纤维。黏膜肌由薄层的平滑肌构成。黏膜下层由疏松结缔组织构成，内部含有比较粗大的血管、淋巴管和神经丛、食道腺和十二指肠腺、黏膜下神经丛。肌层主要由骨骼肌和平滑肌构成。外膜由疏松结缔组织组成，若直接和周围的其他器官相连，称为纤维膜，或者外覆间皮，称为浆膜。

食道的上皮为未角化的复层扁平上皮。固有膜为致密的结缔组织，黏膜肌层由纵行的平滑肌组成。黏膜下层为疏松结缔组织，内含食道腺。肌层分为内环肌与外纵肌两层。食道上 1/3 段为骨骼肌，下 1/3 段为平滑肌，中 1/3 段为二者混合。外膜为纤维膜。

胃黏膜表面分布着 350 万个胃小凹。黏膜上皮为单层柱状上皮，胃腺位于固有膜中，肌层较厚，一般由内斜形、中环形及外纵行三层平滑肌构成。外膜为浆膜。

小肠分为十二指肠、空肠和回肠三部分。小肠黏膜具有许多环状皱襞和绒毛。绒毛上皮由吸收细胞、杯状细胞和少量内分泌细胞组成。固有膜中分布有大量的小肠腺。绒毛中轴的固有膜中含有 1~2 条纵行的中央乳糜管。黏膜下层为疏松结缔组织，含有较多的血管、淋巴管和淋巴小结。十二指肠的黏膜下层中含有十二指肠腺。肌层由内环肌与外纵肌两层平滑肌组成。除十二指肠后壁为纤维膜之外，小肠其余部分均为浆膜。

大肠管腔较粗，上接回肠，末端开口于肛门，可分为盲肠（附阑尾）、结肠和直肠三段。盲肠与结肠段黏膜的上皮为单层柱状，主要由柱状细胞和杯状黏液细胞组成，后者的数量明显多于小肠。固有膜内有大量的大肠腺、散在的淋巴小结。黏膜肌层为内环、外纵行两层平滑肌。黏膜下层在疏松结缔组织内含有较大的血管、淋巴管，有成群的脂肪细胞。肌肉层由内环行、外纵行两层平滑肌组成。除在升结肠与降结肠的后壁为纤维膜之外，其他均为浆膜。直肠前段，黏膜结构与结肠相似，而后段单层柱状上皮骤变为复层扁平上皮，大肠腺与黏膜肌层消失，由平滑肌逐渐变骨骼肌，浆膜转变为纤维膜。

肝小叶是肝的基本结构单位。肝细胞以中央静脉为中心，单行、大致呈放射状排列成板状，成为肝板。肝细胞体积较大，直径 20~30 μm，呈多面体形。细胞核圆球形，位于中央，核内具有 1~2 个核仁，部分肝细胞中具有 2~3 个核。胆小管是肝细胞的间隙形成的微细管道，肝静脉窦位于肝板之间，相互吻合成网状管道。小叶间动脉、小叶间静脉和小叶间胆管构成门管区。

胰腺实质分为外分泌部和内分泌部。外分泌部为浆液性复管泡状腺，包括腺末房和导管两部分。内分泌部是由散布于外分泌部之间的细胞团，即胰岛组成。

思考题

1. 简述高等脊椎动物消化道的组织结构特点。
2. 简述鱼类、甲壳类、瓣鳃类等水产动物消化道的组织结构特点。
3. 简述鱼类肝、胰的组织结构特点。
4. 简述甲壳类、瓣鳃类消化腺的组织结构特点。

第二篇 胚胎学

第十章 普通胚胎学

第一节 生殖细胞

在自然界中，大多数动物，特别是高等动物，都采取有性生殖的方式繁殖后代。在有性生殖的过程中，配子的发生是个体发育的前奏。配子是由原始生殖细胞分化而来，在雄性动物中，原始生殖细胞分化为精原细胞，在雌性动物中分化为卵原细胞，然后分别经过精子的发生和卵子的发生形成成熟的精子和卵子。有些低等动物（如原生动物、海绵动物和腔肠动物等），在生活史中的全过程或某一阶段以无性生殖的方式繁殖后代，无需精子和卵子的结合，每一个个体都有独立产生后代的能力，如行裂体生殖、孢子生殖及出芽生殖等。

一、原始生殖细胞

（一）原始生殖细胞的起源

多细胞动物都是由两类细胞组成，即体细胞（somatic cell）和生殖细胞（germ cell）。两者都是从受精卵发育而来。那么，在胚胎发育中，生殖细胞是从哪些分裂球分化来的呢？大体有两种观点：①生殖细胞在胚胎发育后期从体细胞分化而来，普遍见于海绵、腔肠、扁形和苔藓动物；②生殖细胞从受精卵第一次卵裂或胚胎发育早期分出，这些卵裂球被称为原始生殖细胞（primordial germ cells，PGCs），如许多昆虫、棘皮动物以及大部分脊椎动物。

原始生殖细胞的起源可追溯到更早期的胚胎发育阶段。在有些动物（线虫、果蝇和爪蟾）的卵母细胞中可观察到一类特化的胞质决定因子，它们存在于卵质的特殊区域，并决定原始生殖细胞的形成和发育。这种特化的胞质决定因子称为生殖质（germ plasm）。生殖质是一种特殊的细胞质，主要由蛋白质和RNA构成。随胚胎发育的进行，生殖质逐渐被分配到一定的细胞中，这些具有生殖质的细胞将分化成为原始生殖细胞。

线虫的生殖质被称为P颗粒，它们在未受精卵中均匀分布。受精后，P颗粒向预定胚胎的后部集聚；经第一次卵裂后，P颗粒全部分布在P1细胞中，然后再经3次卵裂，由P1细胞经P2细胞、P3细胞传递给P4细胞；所有的生殖细胞都源于P4细胞（图10-1）。现已发现，*pie-1*基因参与了生殖细胞的形成，其编码的蛋白仅在P系细胞中存在。

有些动物的原始生殖细胞发生于卵裂早期，例如马蛔虫在刚卵裂时就分化出原始生殖细胞。而多数无脊椎动物和脊椎动物生殖细胞的发生开始于胚胎发育较晚的时期，脊椎动物一般是在三个胚层完全确定以后才出现。

不同动物的原始生殖细胞是由不同的胚层演变而来的，多数无脊椎动物（如棘皮、节肢、软体动物等）的原始生殖细胞起源于中胚层，而大多数脊椎动物的原始生殖细胞来自内胚层，如鱼类、无尾两栖类、爬行类、哺乳类等，但鸟类则来自外胚层。

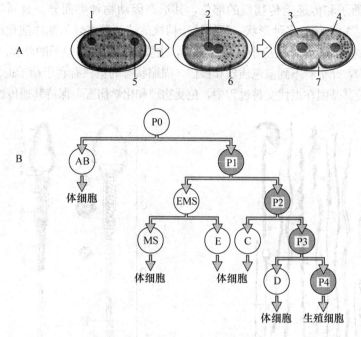

图 10-1 线虫 P 物质对最初细胞分化的影响
A. 线虫的 P 颗粒均匀分布于整个受精卵的卵质中,受精后集中位于预定
胚胎的后部。第一次卵裂形成一个 AB 细胞和一个含 P 颗粒的 P1 细胞
1. 雌原核 2. 雌雄原核 3. AB 细胞 4. P1 细胞 5. 雄原核 6. P 颗粒 7. 分裂沟
B. 线虫卵裂时 P 颗粒全部分配到 P 系细胞中,由 P4 细胞产生全部生殖细胞
(张红卫,发育生物学,2001)

(二)原始生殖细胞的迁移

海绵和水螅的原始生殖细胞始终是分散的,而且分布不规则,这些细胞可做变形运动,甚至可以从外胚层迁移到其他胚层里去。高等动物胚体内的原始生殖细胞,单独或是聚集成群,循着一定的路线迁移到生殖嵴(脊椎动物起源于中胚层)共同形成生殖腺(genital gland),然后才在性腺中分化为卵子或精子。

实际上生殖质的形态、结构和特性在各类动物中不一致。不同动物的原始生殖细胞可能有不同的起源和不同的迁移途径,因而对多数动物的原始生殖细胞与其性腺的起源、发生起始位置及迁移路线等还有待研究。

二、精 子

精子在雄性生殖腺中产生,是一种高度特化的细胞,极小且能活泼运动。虽形态特殊,但仍然具备细胞的主要构造,如细胞核、细胞质和细胞膜等。精子的大部分细胞质在其成熟的过程中被排出,只剩下与精子功能有关的细胞器。

(一)精子的结构

不同动物精子的形态、大小和内部结构有所不同,大体分为鞭毛型和非鞭毛型两种。鞭毛型精子主要由三部分组成:头部、颈部和较长的尾部(图 10-2、图 10-3)。非鞭毛型精子有各式各样的形态结构,如圆球形(水蚤)、图钉形(青虾)、蠕虫形(田螺)等。

1. 头部 鞭毛型精子头部由顶体囊泡(acrosomal vesicle)和精核构成,几乎集中了精子全部的质量,是激发卵子和传递遗传物质的部位,其形态因动物种类而异,有圆球形、螺旋形、镰刀形、长柱状或扁平状等多种形状。顶体位于精核前端,是由高尔基体演化而来。顶体中含有多种水解酶,这些酶在顶体反应中被释放出来,主要作用是溶解卵子的外膜。在电镜下,精核是一个致密的结构,几乎看不到染色质丝和核仁,固缩状态的精核有利于精子进入卵内及本身的运动,同时也可使其基因在世代交替过程中,免受物理和化学伤害,保持其遗传稳定性。

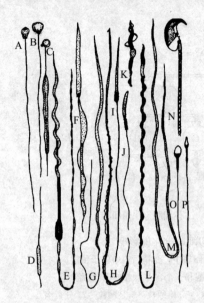

图 10-2 各种鞭毛型精子
A. 文昌鱼 B. 鲑 C. 鲈 D. 七鳃鳗
E. 鳐 F. 蟾蜍 G. 蝾螈 H. 蛙 I. 蜥蜴
J. 长脚秧鸡 K. 燕雀 L. 鹁 M. 针鼹
N. 小鼠 O、P. 人(正面观和侧面观)
(张天荫,动物胚胎学,1996)

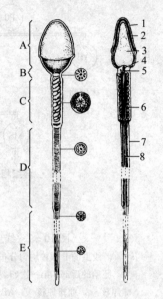

图 10-3 精子亚显微结构
A. 头 B. 颈 C. 中段 D. 主段 E. 末段
1. 顶体外膜 2. 顶体 3. 胞核
4. 中心粒 5. 中央微管 6. 线粒体鞘
7. 原生质鞘 8. 轴丝
(周美娟,人体组织学与解剖学,1999)

2. 颈部 颈部很短,不容易识别。介于头部与尾部之间,自近端中心粒开始到远端中心粒为止。通常为圆柱状或漏斗状。

3. 尾部 尾部细长,其长度超过头部许多倍。大多数动物的精子依靠尾部鞭毛波浪式的摆动,在水中或雌性生殖管道中移动。尾部分成中段、主段和末段三部分。中段粗而短,起自远端中心粒而终于环状中心粒(端环),由远端中心粒延伸形成轴丝,线粒体围绕轴丝形成线粒体鞘(螺旋丝)。轴丝结构与纤毛相同,为"9+2"的形式,即它的中心由两根微管组成,周围围绕着9组双微管结构。中央和周围微管的协调作用,使得轴丝具有运动功能。线粒体的氧化磷酸化能力使中段本身成为精子的"动力厂"。主段最长,由轴丝和原生质鞘构成。末段短而细,又称为尾丝,为裸露的轴丝,没有原生质鞘。

水产动物精子一般包括头部、中段和尾部。其中头部一般包括顶体和精核,中段由中心粒和线粒体组成,尾段包括轴丝和质膜。硬骨鱼精子的头部无顶体(图10-4),受精时,精子通过卵子外膜上一漏斗状的受精孔(micropyle)进入卵内。精子细胞核的后端有一较浅的植入窝(implantation fossa),约占核的1/4,植入窝的长轴几乎与细胞核的长轴平行。鲤形目中的鲤科鱼类、鲈形目中的斜带石斑鱼、玫瑰无须鲃等的核凹窝均较浅(图10-4),而鲇形目中的鲿科鱼类如江黄颡、黄颡鱼、短吻鲍的核凹窝较深。可见，植入窝的深浅具有一定种属的特异性，可以将其作为鱼类分类依据的佐证。中段也叫中片，由中心粒复合体（centriolar complex）和袖套（sleeve）构成。硬骨鱼类精子的中心粒复合体一般由近端中心粒和远端中心粒（也称基本）两部分组成，且两者的排列大都呈"T"形。中心粒复合体位于植入窝中（图10-4）。袖套接于核的后端，为一圆筒状结构，其中央的空腔称为袖套腔（central space of sleeve），内部含有线粒体。不同硬骨鱼类袖套的结构及内部线粒体的分布、数目及形态差异较大：体内受精类型的硬骨鱼类线粒体数目普遍多于体外受精类型；硬骨鱼类精子的尾部一般较细长，起始部分位于袖套腔中，绝大部分伸出袖套之外。鞭毛的中心结构是轴丝，接于基体的后端。许多硬骨鱼类精子轴丝的外方有由细胞质膜向两侧扩展而成的侧鳍（lateral fin），如体内受精的褐菖鲉、长吻鲍，体外受精的黄颡鱼等，但鲤的轴丝之外无侧鳍结构。鞭毛是精子的运动器官，侧鳍的有无能否影响精子的游泳速率，从而影响受精效率，不同学者有不同的看法。多数硬骨鱼类鞭毛近末端，轴丝解体，失去典型的"9+2"模式，鞭毛最末端仅余4~5条微管。

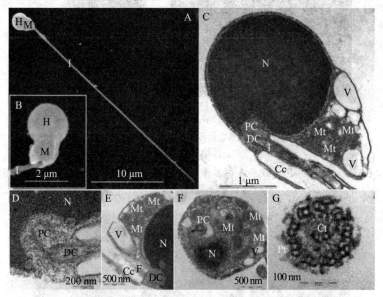

图10-4 欧洲泥鳅（*Misgurnus fossilis*）三倍体精子超微结构
A. 精子超微结构扫描电镜图　B. 主要部位局部放大　C. 精子纵切
D. 中片内中心粒的横切　E. 中片线粒体、囊泡纵切　F. 中片放大　G. 轴丝横切
Cc. 胞质通道　Ct. 中央微管　DC. 远端中心粒　I. 尾部　H. 头部　M. 中片
Mt. 线粒体　N. 精核　PC. 近端中心粒　Pt. 周围微管　V. 囊泡
（Alavi SMH，2013）

体外受精的双壳类软体动物精子顶体大多呈倒"V"形或锥形，顶体的大小、高低等具有明显的种属差异。贻贝（*Mytilus chilensis*）精子的顶体呈长圆锥形（图10-5），栉孔扇贝（*Chlamys farreri*）精子的顶体为圆锥形，青蛤（*Cyclina sinensisi*）精子顶体呈帽状，合浦珠母贝（*Pinctada. martensii*）精子顶体呈奶嘴形。少数营体内受精的淡水双壳类动物，如褶纹冠蚌（*Cristaria plicata*）精子头部无顶体或顶体退化。某些种类精子具有很长的顶体柄，缢蛏（*Sinonovacula constricta*）顶体柄末端具有一椭圆形的顶体头。因此顶体的有无及结构可以作为分类的依据。顶体与核之间围成的腔一般称为顶体下腔（subacrosomal space）或亚顶体腔（图10-5），其形态多与顶体的形态相似，物种之间顶体下腔除形态差异外，内部物质的形态与分布也不尽相同。某些种类的顶体下腔中有特殊结构，太平洋牡蛎具有轴体（axial body）和轴棒（axial rod）（图10-6），大珠母贝中具有浓缩的板层小体（endonuclear lamellar boby）。顶体下腔内的物质是没有聚合的球状肌动蛋白（G-actin），其作用是在顶体反应中形成顶体突起，协助精子进入卵内。双壳类软体动物中精核的形态也存在差异，贻贝、大珠母贝、栉孔扇贝精子的细胞核前端顶体下腔处稍内陷形成核前窝，核后端也明显内陷形成核后窝（图10-5）；泥蚶与毛蚶精子的核只有核后窝，无核前窝。

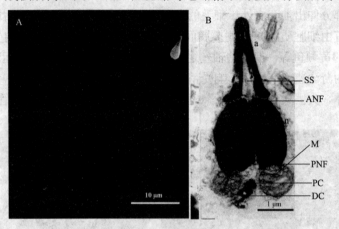

图10-5 贻贝（*Mytilus chilensis*）精子超微结构
A. 精子扫描电镜图 B. 精子头颈部纵切
a. 顶体 n. 精核
ANF. 核前窝 DC. 远端中心粒 M. 线粒体 PC. 近端中心粒 PNF. 核后窝 SS. 亚顶体腔
（Oyarzún PA，2014）

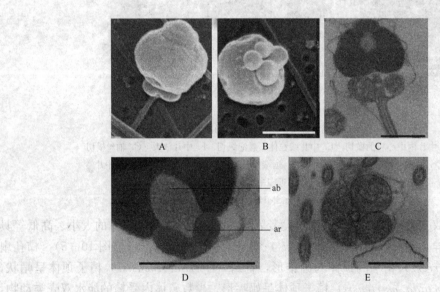

图10-6 太平洋牡蛎精子超微结构
A. 精子的头部扫描电镜图 B. 4个线粒体小球 C. 精子头部纵切 D. 头部轴体和轴棒 E. 四个线粒体横切
ab. 轴体 ar. 轴棒
（Dong QX，2005）

腹足纲软体动物中，营体外受精的原始腹足目帽贝科动物精子顶体呈大小、高低不同的锥形；鲍科皱纹盘鲍的顶体体积大，呈弹头状（图10-7）；体内受精的新腹足目蛾螺科台湾东风螺精子的顶体小、呈倒"U"形；头足纲动物都营体内受精，精子顶体一般呈较长的螺旋状（图10-8）。如八腕目蛸科真蛸（*Octopus vulgaris*）精子顶体形似螺旋形的电钻头，具有等距离排列的横纹；十腕目太平洋僧头乌贼（*Rossia pacifica*）、真乌贼属（*Eusepia*）及枪乌贼属（*Loligo*）精子顶体也呈螺旋形，真乌贼属及枪乌贼属精子顶体内有大的泡状结构。头足类顶体横纹结构的有无、螺旋的层数、内部泡状结构的有无等可以作为头足类动物种间赖以区别的依据。同顶体的形态结构一样，精核的形态也是区别种与种的重要标志。皱纹盘鲍的精子核呈长柱状，核前、后端均有凹陷。新腹足目动物如台湾东风螺精子核呈细长圆筒状，仅在核的后方基部有一较深的核内沟，整个核的电子密度高而均匀。头足纲动物鱿鱼和乌贼成熟的精核呈长柱状的纺锤形。真蛸的精核比较细长，直径<1 μm，但长度却达到12～15 μm。

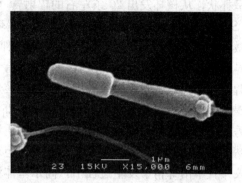

图10-7 皱纹盘鲍精子扫描电镜图
（北里大学水产学部奥村诚一提供）

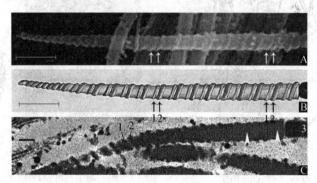

图10-8 章鱼（*Bathypolypus bairdii*）精子头部超微结构
A. 精子顶体扫描电镜图（箭头示双螺旋模式） B. 精子顶体螺旋结构模式图 C. 精子头部纵切，示顶体和精核
1. 前螺旋 2. 后螺旋 3. 精核
（Roura Á, 2010）

双壳类和腹足类软体动物精子尾部中段由几个线粒体（mitochondria）围绕近端中心粒（proximal centriole）与远端中心粒（distal centriole）组成，线粒体的形态一般为圆形或卵圆形，由内外双层膜包绕，内膜向内折叠形成嵴。双壳类软体动物线粒体的数目及排列方式是区别种、属的特征之一，如牡蛎、贻贝、珍珠贝等很多贝类精子中的线粒体小球有4～5个（图10-6），偶见6个，而偏顶蛤（*Modiolus modiolus*）中为8个。尾段结构简单，"9+2"轴丝结构外包质膜。

非鞭毛型精子主要存在于甲壳纲和线虫纲动物。它具有各种各样的形态结构，有圆球形（水蚤）、泡状（铠甲虾）、辐射形（鳌虾）、图钉形（对虾、米虾、青虾）、圆锥形（马蛔虫）和蠕虫形（田螺）等（图10-9）。大多数甲壳动物的精子无鞭毛，核松散，不活动，有一个主体部和从主体部发出的棘突。其中十足类爬行亚目的蟹、龙虾和螯虾，精子从中央体部散发出若干棘突；而游泳亚目的各种虾类精子只具有单一棘突（图 10-10）。棘突对于精子在卵的定位和刺穿次序是必需的。爬行亚目中，中华绒螯蟹（*Eriocheir sinensis*）精子的核呈杯状，从核杯发出 20 条左右的辐射臂（radial arms），核物质延伸到辐射臂内；锯缘青蟹（*Scylla serrata*）精子陀螺形，较宽一端环生 10 余条由核衍生的辐射臂，辐射臂内有众多微丝，外被核膜和质膜。爬行亚目不同种动物精子的辐射臂数量不等，形态及内部结构各异。辐射臂的数目及内部微管、微丝的有无，可反映各类群间的亲缘关系。游泳亚目无辐射臂，目前种与种间赖以区别的主要是精核形态和核物质的分化程度。真虾部动物精子核呈浅碟状，但核物质分化程度不同，日本沼虾、斑节对虾核物质呈现泡状和丝状（图 10-10），秀丽白虾核物质呈丝状，罗氏沼虾核物质均匀分布。高尔基体通过分泌糖蛋白对许多哺乳类精子顶体的形成起着极其重要的作用，但对甲壳动物的高尔基体是否存在这种作用有许多争议，日本沼虾精子发生过程中，高尔基体液化后形成顶体内容物，而小长臂虾精子发生中未发现高尔基体。众所周知，线粒体为主要提供能量的细胞器，但大多数十足类甲壳动物成熟精子中无典型的线粒体，线粒体大都退化或变成衍生物。

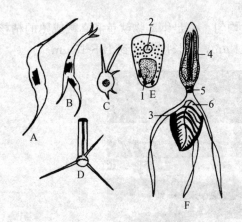 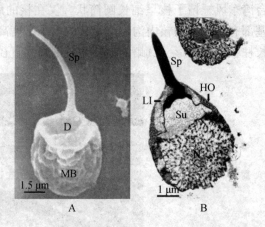

图 10-9　各种无鞭毛的精子
A～C. 大眼水蚤变形虫状的精子　D. 大海虾的精子
E. 蛔虫的精子　F. 十足类、甲壳动物的精子
1. 顶体　2. 核　3. 线粒体　4. 尾部　5. 颈部　6. 头部
（张天萌，动物胚胎学，1996）

图 10-10　斑节对虾（*Penaeus monodon*）精子超微结构
A. 精子扫描电镜图　B. 精子透射电镜图
HO. 高密度外膜层　LI. 低密度内膜层　MB. 主体部
N. 精核　Sp. 棘突　Su. 顶体下腔　D. 帽状体
（Pongtippatee P.，2007）

（二）精子的发生

精子的发生是指由原始生殖细胞发育形成精原细胞，进一步发育到精子成熟并排出体外的整个过程。全过程是在精巢内进行的。现一般分为以下几个发育阶段：精原细胞增殖期、初级精母细胞生长期、成熟分裂期和精子细胞变态期（图 10-11）。

1. 增殖期　精原细胞（spermatogonium）数目大量增殖的时期。由原始生殖细胞经过有丝分裂形成精原细胞，精原细胞本身通过有丝分裂而使其细胞数量不断增殖。

2. 生长期　也可称为初级精母细胞形成期。精原细胞经过多次分裂之后，不再分裂增殖，而进入生长期。此时精原细胞将吸收来的营养物质同化为细胞的原生质，因此细胞不断生长，体积增大，而变为初级精母细胞（primary spermatocyte）。

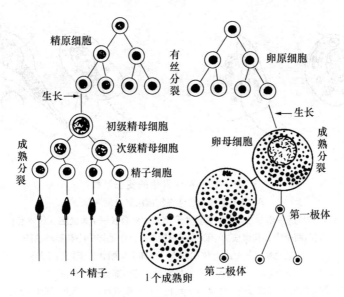

图 10-11　精子和卵子发生图解
(张天荫,动物胚胎学,1996)

3. 成熟期　初级精母细胞连续进行两次成熟分裂形成精子细胞的时期。一个初级精母细胞通过第一次减数分裂(同源染色体分离),形成两个较小的次级精母细胞(secondary spermatocyte),核内染色体数目减少了一半(单倍体)。紧接着进行第二次成熟分裂,次级精母细胞中的姐妹染色单体分开,形成单倍体的精子细胞(spermatid),其体积比次级精母细胞小得多。经过两次成熟分裂之后,每一个初级精母细胞分裂成 4 个精子细胞,染色体由 2n 变成 1n。

4. 变态期　又称精子形成期,是由精子细胞形成精子的阶段。通过变态,使精子具备了其复杂的结构和特定的形态,在这一阶段,涉及 5 个主要事件:①顶体的形成。顶体是由高尔基体构建成的囊状结构,由若干高尔基体小囊泡集中愈合成一个大囊泡,呈帽状位于精核顶部;②染色质凝缩和精核重组。表现为细胞核内染色质包装得更致密,体积减小;核蛋白的成分发生显著变化,碱性蛋白质与 DNA 结合,导致核 DNA 处于一种紧密的、稳定的和无活性的状态。核的结构和组成的这些变化,有利于精子的活动和在完成受精过程中保护染色体免受损伤;③鞭毛生长。由两个中心粒组成的中心体移动到核后面,其中远离核的远端中心粒形成鞭毛的轴丝,它是由微管蛋白单体多聚化形成的。同时线粒体分化为中段的螺旋丝,与轴丝共同形成鞭毛,负责精子的运动。④多余细胞质排出。当顶体在精子细胞前端形成时,整个细胞质向后包裹,仅在顶体和细胞核处留下极薄的一层,一部分包裹颈部和尾部,形成原生质鞘,多余的部分连同残留的细胞器一起脱落;⑤位于精膜上的卵子结合蛋白的产生(图 10-12)。

(三) 精子的生物学特性

1. 精子的大小　精子的大小因动物的种类而异,总的来说,精子是极其微小的,只有在显微镜下才能见到。例如各种对虾的精子大多不超过 10 μm;但也有很大的,如半翅目昆虫仰泳蝽(*Notonecta*)的精子竟长达 12 mm,可能是动物精子之最;人的精子为中等大小,全长达 52~70 μm;鸡为 90~100 μm;青蛙为 52~73 μm;铃蛙(*Discoglossus pictus*)为

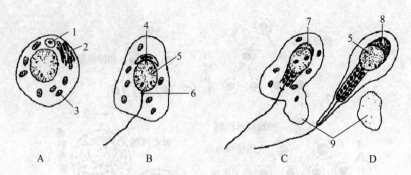

图 10-12 精子发生的变态过程

A. 高尔基体小囊泡在核前端形成顶体粒

B. 顶体粒进一步与若干高尔基体小囊泡集中愈合成一个大囊泡（顶体泡），同时两个中心粒组成的中心体移到核后，其中远端中心粒形成轴丝

C. 核染色质开始凝缩，体积缩小；顶体泡呈帽状位于精核顶部；同时线粒体分化为中段的螺旋丝，整个细胞质向后包裹

D. 重构的致密精核形成，顶体位于精核前端；螺旋丝与轴丝共同形成鞭毛，细胞质仅在顶体和细胞核处留下极薄的一层，一部分包裹颈部和尾部，形成原生质鞘，多余的细胞质脱落，精子形成

1. 顶体粒　2. 高尔基体　3. 线粒体　4. 顶体泡　5. 胞核
6. 中心粒　7. 顶体帽　8. 顶体　9. 残余胞质

（周美娟，人体组织学与解剖学，1999）

2.27 mm；蟾蜍为 500 μm；硬骨鱼为 30～35 μm；文昌鱼为 16～20 μm；长牡蛎为 73 μm；翡翠贻贝为 37 μm。上述例子也说明精子大小与个体大小无关。

2. 精子的数量　通常以亿计算。例如雄马射出的精液中约有 100 亿精子。无脊椎动物和鱼类排出的精子数量也相当可观，例如牡蛎每次排放 1 亿多精子。

3. 精子的运动与寿命　精子的主要特征之一是具有运动能力。大多数水生动物的精子排出体外与水接触之后，即开始活泼运动，其运动所需要的能量，来源于原生质中的营养物质。但因精子的原生质极少，能源有限，故精子排出后的寿命就显得很短促。例如淡水硬骨鱼类的精子在水中一般只能存活 45 s 到 5 min，而海水鱼类的精子寿命则比较长，例如鲻的精子在 19 ℃ 的海水中可以存活 4 h，太平洋鲱的精子在 3～5 ℃ 的海水中可以存活 25 h。环境中的渗透压、温度、光照都对精子的寿命有影响。精子在非等渗的水环境中需调节渗透压，必然消耗能量，所以相对寿命缩短。这也是体内受精的情况下，精子在雌体生殖器官中能长时间保持受精能力和具有较长寿命的主要原因。例如人精子能保持 24 h 或更久；公鸡精子在母鸡的输卵管中，可存活 1 个月左右；蝙蝠的精子在前一年秋天交配时储存于雌体中，直到翌年春天才和卵子完成受精作用。温度越高，精子运动、代谢越快，能耗越大，寿命也会缩短。所以低温条件下，精子寿命会延长，如将精子储存在 -196 ℃ 的液态氮中可保存一年甚至更长的时间。光照除对精子有杀伤作用，破坏其遗传物质外，对精子运动也有激发作用，所以不宜使精液暴露在阳光尤其是直射阳光下。

精子在精巢内是不活动的。这是因为在致密的精液中，由于受氧化作用所产生的二氧化碳的影响，精子处于麻痹状态。待与水接触后精子开始运动，精子的运动并非由于水的机械作用，而是由于水中的氧气所激发的。

三、卵　子

卵子也是一种高度特化的细胞,与精子的主要区别是:形态一般为圆球形、椭圆形或扁圆形;不能运动;体积比精子大得多;成熟卵子中合成和积累了大量的营养物质,如卵黄等;储备了胚胎早期发育所需的遗传信息,为以后的生长和发育奠定基础;卵子具有保护作用的卵膜。

(一) 卵子的结构

尽管卵子为了适应本身生理上的特点,在形态上有它自己的结构,但它仍然具有一般体细胞的结构模式,即卵子也是由细胞质(卵质)、细胞核(卵核)和细胞膜(卵膜)构成的。

1. 卵质　卵子的细胞质中储存了大量的蛋白质、RNA、各种细胞器、保护性化学物质和形态形成因子及皮质颗粒等,多呈泡沫状或颗粒状。其中,作为胚胎发育营养物质的卵黄,是卵质中非常重要的组成部分。

(1) 卵黄　卵黄(yolk)是一种异质性的混合物,为颗粒状结构(图 10-13)。卵黄颗粒一般为圆形,也有椭圆形(两栖类)或短棒状(某些鱼类)的,其主要成分之一是卵黄蛋白原(vitellogenin)。在大多数动物中,这种蛋白质主要在肝中合成,经血液运输到卵子中,以卵黄的形式储存起来。在成熟卵中,卵黄蛋白原被裂解成两种蛋白质——卵黄高磷蛋白和卵黄磷脂蛋白。卵黄中的糖原颗粒和脂质体分别储存糖类和脂肪成分,因此在化学成分上可以将卵黄区分为糖类卵黄、脂肪卵黄和蛋白质卵黄。在物理密度上,有的卵黄为液态滴状物,有的是一种固体。不同的卵黄颗粒对光线的穿透性、相对密度和染色反应也很不一样,它们常表现出强嗜酸性。卵黄颗粒的形成,不同的动物情况不一,可能由高尔基体、线粒体或内质网等产生。卵黄在形态、化学成分、物理特性和染色反应上存在差异的原因和生物学意义,目前还不很清楚。初级卵母细胞进入大生长期时,开始迅速大量积累卵黄颗粒。它的形成和积累,与细胞质的分布和细胞的分化以及核极性的产生等均有密切关系。

(2) 线粒体云　线粒体云(mitochondrial cloud)又称巴尔比卵黄体(Balbiani body)、卵黄核(yolk nucleus),普遍存在于鱼类及其他动物的早期卵母细胞中,是嗜碱性的团状物(图 10-13)。主要由线粒体组成,还含有多泡体、滑面内质网、高尔基体、脂滴和环形片层等成分。有学者认为线粒体云参与了卵黄的形成,观察发现组成线粒体云的大多数线粒体嵴已退化,变为多层同心膜的髓样小体。线粒体云解体之后,正常的线粒体仍然是提供能量的场所,而沉积了絮状卵黄物质的呈多层同心膜的退化线粒体继续积累卵黄物质,形成卵黄小板,在卵黄生成中有重要作用。这种现象在豹蛙(*Rana pipiens*)、斑马鱼、南方鲇等鱼类中已经得到证实。

(3) 核糖体和 RNA　正在发育中的卵子能积极合成大量的核糖体,这些核糖体密集排列在内质网膜上或游离在细胞质中。显然,这种结构是和卵母细胞迅速生长必须高速度合成蛋白质有关。早期胚胎需要合成自身的蛋白质,这些蛋白质的合成是通过预先储存在卵子中的核糖体和 RNA 完成的,卵母细胞中存在大量的 mRNA。受精后卵子的发育所需的 mRNA 都是母源性的,直到受精卵分裂 12~13 次,进入中囊胚转换点以后才转录自身的 mRNA。

(4) 形态形成因子　这些指导细胞分化的分子,定位在卵子的不同区域,在卵裂过程中分离到不同的细胞中去。

(5) 保护性化学物质　胚胎无法远离掠夺者或迁移到安全的地方,因此它们需要各种因

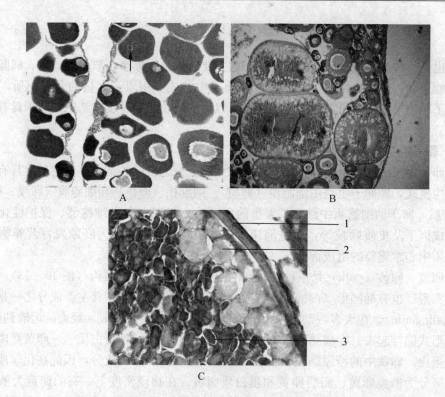

图 10-13 白鲢卵巢结构
A. 白鲢Ⅱ期卵巢（箭头示卵黄核） B. 白鲢Ⅳ期卵巢 C. 第Ⅳ时相卵细胞
（秦艳杰提供）
1. 辐射带　2. 液泡　3. 卵黄颗粒

子的保护。很多卵子有紫外线滤波器和 DNA 修复酶以防止受太阳光的伤害；有些卵子含有一些让掠夺者不舒服的物质；鸟类的卵子甚至含有抗体。

（6）皮质颗粒　在质膜下约 5 μm 厚的凝胶状胞质层——皮层中，分布了许多由膜包围的小泡即皮质颗粒（皮层颗粒），内含有消化酶、黏多糖、黏性糖蛋白和透明蛋白等。皮质颗粒在受精中起重要作用。颗粒中的酶与黏多糖在精子入卵后被激活，使卵膜发生物理、化学性质上的改变，影响精子受体，阻止多精入卵。黏性糖蛋白和透明蛋白包围受精卵，为卵裂和早期胚胎发育提供支持。

鱼类的皮层颗粒又称皮层泡、卵黄泡，早期的研究中还被称为液泡（图 10-13）；对虾卵黄发生旺盛期时，卵质边缘会出现一圈辐射状排列的椭圆形皮质棒，也称为周边体，相当于其他动物卵子的皮质颗粒。皮质棒最重要的功能是在受精时参与皮层反应，释放出内含物形成角质膜保护受精卵，并可阻止多精受精。

2. 卵核　处在初级卵母细胞发育早期的卵核膨大成泡状，又称胚泡或生发泡（germinal vesicle）。卵核和其他细胞的核一样，也由核膜、核质、核仁和染色体组成。在海胆等动物中，受精时卵核已是单倍性的了，而在大多数蠕虫和无脊椎动物中，卵核仍是二倍性的，直到受精后减数分裂才完成，成为单倍性的核。进入成熟分裂后，核膜消失。

（1）核仁　是卵核的主要成分，在蛋白质的合成过程中起着重要作用。在光学显微镜下，核仁一般为圆球形，其数量因动物种类而异。许多无脊椎动物（如腔肠、环节、软体和棘皮动物等）的卵子，通常只有一个核仁，一般位于卵核中央；而脊椎动物和某些无脊椎动物（甲壳类等）的卵子，则含有大量核仁，核仁通常沿核膜的内侧排列，甚至紧紧地附在核膜上，在鱼类的卵母细胞中常见此现象。

(2) **染色体**　有些为染色体的形式，有些呈丝状为染色丝，有些为染色质。

(3) **核质**　含大量 RNA 和蛋白质，以核糖核蛋白颗粒形式存在。

(4) **核膜**　与一般体细胞核膜一样，为双层膜，其上有核孔。

3. 卵膜　卵母细胞发育成熟后，将脱离滤泡细胞的束缚，游离进入卵巢腔并排出体外。此后，起主要保护作用的结构就是卵膜。卵膜是覆盖在卵子质膜外面的膜状结构，其成分大都为糖蛋白。根据来源不同，卵膜有初级卵膜、次级卵膜、三级卵膜之分，一般认为它们分别由卵母细胞、滤泡细胞、输卵管形成。

(1) **初级卵膜**　初级卵膜是在卵巢中随卵子的发生而形成的，于质膜外由卵细胞分泌形成，又称卵黄膜（vitelline envelope）。受精时该层膜会离开卵子的表面形成受精膜。卵黄膜能识别同一物种的精子，对受精的物种特异性有非常重要的作用。电镜观察发现，许多动物卵母细胞的质膜表面生有很细的微绒毛，微绒毛增加了卵母细胞的表面积，不但有利于代谢废物的排出，同时也有利于营养物质的吸收。

(2) **次级卵膜**　由卵巢内滤泡细胞分泌形成，有些动物又称为辐射带（radiata zone）。次级卵膜较初级卵膜厚，通常有黏性或表面有突出物。可使卵子附着在固体物上。鱼类次级卵膜上往往具有卵膜微孔和受精孔（卵膜孔）（图 10-14）。

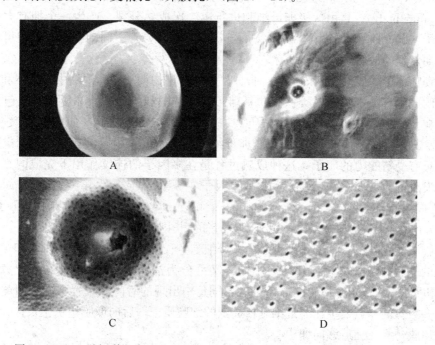

图 10-14　一种鲤科鱼类（*Cyprinion tenuiradius*）的卵子及次级卵膜超微结构
A. 卵子整体扫描电镜图　B~C. 受精孔　D. 卵膜微孔
(Esmaeili H. R., 2012)

(3) **三级卵膜**　由卵巢外生殖导管或其附属腺体等结构分泌而成。例如鸟类的蛋白、卵壳膜和石灰质卵壳，蛙卵和软体动物乌贼卵的胶质卵膜，软骨鱼类的角质卵壳，以及腹足类的各种类型的卵块、卵带和卵袋等。三级卵膜具有保护性和营养性。如生活在潮间带的一些螺类，它们所产的卵大多在卵袋中发育，可防止干燥、阳光照射等。

（二）卵子的发生

卵子的发生是指由原始生殖细胞发育形成卵原细胞，再由卵原细胞进一步发育至卵子的整个过程，需经过增殖期、生长期和成熟期三个阶段。虽然卵子发生和精子发生同样都经过减数分裂，但是与精子发生的过程并不完全相同（图10-11）。

1. 增殖期 卵原细胞数量增加的时期。对于产卵量比较大的动物，整个生命周期可产生大量卵原细胞（oogonia），而排卵量很少的动物，卵原细胞的增殖只发生在早期，形成一定数量的卵原细胞。

2. 生长期 初级卵母细胞形成期。卵原细胞不再进行有丝分裂增殖，而将吸收来的营养物质继续不断地同化为细胞的原生质，使细胞体积增大而分化为初级卵母细胞（primary oocyte）。通常生长期很长，可延续到第一次减数分裂前期，一般可分为两个时期，将生长缓慢、不甚明显的初期阶段称为"小生长期"，将迅速生长、形成大量卵黄的阶段称为"大生长期"。在这期间卵母细胞可以得到充分的生长和进行物质积累，卵质中大量重要物质如RNA、酶、蛋白质合成前体、细胞器和卵黄等主要是在本期中产生和积累的。

3. 成熟期 初级卵母细胞进行成熟分裂形成卵子的时期。初级卵母细胞在第一次减数分裂终期形成两个子细胞，一个为几乎拥有所有细胞质成分的大细胞——次级卵母细胞（secondary oocyte），另一个为几乎不含细胞质，但含有一套遗传物质的小细胞——第一极体（first polar body）。再由次级卵母细胞进行第二次成熟分裂，产生一个拥有大部分卵质的成熟卵子（ovum）和一个第二极体（second polar body）。不同动物减数分裂可被阻断在不同的时期，但受精后仍可继续发育。

哺乳动物卵子的成熟受到内分泌、自分泌和旁分泌的调节，卵泡液中的甾体和非甾体物质与卵子的成熟有关。其中甾类激素包括雌二醇、孕酮和雄激素，非甾类物质包括血清蛋白、酶、颗粒细胞蛋白、氨基酸类物质和一系列多肽调节因子（如血管内皮生成因子VEGF，表皮生长因子EGF）。硬骨鱼类卵母细胞完成卵黄积累后，必须经过两次减数分裂才能变成具有受精能力的卵子，这种成熟过程是在多因子的连续作用下完成的。到目前为止，已经发现的调控卵母细胞最后成熟的因子主要有：①促性腺激素（gonadotrophin，GtH）；②成熟诱导激素（maturation-inducing hormone，MIH）；③成熟启动因子（maturation-promoting factor，MPF）。另外，还有如生长因子、脑肽、神经递质等。

卵黄物质的发生：有学者将硬骨鱼类卵母细胞生长中产生的内含物统称为卵黄物质，根据其出现的先后顺序以及形态和性质不同，又可分为油滴（lipid droplet）、卵黄泡（yolk vesicle）和卵黄球（yolk globule），它们在不同鱼中出现的时间和位置不同。卵黄发生位点有2个，多数鱼的卵黄发生在靠近细胞核周围的细胞质中，后向卵膜边缘生长；少数鱼的卵黄发生在质膜边缘，随后移向卵中心。

油滴，为浮性卵中的一种营养物质，一般出现在核周，后移向胞质边缘。当卵成熟时，几个小油滴融合形成大的油球。

卵黄泡，也叫液泡、泡内卵黄，最早出现于第Ⅱ时相晚期，由细胞膜向细胞核逐渐充满细胞质。放射自显影技术证明卵黄泡是糖蛋白，超微结构显示糖蛋白来源于内质网和高尔基体。皮层泡由卵黄泡而来，泡径很大，内含物为松散的电子致密物。

卵黄球，通常称为卵黄颗粒，晚于卵黄泡出现，第Ⅲ、Ⅳ时相逐渐发育，最终充满卵母细胞的细胞质；在卵母细胞即将成熟时，卵黄球互相融合，卵黄物质出现液化，并使卵呈透明状。草鱼（*Ctenopharyngodon idellus*）的卵母细胞发育中卵黄颗粒沉积由少到多，最终板结化，并出现卵黄颗粒与液泡此消彼长的现象。鲇（*Silurus asotus*）的卵黄颗粒形成经历了卵黄蛋白原、卵黄前体颗粒、卵黄中间颗粒、卵黄颗粒 4 个阶段。在多数硬骨鱼类的卵子中，卵黄球是一种充满液体卵黄的球体，但已有不少报道指出卵黄球具有结晶的核心。电子衍射等技术比较脊椎动物卵黄球结晶体的结构时发现，这种结晶体呈斜方点阵，在进化中具有高度的保守性，推测结晶体的存在具有重要的生物学意义。

硬骨鱼类卵黄来源有内源性和外源性两种途径，早期以内源性合成或自体合成为主，晚期以外源性合成或异体合成为主，分别由卵母细胞、肝或二者均参与合成。内源性卵黄由卵母细胞之中合成的营养物质沉积而成，与线粒体、高尔基体、内质网、皮质泡等密切相关，主要合成卵黄泡和油滴。外源合成的机制是，卵黄蛋白的 mRNA 在肝中合成卵黄蛋白原，即卵黄前身物质，卵黄蛋白原经血液循环到滤泡细胞，再次合成卵黄蛋白并加工成卵黄前体颗粒和中间颗粒，然后运输到卵母细胞内，在线粒体和多泡体组成的卵黄核中沉积，最终形成卵黄颗粒，这是卵黄物质的主要合成途径。软体动物卵黄发生也是双源性的，即自体合成和异体合成两者兼有。研究认为青蛤异体合成的卵黄物质可能是由消化腺转移到性腺中来的；也有研究认为软体动物的胞外卵黄物质来自于滤泡细胞，滤泡细胞将合成的颗粒和小泡分泌到滤泡间质中，通过卵母细胞表面的吞饮和融合作用完成转移。软体动物自体合成卵黄比异体合成卵黄普遍。

动物卵母细胞卵黄颗粒发生期，线粒体数量增多是普遍现象。在对扁卷螺的研究中，首先在软体动物中证实卵黄颗粒是由线粒体形成的，随后也有研究发现蛙卵母细胞中线粒体膨大的部分有卵黄结晶，因此认为线粒体是卵黄颗粒的祖先，而且是形成卵黄颗粒的一条主要途径。

（三）卵子的分类

根据卵黄含量的多少和分布的均匀与否，可将卵子分为四种类型：

1. 均黄卵（isolecithal egg） 卵黄含量很少，而且均匀地分布在卵质中，如海绵、腔肠、蠕形、软体（双壳类）、棘皮、头索和哺乳动物的卵。

2. 端黄卵（telolecithal egg） 卵黄含量很多，且呈极性分布，卵黄集中的一端，叫作植物极（vegetal pole）；另一端叫作动物极（animal pole），是原生质集中的地方。如头足类、软骨鱼类、硬骨鱼类、爬行类、鸟类和卵生哺乳类动物的卵。

3. 间黄卵（mesolecithal egg） 卵黄含量介于均黄卵与端黄卵之间。卵黄比较集中在植物极，原生质则比较集中在动物极，但两极之间没有明显的界线。如软体动物腹足类、环节动物、七鳃鳗、鲟类和两栖类。

4. 中黄卵（centrolecithal egg） 卵黄含量多，且分布在卵子的中央，而原生质则呈薄层分布在核周围和卵子的表层，如昆虫和甲壳类的卵。

（四）卵子的特性

1. 卵子的极性 卵细胞具有物质分布不均匀或生理特性不同的两端，这种现象称为极性。一般将卵细胞质较集中的一端称为动物半球，卵黄较集中的一端称为植物半球。动物半球和植物半球的顶端中央分别称为动物极（animal pole）和植物极（vegetal pole）。由于卵黄比原生质重一些，故卵静止时总是动物极朝上，而植物极朝下。卵细胞核的位置明显体现了卵的极性，通常核位于动物极靠表面的位置。

卵的极性以端黄卵和间黄卵最为明显，而均黄卵和中黄卵的极性不易分辨。一般可从其外形（如昆虫和头足类的卵）、色素的分布（如棘皮动物和两栖类的卵）、受精孔的位置（如硬骨鱼类）及卵核的位置等清楚地分辨出来，还可根据受精时精子入卵的地点和极体排出的部位来判断，通常极体在动物极的地方排出。另外有些动物卵的极性可依据卵子在卵巢中的位置来判断，如双壳贝类未成熟的卵子，其与滤泡壁直接相连的一端为植物极。

贯穿卵子的动物极和植物极的一条设想的中轴称为卵轴，连接未来胚胎的头部和尾部的假想的轴称为胚轴。卵轴的方向并不等同于胚轴的方向，但两者有一定的关系。卵轴的改变是卵内物质重新分配的结果。

2. 卵子的大小与数量 动物卵子的大小差异很大，有的只有几微米（如某种膜翅目昆虫的卵直径为 7 μm），有些为 1~2 mm，肉眼可见，有的甚至可达十多厘米（如鼠鲨卵的直径为 22 cm）。卵子的大小取决于卵内营养物质的含量，而营养物质的含量又取决于动物的发育方式。如果在发育过程中，经过自由幼虫阶段，则卵内营养物质就少，因而卵子也很小，如环节、软体、棘皮和半索动物的卵子直径仅 50~150 μm；反之，如果不经过自由幼虫阶段，则卵黄含量较多，卵径也就较大，如鱼类、两栖类、爬行类和鸟类的卵子；人类和其他哺乳类，由于胎儿可以从母体血液中获得营养，无须在卵内储藏大量的营养物质，所以卵子也很小。

卵子的数量与精子相比要少得多。产卵的多少，主要取决于动物的繁殖方式和生活习性。一般来说，卵子产出后不加保护的动物，产卵量最多；进行护卵的动物，产卵量较少；卵胎生和胎生的动物，排卵量最少。这种现象在鱼类表现得非常突出，见表10-1。

表10-1 鱼类产卵数量与孵育方式的关系

鱼 类	产卵量（粒）	孵育方式
翻车鱼	3亿	漂浮于水中
鳕	10 000 000	漂浮于水中
真鲷	1 000 000	漂浮于水中
白鲢	500 000	漂浮于水中
大麻哈鱼	3 000~5 000	挖坑
鳑鲏	200~300	产卵于贝壳中
莫桑比克罗非鱼	180~300	含卵于口中
三棘刺鱼	120~150	筑巢
角鲨	20~30	卵胎生
星鲨	5~6	胎生

四、精子与卵子发生过程的比较

精子发生和卵子发生统称为配子发生，都是由原始生殖细胞分化产生配子的过程。概括起来，其共性主要有3点：①两者都涉及减数分裂，经过减数分裂，不但染色体数目减半，而且同源染色体间发生了交换重组，因而当精核和卵核在受精融合后，一个物种正常的二倍体染色体数被恢复；②两者都涉及广泛的形态学分化以利于受精，精子的形态适应包括鞭毛生长、核凝集、细胞质外排和顶体的形成；卵子的形态适应包括体积剧增、营养积累、皮质颗粒组装和控制胚胎发育的胞质决定因子的重新分布等；③卵子和精子在未受精情况下，都不能长时间存活。

精子和卵子发生过程也存在一定差异。图10-11以精子发生和卵子发生为例，形象地比较了两者间的异同。主要差异为：①在精子发生过程中，减数分裂为均等分裂，每个初级精母细胞可产生4个大小相等的精子细胞，而在相应的卵子发生过程中，却是极不均等分裂，每个初级卵母细胞只能产生1个大的卵子和2~3个体积很小的极体。②卵子发生过程中的生长期特别明显，且可分成小生长期（细胞的生长）和大生长期（卵黄的积累），而精子发生过程中的生长期不明显。因此，配子发生的结果是产生了体型很大的卵子和体积微小的精子。③精子发生过程中要经过变态期，卵子发生则无。精子的特化主要发生在减数分裂后由精子细胞变态为精子这一较短的过程中，在这一变态过程中，单倍体精子细胞的核内物质高度浓缩，生出鞭毛，并排出多余的细胞质。而卵子发生过程中卵母细胞的分化发生在减数分裂前期较长的时间里。④精子发生过程比卵子发生快。卵子发生耗时长，其成熟是渐进的，在其分裂过程中要被阻挡在一个或多个阶段。在许多脊椎动物中，卵母细胞的减数分裂起始于胚胎期，但一直停留在第一次减数分裂前期，直到性成熟才继续进行分裂。与之相比，精子的成熟是快速的。⑤精子发生的全过程都在精巢内进行，而卵子发生过程中的两次成熟分裂可在卵巢内进行也可在卵巢外进行，这随动物种类的不同而异。如鱼类的卵母细胞在卵巢中往往仅发育到第二次成熟分裂中期就离开卵巢，受精后才得以完成减数分裂。

精子发生和卵子发生所共同特有的减数分裂过程，其生物学意义不仅仅在于形成精子和卵子这类用于生物繁衍的生殖细胞，更为重要的在于分裂过程使同源染色体发生配对和联会。同源染色体的配对和联会，使一对同源染色体相互分开分别进入2个不同的次级性母细胞中去，保证遗传的稳定性；同时又促进了不同源的染色体在次级性母细胞中的自由组合。例如，人有23对染色体，通过减数分裂形成的单倍体配子就可能有2^{23}即将近1 000万个不同类型的染色体分配组合；鲢有24对染色体，通过减数分裂形成的单倍体配子就可能有2^{24}即将近2 000万个不同类型的染色体分配组合。加上配对联会过程中同源染色体间的部分交换（crossing-over），更增加了配子的变异程度。因此减数分裂不但保持了物种的遗传稳定性，而且由于同源染色体间的交换和非同源染色体间的重组（recombination），也创造了物种内的变异性。这为自然选择提供了丰富的材料，有利于生物的进化。

第二节 受 精

一、受精作用和受精方式

（一）受精作用及意义

受精作用（fertilization）是指精子和卵子相互作用产生合子的过程。这一过程从两性生殖细胞相互接触和识别到精子入卵直至完全同化为止。受精过程中发生几个重要的事件，包括精子的顶体反应、皮层反应、受精膜的形成（包括多精入卵屏障的产生）和雌雄原核的形成及融合等。

授精（insemination）是指精子入卵以前精卵相互接触的整个过程。授精和受精为同一过程的两个步骤，授精先于受精。有些动物如鱼类，雄鱼排精后雌鱼即产卵受精，两步骤间隔只有几秒钟。而对于另一些动物，间隔时间相当长，如中国对虾于秋季进行交配授精，到翌年春末夏初精卵才得以结合而完成受精作用。值得注意的是，授精以后并不一定受精，如人工授精时，往往因种种原因而不能受精。

受精使配子的单倍体恢复成合子的双倍体。精子和卵子相互作用就像一根导火线，引发了一系列的生物连锁反应，从而拉开了发育的序幕，进行一系列的按时空秩序、有条不紊的发育，最终形成一个新的生命。它不仅完成了种属的延续，确保物种的遗传性，同时在配子产生、合子形成和个体发生过程中产生变异，具有生物的进化意义。

受精使卵内储存的发育信息，从处于"关闭"的休眠状态激发成为活动状态，从而诱发蛋白质合成机构工作起来，导致受精卵的发育。受精后的合子，具有父母本的双重遗传性，可使其具有更强的生活力和对于变化着的环境具有更大的适应性。

（二）受精方式和类型

1. 受精方式 受精既可以发生在体外，也可以发生在体内。

体外受精（external fertilization）：是指雌雄生殖细胞都排到体外水中，精卵在水中完成受精作用。这种受精方式在无脊椎动物和脊椎动物中都存在，如大多数海产贝类、甲壳类、鱼类和两栖类。体外受精要求有大量的精子和卵子，还要求精子和卵子在相同时间内排放于同一空间中。

体内受精（internal fertilization）：是指动物通过交配，精、卵在雌性动物生殖道中相遇而完成受精作用。很多动物如软体动物中的头足类、腹足类、爬行类、鸟类及哺乳类等都是体内受精。体内受精远比体外受精的效率高。

有的动物如河蚌和密鳞牡蛎较特别，它们的精子先排出体外，再随水流由雌体的入水孔进入鳃腔，与卵子相遇而受精，这是一种特殊的体内受精方式。

2. 受精类型 各种动物所排出的卵子的成熟阶段是很不一致的，因此卵子可接纳精子的时间也各不相同。依据精子入卵时卵发育状况的不同可将受精归纳为四种类型（图10-15）。

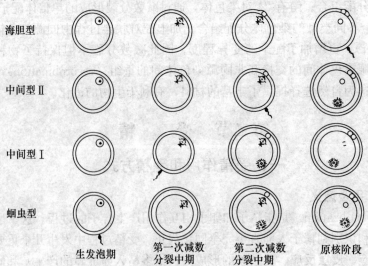

图10-15 不同动物卵子排出时发生受精的四种情况

（陈大元，受精生物学，2000）

(1) 蛔虫型　精子入卵的时间是在卵第一次成熟分裂之前,即卵处于初级卵母细胞时期,精子入卵后胚泡开始破裂,相继完成两次成熟分裂。如蛔虫、海绵、箭虫、沙蚕、牡蛎等。

(2) 中间型Ⅰ　卵处在第一次成熟分裂中期,精子入卵后排出第一极体、相继排出第二极体,如对虾、部分瓣鳃类、玻璃海鞘、磷沙蚕等属此类型。

(3) 中间型Ⅱ　卵处在第二次成熟分裂中期,精子入卵后排出第二极体,如文昌鱼、硬骨鱼类及绝大多数脊椎动物等。

(4) 海胆型　精子入卵的时间是在卵完成了两次成熟分裂之后,如腔肠动物和海胆等。

有些动物有多种受精类型。如海星,上述4种受精类型都存在。

二、受精过程

受精过程随动物物种而异,但一般都包含以下几个主要方面:首先是精卵的接触和识别,诱发精子发生顶体反应。随后精子附着和穿过卵黄膜,导致精卵质膜融合,与此同时卵被激活,卵子发生皮层反应。最后精子入卵,精核膨大成雄性原核,雌性原核也形成。雌雄两原核融合或联合形成合子(图10-16)。在整个受精过程中精子和卵子的行为和形态结构都将发生一系列的变化。

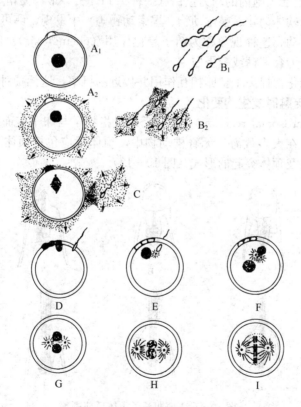

图10-16　受精过程模式图

A_1. 卵子　A_2. 卵子分泌雌配素(含抗受精素)　B_1. 精子　B_2. 精子分泌雄配素(含受精素)
C. 精卵彼此接近　D. 精卵相互接触　E. 精子进入卵内　F. 精核膨大为雄性原核,雌原核形成
G. 雌雄原核彼此靠拢　H. 雌雄原核结合　I. 受精卵开始第一次卵裂

(楼允东,组织胚胎学,1996)

(一) 配子的识别与精子激活

对于有性生殖的动物，为保持其物种的相对稳定性，在繁衍后代的受精过程中，精卵识别都具有种属特异性，即卵子可以识别同源精子并与其结合，异源精子将受到严格限制。

众所周知，某些动物可以杂交，但这并不能说明受精没有物种特异性。相反，大量的体外受精实验强有力地证明存在着种种障碍阻止种间受精的发生。造成这种特异性的原因在于雌雄配子表面具有某些结构互补的特异分子，这些特异分子之间特异性的相互作用，保证了配子间的正确识别。如在海胆精子表面发现有一种外源凝集素——结合素，能与卵黄膜上糖蛋白受体之间发生种的特异性相互作用。从海胆卵黄膜分离出的大分子糖蛋白对不同种类的海胆精子具有特异性抑制作用，而对同种精子具有识别和结合作用。类似的现象在其他动物中广泛存在。如鲍精子质膜上的溶解素（lysin），哺乳类精子质膜上的受精素（fertilizin）和卵质膜上的受精素抗体（intergrin）。

精子的游动和呼吸是由精子所处的液体环境所决定的。这种环境由精液和（或）卵子发出的化学信号组成。如鱼类的精液对精子具有保护、麻醉的作用，精子在精液中是不活动的，可保存较长时间，但精子一旦进入水后，立即活泼运动，这是由于水中氧气的作用激活了精子。目前研究还发现，海胆排出的精子，因受外界化学因子及环境的影响，胞内 pH 从 7.0 升至 7.4，此时激活了胞内的动力蛋白（一种 ATP 酶），最终使精子游动。

在一些动物（如软体动物、棘皮动物、尾索动物等）中发现，卵可以分泌一种物质吸引精子朝卵子所在地游动，这种现象称为精子趋化作用（chemotaxis）。卵分泌的这种具有物种特异性的趋化因子为黏多糖或糖蛋白。

精子的激活与趋化性提高了精卵相互作用并接近的概率，这无疑对受精是有益的。

(二) 精子与卵接触时发生的变化

1. 顶体反应（acrosomal reaction） 顶体反应是指精子与卵子表面接触时，精子的顶体产生一系列的变化。在大多数海生无脊椎动物中，顶体反应包括顶体膜与其外的质膜的融合、顶体颗粒的释放及顶体突起的形成（图 10-17）。

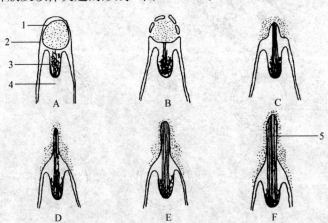

图 10-17 海胆精子顶体反应图解

A. 海胆精子 B. 与卵胶膜接触后，在质膜和顶体颗粒膜之间多处发生融合，核窝内的不定形物质球状肌动蛋白开始发生多聚 C. 质膜与顶体颗粒膜融合，顶体内含物开始外排，肌动蛋白继续进行多聚 D、E. 肌动蛋白多聚形成的顶体突起 F. 顶体突起继续变长，外覆顶体颗粒物质

1. 顶体外膜 2. 质膜 3. 核窝 4. 精子核 5. 顶体突起

（陈大元，受精生物学，2000）

在海胆中,精子与卵子胶质膜接触后,可引起顶体反应。首先是顶体膜与精子的质膜在精卵接触点发生部分融合,随后完全融合。在顶体膜与精子的质膜融合的过程中,顶体中的颗粒以胞吐作用的形式释放出来,其中含有多种蛋白水解酶,可溶解卵子表面胶膜,使精子到达卵子卵黄膜表面。与此同时,在顶体后端的核窝中由肌动蛋白组装成一束微丝,向前伸长,形成指状的顶体突起,其上附着了顶体释放出的颗粒物质,参与精卵的识别与融合。顶体突起伸长对卵黄膜产生的机械力和突起顶部消化酶对卵黄膜的溶解作用,使精子穿过卵黄膜,精卵质膜相遇并融合。而在两栖类和哺乳类,顶体反应都不形成顶体突起。

顶体反应的重要作用在于释放顶体内的酶类和使精子膜成分重新分配、暴露或修饰。精卵不仅相互黏附,同时进行膜融合,并诱发卵中的一系列信号转导,导致卵的激活和随后的发育。

对于具有卵膜孔(受精孔)的种类如硬骨鱼类,其精子的头部均无顶体,受精时也无顶体反应,精子直接经受精孔到达卵子质膜表面。

2. 精卵质膜融合　顶体反应的发生,使卵黄膜或透明带被顶体反应释放的水解酶溶解,并在该位置进行精卵质膜附着、结合和融合,精卵随即合为一体。雌雄配子的融合在大多数动物卵子中被限定在特定的区域内,特别是具有受精孔的卵子,该孔所在卵膜通常是精卵融合的部位(图10-18、图10-19);许多动物,如水螅类、两栖类,精卵融合的位置发生在动物极附近;海鞘、文昌鱼和河蚌等在植物极附近;也有在卵表面的任何部位,如多数的双壳类动物。

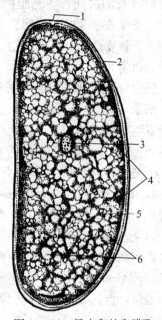

图10-18　昆虫卵的卵膜孔
1. 卵膜孔　2. 卵膜　3. 卵核
4. 周边细胞质　5. 原生质网　6. 卵黄
(楼允东,组织胚胎学,1996)

3. 受精锥的形成　当精子与卵子接触,质膜发生融合时,在接触点上,由卵子表层的原生质流动形成一包围精子(头部)的突起,称为受精锥(fertilization cone)(图10-20)。它能将精子挟持或吸入卵内。实际上受精锥是由卵子表面微绒毛包围精子头部并扩大而成的,它几乎全部由肌动蛋白肌丝组成,通过皮层肌动蛋白的收缩把精子拖入卵内。

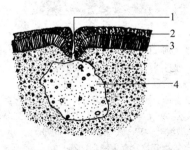

图10-19　雀鳝的卵膜孔
1. 卵膜孔　2. 次级卵膜
3. 初级卵膜　4. 胚泡
(楼允东,组织胚胎学,1996)

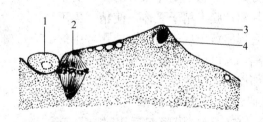

图10-20　金鱼的受精锥形成(1 000×)
1. 第一极体　2. 第二次成熟分裂纺锤体
3. 受精锥　4. 精子
(楼允东,组织胚胎学,1996)

受精锥的形状因动物种类而异，有的表面光滑，有的具伪足状小突起，也有的在受精锥的顶端还伸出受精丝，如海星，由于细丝的收缩把精子引入受精锥。

受精锥保留的时间也因动物种类而异，有的在精子入卵后即可缩回，有的能保留较长的时间，如海胆的受精锥，直到雌雄原核融合时才缩回。受精锥广泛存在于棘皮动物、环节动物、甲壳类和硬骨鱼类等。

（三）精子入卵后卵结构的变化

精子一旦与卵子接触，卵子本身就开始发生一系列的变化，包括代谢和形态的改变，这就是卵的激活（activation）。这些变化包括：

1. 皮层反应（cortical reaction）这种变化开始于精卵接触点，然后波及整个卵子皮层，是受精的一个重要标志。许多动物在卵子的皮层内部有皮层颗粒（cortical granule）。当精子与卵质膜接触时，首先是该处的皮层颗粒与卵质膜发生融合，颗粒破裂，内含物被释放到卵质膜与卵黄膜之间的区域——围卵周隙（perivitelline space），一部分与卵黄膜一起形成受精膜，另一部分留在围卵周隙中（图 10-21）。这些释放物中有几种蛋白质在皮层反应中发挥了重要作用。首先是卵黄膜分层酶（vitelline delaminase），它可以溶解卵黄膜与卵质膜相连位置的卵黄，使卵黄膜与卵质膜分离开；精子受体水解酶，它剪切或破坏卵黄膜上精子受体，使精子再不能结合到卵黄膜或透明带上；颗粒中的黏多糖，它可以产生渗透性梯度使水进入围卵周隙，使卵黄膜形成远离质膜的受精膜；卵过氧化物酶（ovoperoxidase），它使受精膜隆起后由"软"变硬，使受精膜硬化，这样就形成了一个

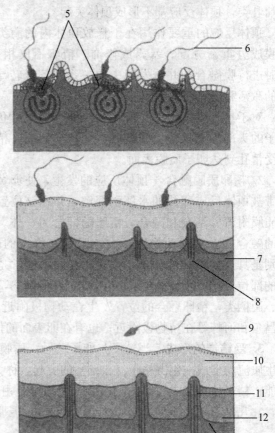

图 10-21 海胆皮层反应与卵膜形成模式图
1. 卵黄膜 2. 卵质膜 3. 微绒毛
4. 皮层颗粒 5. 皮层颗粒胞吐作用
6. 结合在卵黄膜上的超数精子 7. 透明素
8. 微丝 9. 被释放的精子 10. 受精膜
11. 微绒毛 12. 透明层 13. 细胞膜
（桂建芳，发育生物学，2002）

完善的阻止多精受精的机制。此外，颗粒中的黏蛋白之一——透明素还在受精膜的内部形成透明层，它与维持卵裂时分裂球聚在一起有关。

2. 受精膜的形成 精子入卵后，卵黄膜因受刺激而迅速离开卵子的表面向外隆起形成

受精膜（fertilization envelope）。受精膜的形成可作为受精的标志之一。但有些动物的成熟卵，因某些理化因素的刺激，卵未经受精，卵黄膜有时也会隆起，为区别于受精膜而称为刺激膜。受精膜在有些动物中特别明显，如棘皮动物和一些硬骨鱼类等，而在双壳类、甲壳类等不太明显，哺乳类则完全没有。

受精膜的作用：①阻止多余的精子入卵；②增加受精卵的渗透性；③受精膜的隆起和围卵周隙的形成，便于受精卵在膜内自由转动，使它在合适的方位上发育。

3. 卵质流（运）动和重排　精子入卵后，卵因受刺激而出现卵质流动的现象，导致卵质重排。同时因皮层颗粒的胞吐作用而使卵体积缩小，缩小的程度随动物种类而异。如硬骨鱼卵受精后，与受精膜隆起的同时，卵子皮层原生质开始向动物极流动、集中，形成胚盘（blastodisc）（图 10-22），它是胚胎发育的中心。双壳类动物的受精卵，在植物极形成极叶，也是卵质流动的结果。受精启动了卵子胞质物质的重排，这种重排，尤其是卵质中形态决定（或形成）因子的重排，对以后发育过程中细胞的分化至关重要。

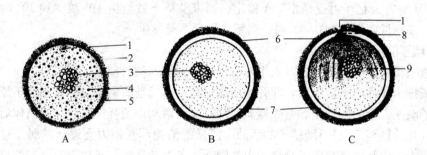

图 10-22　赤鳉受精时卵的变化

A. 受精前的卵　B、C. 精子入卵后的变化

B 示卵的收缩，卵黄粒的消失和围卵周隙的形成；C 示原生质流和胚盘的形成

1. 卵膜孔　2. 初级卵膜　3. 油滴　4. 卵黄粒　5. 次级卵膜　6. 受精膜　7. 围卵周隙　8. 胚盘　9. 原生质流

（楼允东，组织胚胎学，1996）

（四）合子的形成（遗传物质的重组）

1. 雌雄原核的形成　许多动物的精子进入卵子后即旋转 180°，结果颈部中心粒朝向卵子的中央，中心粒周围出现一个星光。此时精核也开始膨大，核膜解体成泡状，染色质暴露在卵子细胞质中，经过去致密而变得疏松，并利用卵质中的膜材料重新合成核膜，形成雄性原核（male pronucleus），其形态结构类似于普通细胞核。

当精子入卵之后，卵子很快完成两次成熟分裂，形成一个单倍体的卵核，待核膜重新形成后，称为雌性原核（female pronucleus）。海胆型的卵子，在受精之前已完成两次成熟分裂，所以，雌性原核在精子入卵前就已形成。

2. 雌雄原核的接触　雌雄原核形成后就开始移动。因精子入卵后旋转 180°，使中心粒正好位于精核和卵核之间。由微管在中心粒周围组装成星体，引导原核移动，使两个原核接近。雌雄原核是经过相当复杂的路线而会合的。而且两原核移动的程度也不一样，如海星，是两个原核同时移动；而海胆是雌性向雄性原核方向移动；但更多的是雄性原核向雌性原核的方向运动。两性原核接触的位置因卵细胞的结构而异，均黄卵通常在卵子的中央，如海星、海胆等；间黄卵偏向动物极；而端黄卵在胚盘的中央。

3. 雌雄原核的融合或联合（结合）　雌雄原核相互靠拢，最终则完全融合或联合，以建立合子染色体组,使受精结束。不同类型的动物,两原核遗传物质重组的方式不完全一样,有的是原核的融合(如海胆),两个原核紧贴在一起,核膜相互融合,染色质混合,能观察到一个二倍体性的合子核;而有的则是原核的联合(如哺乳类等),两原核核膜不融合,而以指状形式相嵌,以后两原核染色体各自形成,原核核膜消失,染色体组移动在一起,混杂组成第一次卵裂的有丝分裂相。

三、受精的条件和影响因素

受精是一个十分复杂的过程,能否受精,首先取决于精、卵是否具备了完成受精的内在因素,另外还必须有一定的外界环境条件。

(一) 精子密度(数量)与受精率的关系

实验证明,在受精过程中,精子的数量必须大大超过卵子的数量,否则受精作用就不可能发生。有资料报道当每粒鱼卵占有2万~20万精子时受精率随占有量的增加而快速提高,当达到30万~40万精子时受精率趋于稳定。当家兔精子数量由 10^8 减少到 10^5 时,后代品质和生命力都降低,再降到10 000时,受精作用便不能发生。

(二) 精子的活力与受精力

受精时限指精子与卵子排出(入水)后保持受精能力的时间。

当精子排出体外与水接触后,即开始活泼运动,其运动所需要的能量来源于原生质,然而由于精子缺乏大量的细胞质和营养物质,同时又因活动而消耗能量,所以离体后的生命就比较短暂(几分钟至几天)。随精子的活动、能量的消耗,受精力会逐渐减弱,有的即使还具有活动能力,但却已经丧失了受精能力。同样,各类动物的卵子也都有一定的可以受精的正常时间范围,如果在这段时间内不受精,卵子就逐渐死亡、分解。如鱼类,性细胞的受精时限因种类而不同,一般来说,淡水鱼类的精子和卵子入水后的受精时限很短,如四大家鱼等的精子的受精时限为30~45 s,而冷水性海水鱼类如鳕的精子入水后约3 h仍能保持受精力。

精子的活动能力和受精能力既有联系又有区别:延长精子的活动能力也就延长了受精能力,但精子的活动能力不等于受精能力,一般活动能力较受精能力时间长。一些能够延长精子寿命的方法(如低温保存),也能相应地延长受精能力。

(三) 精卵成熟度与受精的关系

1. 精子的成熟 从哺乳类的输精管取出的精子,或是新射出的精子都不能使卵受精,需要在雌性生殖道停留一个特定的时期,以增加其穿入卵子的能力,这一过程被称为获能(capacitation)。精子在获能期间,在形态和生理上发生一系列的变化。通过多种研究,现一般认为获能的一个重要作用是对精子膜表面物质的重组、修饰和膜表面精液蛋白的移除。相关的依据有精子获能后,顶体上的凝集素(lectin)结合区域发生改变;获能的精子重新暴露于精液中能使精子获能下降或失去获能。采用冰冻蚀刻技术发现精子内与顶体相连细胞膜区域的内膜颗粒在获能期间被清除,这些改变都为精子的顶体反应做准备。目前获能的机制还不十分清楚。

精子获能的发现,使人们找到了过去哺乳类体外受精不成功的原因,并发现通过人工进行腹膜内授精或把精子直接注入输卵管都可以使精子获能,说明精子获能不一定必须要通过雌性生殖道,只要在适当的介质条件下,即可获能。同时杂交授精实验已经证明一个物种的雌性生殖道可以使另一个物种的精子获能，这使哺乳类人工授精和人工杂交育种成为可能，实际上，这方面已有诸多成功的例子。

对于体外受精种类，其排放的精子，在形态上已经变态形成了成熟精子特定的形态结构，在生理上也已具备了受精能力，它们一旦与卵相遇即可受精。

2. 卵子成熟度 卵子的成熟度与受精及胚胎发育的关系极大。通常将动物排出的具有受精能力的卵称为成熟卵。对卵而言，在完成了生长期之后，即在第一次成熟分裂之前到第二次成熟分裂完成以后的这段时间内都可以接受精子，而不像精子的成熟，只有在成熟分裂和变态过程完成以后才获得受精的能力，只是不同种类的动物所排出的具有受精能力的卵子即成熟卵的发育阶段是不一样的。我们也把这种成熟称为形态成熟。

通常脊椎动物的卵母细胞在到达成熟的过程中都经历相似的核质变化，并停留在一个特殊的阶段，即胚泡期和第二次成熟分裂中期。如白鲢，其卵母细胞在卵巢中积累丰富的营养物质长足体积后，发育暂时停留在初级卵母细胞阶段，经催产后，卵母细胞便突破周围的滤泡膜进入卵巢腔，与此同时，卵母细胞连续进行两次成熟分裂，最后停留在第二次成熟分裂中期，等待受精。

很多瓣鳃类人工授精困难的原因可能与卵子的成熟度有关。在体内，卵母细胞的成熟发育一般都停留在第一次减数分裂前中期，即核膜还未破裂的胚泡期。当卵被排放时，卵经历了从胚泡消失、分泌某种物质，再自卵巢附着部位分离，到最终被排出体外一系列的变化，而在这一过程中，卵在体内停留的时间很短。因此，在体内要获得这种中期状态的卵是比较困难的。对于胚泡期就能受精的种类，这时期的卵可直接从母体取得；而对于必须处于第一次成熟分裂中期才能受精的种类，需采取诱导的方法使其自然排放或将其发育成熟的性腺进行处理（如氨海水）促使卵胚泡破裂，形成中期分裂相，使卵子进一步达到生理上的成熟。

除要达到形态成熟，对卵子来说，生理成熟也至关重要。所谓生理成熟是指卵内各种营养物质合成和储存、胚胎发育遗传信息的积累等。这涉及卵子形成过程中母体营养状况、外环境中是否存在影响卵子发育的因子等。不够成熟和过分成熟的卵子不仅受精率很低，即使勉强受精，胚胎发育也常呈畸形，或中途夭折。所以，了解和掌握卵子成熟度对于生产具有重大意义。

（四）外界环境条件的影响

受精能否正常进行，除了精卵本身必须具备成熟的条件之外，外界环境也起非常重要的作用，如海产无脊椎动物的受精必须存在一定浓度的钙离子，这一情况在鱼类中也得到证明。此外，温度、pH、盐度等多种因素都能直接或间接影响卵子的受精。如 pH 为 7.0～8.0 时，皱纹盘鲍和太平洋牡蛎精子的运动能力和受精率最高。而在其他范围，精子运动能力减弱，受精率低且畸形胚胎较多。又如在盐度为 30～35，温度为 20～35 ℃时，合浦珠母贝精子的激活率最高，活力最大，受精率也最高。而当盐度低至 15 或高于 40 时，精子的活力明显下降，严重影响卵子的受精。

四、单精受精与多精受精

单精受精（monospermy）是指由一个精子入卵而完成受精作用。较多动物都是单精受精，如棘皮动物、环节动物、软体动物、硬骨鱼类、无尾两栖类、哺乳类。单精受精的卵体形比较小，卵黄也较少，对于精子的反应比较敏锐，可通过膜电位变化、膜表面受体的改变等阻止多余精子入卵。

多精受精是指有多个精子同时或先后入卵的现象，许多昆虫、软骨鱼类、有尾两栖类、爬行类、鸟类等动物的受精都属于多精受精（polyspermy）。多精受精的卵体形比较大，卵黄也比较多，对于精子的反应比较迟钝。例如东方蝾螈的精子入卵数可达 16 个。多精受精也在软体动物椎实螺和大蜗牛卵中发现。

对于多精受精方式，虽有多个精子入卵，但只有一个精子的雄性原核能与雌性原核发生融合（或联合），参与发育，其余的精核会在不久后退化消失，从而保证了物种正常的染色体数目。而从混精杂交的试验来看，有时在一个新个体上同时表现出两个或两个以上父本性状，说明多精受精时所有的精子都能以不同的程度影响后代的遗传性。

在自然多精受精中研究得较多的是有尾两栖类，通常每个蝾螈卵有 2~12 个精子进入，它们都可以发生染色质去致密并形成原核，产生星光。当一个精原核与卵原核结合形成合子核后，其余精原核都将在第一次卵裂前退化。实验证明，合子核能产生一种物质抑制多余精核的发育。对爪蟾的研究表明，生理性多精受精的卵中，卵核在抑制多余精核以及调节卵中促成熟因子方面有重要作用，并导致多余精核因局部缺乏促成熟因子而发生退化。

也可用人为的方法（如盐类、酸类等）使单精受精的卵接受多个精子，但通常会导致胚体发育不正常，因此称病理性多精受精（pathological polyspermy）或人工多精受精（artificial polyspermy），而区别于正常情况下的生理性多精受精（physiological polyspermy）或天然多精受精（natural polyspermy）。

五、人工授精及其对生产实践的意义

人工授精（artifical insemination）是用人为的方法采集精卵，根据精子和卵子的生理特性采用相应的技术措施，促使精、卵相遇而达到受精的目的，以期最大限度地提高卵子的受精率来繁殖良种。在畜牧业、水产业都已经广泛采用这种方法。

人工授精在生产实践上有重要意义：人工授精不仅能提高受精率、改良品种以及解决种苗需要等实际问题，还能充分发挥精子在配种中的能力，提高配种效率，克服杂交的困难及防止传染病。同时，人工授精也推动了受精理论的研究。

要达到人工授精的目的，必须熟知动物的生殖习性、生殖器官的结构和生理机能，正确掌握动物的排卵周期，卵细胞的成熟度和保持受精能力的时间，精子的生理状况以及保持受精能力的时间，保存和储藏精卵的条件和技术等。目前，在畜牧业和经济兽类已发展到应用胚胎移植的方法达到改良品种的目的。

我国首先在四大家鱼（青鱼、草鱼、鲢、鳙）人工繁殖方面获得成功，并迅速在全国范围内普及，为淡水养殖业做出了重大贡献，并且把四大家鱼和其他经济鱼类的生殖、生殖细胞的成熟、激素和卵子的成熟排放的关系等方面的基础理论向前推进了一步。在经济无脊椎动物的养殖业方面也取得了重大成就，如软体动物进行人工授精、人工繁殖，解决了自然采苗的问题，为扩大生产奠定了基础。中国科学院动物所（1972、1974、1975）提取的促黄体激素（LH）和促滤泡激素（FSH）以及和生物化学所合作合成的 LH-RH 在促使鱼类、家畜、经济兽类等卵子的成熟和排卵方面做出了贡献。为繁殖经济鱼类、家畜等方面奠定了理论和实践基础。

六、单性生殖

在自然界中，除了两性生殖方式外，还有单性生殖（parthenogensis），包括孤雌生殖、雌核发育（gynogenesis）和雄核发育（androgenesis）。

1. 孤雌生殖 这类动物雌体所产生的卵可以不经受精就直接发育成新个体。其生物学意义在于有较高的繁殖速度，能在适当的生活条件下，迅速增加个体数目，以维持种族的延续。

天然孤雌生殖现象主要见于无脊椎动物，在甲壳类和昆虫纲动物中普遍存在，在软体动物和棘皮动物中也存在，而在脊椎动物中较为少见。天然孤雌生殖可分为下列几种情况：

（1）产雌孤雌生殖　孤雌生殖产生的后代均为雌性个体。如水蚤、蚜虫和轮虫等。

（2）产雄孤雌生殖　孤雌生殖产生的后代均为雄性个体。如蜜蜂。蜂王（雌蜂）可产生受精和未受精的两种卵，由受精卵发育成雌性个体——蜂王和工蜂，由未受精卵发育成雄蜂（单倍体）。单倍体雄蜂在产精子时无减数分裂Ⅰ，使精子仍具有单倍的染色体组，保证了在受精后产生的雌性个体具有2倍的染色体数目。

（3）周期性孤雌生殖　孤雌生殖和两性生殖交替进行。如蚜虫在春、夏食物充足、气候环境适宜的条件下，行孤雌生殖，而在夏末，环境条件恶劣时进行两性生殖。

（4）偶然孤雌生殖　通常行两性生殖的动物，未受精卵偶尔也会发育成幼体，如家蚕中的某些品种有这种现象。

在爬行类和鸟类（火鸡）也发现有天然的孤雌生殖。

除天然的孤雌生殖外，也可用人为的方法（如改变温度、改变渗透压、电刺激、振荡、盐类、弱酸、酶等理化因子的激活）使动物卵不经过受精而发育，称为人工孤雌生殖。为了研究卵子在受精后的发育机制以及在受精过程中生理、生化等方面的变化，许多学者往往采用这种方法进行探索。到目前为止，人工孤雌生殖已在许多动物试验中获得成功。例如我国著名的实验生物学家朱洗及其合作者对两栖类人工单性生殖方面进行了长期的研究，用针刺涂血的蟾蜍卵，结果这些卵子都能进行发育，但绝大部分不能孵化发育成蝌蚪，仅有极少数能发育成小蟾蜍，长大成熟后其中一只经冬眠、催情（注射脑垂体）产了卵，这些卵子受精后发育良好，得到了一批没有"外祖父"的蟾蜍，成为世界的创举（1961年）。这只无父蟾蜍顺利产卵的事实，说明孤雌生殖的子代具有足够的生殖后代的能力。

关于鱼类的人工孤雌生殖，很多学者进行过实验，效果不理想。一般来说，用人工刺激的方法使鱼类未受精卵出现早期发育，达到卵裂期或囊胚期是比较容易的，但要进一步发育就比较困难。

2. 雌核发育 雌核发育是指精子只起诱导卵发育的刺激作用，其遗传信息不参与子代的发育。子代的全部遗传信息来自母体。由此看来这种发育完全不同于孤雌生殖。

自然界中，雌核发育是鱼类单性生殖中一种重要的生殖方式，迄今在鱼类中发现的进行雌核发育的种类有帆鳉（*Menidia clarkhubbsi*）、银鲫（*Carassius auratus gibelio*）和花鳉属（*Poeciliopsis*）中的3种类型等。这些鱼的共同特点是：雌鱼产出的卵子具有与母本完全相同的染色体组成；卵子需要近缘种雄鱼提供精子刺激而激活卵子的发育，后代一般不具备父本性状；除银鲫的某些种类外，后代均为雌性。染色体数目大多为多倍性的。

雌核发育的鱼类依靠两种机制来维系其繁殖，即在卵子发生中抑制卵子倍性的降低和在受精过程中抑制雄性原核的形成，从而使子代的遗传特性与母本相同。但在帆鳉和银鲫中都发现异源精子影响其子代的生物学效应。在银鲫中，当用同源精子与卵受精时，同源精子可以不同程度地发育（从解凝、高度解凝到初步原核化）；而当用异源精子时，异源精子不能发育，但异源精子的DNA片段可随机地渗入银鲫的卵核发育，并传给子代，银鲫与其他雌核发育生物不同的一个显著性状是在其天然和人工繁育群体中，存在5%~20%的雄性个体。

研究者在进行鱼类的人工诱发雌核发育时，首先采用一些物理和化学方法使精子染色体遗传失活（如射线照射），但仍保持精子穿透和激活卵细胞启动发育的能力。利用这种"灭活"的精子激活卵子，然后再通过冷休克、热休克、静水压、化学诱导物等方法处理这种卵，阻止极体的形成和排出，或者阻止第一次卵裂，使其恢复为二倍体。在整个发育过程中，子代的遗传物质全部来自卵子，因此雌核发育是快速建立纯系和控制性别的有效方法。目前在人工雌核发育过程中，通常采用抑制减数分裂后期第二极体的形成和排出、形成杂合二倍体的减数雌核发育方式，而较少采用抑制卵第一次卵裂（有丝分裂）产生纯合二倍体的卵裂雌核发育方式。现已在多种鱼类中获得了这种人工诱发雌核发育的后代。这对鱼类的性别控制、自交系的建立、生产单性鱼等都具有重要意义。

3. 雄核发育　雄核发育是指卵子只依靠雄性原核进行发育的特殊的有性生殖方式。人工诱导雄核发育，与雌核发育相反，首先是使卵子的遗传失活而不是精子的遗传失活，用物理和化学方法处理卵细胞，破坏其染色质。受精后采用冷休克、热休克、静水压、化学诱导等方法，通过抑制第一次卵裂的发生，使受精卵染色体加倍。由于雄核发育的遗传物质完全来自父方，没有雌性原核的参与，其后代的各基因座均处于纯合状态，因此，采用雄核发育而获得的后代为纯合二倍体。在鱼类已成功培养出雄核发育个体。但自然情况下，雄核发育个体较少。

第三节　早期胚胎发育

卵子受精后即开始发育，在早期胚胎发育过程中，经过卵裂（cleavage）、囊胚（blastula）、原肠胚（gastrula）三个阶段。

一、卵　　裂

（一）卵裂的定义与意义

卵子受精后获得了新的遗传物质并进行了细胞质的重新排列，随后便开始发育。单细胞的受精卵经过若干次连续不断的有丝分裂形成一个多细胞胚体的过程称为卵裂，卵裂阶段的细胞称为卵裂球或分裂球。卵裂的结果是将大量的卵质分配到无数个较小的、具核的细胞中去。

卵裂时卵子的表面内陷，形成卵裂沟，进而形成卵裂面。由于卵裂沟及卵裂面的位置不同，卵裂的方向可以分为以下几种：

经裂（meridional cleavage）：卵裂面平行或通过卵轴，与卵子的赤道面垂直。

纬裂（latitudinal cleavage）：卵裂面平行或通过卵子的赤道面，与卵子的卵轴垂直。

切线裂（tangential cleavage）：卵裂面与卵子的表面平行的卵裂。

大多数动物卵裂时，胚胎的体积并不增大，这与体细胞的增殖有明显区别。体细胞两次分裂之间有一个生长期，使分裂后的子细胞保持原有的体积，这种生长过程使细胞的核质比例维持恒定。而早期胚胎进行卵裂时，两次分裂之间无生长期。因此，随着卵裂次数的不断增加，细胞的数目增多，但细胞体积越来越小。卵裂期细胞数目的增加速度与其他发育阶段相比要快得多，这种迅速分裂的结果导致细胞核与细胞质的比值迅速增大。以海胆为例，其受精卵核与质的比值（核的体积/细胞质的体积）为1/500，而囊胚分裂球的比值是1/6。

卵裂为普通的有丝分裂。卵裂的结果，产生足够数量的细胞，为胚胎的进一步发育做物质准备；另一方面，卵裂的类型也反映了动物从单细胞到多细胞、由低等到高等、由简单到复杂的进化过程。

（二）卵裂的方式

动物卵裂的方式由以下两个因素决定：一是卵质中卵黄的含量与分布；二是卵质中影响纺锤体方位角度和形成时间的一些因子。卵黄含量少且分布均匀的卵子，分裂沟可将卵子完全分开；而卵黄较多、分布不均匀的卵子，分裂沟就不能将卵子完全分开。因此卵裂可分为两种类型，完全卵裂（holoblastic cleavage）与不完全卵裂（meroblastic cleavage）。

1. 完全卵裂　分裂沟遍及整个卵子，将卵子彻底分为单个细胞的卵裂方式，均黄卵与间黄卵的卵裂属此类型。

（1）根据卵裂球的大小是否相等，完全卵裂又分为完全均等卵裂与完全不均等卵裂。

均等卵裂：每次卵裂后的卵裂球大小几乎相等，如均黄卵中的文昌鱼采用此种卵裂方式（图10-23）。

不均等卵裂：卵裂球大小不相等，小卵裂球在动物极，大卵裂球在植物极。部分均黄卵及间黄卵动物采用此种卵裂方式，如扇贝、青蛙等（图10-24）。

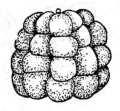

图10-23　均等卵裂（文昌鱼）
（楼允东，组织胚胎学，1996）

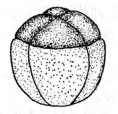

图10-24　不均等卵裂（蛙）
（楼允东，组织胚胎学，1996）

（2）根据卵裂球的排列方式，完全卵裂又可分为以下几种：

辐射型卵裂：可以是等裂或不等裂。第一、二次均为经裂，分裂面均通过卵的主轴，并彼此垂直相交。第三次是纬裂，分裂面与卵子的赤道面重合或位于赤道面以上，分成8个细胞，动物极的4个细胞排列在植物极4个细胞之上。以后不断分裂，每一层的卵裂球都整齐地排在下一层的上面，从动物极看上去，卵裂球以卵的主轴为中心，呈辐射状排列（图10-25），如海绵动物、腔肠动物、棘皮动物、文昌鱼等。

螺旋型卵裂：前两次的分裂方式同辐射型卵裂。第三次分裂时，纺锤体倾斜45°，上端分出的4个小卵裂球位于下端4个大卵裂球的交界处，如扁形、纽形、环节和软体动物（头足类除外）等卵裂均属螺旋型卵裂。由于纺锤体倾斜的方向不同，螺旋型卵裂又可分为右旋卵裂（卵裂球顺时针方向旋转）和左旋卵裂（卵裂球逆时针方向旋转），通常左旋和右旋交

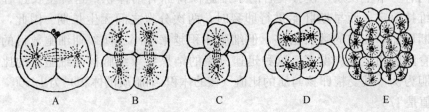

图10-25 刺参辐射卵裂
A.2细胞期 B.4细胞期 C.8细胞期 D.16细胞期 E.32细胞期
（曲漱惠等，动物胚胎学，1980）

替进行（图10-26）。

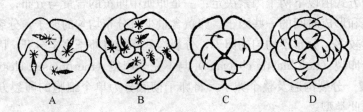

图10-26 螺旋卵裂
A.从4细胞到8细胞 B.从8细胞到16细胞 C.8细胞期 D.16细胞期
（Gilber，1988）

两侧对称型卵裂：第一次的卵裂面将成为成体的对称面，以后所有的卵裂球都对称地排列在第一次卵裂面的两侧，幼虫的左右两侧也与第一次对称面相符合，如海鞘类（图10-27）。

两轴对称型卵裂：第二次卵裂后，4个卵裂球前后左右都对称，故有两个对称面，以后的卵裂仍保持这种对称方式，如栉水母类等的卵裂（图10-28）。

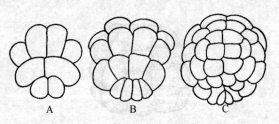

图10-27 两侧对称卵裂
A.16细胞期 B.32细胞期 C.64细胞期
（曲漱惠等，动物胚胎学，1980）

不规则卵裂：卵裂时不是所有的卵裂球同时进行分裂，因此出现了1，2，3，5和6细胞期，即卵裂球不是按等比级数（2，4，8，16，32，…）递增，而且卵裂的方向也不一致，使得卵裂球的排列不规则，如哺乳类、水螅水母和扁形动物的卵裂（图10-29）。

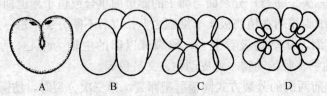

图10-28 两轴对称卵裂
A.2细胞期 B.4细胞期（侧面观） C.8细胞期（动物极观） D.16细胞期（动物极观）
（曲漱惠等，动物胚胎学，1980）

2. 不完全卵裂 卵裂沟仅局限在卵的某一部分，而不遍及整个卵子，故又称为局部卵裂。中黄卵和端黄卵的卵裂属此类型。不完全卵裂可分为以下两种：

(1) 盘状卵裂 卵裂仅局限在动物极的胚盘内进行，卵黄不参加分裂，称为盘状卵裂。端黄卵以此方式进行卵裂，如头足类、软骨鱼类、硬骨鱼类、爬行类及鸟类等（图10-30）。

(2) 表面卵裂 位于卵中央的细胞核首先分裂成若干子核，然后迁移到卵子表面，卵质再行分裂，而卵黄不参加分裂，中黄卵的卵裂属于此种类型，如昆虫等（图10-31）。

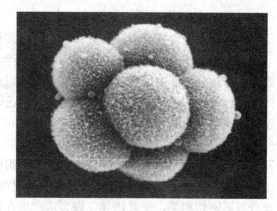

图10-29 小鼠不规则卵裂
（任素莲提供）

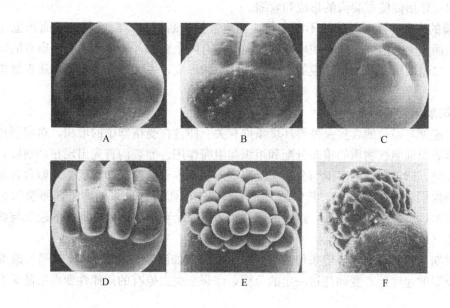

图10-30 斑马鱼的盘状卵裂
A. 受精卵 B. 2细胞期 C. 4细胞期 D. 8细胞期 E. 32细胞期 F. 盘状囊胚

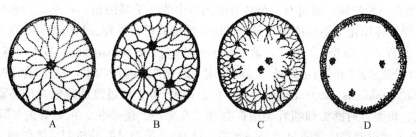

图10-31 表面卵裂
A. 卵裂前的卵子 B、C. 核分裂阶段 D. 形成表面囊胚
（楼允东，组织胚胎学，1996）

（三）卵裂的机制

卵裂实际上包含核分裂和质分裂两个并行又相对独立的过程。

1. 细胞核的分裂 细胞核的分裂主要是有丝分裂器的作用，使母细胞核分配到两个子细胞中。有丝分裂器由染色体、纺锤体、星体组成，这些结构在有丝分裂中期形成。此时染色体父本、母本基因已经复制，核膜消失，染色体浓缩，排列在赤道板上，分离的中心粒周围发出纺锤丝，四散放射，犹如星光。星体之间出现纺锤丝与染色体相连，形成纺锤体。纺锤丝吸引、收缩，使染色体向两极移动。与此同时，细胞质内进行复杂的蛋白质合成、转化以及卵裂沟皮层增厚和缢缩，导致细胞核和细胞质分裂同步进行。

2. 细胞质的分裂 细胞质的分裂集中表现在卵裂沟的形成上。但卵裂沟的形成位置与有丝分裂器密切相关，受其诱导，卵裂沟产生在两个星光等距离的位置。但卵裂沟的成分、结构完全独立，它是卵子皮层作用的结果。在产生卵裂沟的位置，细胞质浓缩，皮层加厚，促进卵裂沟的形成。卵裂沟周围有一圈 3~7 nm 的微丝，由肌动蛋白组成，为卵裂沟收缩提供动力。荧光抗体抗肌球蛋白的试验，证明卵裂沟中也存在肌球蛋白。因此，肌动蛋白和肌球蛋白的相互作用促使卵裂沟的形成和收缩。

3. 新膜的来源 随着卵裂的不断进行，细胞数目不断增加，细胞膜的总面积也比受精卵的细胞膜面积大大增加。卵裂中增加的新膜可能有两个来源，一是卵子表面原有的细胞膜扩展形成；二是产生新膜，包括膜的更新和新物质的形成，主要是类脂和蛋白质重复单位的装配。

（四）影响卵裂的因素

卵裂的速度与卵黄的含量及外界环境条件有关。卵黄在受精卵中的堆积，对卵裂过程中纺锤体的形成及细胞核物质的重新分配和组织起阻滞作用。卵裂沟首先出现在动物极，然后向植物极推进，卵黄含量的多少与分布状况决定卵裂沟推进的速度和程度。凡卵黄含量少的卵子，卵裂沟很快到达植物极，其卵裂为完全卵裂；而卵黄含量多的卵子，卵裂沟很难推进，以至于永远不能到达植物极，这样的卵裂则为不完全卵裂。因此，卵裂的速度与卵黄的含量成反比（Balfour 法则）。

卵裂时期的胚胎对外界环境条件的改变非常敏感，如温度、盐度、pH 等稍有改变，就会影响到卵裂的速度；若变动超过一定的范围，卵裂会失去原有的规律性变得杂乱无章，甚至停止。

（五）卵裂的调控

在大多数种类的动物中，卵裂的速度以及各卵裂球所处的位置由储存在卵内的母型 mRNAs 和蛋白质所控制。通过有丝分裂分配到卵中的合子基因组，在早期的卵裂过程中并不起作用，即使使用化学物质抑制转录，早期胚胎也能正常发育。从母型调控向合子型调控转换的发育过程叫作母型-合子型过渡（maternal zygotic transition，MZT）。对于有些动物，母型-合子型过渡的时期正好处于囊胚中期，因此在这些动物中，母型-合子型过渡也称为中囊胚过渡（midblastula transition，MBT）。母型-合子型过渡的现象在许多动物如棘皮动物、昆虫、鱼类、两栖类和哺乳类中都存在，在果蝇、斑马鱼、爪蟾等的早期胚胎发育中，母型-合子型过渡和中囊胚过渡是一致的。母型-合子型过渡的机制可能依赖于核质比的变化、卵裂周期的调控以及母源性转录本的特异性降解。

1. 核质比的变化 较低等动物如海胆、海星、果蝇、爪蟾和斑马鱼等的早期胚胎发育，受控于特定的核质比。大多数物种在卵裂时，整个胚胎的体积并不增大，这与其他细胞增殖是有区别的，后者通常在两次有丝分裂之间有一个生长期，使分裂后的子细胞保持原有体积，这种增殖的过程使细胞的核质比例维持恒定。然而早期卵裂时，细胞体积不增加，而受精卵的大量卵质被分到数量不断增加的较小细胞中。受精卵两次卵裂之间没有生长期，因此分裂速度特别快。细胞数目的快速增加导致细胞核与质的比值迅速增大。在多种生物的胚胎中，核质比例的成倍增大是决定某些基因定时开始转录的因素，实现由母型向合子型过渡的调配胚胎发育的机制。高等哺乳动物早期发育比较复杂，储存的母型物质并不足以引发后续的发育过程，此时就必须要求合子型基因产物的适时参与，胚胎的后续发育才能顺利进行，因此第 2 次卵裂就开始依赖于合子型基因的转录。

2. 卵裂周期 一般来说，在 MZT 之前，卵裂速度很快，因为细胞周期只有 S 期和 M 期，而且细胞分裂同步进行。而在 MZT 以后，细胞周期恢复正常的 G_1 - S - G_2 - M 四个时期，因此细胞周期延长。生物不同，所经历的由受精卵到 MZT 的细胞周期数也不尽相同。如环节动物水蛭在第 7 个细胞周期时发现大批合子型基因开始转录；斑马鱼受精卵开始发育时，经历了 7 次快速而同步的卵裂，每个细胞周期仅需要 15 min 左右便可完成。之后细胞分裂的同步化程度略有降低，细胞周期逐渐延长。到第 10 次卵裂时，细胞周期明显变长，因此确定第 10 次卵裂是斑马鱼中囊胚过渡的起始。在斑马鱼的早期胚胎发育中，MZT 也受控于一个严格的核质比。在 MZT 之前通过向斑马鱼胚胎中显微注射非特异性的 DNA 片段，来人为地提高核质比，可以诱导某些合子型基因的提早转录，并会诱导 G_1 期的提前出现。

3. 母源性转录本的特异性降解 有研究认为母源因子的急速消耗触发了 MZT。母源 mRNA 降解机制目前仍不清楚，部分涉及合子基因组转录合成的 microRNAs 的作用。胚胎中存在合子基因激活的抑制因子，随着染色质的复制、细胞分裂的进行，这些抑制因子被逐渐稀释或降解，导致其抑制作用逐渐减弱，合子基因激活。也有研究认为，染色体的表观遗传学修饰如组蛋白的甲基化、DNA 的甲基化以及乙酰化等参与调控合子基因的激活。目前，调控合子基因激活的机制研究仍然是学者们关注的焦点。

二、囊　胚

（一）囊胚的定义及意义

经过多次卵裂形成一个多细胞的囊状胚体，称为囊胚，中间的腔称为囊胚腔（blastocoel）。严格地讲，囊胚是卵裂阶段的延续，但在某些动物，该阶段表现出特殊的形态和生态特点，把它单独列出。在腔肠和棘皮动物，囊胚即从卵膜中孵化出来。

（二）囊胚的类型

由于卵子的类型不同，卵裂的方式也不同，所以形成的囊胚也不同。概括起来，可分为以下几种类型。

1. 有腔囊胚 又称为腔囊胚，其内含有一个大的囊胚腔。腔壁由一层细胞或多层细胞组成。构成囊胚壁的细胞大小均一（如海胆，图 10-32，A）或者不同（如青蛙，图 10-32，B），通常动物极的细胞较小，植物极的细胞较大。

囊胚腔由卵裂球之间的腔隙汇聚而成，大小不同，在囊胚中央或偏靠一侧。腔内含有营养丰富的液体，可作为胚胎发育的养料；另一方面，囊胚腔的存在，有利于细胞向内部迁

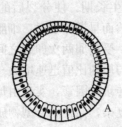 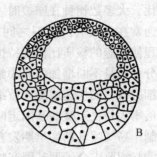

图 10-32 腔囊胚
A. 单层囊胚　B. 多层囊胚
(Balinsky, 1981)

移,并防止细胞不成熟时过分接触。

2. 实心囊胚　又称无腔囊胚,无明显的囊胚腔。有些胚胎在卵裂初期尚有腔隙,以后被卵裂球挤压而消失。如水螅、水母、某些环节动物和软体动物等(图 10-33)。

3. 边围囊胚　中黄卵进行表面卵裂形成的。囊胚呈球形,周围是一层细胞,包围着中央的卵黄,无囊胚腔,如昆虫、虾蟹的囊胚(图 10-34)。

 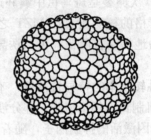

图 10-33 实心囊胚　　　　　　　　图 10-34 边围囊胚
(曲漱惠等,动物胚胎学,1980)　　　　(楼允东,组织胚胎学,1996)

4. 盘状囊胚　由端黄卵行盘状分裂而成。囊胚为盘状,称为胚盘;胚盘与卵黄之间有裂缝状的胚下腔,即囊胚腔。如硬骨鱼类、爬行类和鸟类的囊胚(图 10-35)。头足类的盘状囊胚则无明显的囊胚腔。

5. 泡状囊胚　有一较大的囊胚腔,囊胚壁很薄,囊胚腔内充满液体(图 10-36)。胚体呈囊泡状。如哺乳类的囊胚。

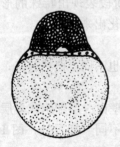 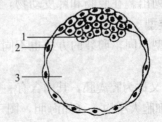

图 10-35 盘状囊胚　　　　　　　　图 10-36 泡状囊胚
(楼允东,组织胚胎学,1996)　　　　1. 内细胞群　2. 滋养层　3. 囊胚腔
　　　　　　　　　　　　　　　　　(南京医学院组织胚胎学教研组,组织胚胎学图谱,1979)

三、原 肠 胚

(一) 原肠作用及意义

囊胚继续发育和分化，部分细胞通过各种运动方式迁移到囊胚内部，形成一个双胚层或三胚层的胚胎，成为原肠胚，留在原肠胚外面的称为外胚层（ectoderm），迁移到里面的称为内胚层（endoderm）或中内胚层（meso-endoderm），而形成原肠胚的过程，称为原肠形成或原肠作用。

原肠胚时期，细胞的分裂速度减慢，并略有生长；细胞核的作用开始明显，代谢作用旺盛，新的蛋白质开始合成。细胞进行有规律的迁移，从而导致胚层的形成。在此时期，RNA 的迅速转录恢复了丰富的遗传信息，标志着胚胎在分子水平上已出现了个体特征，从此，细胞将沿着各自的发育途径进行下去。

(二) 原肠作用的类型

原肠作用的细胞运动涉及整个胚胎，一部分细胞的运动必然和同时发生的其他细胞的运动密切配合。动物界原肠作用的方式概括起来可以分为以下几种。

1. 外包法（epiboly）　胚胎动物极小细胞不断分裂，逐渐包围植物极大细胞的过程。一般常见于实心囊胚，如履螺。硬骨鱼类、爬行类、鸟类及两栖类也有外包运动（图 10-37）。

2. 内陷法（invagination）　通常发生在有腔囊胚，为最简单的原肠作用方式。植物极整个区域的细胞同时向内凹入，形成一个双胚层的胚胎。囊胚腔变小或消失，在内陷处形成一个新的腔隙，称为原肠腔。原肠腔与外界的开口称为原口或胚孔，胚孔的边缘称为唇，按其在背、腹、侧面所在的位置，分别称为背唇、腹唇和侧唇。以此种方法进行原肠作用的动物较多，棘皮动物、文昌鱼等常被作为典型的例子（图 10-38）。

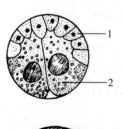
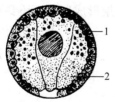
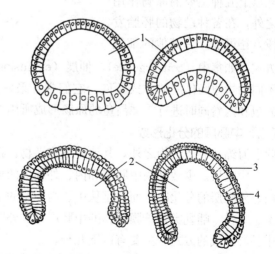

图 10-37　外包法
1. 外胚层　2. 内胚层
（楼允东，组织胚胎学，1996）

图 10-38　内陷法（文昌鱼）
1. 囊胚腔　2. 原肠腔　3. 外胚层　4. 内胚层
（楼允东，组织胚胎学，1996）

3. 内卷法（involution）　囊胚外层细胞在某一位置向内卷入，并沿外层细胞内表面扩展。卷入的细胞为内胚层，留在外面的细胞为外胚层。如鱼类、鸟类、爬行类和两栖类等（图 10-39）。

4. 移入法（ingression） 囊胚壁的细胞单个地向内部迁移，形成一层或一团内胚层细胞的方式。通常有单极移入法和多极移入法两种方式。若细胞的移入仅局限在植物极，为单极移入，如水螅水母类；而细胞的移入沿整个囊胚壁进行，为多极移入，如水母类（图 10 - 40）。

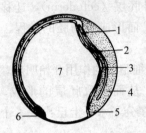

图 10 - 39 内卷法（硬骨鱼类）
1. 脊索-中胚层-内胚层 2. 卵黄多核体
3. 原肠腔 4. 外胚层 5. 背唇 6. 腹唇 7. 卵黄
（楼允东，组织胚胎学，1996）

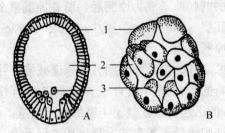

图 10 - 40 内移法
A. 单极移入 B. 多极移入
1. 外胚层 2. 囊胚腔 3. 内胚层
（楼允东，组织胚胎学，1996）

5. 分层法（delamination）囊胚壁细胞以切线分裂的方式断为两层，外层为外胚层，内层为内胚层。分层法常见于腔肠动物如水母类，无尾两栖类和鸟类中也存在此种方式（图 10 - 41）。

除以上五种主要的原肠作用方式之外，在各种动物的胚胎发育阶段，还可能伴有其他的细胞

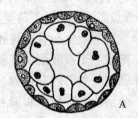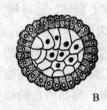

图 10 - 41 分层法
A. 腔囊胚分层 B. 实心囊胚分层
（楼允东，组织胚胎学，1996）

运动方式，如集中（convergence）、伸展（extension）、分散（divergence）等。

不同动物原肠作用的方式不同，它们常常采取几种不同方法同时或先后进行，如两栖类，外包和内卷同时进行，文昌鱼的原肠形成所用方式主要为内陷、内卷等。

（三）中胚层的分化形成

除了海绵和腔肠动物之外，其他多细胞动物，在经过双胚层形成期后，还要发生第三个胚层——中胚层。少数动物中胚层和内、外胚层的形成同时进行，而大多数动物中胚层的分化比内、外胚层的分化晚，而且是从中、内胚层的细胞团中分化出来，但也有部分动物，如爬行类、鸟类、哺乳类等羊膜动物的中胚层是从外胚层中分离出来。

中胚层形成的方式，主要有以下几种。

1. 内褶法 中胚层细胞从原口背唇处与内胚层细胞一同褶入，并与内胚层细胞共同构成原肠的壁。伴随着胚胎发育，中胚层从原肠的顶端分出，并围绕消化道扩展，形成体腔，故这一方法又称肠体腔法。这种中胚层形成的方法存在于棘皮动物和脊椎动物，是后口动物中胚层发生和体腔形成的主要方式，以文昌鱼最为典型（图 10 - 42）。

2. 内移法 部分外胚层细胞分散地进入内、外胚层之间，形成间叶细胞，然后形成各种中胚层器官，如棘皮动物等（图 10 - 43）。

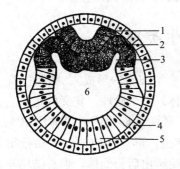

图 10-42 内褶法
1. 神经管 2. 中胚层 3. 肠体腔囊
4. 外胚层 5. 内胚层 6. 原肠
（楼允东，组织胚胎学，1996）

图 10-43 海胆原肠胚间叶细胞
(Scottf G., Developmental Biology, 1980)

3. 端细胞法 卵裂时期两个中胚层的母细胞就已经分化出，原肠形成时它们对称地排列在原肠两侧内、外胚层交界处，这里是胚胎或幼虫的一端，故称为端细胞。端细胞增殖分裂，形成两条中胚层细胞索，分列于原肠的两侧，中空后包绕原肠形成体腔（图10-44）。这种方法广泛存在于扁形、纽形、软体（头足类除外）和环节动物，是原口动物中胚层发生的基本方式。

原肠作用以内、外胚层的形成开端，以中胚层的形成结束。三胚层的形成为器官形成奠定了基础。

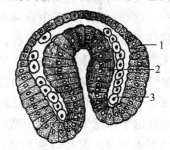

图 10-44 端细胞法
1. 外胚层 2. 内胚层 3. 端细胞
（楼允东，组织胚胎学，1996）

四、胚层的分化

胚层（embryonic layer）是原肠胚期形成的胚胎细胞层，分为外胚层、内胚层、中胚层。Vogt（1929）最早用活体染色方法追溯从囊胚表面迁入的细胞哪些形成内胚层、哪些形成中胚层，并进一部探讨器官组织的来源。他将活体染料如中性红或尼氏蓝（Nile blue sulfate）溶于稀冻粉液，将染色的冻粉干薄片放在需要染色的囊胚细胞上，使细胞着色，然后观察细胞迁移的情况，从而得出囊胚表面不同区域细胞，将来形成器官、组织的情况，在囊胚表面绘成未来器官的分布图。用此方法，分别做出了文昌鱼、鱼类、鸟类等器官分布图。之后，研究方法不断改进，目前认为同位素标记比较准确。

原肠胚时期的内、中、外三胚层将来形成的组织、器官如下：

1. 外胚层 形成神经系统，眼的视网膜、虹膜肌和晶体，内耳上皮，皮肤的表皮及毛发，指甲，鳞片，皮肤腺等衍生物等。

2. 中胚层 中胚层具有多能性，它将形成肌肉、骨骼、软骨、结缔组织、脂肪组织、血管、泄殖系统、气管、体腔膜及系膜等。

3. 内胚层 形成消化道、呼吸道上皮及消化腺（肝、胰腺等）、某些内分泌腺（如甲状腺、胸腺等），以及泌尿系统膀胱的大部分、尿道和附属腺体的大部分上皮等。

第四节 个体发生类型

广义来看，动物的胚胎发育过程包括胚前发育（生殖细胞的形成）、胚胎发育（早期胚胎发育和器官形成）和胚后发育（孵化后的幼虫或幼体）三个阶段。狭义的定义为在卵膜内或母体内发育的阶段，称为胚胎期（embryo stage）。胚胎从卵膜内或母体内出来，称为孵化（hatching）或出生（birth），有些动物孵化后为幼虫，形态结构与成体相差很大，还需要一个变态发育的过程才能成为幼体；有些动物的胚胎孵出后为幼体，形态结构与成体十分相似，无须经过变态发育期。前者称为幼虫发生类型或间接发生类型，后者称为非幼虫发生类型或直接发生类型。

一、幼虫发生类型

属于这一发生类型的动物都要经过幼虫时期。很多水生动物在发育的过程中有自由活动的幼虫存在。这些动物的卵子中卵黄含量都比较少，因此幼虫很早就从卵膜内出来活动，自觅食物，靠外界营养来完成发育阶段，称为自由生活幼虫发生类型。这种发生类型广泛地存在于水生无脊椎动物和原索动物中，如海绵、腔肠、扁形（自由生活种类）和纽形动物等囊胚幼虫；海绵、腔肠、扁形和环节动物等的浮浪幼虫；软体动物和环节动物的担轮幼虫；软体动物的面盘幼虫和钩介幼虫；各种棘皮动物的幼虫以及两栖类的蝌蚪幼虫。

有些动物的个体发生过程中虽然有幼虫出现，但幼虫的发育地点是在由母体形成的被囊、卵膜或寄主体内，因此幼虫不能自由活动，卵黄也不是唯一的营养物质，还可以从被囊、卵囊或寄主体内获取营养，如在卵囊内发育的荔枝螺，可以直接吞噬卵囊内的败育卵，河蚌的钩介幼虫也可以从寄主（鳍鲅）身上获取营养。这种类型的幼虫称为非自由生活幼虫发生类型。

这类幼虫的变态过程大致可分为两种情形，即坏死性变态和演化性变态。前者是指在幼虫发生过程中形成一或多个适应某一阶段幼虫生活的幼虫器官，变态时，这些幼虫器官会逐渐退化消失。如贝类担轮幼虫出现的壳腺、面盘幼虫中的面盘等。而演化性变态是指发生过程中没有幼虫器官，刚形成的器官结构和类型非常简单，与成体有很大差别，但在发育过程中器官数量和功能逐渐完善。如虾类无节幼虫，只有三对附肢、消化道没有打通等。

二、非幼虫发生类型

该类型动物在卵膜内进行的胚胎发育过程较长，器官结构已较完善，所以幼体从卵膜内孵出时其形态结构与成体十分相似，并很快就进行独立生活。这类动物所产的卵子的体积往往比较大，储存有大量的卵黄等营养物质。如软体动物中的头足类以及绝大多数的脊椎动物，如鱼类、爬行类、鸟类等。

三、昆虫的变态

昆虫的发育有3种形式。有些昆虫如Springtail，不经幼虫期就直接发育。有些昆虫，如蝗虫，以半变态（hemimetamorphosis）的形式发育，即成体器官由幼虫器官直接发育而成，中间无间断。翅、生殖器官等成体结构的原基在孵化时就已形成，以后通过多次蜕皮，发育为成虫。半变态发育的昆虫幼虫称为若虫（nymph）。第三种发育方式称为完全变态（holometamorphosis），如蝶类、蝇类、蛾类，幼虫经多次蜕皮逐渐长大，在最后一幼虫期变态成为蛹（pupa）。在蛹化过程中，成体结构逐渐形成，并取代原有的幼虫结构。蛹期是从幼虫到成虫的一个过渡期。蛹虫羽化出来成为成虫（图10-45）。

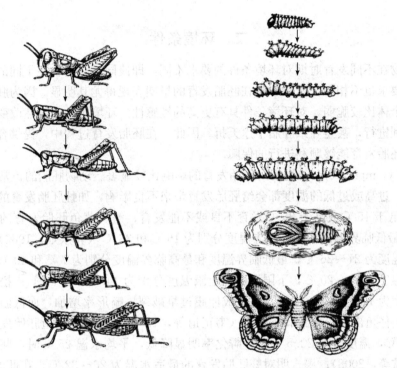

图10-45　蝗虫的半变态发育（引自Saunders，1970）和蝴蝶的完全变态发育（仿Gilbert重绘）

以上是卵生型动物的发生方式。对这类动物来说，其发生类型与卵子大小有关，卵子的个体小，储存的卵黄等营养物质含量少，胚胎期短，所以孵出后大多是能够自由生活的幼虫。如海胆发育到囊胚阶段时就孵化。反之，卵子的体积大，卵黄含量多，胚胎发育期则长，器官发育相对完善，生活史中不出现幼虫时期，如鱼类、爬行类和鸟类。卵黄是这些动物胚胎发育所必需的营养来源。蛙类的生活过程中有幼虫出现，但某些热带蛙，如卵齿蟾属（和 *Eleucherodactylus*）、小节蛙属（*Arthrotepcella*），没有蝌蚪阶段，因为，它们卵中的卵黄含量极高，而且它们的卵也没有必要产在水中。

而对于胎生的种类，由于其发育地点在母体内，可以靠胎盘从母体内获取营养，所以卵内卵黄的含量很少，卵子的个体也较小。但胚胎时期仍有卵黄囊发生，表明胎生动物是由卵生动物进化而来的。哺乳动物的卵就是通过胎盘来获取所需要的营养物质和氧气。

第五节　影响胚胎发育的因素

动物的胚胎发育能否顺利进行，首先取决于卵子的成熟度。另外，创造合适的环境条件也是非常重要的，两者缺一不可。

一、卵子成熟度

卵子的成熟度与受精的关系在上一节已有介绍,其与胚胎发育有非常紧密的联系。一些卵子由于营养物质积累不够,卵径过小,虽经刺激也能产出和受精,但胚胎发育的质量明显受到影响,如畸形率高、幼虫变态慢和易感染性增强。海参卵径小于 110 μm,可认为卵子成熟度不够。

二、环境条件

不同动物在不同发育时期对环境条件的要求不同,即使同一种动物在不同的发育时期对环境条件的要求也不相同。这种影响在胚胎发育的早期表现得尤其明显。因为胚胎时期是生命的开端,个体比较脆弱,对环境条件具有更高的敏感性。环境条件的突然改变,会影响胚胎发育的顺利进行,甚至导致胚胎中途夭折。因此,在胚胎发育过程中,提供合适、稳定的环境条件是胚胎发育能够顺利进行的保障。

1. 温度(temperature) 温度对胚胎发育的影响比较显著。动物胚胎的正常发育有一定的温度范围,过高或过低的温度都会给胚胎发育带来不良影响,如蛙胚胎发育的适宜温度是 15~22 ℃,低于 15 ℃或高于 30 ℃发育不良或不能发育;鲢、草鱼胚胎发育的最适温度为 22~28 ℃,最低临界温度和最高临界温度分别为 16 ℃和 33 ℃(郭永灿,1982);金鱼胚胎发育的最适温度为 21~26 ℃,最低临界温度和最高临界温度分别为 7 ℃和 40 ℃;丁鱥胚胎发育的适宜温度为 20~25 ℃,下限温度和上限温度分别为 14.5 ℃和 30 ℃;松江鲈的最适胚胎发育温度为 10~11 ℃,温度高时造成卵膜过早破裂,畸形率增加,而低温会延迟胚胎的成熟,影响仔鱼出膜,导致胚胎死亡(韦正道等,1997);中华多刺鱼胚胎发育的适宜温度为 14~16 ℃,温度升至 22.5 ℃时,孵化率明显降低,平均水温 25 ℃时,胚胎不能正常发育(卞绍雷等,2008);墨吉明对虾胚胎发育的最适水温为 26~32 ℃,在此温度范围内,墨吉明对虾的幼体出膜时间与水温呈负相关(杨世平等,2014);长牡蛎胚胎发育的最适温度为 23~26 ℃,若水温高于 30 ℃或低于 15 ℃,胚胎畸形率明显增加。一般来说,水生动物在胚胎发育期间水温的变化,不应超出该种动物在产卵期间产卵场水温的变动范围。

同一动物在不同发育阶段对温度的敏感性不同,一般来说,在发育的早期对温度比较敏感,适温范围比较窄。0.8~1.0 ℃的低温对贻贝早期胚胎发育具有破坏性。随着胚胎发育的进行,其影响程度逐渐减弱。如在担轮幼虫时期低温处理 4 h,温度条件恢复正常后,胚胎发育仍能正常进行。海湾扇贝卵裂期对温度的变化最敏感,面盘幼虫期对温度变化的耐受性大(何义朝,1983)。扁吻鱼在囊胚期和原肠期的胚胎对温度具有更高的敏感性(马燕武等,2008)。鲢、草鱼胚胎在原肠期对温度敏感,其次为囊胚期、出膜期(郭永灿,1982)。

在一定的温度范围内,胚胎发育的速度与温度的高低成正比。如水温升高,胚胎发育加快,反之则减慢。如贻贝在水温 8 ℃时的胚胎发育速度比 6 ℃时快 38 h(前者为 106 h,后者为 144 h),10 ℃时的发育速度比 8 ℃的发育速度快 28 h,12 ℃时比 10 ℃快 20 h。但当水温超过 20 ℃时,影响不显著(何义朝等,1983)。美洲牡蛎(*Crassostrea virginica*)的幼虫,在 24~27 ℃水温下,经过 1 周的时间便可结束浮游生活进行变态附着;若水温降低到 23~24 ℃,其浮游期可延长到 13 d;如再降低到 20 ℃,浮游期就会延长到 17 d。胶州湾内强棘红螺的胚胎发育适温为 21~27 ℃,在此范围内,水温每升高 1 ℃,卵裂开始的时间可提早 1 h。在平均水温为 15～25 ℃条件下，扁吻鱼胚胎发育均可完成，且胚胎发育速度随着水温的升高而逐渐加快（即 169 h～55 h），温度与发育时间呈幂指数递减关系（马燕武等，2008）。当孵化水温从 32 ℃下降到 23 ℃时，墨吉明对虾幼体出膜时间由 555 min（9.25 h）增加到 1 108 min（18.46 h）。

为什么不适宜的温度会导致胚胎产生畸形发育？一些胚胎学家认为，温度的影响对于胚胎发育有局部性的作用。不适宜的温度能够使胚胎某些结构发育特别加快或特别受到抑制，因此产生整个胚胎发育不均衡的病理现象。

2. 光照（illumination） 鱼类的胚胎发育与光线关系密切。有些鱼类在水的表层发育，另外一些鱼类则在水的深层发育，甚至是在水底发育。某些鲑科鱼类将产下的卵埋于水底的沙土中，因此胚胎发育是在很暗的环境内进行的。

许多无脊椎动物的幼虫对光线都有强烈的反应。如对虾、藤壶、海蚯蚓等动物的幼虫都有显著的趋光性，虾蟹类育苗时强光处比暗光处效果好。因此，在育苗过程中应采用强光，使池面光照强度达 10 000 lx 以上，但应使光线均匀，防止幼虫过分集中导致死亡。但也有人指出，在人工条件下强烈的日光照射会使中国对虾的孵化率降低，幼虫畸形率较高。而扇贝、牡蛎等大多数贝类的幼虫早期具有趋光性，晚期却有一定的避光性，在黑暗中比光亮中更容易附着。若在较强的自然漫射光（2 500 lx）和阳光直射下（10 000～18 000 lx），贻贝的浮游幼虫往往群居于远光源的一端，严重时沉降堆集甚至导致大量死亡。

光照强度影响胚胎发育的速度。实验证明，泥蚶幼虫在 50、500、1 000 lx 的光照条件下，光照越强，幼虫发育越快，50 lx 以下生长极为缓慢，500～1 000 lx 为幼虫生长的适宜光照。

光波波长对于各种动物的胚胎发育也有相当的影响。已知红、绿光线对蛙的发育不利，容易导致其死亡。在紫色的光线下，则能正常发育。鱼类胚胎和幼体对光色的反应，大致与蛙相同。

各种动物在胚胎发育阶段对紫外线、射线等都非常敏感，尤其早期胚胎，有时轻微的照射就会导致胚胎畸形甚至死亡。如赤鳙在受精后 35 h（大约为原肠胚）用紫外线照射很短的时间，就会产生各种畸形，但若将晚期的胚胎用紫外线照射，畸形率则相对较低。

3. 盐度（salinity） 盐度是生物繁殖和发育过程中重要的环境因素之一，它影响着正在发育的生物有机体的渗透压。海产无脊椎动物多数是体外受精和体外发育，所以胚胎发育与海水的盐度、密度密切相关。有些种类生活在高盐海区，如密鳞牡蛎等，其胚胎发育就需较高的盐度，为 20～48；生活在低盐海区的种类，如近江牡蛎、长牡蛎等，胚胎发育所需的盐度较低，近江牡蛎为 5.6～34，长牡蛎是 5.5～34。海湾扇贝幼虫的盐度耐受范围为 22～37，适宜范围为 22～33。对虾类育苗海水的盐度要求在 25～32。中国对虾幼虫一般须控制在 23 以上，但超过 35 对胚胎和幼体不利。墨吉明对虾胚胎发育的最适盐度为 25～35，在此范围内，其幼体的出膜时间和孵化率均无显著差异（杨世平等，2014）。在西施舌的人工授精过程中也发现，盐度过高卵子收缩，太低则卵子膨胀。这两种情况下都不能受精或尽管有少数受精，但不能发育到面盘幼虫。半滑舌鳎受精卵孵化的适宜盐度为 25～35，此盐度范围内孵化率可达 88% 以上，盐度低于 20 或高于 40，孵化率会明显降低，同时初孵仔鱼畸形率也会随之增加（柳学周等，2004）。宝石鲈胚胎发育的最适盐度为 0～85，12 为其临界盐度。由以上可以看出，动物胚胎发育所需盐度因动物的种类不同而有差异。

海水盐度的变化还能影响胚胎发育的速度。在适盐的范围内，盐度越高，发育越快；盐度越低，发育越慢。泥蚶幼虫生长发育在20~32的试验盐度范围内，28为最佳盐度，在此盐度条件下幼虫发育速度明显快于其他各盐度组。缢蛏幼虫在12.4的最适盐度中9 d就能完成变态，而在盐度4.5中需要12 d才能完成变态（温度为22.0 ℃）。

不同发育阶段的幼虫对盐度的感受力也不同。海湾扇贝从受精卵到D形幼虫的适宜盐度范围为25~32，而从担轮幼虫发育到D形幼虫的适宜盐度范围扩大为23~37。

鱼类体内所含盐度与发育环境不同。淡水鱼类卵子盐度为5，而水环境盐量为0.01~0.20，即鱼类卵子处于低渗环境中；海水鱼类卵子盐度为7~7.5，而海水的含盐量为35~47，所以海水鱼类在高渗环境中发育。在这种情形下，依靠卵子的卵膜来调节鱼类卵子的盐度在发育过程中保持不变。但卵膜的调节是单向的，淡水鱼类的卵膜只能防止卵子在低渗环境中再吸收水分，而海水鱼类的卵膜只能防止卵内水分外出。所以，淡水鱼不能在海水中发育，海水鱼也不能在淡水中发育。

4. 酸碱度（pH value） 即pH。pH的高低是育苗水质状况的一个重要指标，它直接影响胚胎和幼体的新陈代谢，并左右着其他化学因子的变化，因此在水产动物的人工育苗过程中，pH是一个常规测定指标。

鱼类胚胎发育与酸碱度关系密切。受精卵细胞膜对pH有一定的调节能力，因此当pH在一定范围内变化时不会影响鱼的胚胎发育。但这种变化一旦超出一定范围，就会影响胚胎内环境的平衡，从而对其造成危害。苏联学者研究发现，虹鳟胚胎发育的适宜酸碱度（pH）为6.4~7.5，幼苗为6.1~8。当pH为6.1~6.4或7.5~8时，畸形胚胎的数量显著增加，高于8或低于6.1时往往引起死亡。鲤胚胎发育的适宜pH为5.2~8.8，在此范围内，各期胚胎都能正常发育。当pH提高到9.0~9.6时，胚胎则发育不良，最终导致死亡。白鲢胚胎发育的适宜pH为6.7~7.9。

海水通常呈弱碱性，pH一般在7.5~8.6，因此许多海产无脊椎动物的胚胎发育要求的pH在8.0左右，在弱酸环境中胚胎发育不能正常进行。王堉（1965）报道了pH对中国对虾的影响情况，胚胎期对pH的适应范围最窄，在7.50~8.78之间，无节幼虫在7.45~9.00，并随着变态发育的进行适应能力逐渐增强。日本今村（1978）报道，pH为8.7时会引起日本对虾无节幼体的大量死亡。

在人工育苗过程中，必须及时地更换新鲜的海水。因为水体内残有的动物组织碎片、黏液、死亡的精子等发生腐败往往使水质变酸，影响胚胎发育的正常进行。

5. 氧气（oxygen） 氧气是胚胎发育过程中必不可少的环境条件，它决定着发育中胚胎氧的供给状况。哺乳类、鸟类、爬行类等动物的胚胎，因为它们依靠母体或直接依靠空气中的氧气进行呼吸，因此胚胎发育期间的氧气供应相当恒定。鱼类及其他水产动物胚胎发育的供氧状况，取决于水体中的溶氧量。水体中溶氧量不仅能影响胚胎的正常发育，而且也会对水质产生影响。

水体中的溶解氧水平与鱼类的胚胎发育和新陈代谢密切相关。溶氧低于1.6 mg/L时，会导致胚胎发育迟缓、停滞，甚至死亡。胚胎发育期的尾芽出现后，耗氧量为胚胎早期的2倍多；出膜后68 h的仔鱼，其耗氧量达最高峰，为胚胎发育早期的10倍左右。因此，在整个人工育苗过程中，应采取各种措施，如流水孵化、及时换水、充气搅拌等，以增加水体中溶解氧的含量，保证胚胎发育的正常进行。另外，应注意布卵密度要合理。

胚胎发育过程中对氧气的需求量随温度的升高而增加。在氧气充足的条件下，适当升高温度，能提高胚胎发育的速度，反之，则能导致胚胎发育畸形甚至死亡。

鱼类晚期的胚胎经常在卵膜内转动，有人认为这有利于卵周隙所含液体的流动，各种物质的扩散，从而改善胚胎气体交换条件。这种现象可以看作是鱼类胚胎对呼吸条件的一种适应，同样的现象也存在于多种无脊椎动物接近孵出的晚期胚胎中，如贝类、对虾等。

6. 无机物和有机物（inorganic and organic compounds） 无机物对于水生生物的胚胎发育有很大的影响，有时只要海水中的某些成分略微变化就可能产生显著的作用。但在自然水域中一般不会缺少无机盐类，而且水中各种无机盐类对胚胎发育的影响并不一致，有的只对胚胎发育的某一方面有影响，而对其他方面没有作用；有的只作用于早期的胚胎或晚期的胚胎。以海胆为例，K^+、Mg^{2+}及一定浓度的酸碱是其受精作用的基本条件，Cl^-、Na^+是其细胞分裂必需元素，K^+、Ca^{2+}、OH^-是维持其渗透压的基本物质。此外，在器官形成阶段，若环境中缺乏Sr^{2+}、Mg^{2+}，幼虫的消化器官与骨针就不能形成。

某种物质的作用不是绝对的，微量时为生物正常的营养物质，浓度超过一定限度时则会有毒害作用，而且其毒害作用受温度、pH、溶解氧等因素的影响而有很大的变化，一般无机物的毒性都随温度升高而增加。酸性物质会因pH的降低而毒性增强，碱性物质则恰好相反。不同种类的生物对有毒物质的耐受力也有较大差别。如硫酸铅和硫酸高铁对马苏大麻哈鱼稚鱼的危害限度分别为$0.28 \sim 0.8$ mg/L和$10.0 \sim 19.0$ mg/L，对鲤则分别为$20.2 \sim 58.4$ mg/L和$28.0 \sim 61.7$ mg/L，同一种类的鱼类胚胎时期的耐受性小。

据报道，Cu^{2+}对牡蛎幼虫的附着具有极其重要的作用。在海水中，Cu^{2+}的含量必须在$0.05 \sim 0.06$ mg/L，过多或过少均不适宜。过多会引起中毒，过少会影响足丝的分泌甚至不能附着。缺少KCl时对受精率没有多大的影响，但含量达9.9%时受精率就会下降。缺乏$CaCl_2$时不能进行受精作用，一般含量在6%左右最合适，但高于10%时受精率又会下降。

海水中过量的重金属离子对无脊椎动物的胚胎发育影响很大，如虾蟹类幼体对Hg^{2+}、Zn^{2+}、Cu^{2+}等多种重金属离子都很敏感。当Zn^{2+}浓度在5×10^{-7} mg/L以下时，胚胎不能发育，仔虾对Zn^{2+}的8 h的平均忍受限为2.5 mg/L。0.5 mg/L的Cu^{2+}对褐对虾和桃红对虾的幼体有毒害作用（Mandeelli，1971）。1.3 mg/L的Cu^{2+}使红额角对虾幼体在24 h内全部死亡（Lawrence等，1981）。因此在人工育苗的过程中，切忌用金属器皿以防污染海水。

在虾蟹类育苗过程中，由于生物密度大，投饵量多，其排泄物、残饵及生物尸体等均沉于池底，这些沉积物的形成速度大大超过池塘水体自身的净化能力，所以形成一层很厚的有机质层。这些有机物在缺氧的条件下进行分解，产生大量的硫化氢、氨态氮、甲烷等有毒气体，导致幼体中毒或死亡。

7. 环境污染（environmental pollution） 环境污染包括污水、农药、油类、放射性物质、纳米材料、持久性有机污染物等多种污染种类。石油及石油产品的危害非常大，它常常被江河悬浮物质的微细颗粒所凝固，沉入水底，污染环境，破坏鱼类的卵子及胚胎。据报道，石油浓度高于20 mg/L时可致鲟的鱼苗死亡。有人用不同产地的原油对鲱、鳕、鲽的胚胎和稚苗进行试验，结果发现死亡率与原油分解物的浓度成正比。农药DDT能使鲑和鳕的胚胎和鱼苗死亡；农药可以阻止牡蛎和贻贝胚胎孵化；造纸厂排出的污水中所含的硫酸盐不但能降低鲱卵子的受精率，引起畸形发育，而且还抑制牡蛎的繁殖和幼体的附着。8 nmol/L及以上浓度的CdSe/ZnS量子点对斑马鱼胚胎具有较强的发育毒性，随着暴露浓度和时间的增加，CdSe/ZnS量子点可造成斑马鱼胚胎死亡率升高（陶核等，2015）。纳米二氧化硅可对斑马鱼胚胎发育产生明显的抑制作用，且呈一定的剂量依赖性，导致胚胎孵化率显著下降、死亡率显著上升（王晓微等，2009）。随着多氯联苯（PCB_{1254}）浓度的升高（0～3 mg/L），斑马鱼胚胎孵化率逐渐降低，当PCB_{1254}浓度为3 mg/L时，孵化率接近于零，而斑马鱼胚胎及幼鱼死亡率随着PCB_{1254}浓度的增加明显升高，PCB_{1254}浓度为3 mg/L时的死亡率为100%。同时还发现，PCB_{1254}暴露对斑马鱼胚胎及幼鱼多个系统的发育产生明显影响，主要表现为鱼卵发育停滞、尾巴凹陷、卵黄膜外凸、心包水肿、卵黄囊水肿、尾巴弯曲等多种发育异常（王艳萍等，2010）。

8. 敌害生物（biological predators） 小鱼、小虾、蝌蚪、桡足类等都会对卵和仔鱼构成威胁，这些敌害生物有的会吃鱼卵鱼苗，有的即使不吃鱼卵鱼苗，也会与鱼卵鱼苗竞争空间和溶氧。如繁殖速度惊人的桡足类，如果没有良好的滤水设施，其数量会成百倍地超过鱼卵。

9. 物理刺激（physical stimulation）

（1）电离辐射（ionizing radiation） 有关电离辐射对鱼类胚胎发育的影响，许多学者在不同鱼类进行过研究。研究结果表明，不论是照射生殖细胞还是受精卵，对胚胎发育的影响都是很大的，主要表现在孵化率降低、孵化时间延长、胚胎分化不完整、产生畸形胚胎等。畸形的类型有胚孔未封闭、卵黄外露、胚体的分化不完整、胸腔扩大、心跳缓慢、卵黄囊内集聚体液、脊椎短或弯曲、头部分化不完整或眼睛分化不完整等，尤其以胸腔扩大和脊椎不分化占多数，严重者引起胚胎死亡。辐射效应随剂量的增加而增强。鱼类各发育期胚胎对辐射的敏感性，以胚胎发育的早期为最高，随着胚龄的增长而递减。

胚胎发育早期对电离辐射较敏感。Zimmerman等（1990）研究发现，将海胆胚胎置于频率为50 Hz、磁感应强度为100 μT的磁场中23 h，会出现囊胚期胚胎发育延迟的现象。将鲑、虹鳟胚胎暴露于磁感应强度为1～13 mT的磁场中时，胚胎发育延迟，但心脏节律和呼吸强度均增加（Formicki等，1998）。将50 Hz的ELF-MF电暴露使斑马鱼胚胎发育至48～60 h时的胚胎孵化率显著降低（李莹等，2015）。UVB照射对斑马鱼早期胚胎发育形态有明显的影响，能够造成尾部弯曲、围心腔扩大、脊柱弯曲等多种畸形甚至死亡（闫永健等，2010）。电离辐射暴露不同时间对生物产生的影响也不同。Skauli等（2000）将鱼胚胎在受精2 h和48 h后分别暴露于磁感应强度为1 mT的工频磁场中，发现受精2 h磁场暴露的胚胎发育不受影响，而受精48 h磁场暴露的胚胎发育明显延迟。

（2）超声辐射（ultrasonic radiation） 蒙子宁研究不同的超声辐射时间和辐射次数对大弹涂鱼、中华乌塘鳢、真鲷和大黄鱼受精卵孵化的影响，结果表明，超声处理大弹涂鱼胚胎发育后期的受精卵，可提高其孵化率，但对大弹涂鱼和中华乌塘鳢胚胎发育早期受精卵的孵化有负面影响。每次辐射时间为1 min、总辐射次数为4次的辐射剂量有利于真鲷受精卵的孵化；而每次辐射时间超过1 min，则会使孵化率降低。陈家森等（1989）研究了物理刺激鱼胚胎对其后期生长速率的影响，虽然经过多次重复，但从研究内容来讲，还是属于初步的、唯象的。根据目前得到的结果，发现用适当的方式、强度和持续时间在适当的胚胎期进行刺激，对加快其后期的生长速率效果明显。

影响胚胎发育的因素有很多，除以上所介绍的几种主要因素外，饵料质量和数量、地心引力、电磁场、海洋细菌、底质甚至生物个体之间的作用等都会影响胚胎发育的进行。而且各种因子的作用并不是孤立的,它们是相互制约、相互依存的统一整体,这个整体一旦受到破坏,就会出现生态失衡,动物的胚胎发育就会受到影响。因此,提供胚胎发育所需要的生态环境,是动物胚胎及幼体正常发育的关键,也是育苗成功的保证。

本章小结

精子在雄性生殖腺中产生,是一种高度特化的细胞,极小且能活泼运动。分为鞭毛型和非鞭毛型。鞭毛型精子由头部、颈部和尾部构成。头部主要有顶体和细胞核,颈部有两个中心粒,尾部包括中段、主段和末段。精子的发生经过增殖期、生长期、成熟期和变态期。卵子多为圆形或卵圆形,一般不能运动。由细胞核、细胞膜和细胞质三部分组成。经过成熟分裂后核膜消失。细胞膜按照来源不同分为初级卵膜、次级卵膜和三级卵膜。细胞质中有皮层颗粒、卵黄颗粒、油球等卵特有的结构。经过生长期卵子会长到最终大小。

受精作用是指精子和卵子相互作用产生合子的过程。这一过程从两性生殖细胞相互接触和识别到精子入卵直至完全同化为止。受精过程中发生几个重要的事件,包括顶体反应、皮层反应、受精膜的形成(包括多精入卵屏障的产生)和雌雄原核的形成及融合等。

早期胚胎发育包括卵裂、囊胚和原肠胚。单细胞的受精卵经过若干次连续不断的有丝分裂形成一个多细胞胚体的过程称为卵裂。根据分裂程度以及细胞排列方式,卵裂分为辐射卵裂、螺旋卵裂、两侧对称和两轴对称卵裂、盘状卵裂、表面卵裂及不规则卵裂等形式。经过多次卵裂形成一个多细胞的囊状胚体,称为囊胚。囊胚可分为有腔囊胚、实心囊胚、盘状囊胚、边围囊胚和泡状囊胚等。囊胚继续发育和分化,部分细胞通过各种运动方式,迁移到囊胚内部,形成一个双胚层或三胚层的胚胎,成为原肠胚,留在原肠胚外面的称为外胚层,迁移到里面的称为内胚层或中内胚层,而形成原肠胚的过程,称为原肠形成或原肠作用,包括外包、内卷、内陷、分层、移入等运动方式。两胚层形成后,在内外胚层之间形成中胚层。

在个体发生过程中,多数种类有变态期,有多个幼虫发育阶段,属幼虫发生类型。也有直接发生的,孵化后与成体结构相似,属非幼虫发生类型。

除卵子和精子本身质量外,温度、光照、盐度、酸碱度、氧气和有机物等外界环境对胚胎发育也有直接的影响。

思 考 题

1. 简述鞭毛型精子的结构及精子发生过程。
2. 简述卵子的结构及发生。
3. 简述受精过程中的几个重要事件。
4. 简述卵裂的类型。
5. 简述囊胚的类型。
6. 简述原肠作用方式。
7. 简述个体发生类型。
8. 简述影响胚胎发育的外在因素。

第十一章 腔肠动物的发生

腔肠动物门分为三个纲即水螅纲、水母纲和珊瑚纲,均为两胚层动物,这里以筒螅和海蜇为代表动物,介绍它们的发生过程和特点。

第一节 筒螅的发生

筒螅(*Tubularia*)属水螅纲,是海洋附着生物群落中的一个组成部分,生活史分为两个世代,即水螅体世代(无性世代)和水母体世代(有性世代)。前一世代个体形态很发达,后一世代的个体多半发育不全,缺少伞缘器官,并且不能脱离水螅体而自由生活,这种水母体被称为生殖芽体(gonophore)。筒螅两个世代的个体有着不同的发育过程,其水螅体的发育开始于受精卵,水母体的发育开始于水母芽。

一、水螅体的发育

(一) 精、卵的发生和受精

筒螅精子和卵子分别产生于不同的水螅体的生殖芽体(水母芽)中,生殖细胞来源于生殖触手(spadix)外胚层或内胚层(图 11-1)。生殖细胞在发育过程中要经一定距离的游走,至生殖腺所在地,然后在那里发育为精母细胞或卵母细胞,大体上说,卵子发生地限在生殖触手的基部,而精子发生地遍及整个生殖触手。

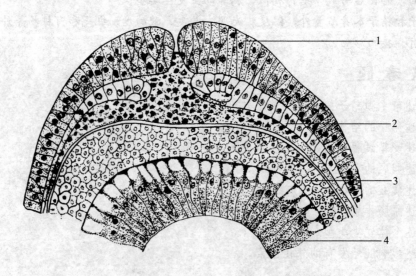

图 11-1 筒螅晚期雄性生殖芽体的顶端纵切面
1. 外胚层 2. 内胚层板 3. 精母细胞 4. 胃层
(山东海洋学院讲义,1984)

精母细胞在聚集于精巢后,全部发育成精子,许多卵母细胞在聚集于卵巢后,不能全部发育下去,有些卵母细胞要作为营养而被其他卵母细胞吞食,所以每一个卵巢中最后只剩下几个卵子能够成熟,甚至有些邻近的体细胞也要变成卵子的营养物。

受精是在生殖芽体(水母芽)内进行的,有些个体在水中受精。精子离开雄性水母体,进入雌性水母体内受精。受精卵在水母伞腔内很像一个馒头,其凸面向着伞腔外壁,扁平或凹面向着生殖触手,极体由凸面排出,凸面成为将来幼虫的口端,另一端成为反口端,此时水母体起着育儿室的作用,种类不同,伞腔内发育的幼虫数也有所不同,3~5个(中胚花筒螅)或1个(海筒螅)。

(二)早期胚胎发育

受精卵行不规则卵裂,分裂球大小不一,排列不定型,而且由于核的分裂往往快于质的分裂而形成多核体,到分裂晚期,质的分裂速度才跟上核的分裂,分裂球的数目与核的数目趋于一致。16细胞时出现分裂腔,腔小且不规则。囊胚期经历时间很短。原肠早期由于许多分裂球从囊胚壁上迁移出来,填入囊胚腔中,形成实心原肠胚。外面的一层细胞为外胚层,填入的为内胚层,以后内胚层之间出现裂缝状的腔并逐渐愈合,形成一个大的原肠腔。有些种类内胚层富含营养颗粒,随营养物质被吸收消化,出现原肠腔(图11-2)。

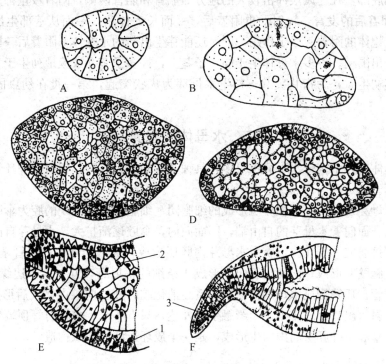

图11-2 筒螅的早期胚胎发育
A. 囊胚 B. 移入法原肠作用 C~F. 胚层和触手的形成
1. 外胚层 2. 内胚层 3. 触手
(山东海洋学院讲义,1984)

(三)辐射幼虫(actinula larva)

1. 幼虫的形态发育 幼虫具有口、反口极触手和口极触手(图11-3)。

口在口极面中央出现，此处内胚层和外胚层变薄而后穿透，在口发生的同时，幼虫口极端也向外突出。反口极触手起初为胚胎边缘的疣状突起，数目由3～5个增至10个，看上去像小星星，反口极触手在长大过程中皆向口极面弯伸着。口极触手在口周围生出，4～5个，其形态发生过程同反口极触手，开始如疣状突起，不过比反口极触手细、短。

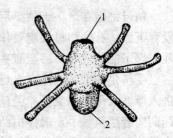

图11-3 筒螅的辐射幼虫
1. 口极　2. 反口极
(山东海洋学院讲义，1984)

2. 幼虫的孵化和固着　当口极和反口极触手生出后，幼虫开始孵化。孵化的情形因种类不同而有区别，有的先出口极，有的出反口极。幼虫孵出后，在水中有一短时期的浮游生活，然后在附着物上停留下来，但不立即固着，多半是以反口极向下，并以反口极触手做爬行运动，1～2 h后当幼虫附着时，其反口极已经伸长，并与物体接触，此时该外胚层能够分泌一种黏多糖物质。

已有研究表明理化因子对幼虫的孵化和固着有影响。明暗的转换可增加孵化率，但也有人提出黑暗情况下，孵化率较高；流水中孵化率较静水中高，但当流速为3 cm/s时，孵化停止；幼虫喜附着在铺有细菌薄膜的物面上，附着速度比纯干净物面快。在船上一般是附着于龙骨突和船底部，凡受风浪冲击较大的地方如船首和船首两侧，附着数量都少。

3. 幼虫固着后的发育　辐射幼虫附着后，一面长大体茎，一面从基部生出水螅根，此结构不只对水螅体的附着起固定作用，同时还能芽生出新的水螅体，附着后一段时间（马上或2～4 d）长出围鞘。许多水母体生于同一子茎上，许多子茎又成簇地列生于水螅体反口极的两侧，子茎初生时，为指状突起，初生水母芽为疣状突起，第一批在幼虫固着后4～6 d生出。

二、水母体的发育

水螅水母体器官结构较水母简单得多，具钟基和伞腔、口腕、辐射管和环管、内隔、伞缘触手和缘膜。

钟基是水母芽顶端外胚层加厚所形成的细胞团。细胞团中央出现的腔为伞腔，新生伞腔为新月状，以凸面向着水母芽的自由端，凹面向内，伞腔逐渐扩大，水母芽自由端也由外胚层逐渐变薄而打通成一开孔。口腕由水母芽内胚层形成，为一个盲管，此管基部为消化腔，生殖细胞在口腕壁上形成。由消化腔向外形成4条细的辐射管，并与位于边缘的环管相通，口、胃、辐射管、环管构成水母的消化循环系。消化腔内胚层向腔内褶入后形成内隔，共4个，与4个辐射管出口相隔排列。伞缘触手不发达，只有4个，由辐射管顶端生出，是疣状突起。缘膜由伞腔口外胚层向内增生形成，是一个成环形的薄膜状构造。

第二节　海蜇的发生

海蜇（*Rhopilema esculenta* Kishinouye）是一种大型的食用水母，分布在中国、日本、朝鲜、俄罗斯。海蜇属钵水母纲，根口水母目，根口水母科。

海蜇为雌雄异体，外观不易分辨雌雄。性成熟时间在辽东湾和黄海北部为8～10月。

海蜇生殖腺位于伞体腹面，在胃丝外侧，折叠形，共4个。生殖腺一端与胶质膜相连，另一端游离，与胶质膜之间形成生殖腔隙。无生殖管，生殖细胞由生殖腔隙通向胃腔，再经口排出体外。

海蜇精卵排放的时间主要在黎明。同一个体可连续数日分批排放。人工育苗过程中雌雄亲蜇比以（2～3）：1为宜，密度为1～2个/m³，水温为20～25℃。

一、水螅体发育

（一）早期胚胎发育

卵为梨形，直径95～120 μm，体外受精和发育。在20～25℃下受精后30 min开始卵裂，有腔囊胚，内陷法原肠作用。6～8 h发育为浮浪幼虫。

（二）浮浪幼虫（planula）

椭圆形，两端钝，前端比后端稍宽，长90～150 μm，宽60～90 μm，体表布满纤毛，自由生活，4 d后变成螅状体。

（三）螅状体（scyphistoma）

受精后4 d，浮浪幼虫开始附着，在附着端形成足盘，在自由端形成口和口锥（oral cone），并在口柄周围的边缘生出4条对称的主辐触手，经7～10 d，相间生出间辐触手，经20 d，又生成8条从辐触手，至此共形成16条触手，外形很像水螅体，体长为1～3 mm。早期螅状体，其柄部细长，柄和托之间界线比较明显，后来螅状体的柄部变粗，在外形上不易与托区分开。在螅状体越冬过程中，以5～10℃为最宜温度，黑暗和弱光有利于提高成活率。

从秋季到翌年夏初7～8个月的时间，螅状体以足囊（podocyst）的方式行无性生殖。在生长过程中，在柄与托交接处伸出一条匍匐茎，并以其末端附着于基质上，形成新的足盘。原柄部的末端逐渐脱离其固着点，并收缩。螅状体移到新的位置，匍匐茎变成螅状体的柄部。于是在原固着点留下一团被有角质外膜的组织，这就是足囊。这种螅状体移位并形成足囊的过程，可以重复进行，据报道移位最多的可达22个足囊。足囊呈矮柱状，底较顶稍宽，顶部中央微凹，白色或微黄色，直径0.1～0.3 mm。足囊形成后4～8 d自顶部萌发出螅状体（4触手），这种无性繁殖的螅状体与有性繁殖产生的螅状体之间的差别就在于前者的基部具一大而透明的囊，由足囊发生的螅状体在长成后，同样可移位，并再形成足囊。

二、水母体发育

当水温上升至13～15℃时，长成的螅状体的体部要发生一至多个横缢，这时其外形很像一叠盘子，称为横裂体或叠盘体（strobila）。海蜇横裂产生的碟状体数为6～10个。人工诱导横裂体生殖的适温为18～27℃，最适22℃，光照1 800～2 400 lx为宜。

横裂体的形成过程包括裂节出现、触手膨大和吸收、感觉器（感觉棍、缘瓣）的形成。横裂体形成后，一个个依次脱落下来，称为碟状幼虫，由它发育成为水母体（图11-4）。横裂体具有以下结构。

口：新形成的口方形，不久口角延伸，扩展，似十字形，口缘发生须状触指。

口腕：口角延伸，形成口腕，一开始口腕为8条，以后分叉为16条。

辐射管：从胃腔生出8个囊状突起，这是辐射管发生的开始。通入4个主辐射缘瓣的为

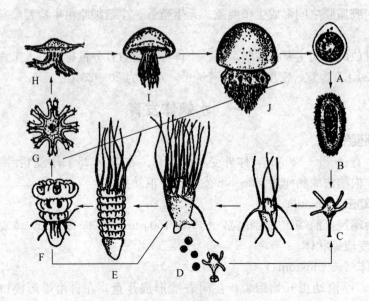

图 11-4 海蜇生活史示意
A. 受精卵　B. 浮浪幼虫　C. 螅状体
D. 通过足囊无性繁殖形成新的螅状体
E、F. 横裂体　G. 碟状幼虫　H~J. 水母体
(丁耕芜，1981)

主辐射管，其余 4 个为间辐射管，以后又生出 8 个小囊，进入从辐射缘瓣，称为从辐射管。

环管：主辐射管、间辐射管和从辐射管的侧面膨大部分相互连接而形成环管。

缘瓣：碟状体有 8 个缘瓣，是体壁的延伸。

胃丝：开始时在每一个间辐位置的胃腔中有 1 条胃丝，以后胃丝逐渐增多，分成两列，外列细小而多，排列紧密，内列粗大而少。

初生碟状体直径 2~4 mm，浮游生活，经 15~20 d，直径达 20 mm，为幼蜇（图 11-5）。

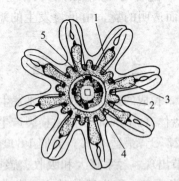

图 11-5　碟状体横切面
1. 主辐射管　2. 从辐射管
3. 间辐射管　4. 环形腔　5. 胃丝
(丁耕芜，1981)

本章小结

筒螅属水螅纲，是海洋附着生物群落中的一个组成部分，生活史分为水螅体世代（无性世代）和水母体世代（有性世代）。前一世代个体形态很发达，后一世代的个体多半发育不全，缺少伞缘器官，并且不能脱离水螅体而自由生活，被称为生殖芽体。其水螅体的发育开始于受精卵，水母体的发育开始于水母芽。筒螅精子和卵子分别产生于不同的水螅体的生殖芽体（水母芽）中，卵子发生地限在生殖触手的基部，而精子发生地遍及整个生殖触手。受精是在生殖芽体（水母芽）内进行的，有些个体在水中受精。受精卵行不规则卵裂，分裂球大小不一，排列不定型，而且由于核的分裂往往快于质的分裂而形成多核体，到分裂晚期，质的分裂速度才跟上核的分裂。16 细胞时出现分裂腔，腔小且不规则。囊胚期经历时间很短。形成实心原肠胚。外面的一层细胞为外胚层，填入的为内胚层，以后内胚层之间出现裂缝状的腔并逐渐愈合，形成一个大的原肠腔。有些种类内胚层富含营养，随营养物质被吸收消化，出现原肠腔。发生过程中出现辐射幼虫。

海蜇为雌雄异体，外观不易分辨雌雄。性成熟时间在辽东湾和黄海北部为 8～10 月。海蜇生殖腺位于伞体腹面，在胃丝外侧，折叠形，共 4 个。精子和卵子由生殖腔隙通向胃腔，再经口排出体外。卵为梨形，直径 95～120 μm，体外受精和发育。在 20～25 ℃下受精后 30 min 开始卵裂，有腔囊胚，内陷法原肠作用。6～8 h 发育为浮浪幼虫。浮浪幼虫椭圆形，两端钝，前端比后端稍宽，长 90～150 μm，宽 60～90 μm，体表布满纤毛，自由生活，4 d 后变成螅状体。螅状体以足囊的方式行无性生殖。当水温上升至 13～15 ℃时，长成的螅状体的体部要发生一至多个横缢，称为横裂体或叠盘体。海蜇横裂产生的碟状体数为 6～10 个。横裂体形成后，一个个依次脱落下来，称为碟状幼虫，由它发育成为水母体。

思考题

1. 简述水螅的世代交替发育过程。
2. 简述海蜇的世代交替发育过程。
3. 简述两胚层动物的发生特点。

第十二章 环节动物的发生

第一节 发生概述

环节动物门分为多毛纲、寡毛纲、蛭纲。这类动物体形两侧对称，三胚层，身体分节，具有真体腔，本章重点介绍多毛类的发生。

一、多毛类的生殖方式

多毛纲动物雌雄异体，无环带，雄体在第 19~25 体节间有精巢一对，无输精管，由肾管排出精子。雌体几乎每个体节都有一对卵巢，无输卵管，在背部两侧临时开口排出卵。在生殖季节才能见到精巢和卵巢。其生殖方式分为有性生殖和无性生殖。

（一）有性生殖

行有性生殖的个体，精子和卵子成熟后，或将其产于海水中，或埋在胶质块或卵囊中，穴居的种类把精子产于穴道中，个别情况将产出的卵子挂在身体的触毛上，或把卵子背在身体的背面，以上情形行体外受精。体内受精的情况下，有些种类的卵子系在母体体腔或胃管内进行发育。

在生殖期间，含生殖腺的身体部分的形态将发生改变（常被认为是新种），如为生殖和游泳用的叶状体出现，内部器官的退化和体壁的变薄等称为婚前现象（epitocia）或生殖前现象，该生殖部分以后与亲体脱离，在水中生活一段时间后，再放出精子和卵子。

（二）无性生殖

无性生殖包括裂殖生殖、节体生殖、匍枝生殖。

裂殖生殖（schizogony）：某些多毛类动物身体后端的一部分体节断落下来，形成新的个体的过程称为裂殖生殖。

节体生殖或节裂生殖（strobilization）：在新生的子个体未脱离之前，由亲体后端又接连生出若干子动物，每个子动物可称为一个节体，经过节体生殖所产生的子动物像亲体一样，将来能行无性和有性生殖。

匍枝生殖（stolonization）：有一种海产多毛类（*Syllis ramosa*）在生殖时能由后部生出许多芽体来，由这些芽体再经分支之后，形成许多匍枝，因此称这种生殖为匍枝生殖，之后各匍枝都可以从母体上断落下来，长成新的有性个体。

二、多毛类的卵裂

多毛类的卵裂为较典型的螺旋型卵裂。胚胎学家应用系谱学方法详细研究了这种卵裂方式，将各分裂球加以命名，并就其生成和分化过程做出系统记载，使其与软体动物的螺旋型卵裂相区别。第一次为两个不等分裂球，小的命名为 AB，大的为 CD，第二次分裂为 4 个细胞 A、B、C、D，D 细胞比其他细胞大。到 8 细胞期，分出 4 个大细胞和 4 个小细胞。4

个大细胞为 1A、1B、1C、1D，小细胞为 1a、1b、1c、1d。1A 和 1a 来自 A 细胞，其他类推。1a、1b、1c、1d 是 A、B、C、D 第一次分裂出的小分裂球，称为第一个四集体，简称 1q。到 16 个细胞期，第一四集体分裂为 8 个细胞即 $1a^1$、$1a^2$、$1b^1$、$1b^2$、$1c^1$、$1c^2$、$1d^1$、$1d^2$，而 1A、1B、1C、1D 分裂为 2A、2B、2C、2D 和 2a、2b、2c、2d，形成第二四集体。到了 32 和 64 细胞期，就分别有 3q 和 4q。在大细胞分裂的同时 1q 和 2q 也在分裂。

这种方法有一定的规律。大细胞即大写字母代表植物极，小写字母代表动物极；"指数"越小者越靠近动物极，反之靠近植物极，如 $1q^1$ 比 $1q^2$ （$1a^1$ 和 $1a^2$）更靠近动物极；细胞将来预定形成部分已确定。第一个分裂球的衍生物 $1a^1$、$1b^1$、$1c^1$、$1d^1$ 形成担轮幼虫的上半球外胚层原基，$1a^2$、$1b^2$、$1c^2$、$1d^2$ 成为成纤毛细胞，将来形成担轮幼虫的口前纤毛轮。2d 细胞是将来形成幼虫躯干外胚层及纵行肌的原基，这个小分裂球称为原体细胞（somatoblast）。4d 细胞以后发育成幼虫体节的体腔中胚层。

三、担轮幼虫

多毛类的担轮幼虫从它的结构和形态来说是极不相同的，多为球形和卵圆形，其游泳器官包括一个或数个纤毛轮，最常见的纤毛轮是在口前部的口前纤毛轮，其次还有肛前纤毛轮或肛周纤毛轮等。

多毛类担轮幼虫的形态多样，这是由适应浮游生活而发生的，其多样性表现为作为浮游和漂浮用的纤毛轮和刚毛有许多不同的生长方式；不同种类的分节各有不同情况。多毛类动物的普遍特点是幼虫器官不发达，这可能与成体器官原基的早出现有很大的关系。按照纤毛轮的位置和数目，多毛类幼虫分为：

（1）无毛轮幼虫（atrochalis larva） 这类幼虫形态简单，与腔肠动物的浮浪幼虫相似，体表除顶端和底端外，周身布满纤毛。如带沙蚕的幼虫。

（2）单毛轮幼虫（monotrochal larva） 只有口前纤毛轮，如角蝘（*Polygordius*）的早期幼虫。

（3）中毛轮幼虫（mesotrochal larva） 只在口后和身体中部有一条纤毛轮的幼虫，如毛翼虫（*Chaetopterus pergamentaceus*）的幼虫。

（4）多毛轮幼虫（polytrochal larva） 有许多纤毛轮的幼虫，且纤毛轮的数量随幼虫的长大而增多。

（5）背毛轮幼虫（nototrochal larva）或腹毛轮幼虫（gastrotrochal larva） 纤毛轮呈半圆形，位于幼虫的背面或腹面，如果上述两种纤毛轮都存在，而且呈交替排列，该种幼虫称为双毛轮幼虫（amphitrochal larva）。

上述多种幼虫形态和成体动物分类没有很大关系，有些种类成体形态比较接近，但幼虫形态可能相差较远。更普遍的现象是同一种动物可能具备上述几个幼虫时期，如海蚯蚓（*Arenicola marina*）的幼虫，最初是单毛轮幼虫，后变为多毛轮幼虫。

第二节 内刺盘管虫的发生

内刺盘管虫（*Hydroides ezoensis* Okuda）是我国北方沿海常见的污损性附着生物之一，它可形成密集群落附着于舰、船的底部以及海洋中各种工程设施上，也可附着在养殖贝类如扇贝、牡蛎和盘鲍的贝壳上，争饵料、耗氧，是其敌害生物。

一、生殖习性

内刺盘管虫雌雄异体，生殖器官在生殖季节才能见到，位于襟下至尾部，身体两侧，在繁殖盛期，可伸入身体的背腹面，围绕在消化道的周围。

性腺成熟后，精卵自身体两侧排出，呈烟雾状，卵子深橘黄色，精子乳白色，每一次排精产卵的时间可持续3～5 min，停一段时间后，又可继续产卵，间隔时间从几十分钟到几小时。但排卵量以第一次最多。排卵量与虫体大小、肥满度有关，一次排卵量最多21.8万粒，最少1.1万粒。

同一个体在生殖季节内可分批成熟，多次产卵。将一天内已产过多次卵的虫体做性腺切片，结果体内仍有大量的不同发育时期的生殖细胞。而且，越靠近体壁的越成熟，靠近消化道的多为处于早期发育阶段的生殖细胞。

产卵季节在青岛地区从5月下旬至7月下旬。

二、早期胚胎发育

刚产出的卵为圆形和卵圆形，直径66～82 μm，有一个大而透亮的生发泡，在水温20 ℃的情况下，20～30 min生发泡消失；受精后35 min，出现第一极体；55 min，出现第二极体；1 h 10 min，第一次卵裂；1 h 35 min 第二次卵裂；2 h，第三次卵裂，为完全均等螺旋卵裂；6 h进入囊胚阶段，囊胚即破膜，在水中做顺时针方向转动，开始转速为1～2轮/s，以后加快；10 h进入原肠胚阶段，内陷法原肠作用，从植物极内陷（图12-1）。

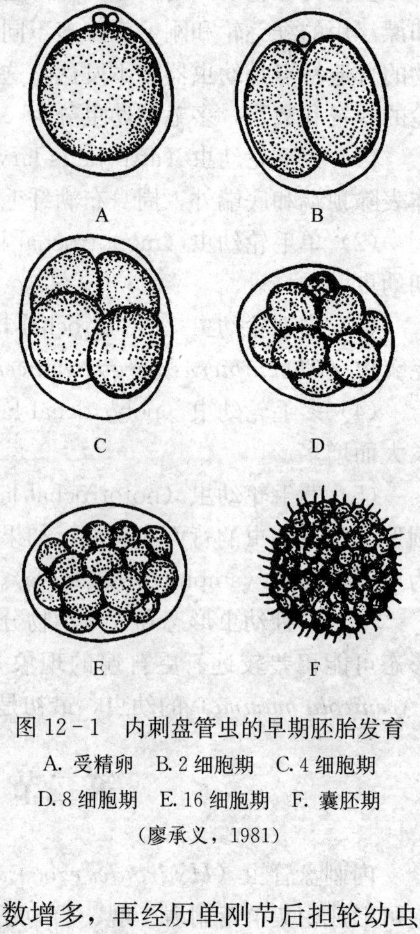

三、幼虫阶段

内刺盘管虫幼虫分为担轮幼虫、后担轮幼虫、底栖幼虫和栖管幼虫（廖承义，1981）。

1. 担轮幼虫（trochophore） 受精后24 h，胚胎前端部分向四周扩大，而后端部分向后延长。幼虫顶端长有顶纤毛，在口前区长有口前纤毛轮；消化道尚未分化，此时为早期担轮幼虫。

以后口前纤毛轮区变宽，直径为99～132 μm，纤毛轮中的纤毛很长，达33～49.5 μm；顶纤毛基部有一个细胞加厚区为顶板；幼虫全长131～164 μm，腹部为圆锥形；消化道明显分化为口、食道、胃、肠和肛门；在腹部后端生出肛周纤毛轮（端纤毛轮），成为晚期担轮幼虫（图12-2）。

2. 后担轮幼虫（metatrochophore） 幼虫腹部出现分节，并在体节两侧生出刚毛。随着幼虫发育，体节数增多，再经历单刚节后担轮幼虫、

图12-1 内刺盘管虫的早期胚胎发育
A. 受精卵 B. 2细胞期 C. 4细胞期
D. 8细胞期 E. 16细胞期 F. 囊胚期
（廖承义，1981）

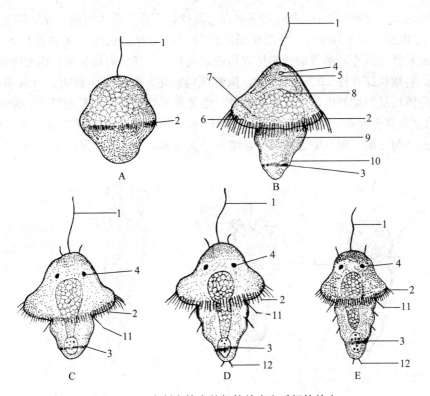

图 12-2 内刺盘管虫的担轮幼虫和后担轮幼虫
A. 早期担轮幼虫 B. 晚期担轮幼虫 C. 单刚节后担轮幼虫
D. 两刚节后担轮幼虫 E. 三刚节后担轮幼虫
1. 顶纤毛 2. 口前纤毛轮 3. 肛周纤毛轮 4. 眼点 5. 顶板 6. 口
7. 食道 8. 胃 9. 肠 10. 肛门 11. 刚毛 12. 尾刺
(廖承义，1981)

两刚节后担轮幼虫、三刚节后担轮幼虫。各期幼虫特征如下：

单刚节后担轮幼虫：受精后 4~5 d，幼虫具有眼点 1 对，顶纤毛 3 根（中间 1 根长而两侧较短）；幼虫腹部生出 1 个分节，在体节两侧生出针状刚毛；腹部长约 91 μm；口前纤毛轮区相对缩小；肛周纤毛轮明显，但纤毛较短；肛门开口于身体后端的背部。

两刚节后担轮幼虫：受精后 6~7 d，腹部进一步伸长，并分为 2 节，在第 2 体节的两侧生出针状刚毛，其长度短于第 1 节刚毛，腹部后端肛周纤毛轮发达，还长出一对尾刺；口前纤毛轮进一步缩小。

三刚节后担轮幼虫：受精后 8~9 d，腹部分成 3 节，第 3 体节刚毛也为针状，长度比第 1 体节短；腹部长度为 131~148 μm；口前纤毛轮已消失；眼点变大；尾刺明显；口周围的纤毛按顺时针方向转动，形成漩涡状水流，使水中的饵料不断入口。

3. 底栖幼虫（arboreal larva） 幼虫形成 3 个刚节后，身体逐渐变得细长，在生态习性上从浮游生活转入底栖生活。

受精后 11 d，口前纤毛轮区下方，或称胸部的两侧出现襟原基，它是由两侧体壁向外突出而形成的，随后此原基进一步突出，形成襟；头部和躯干部有明显分界；眼点变大，为早期底栖幼虫。

受精后 14 d，发育到晚期底栖幼虫。头部靠近眼的两侧体壁向外突出，形成鳃丝原基，以后每个突起又分支形成 2~3 个鳃丝突起；襟发达，下垂于身体两侧；分泌腺发达。

4. 栖管幼虫（tube larva） 晚期底栖幼虫分泌附着丝将虫体末端黏着在附着基上后，立即分泌黏质性的栖管，栖管的分泌从胃和襟之间开始，然后向后延伸，因此刚附着的早期栖管幼虫，后端裸露在外，22~24 h 后，栖管开始钙化，并将虫体封闭，但后端没有封闭，受刺激后身体可从后端伸出。襟露在栖管外。鳃丝形成并伸长，上长有纤毛。幼虫附着后 6 d，栖管幼虫发育至晚期，可见右侧第二根鳃丝形成漏斗状的厣，厣边缘有许多细小突起，侧面看上去呈菊花形。眼点缩小并消失，鳃丝分支更多，上长有无数纤毛（图 12-3）。

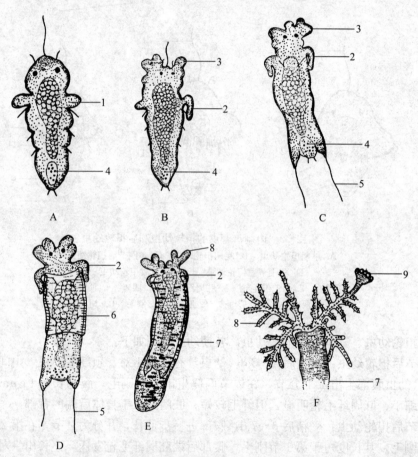

图 12-3 内刺盘管虫的底栖幼虫和栖管幼虫
A. 早期底栖幼虫 B. 晚期底栖幼虫 C. 幼虫分泌附着丝 D. 早期栖管幼虫
E. 栖管幼虫 F. 晚期栖管幼虫
1. 襟原基 2. 襟 3. 鳃丝原基 4. 附着腺的分泌颗粒 5. 附着丝
6. 黏质栖管 7. 钙质栖管 8. 鳃丝 9. 厣
（廖承义，1981）

第三节 幼虫的变态附着

从三刚节后担轮幼虫开始，幼虫从浮游生活转入底栖生活，并经常在底部匍匐活动，幼虫口前叶逐渐萎缩，并生出鳃丝原基。此时幼虫常以头部碰撞培养器皿的底部，这是幼虫附着前的特征。Nott 认为顶纤毛的作用相当于化学感受器，帮助幼虫寻找适于其附着的地方。另一现象是具鳃丝原基的底栖幼虫并不回避已附着的幼虫，而且喜欢集群附着在一个地方。幼虫的附着过程是当附着腺分泌附着丝后，幼虫即被附着丝黏着，并立即分泌黏着性的栖管，变态为成体形态，后栖管开始钙化。

本章小结

多毛类动物雌雄异体，生殖季节可见生殖腺，行有性生殖和无性生殖两种方式。有性生殖是将精子和卵产在水中、埋在囊中或挂在身体上，体外受精。无性生殖包括裂殖生殖、节体生殖、匍枝生殖。

为毛类动物行螺旋卵裂，内陷法原肠作用，囊胚阶段即孵化。有多种幼虫形式。

内刺盘管虫雌雄异体，生殖器官位于襟下至尾部，身体两侧。性腺成熟后，精卵自身体两侧排出，呈烟雾状，卵子深橘黄色，精子乳白色，分批成熟，多次产卵。

内刺盘管虫幼虫分为担轮幼虫、后担轮幼虫、底栖幼虫和栖管幼虫。

担轮幼虫又分为早期担轮幼虫和晚期担轮幼虫，前者顶端长有顶纤毛，在口前区长有口前纤毛轮，消化道尚未分化。后者口前纤毛轮区变宽，腹部为圆锥形，消化道明显分化为口、食道、胃、肠和肛门，在腹部后端生出肛周纤毛轮。后担轮幼虫腹部出现分节，并在体节两侧生出刚毛。随着幼虫发育，体节数增多，又经历了单刚节后担轮幼虫、两刚节后担轮幼虫、三刚节后担轮幼虫。幼虫形成三个刚节后，身体逐渐变得细长，在生态习性上从浮游生活转入底栖生活，称为底栖幼虫。早期底栖幼虫口前纤毛轮区下方出现襟的原基，随后此原基进一步突出，形成襟，头部和躯干部有明显分界，眼点变大。晚期底栖幼虫头部靠近眼的两侧体壁向外突出，形成鳃丝原基，襟发达，下垂于身体两侧，分泌腺发达。晚期底栖幼虫分泌附着丝将虫体末端黏着在附着基上后，立即分泌黏质性的栖管，以后栖管开始钙化，并将虫体封闭。栖管幼虫发育至晚期，右侧第二根鳃丝形成漏斗状的厣。眼点缩小并消失，鳃丝分支更多，上长有无数纤毛。

思考题

1. 简述多毛类动物的生殖方式。
2. 简述内刺盘管虫的幼虫分期以及每期幼虫的特征。
3. 简述多毛类发生过程中存在的幼虫器官。

第十三章 软体动物的发生

软体动物分为 7 个纲,即无板纲、多板纲、单板纲、腹足纲、掘足纲、双壳纲和头足纲。经济种类大多属于腹足纲、双壳纲和头足纲。目前人工养殖的贝类主要为腹足纲和双壳纲的部分种类。

第一节 软体动物发生概述

一、生殖习性

(一) 性别

软体动物一般为雌雄异体,大多数外部形态无明显区别,尤其是双壳类雌雄异体者。在腹足类以交接器的存在与否决定性别。头足类雌雄异体者,形态区别明显,主要特征为雄性有 1~2 个茎化腕。

雌雄同体现象在贝类常见,最多的是腹足纲的后鳃类(海兔)和肺螺类(蜗牛等),为完全雌雄同体。少数双壳纲的动物为不完全雌雄同体,有性反转现象,如牡蛎、贻贝、扇贝等。这些动物的性别不稳定,在某一个阶段能从雌性变为雄性或者从雄性转变为雌性,到了另一个时间又能再转变过来。产生性反转的原因可能与季节、温度、盐度等条件有关,营养条件优越时,雌性比例高,反之,雄性比例高。在我国北方,牡蛎繁殖期的 4~6 月间,前 2 个月以雄性牡蛎居多,到 6 月,雌性牡蛎达 80%。

雌雄同体的种类,雌雄生殖细胞由同一腺体形成,但由于精子比卵先成熟,因而一般为异体受精。但也有自体受精的情况如密鳞牡蛎等。发生性反转的个体,在性腺发育的某个阶段,可见雌雄性腺同时存在的情形,雌雄生殖细胞可以在同一个滤泡中存在,也可以分布于不同的滤泡中。

(二) 产卵和发育方式

产卵和发育方式有三种:

1. 卵囊和卵块内发育 很多海产腹足类动物,都是以产生卵囊或卵块的方式孵育后代的。当受精卵通过输卵管时,被输卵管分泌的一种胶状物质包被,同时黏附一些泥沙和水草,形成卵囊或卵块,受精卵在其中发育。卵囊或卵块的大小因种类而异(图 13-1)。香螺的卵群由许多菱形的卵囊粘在一起,呈柱状;红螺的卵群常产在各种贝壳上,每个卵囊呈长刀状,且相互平行排列;海兔的卵块为带状;玉螺的卵块为高领状;荔枝螺的卵囊呈瓶状并彼此黏附在一起。各种卵囊的生态状况不尽相同,有的卵囊产出后在水中漂浮,有的附着在水草上,有的黏附在泥沙、岩礁和贝壳上。每个卵囊内受精卵的数目不同,通常在几十到上百个。

卵囊内的卵子,一般发育到面盘幼虫才从卵囊的一定部位孵出。但有些种类要发育到与母体形态相似时才离开卵囊。在红螺和荔枝螺,卵囊内的卵子都能正常发育而孵出,而有些种类的卵囊内只有部分卵子可正常发育,一些未受精卵、多精受精的卵和不健康的卵成为败

第十三章 软体动物的发生

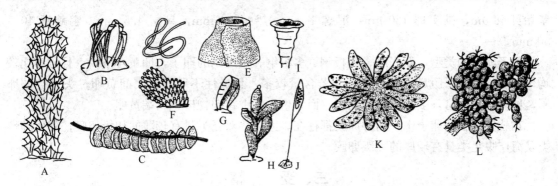

图 13-1 贝类的卵群

A. 香螺 B. 红螺 C. *Busycon* D. 海兔 E. 玉螺 F. 阿文绶贝
G. 大理石芋螺（*Conus marmoreus*） H. 蛎敌荔枝螺 I. *Pleuroploca giganten*
J. 衲螺（*Cancellaria*） K. 日本枪乌贼（*Loligo japonica*） L. 曼氏无针乌贼（*Sepiella maindroni*）

（蔡英亚, 贝类学概论, 1994）

育卵, 作为正常发育卵的营养物质被吸收, 如古螺科和娥螺科的种类。

以卵囊和卵块发育的种类, 受精前必须进行交配。

2. 水中发育 大多数双壳类和少数低等腹足类如鲍、笠贝和蝾螺等的卵子都是分散地产于水中, 并在水中受精和发育。通常雄体对外界刺激反应比较敏感, 所以排精先于排卵。精子在水中出现, 也能诱导雌体排放卵子。卵子在卵膜中发育到担轮幼虫才孵出。

3. 鳃腔和外套腔中发育 少数海产双壳类和多数淡水双壳类如河蚌, 将卵产在母体的鳃腔或外套腔中, 而精子产在水中。精子进入雌体鳃腔和外套腔, 并在此受精、发育, 至面盘幼虫或更晚离开母体。

（三）产卵量

产卵量随种类及其生活环境的不同有较大差异。一般海水种类产卵量大, 而陆生和淡水种类产卵量少, 如蜗牛的产卵量只有几十个, 褐云玛瑙螺仅产 100～300 个。产卵的多少与个体大小有关, 一般认为个体越大, 产卵量越多。体外受精的贝类产卵数量多于体内受精, 例如牡蛎产卵达几千万粒, 贻贝约 1 000 万粒, 海兔约 500 万粒, 石鳖约 20 万粒, 枪乌贼有 4 万粒。受精卵在孵化过程中得到保护的种类产卵量较少, 例如在外套腔中发育的陀螺仅产卵 120～240 粒。产卵量的多少与环境有关, 环境条件不好, 亲贝只能勉强生活而不能怀卵或怀卵而不能释放出。

二、生殖细胞

（一）精子

软体动物的精子大多数为鞭毛型, 如缢蛏的精子, 头部圆球形, 顶端有一细长的顶体, 中段较短, 尾部细长, 全长达 60 μm（图 13-2）。有些种类可同时产一些非鞭毛型精子, 但这种精子没有受精能力。

（二）卵子

大多数软体动物的卵子为圆球形, 个别为椭圆形或梨形等。卵子的大小因种类而异, 例如田螺 18 μm,

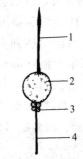

图 13-2 缢蛏的精子

1. 顶体 2. 头部 3. 中段 4. 尾部的一部分

（楼允东, 组织胚胎学, 1996）

紫贻贝 68 μm，椎实螺 120 μm，滨螺 1 mm，船蛸 1.3 mm，乌贼 4.5 mm，鹦鹉螺 40～50 mm。

关于卵子的类型，双壳纲、无板纲、多板纲和掘足纲的卵子，卵黄含量少，且分布比较均匀，属均黄卵；腹足纲的卵子，卵黄含量较多，且极性不明显，属间黄卵；头足类的卵子，卵黄含量丰富，多集中在植物极，而原生质集中在动物极，属端黄卵。

在软体动物的卵子中，两种卵膜都存在。大多数双壳类只有较薄的初级卵膜；陆生肺螺类及海产腹足类具有较厚的三级卵膜。

三、受　　精

软体动物卵子受精时间在初级卵母细胞阶段，可分为两种情况：有的在第一次成熟分裂之前即细胞核（胚泡）尚存在时即可接受精子，如牡蛎、蛤蜊等；有的在第一次成熟分裂中期，胚泡已消失时接受精子，如鲍、贻贝、马氏珠母贝。

受精的方式有三种：①通过交配，行体内受精，如头足类和大多数腹足类；②精子和卵子产出体外，在水中受精，如双壳类、掘足类和低等腹足类；③精子排到水中，然后随水流进入雌体的鳃腔，与卵子受精，如密鳞牡蛎、河蚌。

精子入卵的地点有的在动物极（如头足类）、有的在植物极（河蚌、枣螺、覆螺等），而大多数在卵表面的任何部位。

人工获得贝类成熟卵子比较困难，大多数个体必须用化学、物理方法人工刺激、诱导产卵，如鲍、贻贝。但也有种类容易些，如牡蛎，这与卵产出时所处状态有关。若为第一次成熟分裂之前受精的种类，解剖性腺可获得一定数量的卵子；若为第一次成熟分裂中期受精的个体，必须诱导其自然排放。人工获得成熟精子相对比较容易，解剖和人工诱导均可以。但解剖获得的精子需经氨水等处理才有受精能力。

四、卵　　裂

所有软体动物，除头足类为盘状卵裂外，其余均采用螺旋卵裂的方式（图 13-3）。第一次卵裂，卵子纵裂为 AB、CD 两个细胞，第二次卵裂也为纵裂，AB 细胞分裂为 A 和 B，CD 细胞分裂为 C 和 D。在许多情况下，经过第一、二次卵裂形成的 4 个细胞大小均等，但腹足纲的卵裂不均等，第一次卵裂时形成的 CD 细胞比 AB 细胞大，第二次卵裂时 A、B、C 细胞等大，D 细胞因为含有卵黄比 A、B、C 细胞大。有些贝类在第一次和第二次卵裂过程中伴随着动物极上升（如强棘红螺）或植物极下降（如贻贝）这样的细胞质的流动过程，当运动达到高峰，分裂面形成。不管以何种方式运动，在第一、二次卵裂时，植物极都作为独立部分出现，通常被称为卵黄叶或极叶。卵裂中出现极叶的软体动物有腹足纲的织纹螺（*Nassarius*）、红螺（*Rapana*）、海兔（*Aplysia*），掘足纲的角贝（*Dentalium*），以及瓣鳃纲中的牡蛎（*Crassostrea*）、珠母贝（*Pinctada*）、珍珠贝（*Pteria*）、贻贝（*Mytilus*）、海菊蛤（*Spondylus*）等。实验表明，如果切除极叶，胚胎缺乏中胚层成分，畸形发育。

第三次卵裂是右旋的螺旋卵裂，卵裂的结果形成 4 大 4 小 8 个细胞，前者用 1A～1D 表示，后者称为第一四集体（quarter，1q）。第四次卵裂为左旋螺旋卵裂，从大分裂球再次分出的小分裂球称为第二四集体，大分裂球用 2A～2D 表示。1q 同样用左旋方式分裂出 1a[1]～

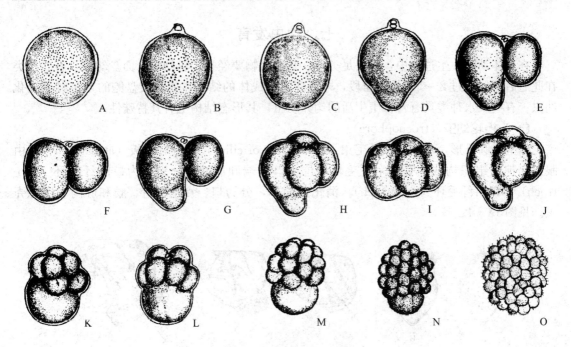

图13-3 双壳类的胚胎发育
A. 受精卵　B. 出现第一极体　C. 出现第二极体　D. 出现第一极叶　E. 第一次分裂
F. 2细胞期　G. 出现第二极叶　H. 第二次分裂　I. 4细胞期　J. 出现第三极叶
K. 第三次分裂　L. 8细胞期　M. 16细胞期　N. 32细胞期　O. 囊胚期

(蔡英亚, 贝类学概论, 1994)

$1d^1$ 和 $1a^2 \sim 1d^2$。

贝类的螺旋卵裂有一定的规律，可用卵裂的细胞宗系来描述，胚胎学家做了大量的工作。这一工作至少有两方面的意义：一是有助于了解卵子各部分的结构与胚体各部分的分化之间的关系，二是便于对不同动物个体发生做细致比较，从而认识它们之间的演化关系。细胞宗系的基本规律是序数大小代表由大分裂球分出的先后，指数代表位置，指数越小越靠近动物极。

五、囊　胚

受精卵经过卵裂期之后，形成一个多细胞的胚体。有些种类囊胚中央有明显的囊胚腔，如牡蛎、扇贝等。有些种类没有囊胚腔或腔很小，如红螺、荔枝螺等。

六、原肠胚

囊胚期后，细胞以内陷或外包两种运动方式形成原肠胚。有囊胚腔的种类大多行内陷法原肠作用，而没有囊胚腔的种类主要采取外包法。有时两种方法结合进行。头足类行典型的外包法原肠作用。原肠作用后期，出现裂缝状或圆形的胚孔，发生过程中胚孔形成口。在玉螺、海兔等，胚孔先闭合，后又打开形成口。在牡蛎、角贝等，胚孔虽有缩小，但始终保持开口。

中胚层在内外胚层之间形成。以端细胞法形成为主。形成的中胚层细胞分化为体壁层和脏壁层，进而形成结缔组织和肌肉组织，体腔收缩为围心腔。

七、幼虫发育

在软体动物发生过程中，除头足类外，其他动物要经过担轮幼虫、面盘幼虫，有些种类在此之后还要经过2~3个幼虫阶段，才能变态为成体的结构，如皱纹盘鲍的上足触角分化幼虫。有些淡水种类具有营寄生生活的钩介幼虫，其形态结构也有其特殊性。

（一）担轮幼虫（trochophore）

体呈双圆锥形，顶端有顶纤毛束（apical tuft of cilia），其下有顶板（apical plate），由眼点和神经组织构成。有两个纤毛环，位于口前端和后端，分别称为口前纤毛环（protroch）和口后纤毛环（metatroch）。消化道简单，分为口、食道、胃、肠和肛门。出现壳腺。见图13-4。

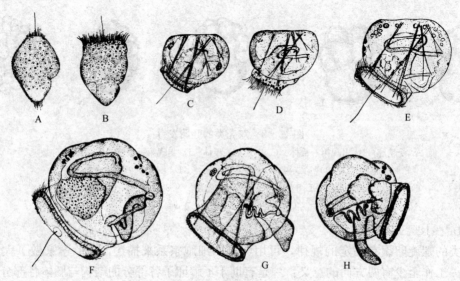

图13-4 双壳类幼虫发育
A. 早期担轮幼虫 B. 晚期担轮幼虫 C、D. 直线铰合幼虫
E~G. 壳顶期幼虫 H. 匍匐幼虫
（蔡英亚，贝类学概论，1994）

（二）面盘幼虫（veliger）

在无板纲和多板纲，担轮幼虫可直接发育为成体。在双壳纲、腹足纲，担轮幼虫演变为面盘幼虫。面盘幼虫比担轮幼虫结构复杂得多，其显著特征是形成面盘与分泌出幼虫壳。面盘（velum）由口前纤毛轮和顶纤毛束形成，是幼虫的运动器官，其上纤毛的摆动，可推动身体前进，同时可将食物带入口中。面盘的形态因种类而有区别，腹足类为双叶状，双壳类为椭圆盘状，有些种类早期面盘幼虫的面盘上有1~2根长鞭毛。在母体或卵袋中发育的种类，面盘呈退化现象。

在双壳类中面盘幼虫又分为直线铰合幼虫或D形幼虫、壳顶期幼虫和匍匐幼虫（图13-4）。当幼虫进入底栖生活时，面盘等浮游性运动器官消失。

（三）钩介幼虫（glochidium）

为寄生生活的幼虫，它缺少面盘、口和肛门等，具两瓣幼虫壳。有不发达的足，足上生出一条细长有黏性的足丝。感觉器官发达，包括感觉毛、平衡器、嗅检器和侧纤毛沟。在变态过程中，肠向外开口，成体外套膜出现，分泌成体壳，足丝、感觉毛退化，成体闭壳肌出现并替代幼虫闭壳肌，足变长，鳃形成，最后幼蚌离开寄主营自由生活（图 13-5）。

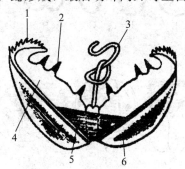

图 13-5 钩介幼虫
1. 齿 2. 感觉毛 3. 足丝 4. 外套膜 5. 闭壳肌 6. 壳
（楼允东，组织胚胎学，1996）

第二节 扇贝的发生

一、生殖习性

扇贝属双壳贝类，将生殖细胞产于水中，在水中受精和发育。产卵时雌贝先将壳张大，然后突然将壳关闭，外套腔中的海水从后耳的下方向外喷出，卵子随水流进入海水中。随贝壳几次开合，大量的卵子排出，可使周围的海水变为浑浊的红色。栉孔扇贝一次排卵量达 300 万～600 万。雄性排精时，一般是缓慢地向外排出，呈烟雾状。

大多数扇贝类动物为雌雄异体，但具有性反转现象，所以在繁殖季节经常可见雌雄性腺混杂现象，如虾夷扇贝等。海湾扇贝为雌雄同体。雌雄异体的种类生殖腺成熟时，卵巢为橘黄色或橘红色，精巢为乳白色。

二、胚胎发育和幼虫

(一) 生殖细胞

1. 精子 鞭毛型，全长 40～47 μm。

2. 卵子 多为球形，直径 61～72 μm，具不明显的胶膜，呈橘黄色，沉性卵。刚产出时，由于在生殖腺中挤压，因而形状多不规则。

(二) 受精和早期胚胎发育（以栉孔扇贝为例）

1. 受精 体外受精，第一次成熟分裂中期受精。在水温 18 ℃下，受精后 15～20 min 放出第一极体，21～27 min 出现第二极体。受精后 58～62 min，植物极向外突出形成第一极叶，卵细胞呈倒梨形。

2. 早期胚胎发育 行螺旋卵裂，在第一、二次卵裂时伴随着极叶的形成。受精后 1 h 20 min，完成第一次卵裂，受精后 2 h 20 min，完成第二次卵裂。6～8 h 发育至囊胚期，10～12 h 发育至原肠胚，外胚层小细胞下包，植物极细胞内陷形成胚孔。

(三) 幼虫发育

幼虫为担轮幼虫和面盘幼虫，面盘幼虫经历的形态和生态变化较大（图 13-6）。

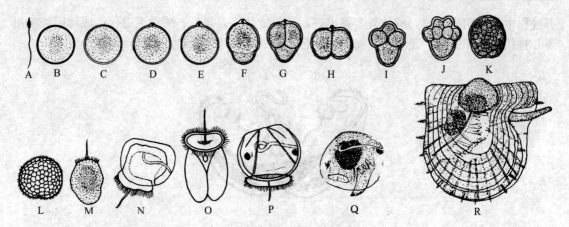

图 13-6 栉孔扇贝的胚胎和幼虫发生
A. 精子　B. 卵子　C. 受精卵　D. 第一极体出现　E. 第二极体出现　F. 第一极叶伸出
G. 第一次卵裂　H. 2 细胞期　I. 4 细胞期　J. 8 细胞期　K. 囊胚期　L. 原肠胚期
M. 担轮幼虫（侧面观）　N. 早期面盘幼虫（出现消化管）　O. 面盘幼虫
P. 壳顶期面盘幼虫　Q. 即将附着的幼虫　R. 稚贝
（王如才，海水贝类养殖学，1998）

1. 担轮幼虫　原肠胚继续发育，胚体表面生出纤毛，开始在卵膜中转动，以后随胚体的拉长，生出口前纤毛轮、顶鞭毛，在卵膜内转动加快，最后破膜而出，成为担轮幼虫。从受精到担轮幼虫约 22 h。担轮幼虫消化道没有打通，位于胚孔相对一侧的壳腺向左右两侧分泌幼虫壳。

2. 面盘幼虫　受精后 41 h 发育至面盘幼虫。初形成的面盘幼虫，其内部器官尚未完全分化，透过幼虫壳只能看到一些油球样大小不等的颗粒，约经过 2 d，内部器官分化清楚，开始摄食。面盘幼虫具发达的面盘，在面盘的基部有两条面盘收缩肌与贝壳的铰合线相连，前面的一条称为背缩肌，后面的一条称为腹缩肌，可使面盘收缩入壳内。面盘后面是幼虫的口沟，口沟连着胃，胃两侧是消化腺。口沟和胃肠内部有许多纤毛，胃的后方是肠，肛门在铰合线的后下方。面盘幼虫最早只有前闭壳肌，以后生出后闭壳肌，前闭壳肌在变态过程中消失。

面盘幼虫分为直线铰合幼虫、壳顶期幼虫和匍匐幼虫。

直线铰合幼虫：又称 D 形幼虫，为早期面盘幼虫。铰合线直而短，壳的前后缘略呈半圆形，此时壳长平均 99.5 μm，壳高 78.5 μm；具发达的面盘和面盘缩肌；消化道没有打通；经过 7～9 d，壳长达 130 μm，肠道弯曲加长，出现消化盲囊。

壳顶期幼虫：经过 16～17 d，当壳长达 160～170 μm 时，铰合线被壳顶遮住，幼虫呈卵圆形，前后端不对称；棕黑色的"眼点"生出；鳃原基出现；眼点后出现一透明的平衡囊；足基部有足丝腺孔生出，游泳时足经常伸出壳外。当壳长达 166～187 μm 时，眼点由小变大；鳃原基加长；壳顶更加突出。

匍匐幼虫：需 18～20 d，大小 250～270 μm 时，幼虫进入半浮游半匍匐状态，壳不对称现象非常明显；面盘纤毛明显脱落；足呈棒状，能自由伸缩；消化器官分化完善。

第三节　鲍的发生

一、生殖习性

鲍属腹足纲原始腹足类，但其生殖方式不同于高等腹足类，却与双壳类的相似。其特点

第十三章 软体动物的发生

是不具交接器,不需交配,生殖细胞直接产于水中,在体外受精和发育,不形成卵袋或卵囊。鲍的繁殖季节因种类而异。皱纹盘鲍在黄渤海繁殖季节为7~8月,水温23~24℃;杂色鲍在广东为4~5月,水温20~27℃,在福建为5~6月,水温25~26℃。

鲍为雌雄异体,生殖腺呈牛角状。成熟时,雄性腺为乳白色,雌性腺为褐绿色。生殖腺饱满时,包裹了整个胃和肝胰腺。

二、早期胚胎发育

(一) 生殖细胞

1. 精子 精子为鞭毛型,全长约58 μm,主要分为顶体、细胞核、中段和鞭毛四部分。顶体弹头状,具明显的顶体下腔。核长柱状,前端形成核凹陷,顶体凹陷与核凹陷之间有微丝束,该结构参与顶体反应。中段为5~6个线粒体围绕中心粒构成。鞭毛长52 μm(图13-7)。产出时精子呈烟雾状慢慢扩散于水体中。

2. 卵子 成熟卵为圆球形,绿色,沉性,无黏性,在水中分散分布。卵粒肉眼可见。卵径大小因种类而异,杂色鲍0.2 mm,皱纹盘鲍0.22 mm,盘鲍0.23 mm,大鲍0.27 mm。在卵巢中,成熟的卵细胞外有一层较厚的胶膜,产卵后,胶膜脱落在卵巢中,卵子表面没有胶膜。不成熟卵相互粘连不易散开,这种卵不具受精能力或受精后发育畸形。产卵量比较大,一般在80万~120万粒。

(二) 受精和早期胚胎发育

胚胎发育进程与种类和水温等有关,现以皱纹盘鲍为例,介绍在水温22℃条件下,其胚胎发育过程。

1. 受精 鲍为体外受精和体外发育。精子入卵的时间是在卵子发生过程中第一次成熟分裂中期。在水温22℃条件下,受精后10~15 min放出第一极体,20~25 min放出第二极体。

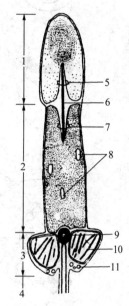

图13-7 皱纹盘鲍精子超微结构
1. 顶体 2. 细胞核 3. 中段 4. 鞭毛
5. 顶体凹陷 6. 微丝束 7. 细胞核凹陷
8. 染色质空缺 9. 远端中心粒
10. 线粒体 11. 小泡
(包振民,1998)

2. 早期胚胎发育 行完全不均等卵裂。受精后40~50 min,进行第一次卵裂,约80 min进行第二次卵裂。第一、二次卵裂为纵裂,分裂面相互垂直,分裂球大小相等。第三次为横裂,分裂面偏靠动物极,且为螺旋卵裂,上端四个小细胞呈右旋式排列。第四次卵裂仍为横裂,分裂后形成四层细胞,其中上三层为小细胞,植物极一层为大细胞。在以后的分裂中小分裂球所占的比例越来越大(图13-8)。

受精后3 h 15 min,形成囊胚;6 h以外包法原肠作用方式到达原肠胚。此时胚体稍拉长,呈淡绿色,植物极大分裂球被小分裂球包被,胚孔清晰可见。

三、幼虫发育

皱纹盘鲍发生过程中经过担轮幼虫、面盘幼虫、匍匐幼虫、围口壳幼虫、上足触角分化幼虫5个幼虫期。见图13-8。

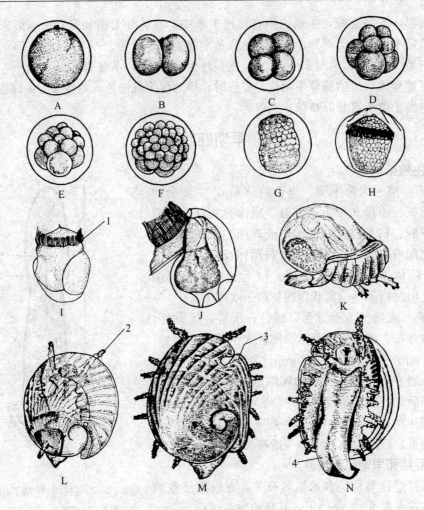

图 13-8 皱纹盘鲍的发生
A. 受精卵 B. 2细胞期 C. 4细胞期 D. 8细胞期 E. 16细胞期 F. 桑葚期
G. 原肠期 H. 膜内担轮幼虫 I. 早期面盘幼虫 J. 扭转后的面盘幼虫
K. 围口壳幼虫 L. 上足触角分化幼虫 M. 出现第一呼吸孔的稚鲍（背面观）
N. 出现第一呼吸孔的稚鲍（腹面观）
1. 口前纤毛环 2. 触角 3. 呼吸孔 4. 足
（蔡英亚，贝类学概论，1994）

1. 担轮幼虫 受精后 7 h 30 min，胚体出现纤毛环，经过 1 h，在纤毛环的中间部位出现顶纤毛束，身体背部可见壳腺，消化道没有打通。此时胚体可以借助纤毛的摆动在膜内缓慢地转动，大小为长径 0.2 mm，短径 0.18 mm，称为膜内担轮幼虫。11～12 h 破膜而出，成为孵化后的担轮幼虫。幼虫具有趋光性，健壮的个体活动能力较强，在水体的上层活泼地游动。而体质较弱、发育畸形的个体只能在底层附近缓慢转动，这些幼虫大多不能正常地变态发育。生产上可利用这一特性进行"选优"。

2. 面盘幼虫 面盘幼虫分为前期面盘幼虫和后期面盘幼虫两个发育阶段。受精后 15 h，达到前期面盘幼虫阶段。口前纤毛轮前区下陷，形成面盘。壳腺开始分泌薄而透明的幼虫壳，消化道形成，幼虫营浮游生活。幼虫体长 0.24 mm，体宽 0.2 mm。20～28 h 面盘发生

180°扭转，成为后期面盘幼虫。此时面盘上生有眼点，下部生有足和厣，幼虫壳表面生有花纹。当受到外界刺激时，幼虫可借助收缩肌作用将软体部和面盘完全缩入壳内，并用厣将壳口封闭。随着足变发达，幼虫由完全游泳状态逐渐转变为半浮游半匍匐生活。

3. 匍匐幼虫（creeping larva） 受精后 3～4 d，面盘萎缩，纤毛脱落，失去游泳能力，头部触角顶端逐步分化出几个分支状的小突起，足发达，幼虫完全营底栖生活，依靠足进行匍匐活动。

4. 围口壳幼虫（peristomial shell larva） 受精后 6～8 d，幼虫壳口成喇叭状向外扩张，壳的前缘增厚长出具有放射肋纹的次生壳，称为围口壳。厣消失，吻发达可伸缩活动，舔食附着面上的藻类，头部触角变长，触角上小分支越来越多，眼柄出现。围口壳幼虫具有避光性，摄食等活动多在夜间进行。

5. 上足触角分化幼虫（differentiation epipodes larva） 受精后 19 d，贝壳明显增大、增厚，可达 0.7 mm，上足触角开始分化，足更发达，头部触角伸长，突起增多。

四、稚　鲍

受精后 34 d，平均壳长 2.35 mm，壳宽 1.97 mm，贝壳的前端开始形成第一个壳孔（呼吸孔）。通常以第一壳孔的出现作为稚鲍阶段的标志。上足触角增至 10 对，长短不一。鳃明显增大，足的吸附力以及幼鲍活动能力进一步增强。贝壳的色泽也逐渐加深为浅红褐色。随着贝壳的生长，第二、三、四壳孔将陆续形成。以后前端每形成一个新壳孔，最后端的一个壳孔将随之封闭，使其开放的壳孔数保持在 3～5 个。

本章小结

软体动物一般为雌雄异体，双壳类雌雄外观不易区别。部分腹足类和头足类雌雄形态区别明显。软体动物受精卵在卵囊和卵块中、水中或鳃腔中发育。行螺旋卵裂，内陷或外包法原肠作用，幼虫发育主要经历担轮幼虫和面盘幼虫阶段。

扇贝精子为鞭毛型，卵子多为球形，具不明显的胶膜，橘黄色，沉性卵。第一次成熟分裂中期受精。螺旋卵裂，在第一、二次卵裂时伴随着极叶的形成。外胚层小细胞下包，植物极细胞内陷形成胚孔。幼虫为担轮幼虫和面盘幼虫。担轮幼虫具有口前纤毛轮，顶鞭毛，消化道没有打通，位于胚孔相对一侧的壳腺向左右两侧分泌幼虫壳。面盘幼虫具发达的面盘，分为直线铰合幼虫、壳顶期幼虫和匍匐幼虫。直线铰合幼虫的铰合线直而短，壳的前后缘略呈半圆形，具发达的面盘和面盘缩肌，消化道没有打通。壳顶期幼虫铰合线被壳顶遮住，幼虫成卵圆形，前后端不对称，棕黑色的"眼点"生出，鳃原基出现，眼点后出现一透明的平衡囊，足基部有足丝腺孔生出。匍匐幼虫进入半浮游半匍匐状态，壳不对称现象非常明显，面盘纤毛明显脱落，足呈棒状，能自由伸缩，消化器官分化完善。

鲍为体外受精和体外发育。精子入卵的时间是在卵子发生过程中第一次成熟分裂中期。螺旋卵裂，以外包法原肠作用方式形成原肠胚。此时胚体稍拉长，呈淡绿色，植物极大分裂球被小分裂球包被，胚孔清晰可见。皱纹盘鲍发生过程中经过担轮幼虫、面盘幼虫、匍匐幼虫、围口壳幼虫、上足触角分化幼虫 5 个幼虫期。担轮幼虫具有顶纤毛束，身体背部可见壳腺，消化道没有打通。面盘幼虫分为前期面盘幼虫和后期面盘幼虫。前期面盘幼虫口前纤毛轮前区下陷，形成面盘。壳腺开始分泌薄而透明的幼虫壳，消化道形成，幼虫营浮游生活。

后期面盘幼虫面盘发生 180°扭转，面盘上生有眼点，下部生有足和厣，幼虫壳表面生有花纹。匍匐幼虫面盘萎缩，纤毛脱落，失去游泳能力，头部触角顶端逐步分化出几个分支状的小突起，足发达，幼虫完全营底栖生活，依靠足进行匍匐活动。围口壳幼虫壳口成喇叭状向外扩张，壳的前缘增厚长出具有放射肋纹的次生壳。厣消失，吻发达可伸缩活动，头部触角变长，触角上小分支越来越多，眼柄出现。贝壳明显增大、增厚，上足触角开始分化，足更发达，头部触角伸长，突起增多。

思考题

1. 简述扇贝胚胎发育特点
2. 简述扇贝幼虫发育经历的时期。
3. 简述鲍胚胎发育特点。
4. 简述鲍发生过程经历的幼虫期。
5. 简述扇贝和鲍发生时的幼虫器官以及所起的作用。

第十四章　甲壳动物的发生

甲壳动物在分类学上属节肢动物门（Arthropoda）、甲壳纲（Crustacea），其种类繁多，分布广泛，经济价值大。大部分的甲壳动物与水产养殖有关，尤其是十足目中的虾蟹类，是重要的水产养殖对象；而其他的甲壳动物，如桡足类、枝角类、端足类、磷虾类和糠虾类等则是鱼类、虾类及贝类幼体或成体的饵料。因此，了解甲壳动物的生殖习性与繁殖规律，对水产养殖工作具有重要的指导意义。

第一节　甲壳动物发生概述

一、繁殖习性

（1）大多数甲壳类雌雄异体，少数种类雌雄同体，如蔓足类、大部分异足类、寄生等足类和少数十足类等。

（2）甲壳类的繁殖季节因种类而异，大多数位于春末夏初。如中国对虾的繁殖期在北方为4~6月，其中5月份为盛期；长毛对虾的繁殖期在4~9月，6月份为盛期；日本对虾的繁殖期从3月份可持续到8月份；而凡纳滨对虾、斑节对虾等几乎全年都可以繁殖。

（3）大多数甲壳类在产卵之前，须进行交配（copulation）。交配的方式、时间因种类而异。具有封闭式纳精囊的种类交配发生于母虾蜕壳后的软壳期内，如中国对虾、日本对虾，亲虾在秋末前后交配，精荚就贮存在雌虾的纳精囊内，直到第二年春天雌虾产卵时释放精子，完成受精作用。而具有开放式纳精囊的种类，如日本沼虾、凡纳滨对虾等，需在临产前进行交配。其交配发生在母虾性腺成熟后至产卵前的数小时内，而且是在母虾处于硬壳状态下完成，交配后的精荚依靠自身的黏性粘贴在母虾第4、5对步足之间的纳精囊位置。

（4）大多数甲壳动物进行护卵发育。如桡足类、枝角类、等足类及部分十足类等。桡足类雌体所产的卵黏合成1个或2个卵囊附于母体上发育；口足类雌体将所产的卵黏合成卵块，抱握在前三对胸肢之间；双甲类及大部分的介形类以头胸甲腔作为抚育囊；日本沼虾、罗氏沼虾、螯虾等真虾类以及蟹类等将卵子黏附在母体的腹部附肢（游泳足）上，直到孵化后离开母体。只有少部分种类如对虾类，产卵于水中，在水中受精发育。

（5）甲壳动物的产卵量与种类、个体大小等有关。一般来说，进行护卵发育的种类，产卵量较少，如体长4~6 cm的日本沼虾，抱卵量为590~5 000粒/尾；龙虾的抱卵量为10万；海螯虾为5万~9万。对虾类将卵子产于水体中，产卵量多在10万~100万，通常40万~60万；经济蟹类的抱卵量一般在100万~400万，较大的锯缘青蟹抱卵量可达400万粒。

（6）有些虾类具有生殖洄游的习性，如中国对虾、罗氏沼虾等在生殖期都要到含有一定盐度的河口去产卵，然后，中国对虾仔虾回到黄渤海生活，而罗氏沼虾再溯河而上。日本对虾虽然在繁殖季节有从潮汐带向深水移动的表现，但其栖息场所仍有固定的范围，所以日本对虾、墨吉对虾及大多数的真虾类无生殖洄游习性。另外一些虾类如鼓虾、美人虾等，则是终生生活在同一区域内。

二、生殖细胞

1. 精子 甲壳类的精子为非鞭毛型，形态结构多样化，呈圆球形（如水蚤、虾蛄）、棍棒形（如枝角类中的 Daphnella brachyuran）、镰刀形（如裸腹水蚤）、图钉形（如对虾、沼虾、米虾等）、泡囊形（如龙虾、寄居蟹、铠甲虾等）及辐射形（螯虾）等（图14-1）。虱形大眼水蚤的精子能做变形运动。

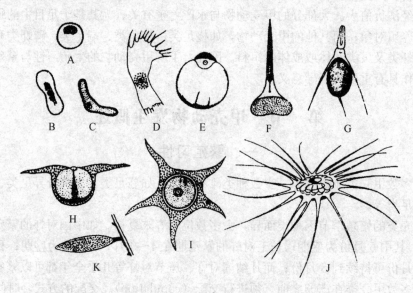

图14-1 甲壳类的精子
A. 水蚤 B. 一种枝角类 C. 裸腹溞 D. 虱形大型水蚤
E. 虾蛄 F. 米虾 G. 铠甲虾 H. Ethusa mascarone（侧面观）
I. Ethusa mascarone（顶面观） J. 螯虾 K. 铠甲虾的精荚
（楼允东，组织胚胎学，1996）

介形类、糠虾类、端足类及等足类的精子属鞭毛型，从棒状的头部伸出鞭毛。蔓足类的精子具有两根鞭毛；介形类精子特别长，远远大于其母体的长度，如弓状介虫（Pontocypris monstrosa）的精子长达5～7 mm，而其母体的长度仅为0.6 mm。

软甲类与桡足类的精子被输精管末端的分泌物包被而形成精荚（spermatophore），它分为扇形的瓣状体和豆状体两部分（图14-2），交配后精荚贮存或黏附于雌体的纳精囊内。待雌体产卵时，精荚破裂，释放精子，进行受精作用。精荚的形态因种类而异，桡足类的精荚为球形、椭圆形及长圆柱形等，粘连在雌体的生殖孔。在软甲类，能在叶虾目、磷虾目和十足目等看到精荚的形成；游行亚目的精子被输精管分泌物所包被形成绳索状或柔软的无定型精荚，但其中日本对虾及近缘种的精荚则由柔软的主部和甲壳质的栓塞组成。主部贮存在纳精囊内，并以栓塞封住入口。爬行亚目曲尾类如铠甲虾的精荚为纺锤形，交配

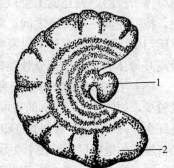

图14-2 中国对虾的精荚
1. 豆状体 2. 瓣状体
（楼允东，组织胚胎学，1996）

时，附着在雌体体表。短尾类如各种蟹类的精荚则输送到输卵管中。梭子蟹的精荚在秋季交配时送入受精囊内，并在其中被吸收，仅精子到第二年尚保存于受精囊。

2. 卵子　典型甲壳类的卵属中黄卵。只有少数甲壳类如糠虾的卵，细胞核偏于表层原生质中一极，但受精后，融合核进行第一次分裂时，仍然回到卵子的中央。

卵的大小随卵黄的含量而定，而与母体大小无关。例如同为十足目，螯虾的卵含有较丰富的卵黄，所以卵子较大，直径 2.5 mm 左右；个体较大的对虾卵则较小，直径不过 0.3 mm。

甲壳类的卵膜比较复杂。在软甲亚纲，卵膜通常称卵壳，是由输卵管分泌的物质形成，为 1~2 层。日本龙虾和螯虾的卵，除由输卵管分泌的卵膜外，还有由腹部附肢或腹节分泌的膜，在螯虾叫作卵外壳。另外，十足目卵膜上具有索状纽带，以此单独或成束附着在腹肢的刚毛上。卵巢中的卵无膜，所以此膜为输卵管分泌物。等足目的 *Cymothoa* 和 *Parapenaeon*、糠虾目的 *Hemimysis*、叶虾目、桡足目及枝角目等种类的卵仅有卵黄膜。十足目对虾类的胶质层属次级卵膜。受精后，胶质层溶解于水中，而卵黄膜则形成受精膜。

三、受精及早期胚胎发育

1. 受精　甲壳类精子入卵的时间是第一次成熟分裂中期，受精后放出第一极体和第二极体。在一般情况下，行单精受精。

2. 卵裂　甲壳类虽为中黄卵，但由于卵黄的含量不同，卵裂的方式也有差异。

完全卵裂：卵黄含量少的鳃足类、介形类、桡足类和蔓足类等为完全卵裂，大多数是完全均等卵裂（如对虾、毛虾、桡足类等），少部分行完全不均等卵裂（如蔓足类）。对虾的卵裂过程中不但出现规则的 2、4、8、16 等细胞期，而且卵裂球发生扭转，具有螺旋卵裂的性质。某些寄生甲壳类和桡足类等也保留着螺旋卵裂的特征。

表面卵裂：卵黄含量多的软甲类为表面卵裂，如常见的螯虾、白虾等高等虾类及蟹类。螯虾的卵子受精后，合子核先在卵子中央部分进行分裂。当子核为 128 个时，它们便开始向卵子的皮层部分迁移。当子核增至 512 个后，它们各自与一部分细胞质结合，从而导致全卵各部分同时分裂，因此形成典型的表面囊胚。组成胚胎的各卵裂球被称为初级卵黄锥（primary yolk pyramid）。锥的基端位于卵子表面，内含细胞核和细胞质；锥的尖端向着卵子的中心，原来卵内的大部分卵黄这时也已经分配到各卵黄锥的体部。

螯虾初级卵黄锥形成不久，各锥体部分的界线消失。居于卵子表面的细胞核与细胞质共同组成一层扁平细胞，称为囊胚层，卵子的中央为卵黄填充。通过不断分裂，囊胚层的细胞数目也在增加，细胞的形态也由扁平逐渐变成方形（图 14-3）。

3. 囊胚　卵裂的结果，形成以下几种类型的囊胚。

有腔囊胚：卵子行完全均等卵裂形成的囊胚，如中国对虾、日本对虾、毛虾、萤虾等。

实心囊胚：卵子行完全不均等卵裂形成的囊胚，如藤壶。

表面囊胚：卵子行表面卵裂形成的囊胚，如螯虾。此种类型的囊胚，无常见的囊胚腔，在相当于囊胚腔的位置充满卵黄团。螯虾自 16 个细胞起就开始对卵黄进行消化。到囊胚时，在卵子的中央除散布的许多卵黄颗粒外，还有一个中心卵黄体。

4. 原肠作用及胚层的形成　甲壳类的原肠形成主要有以下几种方式。

内陷法：绝大多数甲壳类采取此种方式。裸腹溞属、剑水溞属以及中国对虾、日本对虾、莹虾属等有腔囊胚内陷程度较深，并形成明显的原肠腔；螯虾属表面囊胚，内陷形成的原肠腔较浅，仅占胚胎内部的一小部分；长臂虾和日本龙虾则不出现原肠腔。

移入法：囊胚层细胞以内移法移入卵黄内，形成内胚层细胞，未移入的细胞则为外胚层细胞，如中华绒螯蟹（堵南山等，1992）。

外包法：发生于实心囊胚，如蔓足类等。

两胚层形成后，出现中胚层。甲壳类动物幼虫与成体中胚层的来源不同。山虾属、对虾属等通过内陷方式形成内胚层或中内胚层后，中胚层也逐渐开始分化。日本对虾中胚层的发生开始于一个母细胞，这个母细胞从原肠壁上分化出来之后随即进行分裂，并很快在原肠的

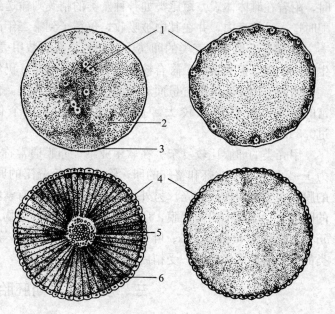

图 14-3 螯虾的卵裂
1. 子核及其原生质岛　2. 卵黄　3. 原生质　4. 囊胚层
5. 中心卵黄体　6. 初级卵黄锥
（楼允东，组织胚胎学，1996）

周围形成一个细胞环。长臂虾的中胚层来源于中内胚层细胞团，然后从该细胞团的前端分化出来，再行发育。螯虾中胚层发生于内胚层基的前缘，在这里首先出现多层大小不同的细胞，然后由大细胞分化为初级中胚层，小细胞分化为次级中胚层。前者是肌节发生的基础，后者是血液和结缔组织发生的基础（图 14-4）。

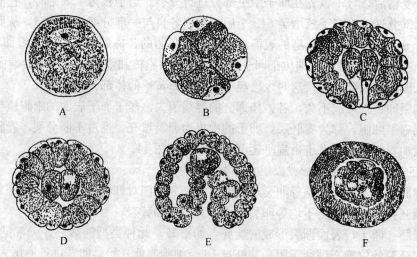

图 14-4 对虾的胚胎发育
A. 未分裂卵　B. 4 细胞期　C. 64 细胞期
D. 64 细胞期后期横切面　E. 中内胚层内陷　F. 内陷后期横切
（缪国荣等，海洋经济动植物发生学图集，1990）

四、胚后发育

甲壳类在发育过程中要经过无节幼虫、溞状幼虫、糠虾幼虫等阶段，属演化性变态。甲壳动物幼虫期的长短，与个体发育的基础即卵子的类型有关。一般来说，卵黄含量较少的种类，如对虾、毛虾等胚胎期较短，幼虫期较长，在无节幼虫时期就可以孵化；卵黄含量较多的种类，如真虾类、螯虾、龙虾等，胚胎期较长，幼虫期短，通常在溞状幼虫时期孵化。因此从最原始的鳃足亚纲到最高等的软甲亚纲十足目，胚胎发育期逐渐增长，幼虫期逐渐缩短，这也是动物进化的一种表现。

综合起来，甲壳动物发生过程中大致可出现以下几个自由生活幼虫：

无节幼虫（nauplius）：甲壳类最原始、最典型的幼虫，也是发育过程中最早出现的幼虫期。身体不分节，具有1个眼点（中眼），位于身体前端腹中线处。有3对附肢，故又称为六肢幼虫。几乎所有的甲壳类都要经过这一时期（有些种类已失去此幼虫期）。对虾类在此幼虫期孵化。

后期无节幼虫（metanauplius）：由卵子直接孵出或由无节幼虫经过一次或几次蜕皮形成。这种幼虫除2对触角、1对大颚外，其他头胸部附肢原基也逐渐发育完善，体节亦开始自前向后陆续出现。软甲类和切甲类都有这一幼虫期。有些种类如鳃足亚纲的鲎虫、薄皮溞以及蔓足亚纲等，就是发育到这个幼虫期才从卵内孵化出来的。

前期溞状幼虫（protozoea）：是许多十足目初孵幼虫，前两对胸肢（第一、第二对颚足）已具备。有的已生出第三对颚足的肢芽，但其他胸肢和腹肢尚未发育。除有一个眼点外，有的生出一对复眼，有的尚未生出。

溞状幼虫（zoea）：由大部分的十足类受精卵直接孵出。幼虫胸部特别短，头胸甲已形成。第三对颚足生成，步足肢芽出现。腹部开始分节，但腹肢尚未发育。眼柄已长成。这是十足目共同经过的幼虫期。河蟹就是在这个幼虫期破膜而出的。

后期溞状幼虫（metazoea）：在溞状幼虫之后，腹部分节明显，但腹肢仍未发育。五对步足的肢芽较上期增大。

糠虾幼虫（mysis）：在后期溞状幼虫之后，已具有成体的雏形，胸肢带有外肢，具有游泳功能。腹肢逐渐发育完善。对虾和其他虾类都经过这一幼虫期。

另外，还有几种幼虫是某些甲壳类所特有的，如蔓足亚纲的腺介幼虫（cypris）、桡足亚纲的桡足幼虫（copepodid）、十足目蟹类的大眼幼虫（megalopa）以及龙虾的叶状幼虫（phyllosoma）等，它们在形态上与成体有一定的联系。

五、幼虫的蜕皮

甲壳类的生长发育总是和蜕皮密切相关的，胚后发育每一期幼虫形态和生理特点的改变都是通过蜕皮来实现的。因此蜕皮不仅影响动物的形态、生理和行为，也影响着各期幼虫的发育时间，它既是动物完成变态发育以及生长所需，又是导致畸形、死亡、被捕食的重要原因。狭义的蜕皮仅指甲壳类从旧壳中脱出的短暂过程，广义的蜕皮过程则是一个连续的变化过程，几乎每天甲壳类都会发生形态学和生理学的变化。这种变化贯穿其整个生命周期。

1. 蜕皮的一般过程 虾蟹类的甲壳是由位于其下的真皮层上皮细胞分泌而来，由三层结构组成。最外层为薄的上表皮层，然后为较厚的钙化程度高的外表皮，最内层为厚的内表皮层，甲壳及真皮层在蜕皮过程中变化复杂，依其结构、形态学的变化，结合动物的行为可将蜕皮过程分为五期。

A期（蜕皮后期）：虾蟹类动物刚自旧壳中蜕出，新壳柔软有弹性，仅上表皮层、外表皮层存在，在几个小时之后，真皮开始分泌内表皮层，分泌过程持续到蜕皮间期。动物大量吸水使新壳充分伸展至最大尺度。动物暂时不能支持身体，活力弱，不摄食。

B期（后续期）：表皮钙化开始，新壳逐渐硬化，可支持身体，体长不再增加；内表皮继续分泌，真皮层上皮细胞开始静息。动物开始排出体内的水分，摄食。

C期（蜕皮间期）：表皮继续钙化，内表皮分泌完成，新壳形成，真皮层上皮细胞静息；动物大量摄食，进行物质积累，体内水分含量逐渐恢复正常，完成组织生长，并为下次蜕皮进行物质准备。

D期（蜕皮前期）：此期为蜕皮做形态、生理上准备，变化最大。虾蟹类进入蜕皮前期的第一个征象是真皮与旧的表皮脱离，之后，真皮开始增生，具有一些贮藏功能的细胞在其中积累。蜕皮前期可分为几个亚期：

D_0期：真皮层与表皮层分离，上皮细胞开始增大。

D_1期：真皮层上皮细胞增生，出现贮藏细胞。

D_2期：旧壳的内表皮开始被吸收，血钙水平上升，新表皮开始分泌外表皮，动物此时摄食减少。

D_3期：新表皮继续分泌，旧壳吸收完成，新表皮与旧壳分离明显，摄食停止。

D_4期：新外表皮分泌完成，动物开始吸水，准备蜕皮。

E期（蜕皮期）：动物大量吸水，旧壳破裂，动物弹动身体，身体从旧壳中蜕出，蜕皮期一般较短，为数秒或数分钟。

虾蟹类动物蜕皮多发生在夜间，临近蜕皮的虾活动频率加快，蜕皮时甲壳膨松，腹部向胸部折叠，反复屈伸。随着身体的剧烈弹动，头胸甲向上翻起，身体屈曲自壳中蜕出，然后继续弹动身体，将尾部与附肢自旧壳中抽出，食道、胃、后肠的表皮亦同时蜕下。刚蜕皮的虾活动弱，有时会侧卧水底，幼体及仔虾蜕皮后可正常游动。

2. 蜕皮和生长的关系　虾蟹类通过蜕皮完成生长，因此生长速度有赖于蜕皮次数和蜕皮时体长与体重的增加程度。游泳虾类在其生命周期内每隔数天或数周蜕皮一次，甲壳厚重的龙虾、螯虾及蟹类幼虫一般每年蜕皮8~12次，成体则蜕皮间隔较长，通常第一年内只蜕皮一次或两次。虾蟹类每次蜕皮体长与体重的增加随动物本身大小而变化。个体越小增加得越明显。

第二节　对虾的发生

对虾在动物分类学上属节肢动物门、甲壳纲、十足目、游泳亚目、对虾科、对虾属。对虾养殖具有周期短、产量大、商品价值高、当年即可收益等特点，成为全国沿海主要养殖项目。了解对虾的繁育生物学对更好地做好育苗和养殖工作十分必要。

目前我国主要养殖的对虾种类有中国对虾（*Penaeus chinensis*）、斑节对虾（*P. monodon*）、日本对虾（*P. japonicus*）、长毛对虾（*P. penicillatus*）、墨吉对虾（*P. merguiensis*）、短沟对虾（*P. semisulcatus*）、宽沟对虾（*P. latisulcatus*）以及凡纳滨对虾（*P. vannamei*）等。

一、生殖习性

1. 性别特征　对虾为雌雄异体、异形，对虾科所有种类均具有第二性征。中国对虾的第二性征主要表现为以下五个方面：

(1) 雄性个体较小，体色较黄；而雌虾个体较大，尤其腹部较肥大，壳色透明。

(2) 雄虾第一对游泳足的内肢变成钟形的交接器（petasma）（图 14-5）；而雌虾第一对游泳足的内肢退化。

(3) 雄虾的生殖孔位于第五对步足的基部，而雌虾的生殖孔则位于第三对步足的基部内侧。生殖孔皆呈乳突状，但只在交配或成熟季节才比较明显。

(4) 雌虾第四对和第五对步足基部之间的腹甲上有一椭圆形的雌性交接器（thelycum），其基部两侧各有一小突起，中央有纵裂的开口，口缘向外翻卷，内为一空囊，为接受及贮存精荚豆状体之处，故又名纳精囊（spermatheca）（图 14-6）。

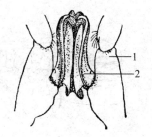

图 14-5 雄虾交接器
1. 第一对游泳足　2. 交接器
（楼允东，组织胚胎学，1996）

2. 交配与产卵

(1) 交配　中国对虾于当年 10 月雄虾成熟后即行交配，交配前雌虾先蜕皮，在甲壳尚未硬化前，雄虾将精荚送入雌虾的纳精囊。交配活动通常在夜间进行，一般自日落至子夜。蜕皮与交配时间非常短，2～3 min。

交配后，精荚的豆状体被植入纳精囊中并在此贮存，瓣状体则留在体外作为交配后的标志，俗称"挂花"。几天之后，外露的瓣状体自行脱落，此时雌虾的纳精

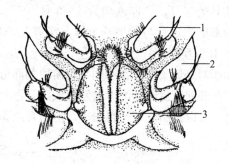

图 14-6 雌虾纳精囊
1. 第四对步足　2. 第五对步足　3. 纳精囊
（楼允东，组织胚胎学，1996）

囊呈乳白色且变得又厚又硬。有些种类如日本对虾则在纳精囊口处形成硬质的交配栓。

雄虾交配后 2～3 d，精荚囊内又可以看到有新的乳白色精荚形成，这说明在繁殖季节内雄虾可以产生多个精荚，并能多次进行交配。交配过后的雄虾大部分死亡，仅少数存活。雌虾交配后便不再蜕皮，直到卵巢成熟、产卵。如遇意外蜕皮导致精荚丢失，雌虾可以与雄虾再次进行交配。

中国对虾的交配期，在胶州湾自然海区通常为 10 月中下旬至 11 月初。墨吉对虾和日本对虾几乎终年都能进行交配，这可能与它们没有产卵洄游，以及南方气候比较温和，生长发育不受水温影响有关。交配后的中国对虾，于当年 12 月底左右，由其栖息场所（主要是朝鲜半岛和我国的黄渤海）成群结队地游到济州岛以西的深海区域里越冬。从二三月开始，分散在海区内的对虾又相对集中，自黄海开始向北洄游，进入其产卵场所（主要是渤海湾、莱州湾、辽东湾的近岸海区的各大河口附近）进行产卵、繁殖后代（图 14-7）。

(2) 产卵　中国对虾雌虾在产卵期多聚集在河口和内湾区域，如辽东湾、渤海湾、莱州湾等。产卵均发生在夜间，通常为 21:00 至 00:00。卵子从生殖孔中排出，在游泳足的急速划动下分散于水中。与此同时，贮存在纳精囊内的精子相继放出，在海水中迅速完成受精作用。

产卵季节因种类和水温而异。我国北方的中国对虾产卵期在 4～6 月。但南移厦门后，3

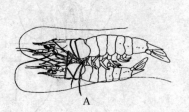 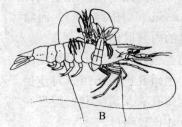

图 14-7 斑节对虾交配时的姿势
A. 交配前 B. 交配时
(Dall W. 等，对虾生物学，1992)

月底就能产卵。可见同一种类的对虾的产卵期与水温密切相关。日本对虾的产卵期为 5 月中旬到 9 月底，产卵温度为 20 ℃以上；墨吉对虾的产卵期较长，在广东沿海每年 3～8 月均能发现成熟的亲虾，产卵盛期为 4～5 月。

对虾的产卵量与种类及个体大小有关，通常在 10 万～100 万，中国对虾产卵量一般为 50 万～100 万粒/尾，最多可达 150 万粒/尾。

由于对虾卵巢中存在不同发育阶段的卵母细胞，所以对虾有多次产卵的习性。在人工条件下中国对虾的产后卵巢可再次发育成熟并再次产卵，最多者在繁殖季节中可产卵 7 次。利用这一特性，可以提高亲虾的利用率。但随着产卵次数的增加，卵子的质量和受精率逐渐下降。

二、生殖细胞

（1）精子　属于非鞭毛型，具有一棘突，没有尾部（图 14-8）。

中国对虾的精子全长约 10 μm。电镜下可见精子由三部分组成，即后主体部、中间帽状体和前端棘突（图 14-9）。

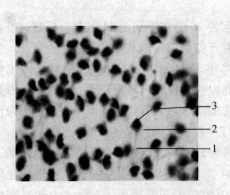 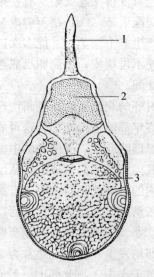

图 14-8 中国对虾精荚囊切片示内部精子形态
1. 棘突 2. 帽状部 3. 主体部
(任素莲等，水产动物组织胚胎学实验，2009)

图 14-9 对虾精子超微结构模式
1. 棘突 2. 顶体颗粒 3. 精核
(Dall W. 等，对虾生物学，1992)

后主体部：后主体部主要由细胞质和细胞核组成。细胞质包绕精子核，为富含 10 nm 的高电子密度的颗粒物质。主体部前端的细胞质带膨大突出形成一梯形结构，其中可以看到内质网，而在主体部两侧的细胞质带中有若干大小不等的囊泡和环状片层。细胞核占据了后主体部的大部分区域。核膜明显，核物质松散，呈细丝状和絮状。

中间帽状体：帽状体至少由三种电子密度不同的结构组成。这些组分分别是位于棘突基部和 H 形环状体之前的肾形顶体颗粒。顶体颗粒是较棘突电子密度低的无定型结构物质。围绕在顶体颗粒两侧和后端的是 H 形环状体。在环状体两侧后缘是由电子密度与顶体颗粒相似的无定型物质组成的膜囊结构。帽状体和后主体部被顶体内膜隔开，而顶体外膜和帽状体的质膜融合形成了 5 层的复合膜，覆盖在整个膜状体表面。帽状体的外表面比较光滑。近缘新对虾（Metapenaeus. affinis）的精子也具有同样的结构，而长臂虾（Palaemon sp.）和罗氏沼虾等精子的帽状体具有许多横纹条和丝状物，表面粗糙不光滑。

前端棘突：中国对虾的前端棘突全长约 $3\mu m$，基部较粗，尖端渐细。由结构相异的膜状物和棘突内质组成。未发现有其他亚显微结构的组分，如微管和微丝等。棘突缺乏微管的种类还见于单肢虾（Sicyonia ingentis）等。中国对虾成熟精子棘突和帽状体尽管电子密度不同，但它们有共同的膜状物，且二者连接处非常匀质，因此它们可能共同起顶体作用。

（2）卵子 对虾的卵属于中黄卵，但卵黄含量较少。对虾性成熟后，卵子排入水中，由卵子外周部分的黏液形成胶质层作为卵子的卵膜，此层膜一直保存到卵裂开始之际才消失。刚产出的卵，形状不规则或呈多角形，入水后则逐渐变圆，直径 235～275 μm。成熟卵为浅橘黄色，有时带灰绿色，入水后逐渐变为不透明的乳白色。对虾卵为沉性卵，无黏性。

长毛对虾刚排入海水中的卵子近圆形，直径约 250 μm，扫描电镜下卵子表面有许多微隆起。透射电镜下可见卵子细胞质内含有大量卵黄颗粒，紧贴卵膜下方呈辐射状排列着皮质棒，其外有薄膜包绕，内含物均匀、着色较深。这些皮质棒长约 20 μm，其朝向胞外的一端较粗，直径约 8 μm，朝向胞内的一端较细，直径约 6 μm。此外，在卵子内还分布着大量多嵴的线粒体。

三、受　精

1. 受精的一般过程　在水温 20 ℃条件下，中国对虾卵子产出后 6～10 min，在动物极出现第一极体，卵膜逐渐举起，形成受精膜并出现卵周隙；产出后 20～25 min 排出第二极体；1 h 后受精膜膨胀完毕，此时卵膜直径可达 330～440 μm。中国对虾精子入卵的位置是随机的，有多精入卵的现象。

2. 卵子的皮层反应　位于对虾卵膜边缘的皮质棒，发生皮层反应的过程可分为以下 4 期：未激活期、激活早期、冠状期和消散期。

未激活期：刚排入海水中的卵子，形态如前所述。

激活早期：从此期开始，卵子遇水略有膨大，直径约为 300 μm。卵子表面布满了椭圆形突起，但突起高度只大约 4.5 μm，接着突起处的卵膜破损，各突起伸出卵外。随着皮层反应的进行，突起不断增高。

冠状期：扫描电镜下卵子表面布满了已完全释出的皮质棒，皮质棒的基部与卵子有少许相连。在皮质棒基部，卵子表面留有一个个直径约 8 μm 的孔洞，皮质棒长度较均一，都在 30 μm 左右，头部直径约 8 μm，基部直径约 4 μm。从整体看，整个卵子像长满刺的海胆。

消散期：皮质棒已完全释出的卵子，释放后的皮质棒并未马上消失，而是通过基部的膜相互融连，包绕在卵子的外周。皮质棒基部着色浅，顶端着色深，与卵膜之间有一间隙。在冠状期几乎整个皮质棒都着色很深，但此时着色深的部分只集中于皮质棒头部。说明皮质棒的内含物正在不断释放。随着皮质棒内含物的释放，以及皮质棒膜的融连，凝胶层逐渐消散。

虽然皮层反应是一个很短暂的过程，但皮层反应所形成的覆盖在卵子表面的胶状物将存在很长时间，到第一次卵裂结束后仍存在。

3. 精子的获能 甲壳类的精子是否获能目前观点不一。一类观点认为，对虾类精子无须获能，因为从精荚囊中获得的精子能够成功受精，如凡纳滨对虾等。第二类观点认为精子需要获能，位于中国对虾精荚囊中的精子结构和纳精囊中精子的形态结构不同，锯缘青蟹精子也有类似的情况。精子必须在纳精囊中贮存一段时间才能受精，如锐脊单肢虾。

四、早期胚胎发育

（一）卵裂

对虾的卵属于低等中黄卵。卵裂为完全均等分裂，但靠近中央卵黄集中处分裂沟不甚明显，且从第二次卵裂起表现出螺旋卵裂的特征，所以属于较低级的类型（图 14-10）。

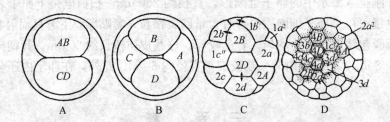

图 14-10 日本对虾的卵裂过程
A. 2 细胞期　B. 4 细胞期　C. 16 细胞期　D. 64 细胞期
（曲漱惠等，动物胚胎学，1980）

在 18～20 ℃ 的水温条件下，对虾卵受精后约 1 h 开始第一次卵裂，以后每隔半小时左右分裂一次，第一次卵裂为经裂，从卵的动物极到植物极纵分为两个大小相等的分裂球；第二次卵裂也是经裂，但其分裂面与第一次卵裂面垂直相交，分裂球大小相等，核都位于表面的原生质中；第三次为纬裂，形成 8 个等大的分裂球，胚胎此时即有螺旋卵裂的特征出现，并且继续发展下去。以后，随着卵裂的不断进行，分裂球数目成倍增加，且由于受螺旋卵裂的影响，分裂球的排列很不规则，但分裂球的大小仍然大致相等。

（二）囊胚

受精后 5～6 h 到达囊胚期，胚体中央有一个囊胚腔，因此属于有囊胚腔的种类。

第十四章 甲壳动物的发生

(三) 原肠胚

产出后 5～6 h，在 64 细胞期的末期到达原肠胚。此时胚胎的植物极处稍稍变平，开始以内陷方式进行原肠作用。在 128 细胞期，切片观察可以看到有两个呈棒槌形的中内胚层细胞陷入囊胚腔中，这些细胞从原肠顶端分出，分化成中胚层细胞，而留在原肠顶端的为内胚层细胞。胚孔近似小三角形或裂缝状。受精后 15～16 h 原肠作用完成，胚孔闭合（图 14 - 11）。

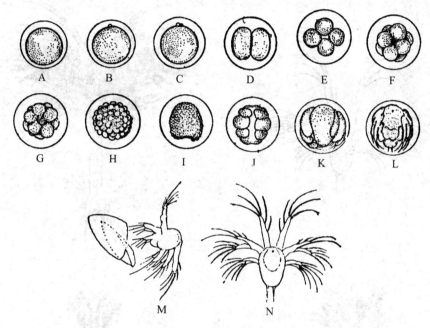

图 14 - 11 对虾的胚胎发育
A. 受精卵　B. 出现第一极体　C. 出现第二极体　D. 2 细胞期　E. 4 细胞期
F. 8 细胞期　G. 16 细胞期　H. 多细胞期　I. 原肠期　J. 肢芽期
K、L. 膜内无节幼虫　M. 幼虫破膜而出　N. 第Ⅰ期无节幼虫
(赵法箴，1965)

(四) 肢芽期

受精后 17～18 h，胚胎的腹面依次出现第二触角原基、大颚原基和第一触角原基，此时可以看到胚胎三对原基的隆起，称为肢芽期。胚体外又出现一层薄膜，包裹在整个胚胎外面。

(五) 膜内无节幼虫

第二触角和大颚分化出内肢和外肢，并在内外肢的游离端生出刚毛，同时在胚体前端腹面中央出现红色眼点，发育至此，胚体在卵膜内逐渐可以转动，此时的胚胎称为膜内无节幼虫。

(六) 孵化

不同的发育条件下，对虾孵化的时间不同。在 18～22 ℃水温条件下，中国对虾约经 30 h 孵化；在 27～29 ℃下，日本对虾和墨吉对虾产卵后 13 h 即可孵化；斑节对虾在 26～29 ℃下，受精后 12～13 h 孵化；凡纳滨对虾在 26.8～29.5 ℃下，受精卵需 11.3～15 h

孵化。胚胎发育速度与水温有明显关系，一般对虾的胚胎发育需 16～24 h。中国对虾在水温低时胚胎发育时间可延长至 50 h 以上。

五、幼虫发育

对虾类的胚后发育要经历无节幼虫、溞状幼虫、糠虾幼虫等发育阶段，每一个幼虫发育阶段又可分为数期，但幼虫的分期数因种类而异（图 14-12、表 14-1）。

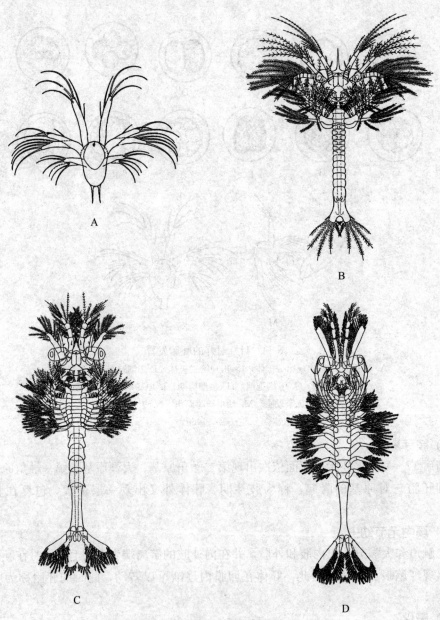

图 14-12 对虾的幼虫发育
A. 第一期无节幼虫　B. 第二期溞状幼虫
C. 第一期糠虾幼虫　D. 第一期仔虾

（赵法箴，1965）

表 14-1 中国对虾 (*Penaeus orientalis*) 各期幼虫比较

发育阶段	形态特征	摄食习性	生活习性	分期	各期主要鉴别特征	发育所需天数
无节幼虫 (nauplius)	体略呈卵圆形，不分节，具有三对附肢，在前端腹面的正中有一红色的眼点（中眼）。后期无节幼虫出现其他附肢雏芽，身体具尾叉，体节增加，有时又称后无节幼虫	幼虫不摄食，靠卵黄营养	浮游，趋光性很强	I	尾棘一对，附肢刚毛光滑，体后背部光滑	1/2
				II	尾棘一对，体后背部正中央的小棘消失；附肢末端的长刚毛变成羽状	1/2
				III	尾棘三对；出现尾凹	1/2
				IV	尾棘四对；出现四对附肢芽突	1/2
				V	尾棘六对；现头胸甲雏形	1/2
				VI	尾棘七对；头胸甲雏形增大	$1\frac{1}{2}$
溞状幼虫 (zoea)	身体头部宽大，后部细长，构成头胸腹部。身体分节明显，出现额剑和复眼；颚足双肢型，出现尾肢生出，形成尾扇。消化道打通	幼虫开始摄食，以滤食性为主，后期转为主动捕食	浮游，趋光性很强	I	无额角，复眼包被于头胸甲内，不能动；末期出现复眼锥形	$2\frac{1}{2}$
				II	有额角，复眼形成，具眼柄能活动	$2\frac{1}{2}$
				III	尾节增大，生出尾肢	3
糠虾幼虫 (mysis)	头部和胸部愈合成头胸部，腹部发达，出现双足干外肢，胸部双肢型，在外形上与成体基本相似	捕食能力强，捕食浮游动物	浮游，幼虫常悬浮于水体中层	I	步足无鳌，内肢皆短于外肢。游泳足的肢芽出现，合为头胸部，呈乳突状	3
				II	步足发达，内肢长于外肢，前三对出现钳状构造，两对出现爪状构造	2
				III	步足更发达，内肢皆长于外肢，其中第三对最为突出。游泳足肢节增长	2
仔虾 (后期幼虫) (postlarva)	具有全部体节和附肢，外形与成体基本相似	摄食底栖、浮游生物	水平运动和转入底栖生活	14期以上	额剑齿数及尾节形态作为分期依据	每两三天蜕皮一次

| | | | | | | 43 |

中国对虾的幼虫孵出后要经过 12 次蜕皮才变态发育为仔虾，再经过 14 次或更多次的蜕皮发育为与成体形态基本一致的幼虾。在整个发育过程中，每蜕皮一次就变态一次，也就分为一期。随着蜕皮次数的不断增加，幼虫的形态结构越来越完善，其生活习性也发生相应的变化。

从受精卵发育到仔虾所需时间与种类、温度有关。在水温 17.5～25.0 ℃时，中国对虾的发育时间为 18～19 d，温度较高时则需要 14～15 d，温度较低时，则需 25～26 d；长毛对虾在水温为 19.5～26.5 ℃时，历经 15 d 发育为仔虾；墨吉对虾发育到仔虾的时间为 10～12 d（27～29℃）；斑节对虾大约需 10 d（29～31 ℃）就可从受精卵发育到仔虾。

第三节　蟹类的发生

中华绒螯蟹（*Eriocheir sinensis*）俗称河蟹或毛蟹，隶属方蟹科，绒螯蟹属。其营养丰富，味道鲜美，是我国一种重要的经济蟹类。河蟹属洄游性、广盐性的甲壳动物，在我国分布非常广泛，凡是通海的江河、湖泊都有出产。我国学者从 20 世纪 50 年代开始从河蟹的解剖学方面入手，进行生态习性等方面的研究，积累了大量资料。本节扼要介绍其生殖习性和发育规律，为蟹苗人工培育和养殖提供基础知识。

一、生殖习性

1. 性别特征　河蟹的第二性征明显，可以从外部形态区分雌雄：雄蟹腹部窄，呈长三角形，腹部退化，仅存的第一、二对腹肢特化为交接器；雌蟹成熟后腹部宽大，多为半圆形、卵圆形，第二至第五对腹肢双肢型，密生刚毛，用以抱持卵群。

2. 生殖系统与性腺发育

（1）生殖系统的形态结构　雌蟹的生殖系统包括卵巢、输卵管及受精囊三部分。卵巢一对，呈葡萄状，左右以一条横支相连，成熟的卵巢布满头胸甲内；输卵管位于胃的后方，由左右卵巢外侧发出，这对输卵管先与受精囊会合，然后分别开孔于腹甲上，形成雌性生殖孔。卵巢壁薄，随着发育向内延伸将卵巢分隔成许多发育区域。在生殖季节，卵巢中卵母细胞发育不同步，分批成熟分批产出。以第一批产卵量最大，随后逐批减少。同批的卵成熟度基本一致。

雄蟹的生殖系统包括精巢、输精管和副性腺。精巢一对，位于心脏与胃之间的背面，左右精巢末端有一横支相连，后端各发出一条输精管。输精管分为三部分：与精巢相连的为腺质部，细而盘曲，产生分泌物，形成精荚；腺质部之后的输精管扩大为贮精囊，用来贮存精荚；末端为射精管，与副性腺会合后开口于腹甲的两侧，开口即为雄性生殖孔。精巢内有许多生精小管。精子的发生也不同步，这样也就使精巢能够连续不断地产生精子。

（2）性腺发育　精巢发育在季节上略迟于卵巢。精巢呈透明乳白色，体积随发育逐渐增大，8 月达到最大体积，并进入生殖季节。堵南山等（1988）从组织学角度，根据生精小管内占优势的生殖细胞带及输精管和副性腺的发育情况将精巢的发育分为五期。

精原细胞期：生精小管细小，管壁上皮厚，生发区内精原细胞带大，管腔小，成熟精子少，输精管和射精管都较细，副性腺不发达。5～6 月的精巢属此期。

精母细胞期：生精小管逐渐增粗，管壁上皮呈扁平状，生发区内精母细胞带占优势，管腔中有少数成熟精子。输精管细，副性腺仍不发达。7～8 月的精巢属此期。

精细胞期：精巢体积增长迅速，生精小管的生发区缩小，精细胞带占较大比例，管腔扩大，充满成熟精子。贮精囊内精荚积累增多。副性腺开始发达。8～10 月的精巢属此期。

精子期：生发区进一步缩小，生精小管的管腔内绝大部分为成熟精子所占据。贮精囊及射精管都明显变粗，管腔增大。10 月至翌年 4 月的精巢属此期。

休止期：生殖系统发育停滞，生发区退化缩小，甚至消失。4～5 月的精巢属此期。

卵巢按照外形、色泽和卵母细胞的生长情况可以分为六个发育期。

Ⅰ期：卵巢细小，乳白色，外形上很难和初期精巢分辨开来。

Ⅱ期：卵巢乳白色或淡粉红色，体积增大，肉眼可分辨出卵巢特征，初级卵母细胞处于小生长期。

Ⅲ期：卵巢棕色或橙黄色，肉眼能看到细小的卵母细胞，但卵巢较肝小得多，初级卵母细胞进入大生长期，发育速度加快。

Ⅳ期：卵巢呈细褐色或豆沙色，质量与肝相当，卵细胞清晰可见，卵巢发育成熟。

Ⅴ期：卵巢呈深紫酱色，体积明显增大，质量为肝的 2～3 倍，卵细胞增大到 320～360 μm，在卵巢内游离，属于产卵前期。

Ⅵ期：卵巢出现黄色或橘黄色卵粒，卵细胞大小不均，卵巢体积缩小。

河蟹性腺变化与季节有密切关系，以卵巢发育而言，在自然环境中，第一年尚未成熟的幼蟹，春季水温回升时，卵巢处于Ⅰ期；过夏之后，水温渐降，卵巢发育进入Ⅱ期；秋季来临，卵巢进入快速发育时期，蜕皮后的河蟹开始生殖洄游，此时卵巢多处于Ⅲ期；至霜降前后，性腺发育已接近成熟，此时的卵巢和肝充满头胸甲内，卵巢发育已至Ⅳ期；秋末冬初，河蟹在海水盐度刺激下交配，之后卵巢由Ⅳ期发育至Ⅴ期，此时的卵母细胞游离，卵巢分泌大量液体，雌蟹即排卵受精。

影响河蟹性早熟的因子有温度、营养、遗传因子、盐度等，其中盐度是沿海地区河蟹养殖中导致性早熟的最主要因素。试验结果表明：随着盐度升高，早熟率明显上升，当盐度达到 10 以上时，早熟率超过 60%，盐度和早熟率呈指数相关。

3. 交配与产卵 海水是河蟹交配的先决条件，虽然在淡水中也偶见河蟹交配，但无产卵、抱卵现象。将成熟河蟹放置在水温 8～14 ℃、盐度 8～25 的河口半咸水或人工配制的海水中不久即可交配。河蟹交配多在深水区，这是因为深水区水温高、温差也不大。交配过程一般几十分钟。河蟹有多次交配的习性，即使已抱卵的雌蟹也不例外。

在自然条件下，当水温高于 6 ℃、盐度在 7～8 以上，河蟹交配后数小时至数日，雌蟹即能排卵，并将卵粒黏附于腹部刚毛上，成为"抱卵蟹"。体重 50～250 g 的雌蟹，其怀卵量在 27 万～93 万粒，即使个体大小相当的雌蟹，怀卵量也相差很大。

河蟹一次交配后可多次抱卵，但以首次抱卵量为最多。

二、生殖细胞

（一）卵子的形态与结构

中华绒螯蟹的卵子含有大量的卵黄，属中黄卵，但不很典型。成熟卵为紫酱色或豆沙色，直径 350～380 μm。卵膜有两层。扫描电镜观察表明，成熟卵子表面平滑无特定结构。

（二）精子的形态与结构

中华绒螯蟹的精子像其他十足类甲壳动物一样，为非鞭毛型精子。外观呈不规则扁球形，前端为光滑圆面，圆面四周有一凹陷的沟环，沟环后的精子表面凹凸不平，并伸出约20条辐射臂（radial arm）。精子直径约4.5 μm。

透射电镜显示出这类精子由顶体、核杯（nuclear cup）和辐射臂三部分组成。其中顶体分为顶体管（acrosomal tubule）、头帽（apical cap）和顶体囊（acrosomal vesicle）三部分，呈球形，位于精子中央。核呈杯状，故称核杯。辐射臂是成熟精子核杯外侧发出的细长放射状突起（图14-13）。

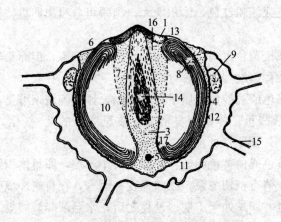

图14-13 中华绒螯蟹精子超微结构模式
1. 头帽 2. 顶体膜 3. 顶体管 4. 顶体管膜 5. 中心粒
6. 沟环 7. 顶体囊丝状层 8. 顶体囊片层结构 9. 线粒体
10. 顶体囊中间层 11. 核杯 12. 核膜 13. 质膜
14. 穿孔器 15. 辐射臂 16. 亚帽带 17. 加厚环
（楼允东，组织胚胎学，1996）

三、受精与早期胚胎发育

1. 受精 中华绒螯蟹精子入卵的时间是在第一次成熟分裂中期。当成熟的卵子经过输卵管时，与纳精囊内释放的精子结合而完成受精作用。因此，与一般短尾类一样，中华绒螯蟹属体内受精。

受精卵外被卵黄膜和由黏液腺分泌的一层次级卵膜。受精卵借次级卵膜固着在四对附肢的内肢刚毛上，集结成团，颇似一串葡萄（图14-14）。

2. 卵裂 在春季自然水温下，排卵后6～7 d开始卵裂。早期行完全卵裂，从第一次到第五次，受精卵依次分裂成2、4、8、16、32个细胞，大小不均等，排列成螺旋状。从第六次开始，由完全卵裂逐渐趋向表面卵裂，卵裂不再伸入卵子内部，只在表面进行，内部充满未

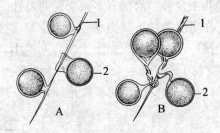

图14-14 中华绒螯蟹产出的受精卵
A. 刚产出时用卵膜附着于附肢刚毛 B. 卵膜拉长形成卵柄
1. 附肢刚毛 2. 受精卵
（缪国荣等，海洋经济动植物发生学图集，1990）

分裂的卵黄。第七次卵裂后，达到 128 个细胞，胞核全部移到受精卵表面，卵裂结束（图 14-15、图 14-16）。

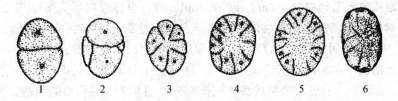

图 14-15　中华绒螯蟹早期胚胎纵切模式
1. 2 细胞胚　2. 4 细胞胚　3. 8 细胞胚　4. 16 细胞胚　5. 32 细胞胚　6. 囊胚
（堵南山等，1992）

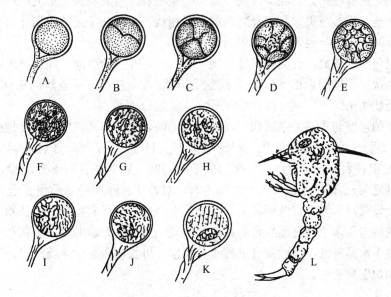

图 14-16　中华绒螯蟹胚胎发育
A. 受精卵　B. 2 细胞期　C. 4 细胞期　D. 8 细胞期　E. 多细胞期
F. 囊胚期　G. 原肠期　H. 眼点前期　I. 眼点期　J. 心跳期
K. 色素形成期　L. 原溞状幼虫
（缪国荣等，海洋经济动植物发生学图集，1990）

3. 囊胚　在雌蟹排卵后 16 d，经过第八次卵裂，产生 256 个细胞，进入囊胚阶段。分裂开始变快，细胞增加很多。这些细胞都呈圆形或椭圆形，排列在胚胎周围，组成一薄的囊胚层，而内部完全被卵黄颗粒填充。

4. 原肠胚　在排卵后 19 d，开始以内移方式形成原肠胚。光镜下可观察到胚胎的一端出现一个透明的区域，这是进入原肠阶段的标志。随着分裂的加速，细胞越来越小，胚胎前端大部分形成细胞密集的区域，称为胚区，后端的一小部分形成胚外区。胚外区细胞数目少，排列疏松。在胚区的后端还有一小区，称为原口或胚孔，略向内凹，但不明显。原口所在的位置，代表胚胎纵轴的后端，幼虫的胸部、腹部将由此发生。

5. 第一期膜内无节幼虫（first egg-nauplius）　排卵后 27 d，胚胎胚区形成 3 对附肢原基，分别为小触角原基、大触角原基及大颚原基。这三对原基的出现标志着胚胎已进入第一期膜内无节幼虫期。在小触角和大触角两原基之间的内侧中央已可见一条横沟，横沟浅而不明显，由外胚层内凹形成，将来发育为口道，后变为前肠。视原基明显增大，发育为视叶。

6. 第二期膜内无节幼虫（second egg-nauplius） 也称膜内后无节幼虫（egg-metanauplius）。3对附肢继续发育，大触角末端逐渐分叉。之后，在胸突的左右两侧，先后出现2对小颚、2对颚足，附肢数增至7对。2对颚足相向生长，并各形成内外肢。

7. 原溞状幼虫 在雌蟹排卵后33~37 d，腹部已十分明显，长而分节，包括尾节在内，共分为6节。头胸甲已形成，中央较薄，两侧部分厚而宽大。头胸甲的前端、背部各有一大刺，分别成为额棘和背棘；左侧还有小刺，称为侧棘。

已形成的7对附肢继续发育，颚足开始分节，内外肢末端具有短刚毛。一对复眼的发育也基本完成。幼虫内部的卵黄除头胸部残留的一小部分外，其余已均被吸收。内胚层囊由于卵内卵黄的消耗而囊腔扩大，随即改为三部分，基座有一对肝囊和中央的中肠。中肠前端弯曲，与前肠相连，后端与贯穿在腹部之内的后肠相接，这样一条完整的消化道也基本发育而成。此时肝囊尚无分支，也无肝管与中肠相连。

随着复眼色素的形成，近胸腹突处出现一个心脏，并开始跳动，胚胎进入心跳期。心跳随发育进程加快，到排卵后的37 d，心跳达250次/min左右，原溞状幼虫即将破膜而出，成为第一期溞状幼虫。

胚胎发育的速度与水温关系密切。在适温范围内，水温越高，发育速度越快。当水温在10~17 ℃时，需1~2个月才能孵化。23~25 ℃时，只需14~15 d幼体就能孵化。水温高于28 ℃，胚胎受损较大，容易死亡；当水温低于8 ℃时，胚胎发育则十分缓慢，处于停滞状态（达几个月之久）。即使水温降至-2 ℃左右，对处于囊胚期的胚胎也无危害，这表明中华绒螯蟹胚胎发育对水温适宜范围较大。在人工育苗过程中，利用低温使胚胎滞育，高温加速胚胎发育的特点，来控制胚胎发育的速度，实现一年多次育苗的目的。在自然条件下，雌蟹产卵后，由于水温较低，胚胎发育进程十分缓慢，可长期滞留于原肠阶段，等待翌年春天水温回升才加快发育速度。

四、胚后发育

河蟹胚胎发育完成，幼虫发育也便开始。河蟹的幼虫发育可分为溞状幼虫和大眼幼虫两个阶段。

（一）溞状幼虫

幼虫形似水蚤，故名溞状幼虫，它的变态随着蜕皮进行，蜕皮一次，可划分为一期，溞状幼虫共需蜕皮5次，方变为大眼幼虫。每次蜕皮，除形体增大外，形态上也发生细微而规律的变化。但幼虫的基本形态不变。

溞状幼虫分为头胸部和腹部。头胸部有头胸甲包被，前端生有方向相反的两根长刺，一为额刺，一为背刺，刺两侧各有一侧刺。额刺基部有一对复眼。口位于头胸部腹面，前后排列着触角、颚足、大颚、小颚等附肢。腹部细长分节，最后为分叉的尾节，肛门开口于尾节和腹节交界处的腹面正中。

溞状幼虫各期的鉴别特征，除观察个体大小及眼的变化外，主要是以第一、第二颚足外肢羽状刚毛数、尾叉内面刚毛对数，以及胸肢、腹肢的长短和形状作为分期的主要依据。如溞状幼虫Ⅰ期到Ⅴ期，其颚足外肢刚毛数分别为4、6、8、10、12根；尾叉内侧缘的刚毛对数分别为 3、3、4、4、5 对。Ⅳ期溞状幼虫开始出现胸足与腹肢雏芽；Ⅴ期幼虫已能辨认出第三颚足，胸足已具备成蟹时的基本形态（图 14-17）。

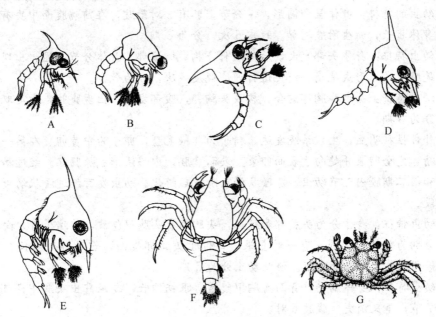

图 14-17　中华绒螯蟹的胚后发育
A~E. 1~5 期溞状幼虫　F. 大眼幼虫　G. 稚蟹
（楼允东，组织胚胎学，1996）

溞状幼虫基本属于浮游生活，有趋光性和集群性。后期溞状幼虫还具有较强的溯水能力。溞状幼虫的摄食方式主要有滤食和捕食两种。

在水温 22 ℃左右，约经 20 d，溞状幼虫即可变为大眼幼虫。

（二）大眼幼虫

身体扁平，背面有头胸甲覆盖。额刺、背刺和侧刺均消失，额缘中央内凹成一缺刻。眼柄伸长，复眼着生于眼柄末端，显露于头胸甲前端两侧，大眼幼虫因此而得名。

大眼幼虫胸足 5 对，第一对为钳状螯足，第二至第五对为步足。腹部 7 节，尾叉消失。腹肢 5 对，为主要的游泳器官。

大眼幼虫有强烈的溯水习性，并能借助潮汐在河口地区的浅海顺着江河溯水而上。

大眼幼虫经过 5~7 d，蜕皮一次即成幼蟹，腹部弯曲贴于头胸部之下，腹部附肢减少，基本上失去了游泳能力，转而开始爬行生活。

本章小结

甲壳类具有交配、护卵、洄游等生殖习性。精子为非鞭毛型，形态各异，成熟后存放在精荚中。卵子为中黄卵，卵膜复杂。在第一次成熟分裂中期受精，完全卵裂或表面卵裂，有腔囊胚、实心囊胚或表面囊胚。内陷法、外包法形成原肠胚，端细胞法形成中胚层。幼虫发育经历无节幼虫、后期无节幼虫、前期溞状幼虫、溞状幼虫和后期溞状幼虫、糠虾幼虫至仔虾。幼虫期的长短取决于卵黄含量。有些甲壳动物有特殊的幼虫阶段。

对虾雌雄外部性征明显。精子属于非鞭毛型。完全均等卵裂，但靠近中央卵黄集中处分裂沟不甚明显，且从第二次卵裂起表现出螺旋卵裂的特征，所以是属于较低级的类型。有腔囊胚，内陷法原肠作用。幼虫经历无节幼虫、溞状幼虫和糠虾幼虫3个阶段发育为仔虾。

无节幼虫的特征：身体呈卵圆形，不分节，具有3对附肢，在前端腹面中央有一红色眼点，后期身体拉长，新生附肢增加。蜕皮6次，分为6期。

溞状幼虫特征：身体头部宽大，后部细长，构成胸腹部。身体分节明显，出现额剑和复眼。后期尾肢生成，形成尾扇。消化道打通。蜕皮3次，分为3期。

糠虾幼虫特征：头部和胸部愈合，构成头胸部，腹部发达，出现腹肢，步足双肢型。蜕皮3次，分为3期。

河蟹外部性征明显，生殖系统发达。精子为非鞭毛型，卵子为中黄卵。在第一次成熟分裂中期受精，完全卵裂并趋向于表面卵裂。表面囊胚，内移法形成原肠胚。经过第一次膜内无节幼虫和第二期膜内无节幼虫、原溞状幼虫阶段后孵化。幼虫发育经过溞状幼虫和大眼幼虫两个阶段。

溞状幼虫特征：身体分为头胸部和腹部，头胸部有头胸甲包被，前端生有方向相反的两根长刺，分别为额刺和背刺。有一对复眼，口位于头胸部腹面，前后排列触角、颚足、大颚、小颚等附肢。腹部细长分节。溞状幼虫分为5期。

大眼幼虫特征：身体扁平，背面有胸甲覆盖，眼柄伸长，复眼露出头胸甲两侧。胸足5对，腹部7节，尾叉消失，腹肢5对。

思考题

1. 简述甲壳动物的繁殖、发育特点。
2. 简述对虾的主要性别特征。
3. 简述对虾生殖细胞、早期胚胎发育的特点。
4. 简述对虾幼虫在形态、生态、运动、食性等方面的特点。
5. 简述中华绒螯蟹繁殖发育的习性与特点。
6. 简述中华绒螯蟹生殖细胞及早期胚胎发育的特点。
7. 简述中华绒螯蟹幼虫发育的特点。

第十五章 棘皮动物的发生

棘皮动物门由海参纲、海胆纲、海星纲和蛇尾纲4个纲的动物组成,其中海参纲和海胆纲的部分种类成为人工养殖的对象,本章重点介绍这两个纲动物的发生特点。

第一节 海参的发生

仿刺参(*Apostichopus japonicus*)是我国北方主要海水养殖种类之一,在某些地区成为水产养殖的主导产业,本节主要介绍仿刺参的发生过程。

一、性腺发育

仿刺参为雌雄异体,外形上没有明显的特征能将雌雄个体分开。生殖腺1个,树枝状,主支11~13条,较粗,分支细,主、分支的直径都会随性腺发育而增大。性腺成熟时,主支直径可达1.5~3.0 mm,个别个体甚至超过3.0 mm。隋锡林等根据组织学观察,将性腺分为5个发育期:休止期、增殖期、生长期、成熟期和排放期。海区自然生长仿刺参和池塘人工养殖仿刺参性腺发育过程基本相同,但每一分期所处的月份不同,主要是由自然海区和池塘水温变化不同造成的,饵料和其他生态因子也有一定影响。以下介绍海区自然生长仿刺参的性腺发育分期情况。

(一)休止期

性腺呈透明细丝状,质量在0.2 g内,肉眼很难辨别雌雄。切片上,雄性滤泡中主要分布1~3层的精原细胞和少量的初级精母细胞,雌性滤泡中主要是卵原细胞。每年的9~11月性腺基本上处于这一时期。

(二)增殖期

性腺呈淡黄色,质量在0.2~2 g,在雄性滤泡中分布着大量的初级精母细胞,精子尚未形成。雌性滤泡中主要是直径30~50 μm的初级卵母细胞。这些卵母细胞外包有少量滤泡。增殖期在12月到翌年3月。

(三)生长期

雄性腺呈乳白色,雌性腺为杏黄色或浅橘红色,质量在2~5 g,雄性滤泡中出现精子,而雌性滤泡中的初级卵母细胞的直径达60~90 μm。4~5月性腺可达生长期。

(四)成熟期

性腺极发达,主支和分支饱满,重达10 g,雄性滤泡腔充满精子,而雌性滤泡中主要为直径110~130 μm的初级卵母细胞。成熟期为6~8月。

(五)排放期

由于成熟生殖细胞的排出,滤泡中出现空腔,切片上可见一些直径为6~7 μm的吞噬细胞和解体的生殖细胞。排放期为8月中旬以后。

二、生殖习性

1. 生殖细胞的排放 亲参生殖细胞的产出一般在 21:00～24:00，而且雄性先排放精子，然后雌性开始产卵，两者间隔时间为 10～60 min。亲参排精和产卵前要在池壁上爬行，活动频繁，头部抬起，左右摇摆。

生殖孔位于头部背面距口 1～1.5 cm 处，呈裂缝状，精子从生殖孔排出时呈白色烟雾状，在持续 5～10 min 的排精过程中，水质因此而呈乳白色浑浊。卵子从生殖孔产出后为一条橘红色带状，慢慢散开并沉向池底，雌参可产卵 1～3 次，每次持续 5～15 min。产卵量在 200 万～300 万粒。雌参虽可多次分批产卵，但卵的质量和数量越晚越差，因此，在人工育苗过程中应集中收集前几批产出的卵子。

2. 生殖季节 一般认为产卵水温为 13～22 ℃，但有些地区略有不同。如大连地区产卵时间为 6 月末到 8 月末，7 月上旬到 8 月中旬为产卵盛期，水温为 17～22 ℃。青岛地区仿刺参产卵期为 6 月初到 7 月中旬，盛期在 6 月中旬到 6 月底，平均水温 18～19 ℃。在池塘人工养殖条件下产卵期会明显提前。

三、仿刺参的发育

（一）生殖细胞

仿刺参精子头部呈圆球形，直径约 6 μm，尾部细长，长达 52～68 μm。顶体呈帽状，内部充满电子密度较高的物质。线粒体一个，呈环状，在发生过程中由多个线粒体愈合而成。

卵子为均黄卵，圆球形，橘黄色，透明，直径 130～170 μm，外被一层胶膜，厚 15～16 μm。

（二）受精

仿刺参行体外受精，受精时间是在第一次成熟分裂的中期。在水温 22～26 ℃，受精后 10～15 min 出现第一极体，30～45 min 出现第二极体。受精卵具明显的受精膜和围卵腔隙（图 15-1）。

（三）卵裂

仿刺参的卵裂为完全均等卵裂。在水温 22～26 ℃ 下，受精后 1 h 20 min 开始第一次卵裂，第一、二次为纵裂，形成 4 个完全等大的分裂球，两次分裂间隔约 30 min，第三次分裂为横裂，形成 8 个等大的分裂球，上下排列为两层。以后纵、横交替进行分裂，先后形成 32、64、128 个分裂球期。从动物极看上去，分裂球呈辐射状排列。

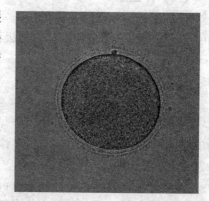

图 15-1 仿刺参受精卵

（四）囊胚

受精后 9 h，仿刺参发育为典型的有腔囊胚，直径 185～200 μm，分裂球数目为 512 个。切面上可见周围由一层分裂球组成，中央有一个囊胚腔，囊胚的表面生有纤毛，在卵膜中转动，以右旋转为主，在囊胚的晚期孵出。

(五)原肠胚

受精后约 16 h,胚体沿动植物极拉长,以内陷法原肠作用方式形成原肠胚。植物极首先呈扁平状,然后逐渐内陷形成原肠腔。此时椭圆形的胚体长约 190 μm,宽约 170 μm。到原肠晚期,除胚体更加拉长外,原肠也发生一些变化。原肠从原来直立方向逐渐向胚体一侧倾斜,该侧将成为腹面,在弯曲过程中与腹面所形成的一凹陷接近,该凹陷称为口凹,原肠与口凹相连并打通后形成口,原来的原口形成肛门(图 15-2)。在原肠晚期,以肠囊体腔法形成体腔。

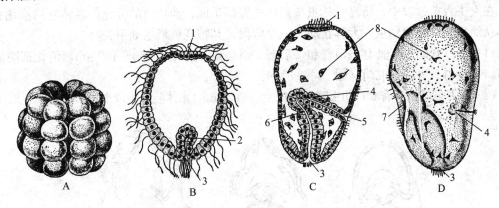

图 15-2　海参的早期胚胎发育
A. 32 细胞期　B. 早期原肠胚　C. 后期原肠胚(矢切面)　D. 后期原肠胚
1. 顶部加厚　2. 原肠腔　3. 原口　4. 体腔囊　5. 背孔　6. 消化管
7. 口凹　8. 原始间叶细胞
(楼允东,组织胚胎学,1996)

(六)幼虫发育

仿刺参幼虫发育经过耳状幼虫、樽形幼虫和五触手幼虫 3 个阶段,然后变态为稚参。其生态习性由浮游转为底栖。

1. 耳状幼虫(auricularia)　原肠胚后,胚体逐渐变为背腹扁平,周身的纤毛在有些部位已消失,只在身体两侧存留下左右两条纤毛带。不久两条纵列纤毛带的前后端互相连接起来,位于口凹前面的部分称为口前环(preoral loop),而在肛门前面相连接的部分称为肛门环(anal loop)。此时胚体外形从侧面观很像人的外耳壳,耳状幼虫由此得名。在耳状幼虫的发育过程中,由于胚体纤毛环的某些部分生长得特别快,在幼虫的体表形成六对褶皱状的突起,称为幼虫臂(larva arm)。幼虫臂呈左右对称排列,按所在位置的不同,进行命名。近口部的口前突起称为口前臂(preoral arm),近肛门的后突起称为口后臂(postoral arm)(或肛前臂),体后端的后侧突起称为后侧臂(porterior lateral arm)。从背部上方看有前背、间背、后背 3 个突起,分别称为前背臂(anterior dorsal arm)、间背臂(intermedial dorsal arm)和后背臂(posterior dorsal arm)。

在耳状幼虫生长过程中,消化道由原来简单的直管状逐渐分化为界限分明的口、食道、胃、肠和肛门等部分。口呈漏斗状,食道上具有许多排列规则的环状皱纹,胃呈椭圆形,与食道相连。肠呈管状,上段与胃连接,后段开口于肛门。

耳状幼虫早期,体腔系统开始分化。在幼虫左侧,食道与胃交界处外方,体腔囊从原肠顶端分离出来，在向左侧的移动过程中，自行分化为左前体腔、水体腔和左后体腔三部分。左前体腔退化，很小。水体腔呈囊状，在发育过程中逐渐变为半圆形构造，凹面朝向胃，凸面朝向外侧。5个初级口触手和5条辐水管从水体腔外侧生出，两者相间排列。体腔的演化经历了一个复杂的过程（见第十五章第二节）。

在后背臂、间背臂、前背臂及额区的背部上方相继形成5对球状体。这一结构被认为是纤毛带在各幼虫臂基部的增生和加厚，组织学观察发现此加厚区是一团外胚层细胞。球状体成对排列，透明，对光线具强烈反射性。纤毛环消失后，该结构也就不存在了。

在人工育苗过程中，将耳状幼虫按照幼虫臂的生成、消化道的分化以及体腔的演化分为小耳状幼虫、中耳状幼虫、大耳状幼虫三个阶段。其特征可概括如下：

(1) 小耳状幼虫 具有口前臂和口后臂2对幼虫臂。体长350~400 μm，消化道明显地分为口、食道、胃肠与肛门（图15-3，A）。

(2) 中耳状幼虫 有6对幼虫臂。体长410~460 μm，水体腔开始成半环形（图15-3，B）。

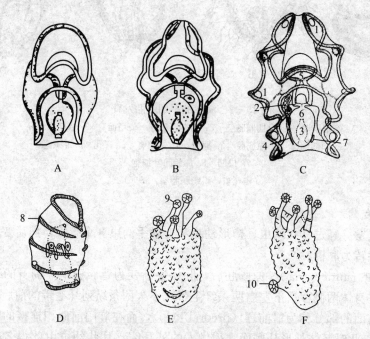

图15-3 仿刺参的幼虫发育
A. 小耳状幼虫 B. 中耳状幼虫 C. 大耳状幼虫 D. 樽形幼虫 E. 五触手幼虫 F. 稚参
1. 球状体 2. 水体腔 3. 肠 4. 左侧体腔 5. 口 6. 胃
7. 右侧体腔 8. 纤毛环 9. 初级口触手 10. 第一管足
(王春林，2003)

(3) 大耳状幼虫 6对幼虫臂粗壮。体长800~900 μm，水体腔的外侧臂开始生出5个囊状的初级口触手，出现球状体（图15-3，C）。

耳状幼虫在整个幼虫发育阶段，经历的时间最长，在水温22~24℃下，一般需要10~18 d。

2. 樽形幼虫（doliolaria） 又称桶形幼虫。大耳状幼虫后期，幼虫身体急剧收缩变小，体长缩至400 μm，只有大耳状幼虫一半。樽形幼虫外部形态的主要变化是体表纤毛环。口前环和肛门环只保留中央部分和左右各一段，而侧纤毛环只在前背、中背、后背各突起部分和间背与后背突出之间的凹陷处两侧保留 4 段，这些保留部分相互连接形成 5 条纤毛环。同时，口缘外胚层加厚，下陷为前庭（vestibule），口的位置，由早期的位于第二至第三纤毛环间，前移到幼虫前端中央。初级口触手形成，但没有伸出体表之外。辐水管在环水管的各触手之间形成，并向后方延伸到背中线。位于腹侧中部的辐水管长得特别快，也很长。神经在触手基部的环水管前形成，并沿辐水管的外侧延伸，不久形成神经环和 5 条辐神经。石灰质骨片在体壁开始形成时为 X 形，在触手基部也可以见到同样的骨片。前者是体壁骨片，后者将形成石灰环（图 15-3，D）。

早期樽形幼虫游泳活跃，多近水体的中上层。晚期，由于纤毛数量减少，游泳能力减弱，多数转入底层。樽形幼虫历时最短，在水温 20~24 ℃下，一般只需要 1~2 d 即变成五触手幼虫。

3. 五触手幼虫（pentactula） 5 个初级口触手从前庭伸出。纤毛环逐渐退化以至完全消失。X 形的骨片数增加，各骨片的分支部相互延伸结合而成骨板，形成具有种间特征的骨片。五触手幼虫末期，这种骨片几乎覆盖全部体表（图 15-3，E）。

左前体腔周围的间叶细胞形成一个钙质板，包在左前体腔的外面，形成成体的筛板（madreporite），筛板上生有筛孔（madreporic pore），左前体腔与后体腔之间仍然可以相通。

五触手幼虫完全底栖生活，以有机碎屑为食，在水温 22~24 ℃下，发育时间为 2~3 d。

4. 稚参 身体逐渐拉长，并在身体表面形成形态不规则的钙质骨片。第一管足在幼虫腹部后端肛门的下方形成。不久在第一管足前方偏右侧长出第二管足。身体背面长出许多刺状突起，称为肉刺或疣足。此时幼体外部形态与成体相似，故称为稚参。最初长度为 0.3~0.4 mm，2 个月后可达 4~5 mm。体色变化也由无色、半透明、透过体表能看清内脏器官，转变为色素增多，体色为淡褐色、红色、褐色、深褐色（图 15-3，F）。

第二节 海胆的发生

一、生殖习性

海胆雌雄异体，在繁殖期性腺饱满，卵巢为橘红色，精巢颜色略浅一些，用针等锐器轻触精巢，可见白色的精液流出。非繁殖期，雌雄性腺不易区分。

海胆不同种类繁殖季节有所不同。虾夷马粪海胆在日本，性腺发育期为 5~6 月，7 月进入繁殖期，7 月下旬至 9 月上旬为产卵盛期。马粪海胆在青岛地区性腺发育期为 1~3 月，3 月中旬到 4 月中旬是繁殖盛期，水温 13 ℃。光棘球海胆 6~8 月是性腺发育期，8 月中旬至 9 月中旬为繁殖盛期，水温 20~26 ℃；紫海胆 4~5 月为发育期，5 月下旬至 7 月下旬是繁殖盛期。

不同种类海胆生物学最小型不尽相同。马粪海胆为 2.5 cm，光棘球海胆为 4~4.5 cm，紫海胆为 2.5 cm。

海胆产卵量与个体大小、种类、营养条件等有关。马粪海胆为 300 万~500 万粒，紫海胆为 400 万~600 万粒，虾夷马粪海胆为 10 万~2 000 万粒。

可用注射 0.075 mol/L KCl 方法人工诱导生殖细胞的排出。具体方法是用注射器从海胆围口膜处注射 1~2 ml KCl，并将注射后的海胆单个放在盛满海水的 100 ml 烧杯中（或其他 100 ml 左右的容器），精子和卵子从生殖孔排出。精子排放时呈白色烟雾状向水中扩散，卵子弯曲盘绕在生殖孔附近，接触海水后沉入容器底部。

二、生殖细胞

精子为鞭毛型,长 20～30 μm,分为头部、不明显的颈部和尾部。头部呈子弹形,顶体尖锐;尾部的中段含有两个线粒体。

卵子具较明显的胶膜,上有卵膜孔,但精子不从该孔进入卵,沉性卵。大连紫海胆卵径为 110～130 μm,虾夷马粪海胆卵径为 90 μm。

三、受精和早期胚胎发育

海胆是在完成两次成熟分裂后受精的。大连紫海胆在水温 23～24 ℃受精后 1 h 开始第一次卵裂。海胆卵裂为完全卵裂,但 16 细胞后分裂球大小不一致。约 5 h 30 min 发育至囊胚期,为典型的腔囊胚,而且后期囊胚表面遍生纤毛,在膜内转动,并很快破膜孵化,在水中自由生活。

原肠胚的开始是以囊胚植物极出现扁平平面为特征的。以后发生植物极细胞内陷和其他部分细胞向囊胚腔中移入两种情况。在内陷过程中原肠细胞顶部伸出许多丝状突起,并和囊胚顶部内侧相连,借着这些丝突的收缩,原肠得以不断伸长。移入囊胚腔中的细胞分化为初级间叶细胞,该细胞有长突起,并相互连接在一起。

四、幼虫发育

已知个别海胆种类(*Heliscidaris erythrogramma*)在发生中仅有形态非常简单的卵圆形纤毛幼虫。还有个别种类(*Peronella lesueuri*)的幼虫虽有腕的生成,但其数目只限于两个。

很多海胆类的自由生活幼虫大致可分为两期:棱柱幼虫(prism larva 或 stage)和长腕幼虫(long arm larva)。事实上,前者只不过是由原肠胚到长腕幼虫之间的一个短暂过渡期,后者才是海胆发生中的重要幼虫期。如果单以腕数多少为依据,长腕幼虫又可再分为 4 腕幼虫和 8 腕幼虫两期。

1. 棱柱幼虫(prism larva) 受精后约 24 h 发育至棱柱幼虫。体长 211～227 μm。

原肠胚后期,除植物极一个平面外,在胚胎一侧又出现一个新平面,称为口端面,幼虫的口即处于此平面中。与此平面相反端为反口端。原动物极所在区域此时已成为口端面的背缘,而口端面则为植物极平面的前缘(图 15-4)。

口端面出现后不久,其背缘的中央部分即向前突出形成口叶(oral lobe)。与此同时,口端面的中央部分向内凹入而形成一条横沟,称口沟(mouth groove)。

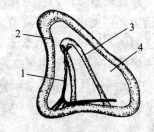

图 15-4 紫海胆棱柱幼虫
1. 骨针 2. 口叶
3. 原肠 4. 囊胚腔
(曲漱惠等,动物胚胎学,1980)

棱柱幼虫有以下器官或结构生成:

(1) 口后腕(post-oral arm)或肛腕(anal arm) 这是最早生出的一对幼虫腕,呈肉芽状,位于口端面腹缘的两侧并和口叶隔横沟相望。起支持作用的是两个三射骨针(triradiate spicula)。三射骨针长大后,其一肢伸至幼虫反口端,一肢进入口后腕中,另一肢则形成横肢(transverse rod)。在 *Psammechinus* 发生中,左右横肢是连接起来的。

(2) 体腔的发生　海胆体腔由原肠生出，属典型肠囊体腔法形成的体腔。初生海胆体腔位于食管两侧，而后随着发展再移到胃的两侧。其中左侧体腔比右侧体腔大。鉴于成体体腔系和成体水管系的发生都要以左侧体腔作基础，所以它又常常被称为水体腔（hydrocoel）。

(3) 消化系统　在体腔分出之后，细管状原肠的前端即向口端面弯曲，从而和新生的铲形口凹相遇而开口于外界。幼虫口和一小部分食管即由口凹形成。幼虫肛门由原口改成，而幼虫的大部分食管、胃和肠则由原肠分化而成。此时在食管和胃之间以及胃和肠之间已有明显缢痕。

(4) 纤毛器官　在棱柱幼虫期间，胚体表面纤毛已大部分消失，只有在口端面周缘所形成的外胚层加厚区以及口凹的侧壁上仍有纤毛保存下来。后者以所在位置关系而被称为口缘纤毛带（adoral band）。具有口缘纤毛的细胞一部分属外胚层，也有一部分属内胚层。

2. 长腕幼虫（pluteus）　多数海胆长腕幼虫具 8 个腕（图 15-5），但在发生过程中经历 4 腕幼虫、6 腕幼虫等阶段。个别种类（*Diadema*）长腕幼虫具 4 个腕，有的种类（*Arbacia punctulata*、*Iovenia elonga te*、*Echinocardinm cordatum*）长腕幼虫甚至可具 12 腕。

(1) 幼虫腕和骨针　在海胆发生中，幼虫腕和骨针两者的生成和发展是紧密联系在一起的（图 15-6）。

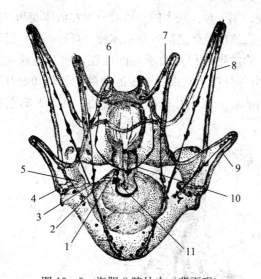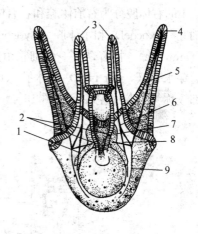

图 15-5　海胆 8 腕幼虫（背面观）
1. 坛状体　2. 石管　3. 水体腔囊
4. 肩片　5. 前庭内陷　6. 口前腕
7. 前侧腕　8. 口后腕　9. 后背腕
10. 背弧　11. 水孔
（曲漱惠等，动物胚胎学，1980）

图 15-6　刺海胆 4 腕幼虫背面观
1. 左体腔　2. 口缘纤毛带　3. 前侧腕
4. 口后腕　5. 口后针　6. 前侧针
7. 右体腔　8. 骨针横肢
9. 骨针的反口肢
（曲漱惠等，动物胚胎学，1980）

口后腕：其在棱柱幼虫期的发生过程已在前面述及。到了长腕幼虫期，随着口后针（postoral rod）的加长，这对幼虫腕继续长大以致超过其他各腕。

前侧腕（anterolateral arm）：由口叶中线两侧的前缘生出，较口后腕短，支持这对腕的骨针是由三射骨针横肢上所生出来的前侧针（anterolateral rod）。

口前腕（preoral arm）：又称口腕（oral arm）或背腕（dorsal arm），是最短的一对幼

虫腕，发生地点在前侧腕的内侧。在有些海胆（*Echinus esculentus*）支持这对腕的骨针称为背弧（dorsal arch），此弧呈"V"形，"V"的两肢分别伸入两个口前腕中，其顶角则位于食管的背中线。

后背腕（posterodorsal arm）：位于幼虫身体两侧，从前侧腕和口后腕之间的口端面周缘生出，受到后背针（posterodorsal rod）的支持。

关于骨针的发生，其过程始自骨化中心的出现。以刺海胆（*Echinus esculentus*）长腕幼虫为例，其骨化中心共有5个：生成前侧针和口后针的三射骨针成为左右两个中心，两个后背针也成为两个中心，背弧自成一个中心，由两个对称排列的初级间叶细胞团泌成。在骨针逐渐生成和长大过程中，参加分泌的初级间叶细胞一方面通过细胞质突彼此相连以形成合胞体，另一方面以该突作为运送制造骨针物质的结构。有实验证明：在海胆幼虫腕发生过程中，初级间叶细胞的诱导或影响是不可缺少的。如果没有骨针的存在或生成，幼虫腕即使可以伸出，也不能长大。

间叶组织除形成骨针外还形成腕的肌纤维。肌纤维既连于骨针和食管之间，又连于骨针和反口端等部分，因此，幼虫腕具有很强的活动能力。

（2）体腔的演变 原肠胚晚期开始形成的左右体腔，进入长腕幼虫期后要经历许多变化，成体水管系和成体体腔的发生均在此期开始。

前体腔和后体腔的分化是体腔一系列演变的第一步。较大的左体腔分为左前体腔和左后体腔，较小的右体腔分为右前体腔和右后体腔。在这次演变之前，左右体腔各自有个拉长过程。

轴腔（axocoel）和水体腔（hydrocoel）的发生过程开始于左前体腔，前部先涨大为坛状体（ampulla），接着，有一条细管由此通出并开口于幼虫背中线的左侧。细管和此开口分别称为穿水管（water pipe）和水孔（hydropore）。在水孔处有外胚层的褶入，此时前体腔的前部改称为轴腔或左轴腔（图15-7）。

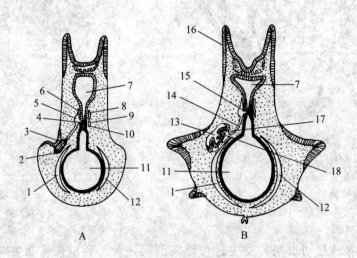

图15-7 刺海胆长腕幼虫期体腔发生和演变的示意
A. 前庭内陷开始期 B. 前庭复合体形成期

1. 左后体腔 2. 水体腔 3. 前庭内陷 4. 穿水管 5. 坛状体 6. 轴腔 7. 口凹 8. 右前体腔 9. 退化的右穿水管 10. 水孔 11. 幼虫胃 12. 右后体腔 13. 前庭腔 14. 石管 15. 食管 16. 口前腕 17. 初生管足 18. 环水管

（曲漱惠等，动物胚胎学，1980）

囊状水体腔由前体腔后侧部突生出来。经此过程而产生的连接在轴腔和水体腔间的一段管道称为石管（hydrophoric canal）。

（3）纤毛运动器官　较常见的纤毛运动器官是肩片（epaulettes）。这种肩片实际上就是部分纤毛带成水平方向（以幼虫主轴为准）突出于体表的半环形构造。

三种主要养殖海胆胚胎与幼虫发育进程见表 15-1。

表 15-1　三种海胆胚胎发育速度比较（受精后，h:min）

发育阶段	光棘球海胆（水温：23~24℃）	马粪海胆（水温：14~17℃）	虾夷马粪海胆（水温：15.2~18.5℃）
2 细胞期	1:00	2:00	1:30
4 细胞期	1:30	3:30	2:00
8 细胞期	2:00	4:30	3:00
16 细胞期	2:40	5:00	3:48
囊胚期	5:30	15:00	6:00
原肠胚	15:00	26:00	18:00
棱柱幼虫	24:00	42:00	30:00
4 腕幼虫	42:00	66:00	50:00
8 腕幼虫	6~7 d	9~10 d	12~13 d
变态	19~20 d	28~29 d	18~21 d

引自常亚青等，海参、海胆生物学研究与养殖，海洋出版社，2004。

五、幼虫变态和成体器官的发生

海胆幼虫变态期间形态变化和一系列成体器官的发生，主要集中在幼虫身体左侧来进行。这方面的研究比较少，曲漱惠（1980）有较详尽的描述。

1. 前庭复合体（vestibular complex）　前庭复合体又称为海胆基（echinus rudiment）。其发生开始于幼虫身体左侧星形平面的出现，而结束于前庭腔（vestibule）以及有关器官的形成。该星形平面的具体位置是在口后腕与后背腕之间，从此平面中央部位开始进行的内陷称为前庭内陷（vestibular invagination）。由此内陷再经加深而成的囊状构造即前庭腔或羊膜腔（amniotic sac）。之后，腔口闭合，前庭腔本身逐渐与幼虫外胚层脱离并内移。这时其靠近水体腔的腔壁部分特别加厚而成为腔底壁，其他所有腔壁部分则称为羊膜（amnion）（图 15-8）。

前庭复合体的出现标志海胆成体主轴的开始建立。原来幼虫的左侧，即前庭复合体所在侧，现在变成了成体的口面或腹面，原来幼虫的右侧则变成了成体的反口面或背面。以下的形态位置描述均以此为准。

2. 水管系统　前庭与水体腔接近后，两者都渐渐扩大，终于在彼此之间形成一个接触带。此时从横切面上可以看到水体腔作为一个圆盘状小囊位于前庭和左后体腔之间。

（1）初生触手（primary tentacle）和辐射水管　初生触手是水体腔上生出的 5 个指状突起，后来随着这 5 个突起的逐渐加长，顶端部分伸入前庭腔中而成为初生触手或顶触手，所余的部分即辐射水管。将来成对的管足在此管不断加长过程中依次从两侧生出。

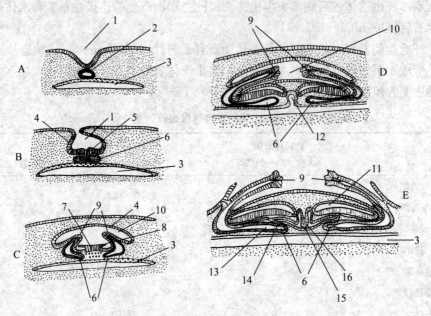

图 15-8 刺海胆前庭复合体发生过程示意
A. 前庭内陷和水体腔囊开始出现　B. 前庭内陷即将闭合，水体腔囊变为环水管
C. 前庭内陷闭合后成为前庭腔，神经上嵴由前庭腔底壁上突生出来，
从环水管上生出的初生管足伸入前庭腔中
D. 由各神经上嵴两侧生出的神经上褶各向两侧扩展，围血袋出现
E. 前庭腔破开，围血袋分化为齿囊和辐射围血管
1. 前庭内陷　2. 水体腔囊　3. 左后体腔　4. 羊膜　5. 前庭腔底壁　6. 环水管
7. 神经上嵴　8. 神经上褶　9. 初生管足　10. 前庭腔　11. 神经上管　12. 围血袋
13. 辐射水管　14. 辐射围血管　15. 齿基　16. 齿囊
(曲漱惠等，动物胚胎学，1980)

初生触手共由两层上皮组成，其表面一层为羊膜，内层为体腔膜，但此时的辐射水管却只由体腔膜组成。

（2）环水环　由圆盘状水体腔向环水管过渡的第一步是在盘的一侧产生缺刻，而后再由缺刻的两个侧臂彼此相连即成。

3. 神经上窦（epineural sinus）和神经上幕（epineural evil）　在此窦出现之前先有 5 条神经上嵴（epineural ridge）的生成。后者作为前庭底壁外胚层向腔内凸出的 5 条嵴状构造，不但成辐射状排列，而且与辐射水管所在位置相交替。

神经上嵴生成后，立即就有薄膜状的神经上褶（epineural fold）从自由缘的两侧长出，此时从横切面上可以看到该嵴与该褶合呈"T"形，"T"形横枝即代表由双层上皮组成的神经上褶。此后，各相邻神经上嵴的神经上褶通过展延生长而彼此相连。这样，便有 5 个呈辐射排列的空隙分别在 5 个辐射水管位置的腹面生成，称神经上管（epineural canal）（图 15-9）。由 5 条神经上管在前庭底壁中央连成的环形空隙为神经上环管（epineural ringsinus）。所谓神经上窦就是以上两种腔隙之合称。

在上述神经上环管生成的同时，各神经上褶共同相遇于前庭底壁中央从而形成神经上幕。将来的成体口就在此幕的中央开出。

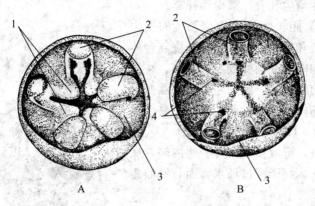

图 15-9 海胆前庭腔的底壁观
A. 神经上褶在形成中 B. 神经上褶的闭合与神经上管的形成
1. 神经上褶 2. 初生管足 3. 前庭的底壁 4. 神经上管
（曲漱惠等，动物胚胎学，1980）

经过以上形态发生过程，前庭腔有了双层底壁：腹面的一层是新形成的神经上幕，背面的一层即原有的底壁层。此时，神经上幕的组成共包括两层上皮组织：直接与前庭腔相界的一层称神经上褶外皮层；围绕神经上窦的一层称神经上褶内皮层。

4. 围血系统（perihaemal system） 一般认为由部分体腔分化而成，但也有学者提出由间叶组织产生的间隙而成。

（1）辐射围血管 在水管系分化的同时，左后体腔向前伸展，先经水体腔和幼虫胃左侧两者之间，然后再进一步扩至 5 个神经上嵴所在位置的背面，以形成 5 个囊状构造，称围血袋（perihaemal pocket）。由每袋生两根辐射围血管分别到两相邻步带区，因此每一步带区中有两根辐射围血管，直到变态结束时，这两条辐射围血管才合二为一。

（2）环围血管 5 条辐射围血管的内侧端与围血袋分开之后再彼此相连而构成的环形管，即环围血管。

5. 亚里士多德灯 辐射围血管被分出之后，5 个围血袋很快与左后体腔分离而形成齿囊（dental sac）。由此囊腹壁向袋腔内突出的细胞团都属成齿组织，以上齿囊和成齿组织同是亚里士多德灯发生的主要基础。

组成亚里士多德灯的颚骨片由间叶细胞泌成，其生成过程与腕骨针相同。但海胆齿的发生却与之很不相同，每个长成的海胆齿都由许多呈倒锥形的骨片叠合所成（图 15-10）。每个锥形骨片在开始时只不过是由成齿组织所泌成的两个小骨粒，其后由骨粒长成三角形骨片，然后两个三角形骨片相互连接起来以形成锥形骨片。后一次生成的锥形骨片总是叠在前者的反口端，越是先生成的骨片就越靠近口面。因此，如果海胆齿较硬的口端部分受到磨损，其失去部分便可通过

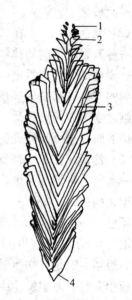

图 15-10 海胆齿的发生
1. 左后体腔 2. 三角形骨片
3. 倒锥形骨片 4. 齿尖
（曲漱惠等，动物胚胎学，1980）

锥形骨片在反口端的新生和叠加而得到补充。

6. 消化系统 海胆长腕幼虫消化系统的发生主要是胃形态的改变和口凹的出现。自前庭复合体生成后，胃在长大的同时逐渐受到空间限制。在这种情形下，其靠近前庭和水体腔的左侧面自然变得扁平，而相反一侧却得到发展，其结果是使整个胃变成了半圆形(图15-11)。

在前庭顶壁中央，形成口凹的外胚层内陷，从这里不断向背方深入，终于穿过环水管而与胃的相应突出部分遇合。

虽然消化管有了以上变化，但幼虫口、食管、肠和肛门等仍要继续存在一段时期。其间富有肌肉的食管能做有序的蠕动，肠的弯曲达到与胃相平行的程度。

7. 外骨骼 海胆各种外骨骼如棘钳、棘和骨板等的发生都各有其规律性。

（1）棘钳（pedicellaria） 初生棘钳短而无柄，仅2或3个出现于幼虫的右表面。从发生过程来

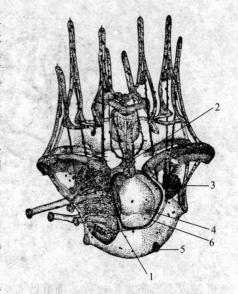

图15-11 海胆长腕幼虫
1. 左后体腔 2. 穿水孔 3. 棘钳
4. 右后体腔 5. 棘钳基 6. 胃
(曲漱惠等，动物胚胎学，1980)

看，棘钳的两个瓣实际上是两个形态转化了的棘。这些棘钳虽发生于生殖板以前，但以后总要附在此板之上。

（2）棘（spine） 在海胆变态期间，从前庭顶壁间步带区首先生出的棘可以有两种情形：一种属要脱落的幼体棘（juvenile type），另一种为幼体棘与成体棘（definite spine）相混合。紧接幼体棘之后出生的成体棘在每个间步带区的数目一般为3~4个。

棘的发生过程是外胚层首先隆起，然后再有骨骼于其中生成；后者在开始时亦为小骨粒，继之变为六角形骨片，由此骨片上垂直生出的许多分支经合拢后就成了棘干部分。连于棘基部的肌纤维由间叶细胞形成。

（3）骨板 在不同种类中，各种骨板的发生虽有顺序、数目的不同，但在生成的方式上却是一致的。它们都是由一个小骨粒开始，先形成三角形骨片，而后通过不断分支，终于形成格架式构造。

顶板（terminal plate）和间步带板（interambulacral plate）：两者都在前庭腔尚未开放之前已开始发生，其中顶板共5块，即每步带区有1块；而间步带板则在每个间步带板区有3~4块。

顶板初生时是在初生触手的向口一侧，然后再逐渐将此触手包围起来。间步带板的位置与顶板相交替。海胆发生中的最早一批棘就生在这些间步带板上。

生殖板（genital plate）：在一般情形下，首先是2或3块同时生出。它们的出生位置多半在幼虫腕骨针的内端，尤其是第二生殖板在背弧的一端生出来。这块生殖板就是后来围绕水孔的筛板。

六、幼 海 胆

虽然在幼虫阶段已进行了大量的形态和器官的发生和改变，但至幼海胆期仍有外部形态

和器官发生变化。

1. 外部形态发生和变化

（1）前庭腔（或羊膜腔）的外壁首先破开，初生触手和初生棘都伸出前庭之外。然后，神经上幕中央部的两层上皮组织亦破开，成体口与外界相通。经过这些形态变化的幼海胆开始以初生触手在物面上爬行。此时幼海胆的口面乃位于原来幼虫的左侧面，其反口面则为原来幼虫的右侧面。

（2）幼虫腕退化，表皮缩至腕的基部，骨针因裸露在外而终于完全断失。

（3）幼虫口和幼虫肛门闭合、消失，但幼虫肠仍保存下来。

（4）第一对管足在初生管足的向口一侧生出，与此同时，初生管足不但向反口面移迁，而且退化为圆形小突。第二对管足在初生触手和第一对管足之间生出。

（5）10块口板（buccal plate）在口端面生出，一块圆形的围肛板（periproct）在反口面中央形成，更多的间步带板和步带板在间步带区和步带区生出。各步带板上都有成对的小孔，为管足所在处。

2. 成体消化系统的建立 随着幼虫食管被吸收，口凹与胃相连接而形成咽。幼虫胃经拉长后变为成体肠的第一旋，幼虫肠经拉长后变为成体肠的第二旋。后者在反口端的开口即成体肛门。

3. 体腔的发展 早自幼虫变态期，左后体腔已经大于右后体腔。随后，它们的后部先彼此相遇，继之两者背部和腹部亦各相遇。在前一相遇地点一度有隔膜形成，旋即消失，但在背腹两处所形成的隔膜却都保存下来，形成系膜连于消化管和海胆壳之间。

在幼海胆发育过程中，体腔膜仍不断生出间叶细胞，这些细胞分化出体肌肉、结缔组织和体腔细胞（coelomocyte）。

本章小结

仿刺参为雌雄异体。生殖腺呈树枝状。仿刺参行体外受精，受精时间是在初级卵母细胞第一次成熟分裂的中期。完全均等卵裂，分裂球呈辐射状排列。有腔囊胚，表面生有纤毛，在囊胚的晚期孵出。以内陷法原肠作用方式形成原肠胚。在原肠晚期，以肠囊体腔法形成体腔。

仿刺参幼虫发育经过耳状幼虫、樽形幼虫和五触手幼虫3个阶段，然后变态为稚参。耳状幼虫在身体两侧的两条纵列纤毛带形成口前环和肛门环，出现幼虫臂，消化道分化为界限分明的口、食道、胃、肠和肛门等部分，体腔系统开始分化，出现球状体，耳状幼虫又分为小耳状幼虫、中耳状幼虫、大耳状幼虫3个阶段。樽形幼虫形成5条纤毛环，口的位置前移到幼虫前端中央，初级口触手形成，水管系统和神经系统开始形成，石灰质骨片在体壁开始形成。五触手幼虫的5个初级口触手从前庭伸出，纤毛环逐渐退化以至完全消失，X形的骨片数增加，左前体腔周围的间叶细胞，形成一个钙质板形成成体的筛板，筛板上生有筛孔，左前体腔与后体腔之间仍然可以相通。

海胆雌雄异体，卵巢为橘红色，精巢颜色略浅一些。精子为鞭毛型，卵子具较明显的胶膜，沉性卵。海胆是在卵完成两次成熟分裂后受精的。完全卵裂，有腔囊胚，囊胚阶段孵化。内陷法原肠作用。

海胆的幼虫分为棱柱幼虫和长腕幼虫。棱柱幼虫的左侧扁平，出现口后腕，体腔开始分化，消化系统初步形成，出现纤毛器官。长腕幼虫又分为4腕、6腕和8腕，先后出现口后腕、前侧腕、口前腕和后背腕，体腔进一步演化，成体水管系统开始形成，纤毛运动器官发达。变态过程经历的变化很大，包括前庭复合体的出现，水管系统、神经系统、围血系统的形成，成体消化系统建立，各种骨骼形成。

思考题

1. 简述仿刺参胚胎发育特点。
2. 简述仿刺参幼虫发育分期及各期特征。
3. 简述海胆胚胎发育特点。
4. 简述海胆幼虫发育分期及各期特征。

第十六章 硬骨鱼类的发生

第一节 生殖习性

鱼类的繁殖是其生命活动中的一个重要环节,它保证了其种族延续和种群的增殖。掌握鱼类的繁殖方式、繁殖习性、外界环境对繁殖的影响等知识,对鱼类的养殖、捕捞和资源保护等都具有重要意义。

(一) 两性特点

鱼类一般为雌雄异体,具有一对精巢或一对卵巢,少数种类如鳕、鲱、鲐、鲷科鱼类等偶尔可见雌雄同体的个体,但仍为异体受精。鲈形目鮨科 (Serranidae) 和鲷科 (Sparidae) 中少数鱼类为永久性的雌雄同体,且能自体受精。黄鳝的生殖腺,从幼体到第一次性成熟皆为卵巢,但产过一次卵以后,卵巢即逐渐转化为精巢,个体也就由雌鳝变成雄鳝。这种雌雄性的转变称为性逆转。另有些种类要经过间性时期,如虹鳟 (*Salmo gairdneri*),50%的幼苗直接发育成为雌性个体,其余部分需经过间性时期,逐步变为雄性或雌性,这与环境影响有密切的关系。

绝大多数的硬骨鱼类为两性同形,在外形上难区别雌雄。但有些种类雌雄个体外形上有较大区别,如角鮟鱇 (*Ceratias holboelli*),雄性很小,体重仅达雌鱼的85%,一生中大部分时间以口吸附在雌鱼的身体上营寄生生活;在生殖季节,一些鲤科雄鱼在鳃盖或鳍上出现皮肤角质化的追星;生殖洄游的大麻哈鱼,当进入淡水后,雄鱼身上出现红色和橙色的斑纹或各色小斑点,牙齿变大,上下颌显著伸长且弯曲成钩状,体背部隆起。

硬骨鱼大多数行体外受精,不具交接器,但少数种类如花鳉,行体内受精,雄鱼臀鳍的前缘向后延伸形成一交接器,称为生殖足 (gonopodium)。

(二) 繁殖方式

大多数硬骨鱼类是卵生的,其繁殖有两种情况:一种是将成熟的卵直接产在水中,在水中受精及完成发育过程;另一种行体内受精,将受精卵产于水中,在水中完成发育。少数硬骨鱼为卵胎生,即卵子在体内受精,而且受精卵在雌性输卵管内发育,但胚胎发育所需的营养依靠卵黄本身供给,与母体没有联系,仅呼吸依赖于母体。

(三) 繁殖习性

鱼类的繁殖习性包括繁殖季节、产卵场地、产卵量和产卵期等。不同的鱼类表现的繁殖习性不同,但同种鱼类一般有相对固定的规律性。

硬骨鱼类生殖腺的发育呈周期性变化,即有生殖季节。一生只产一次卵后即死亡的鱼类,如大麻哈鱼、银鱼、公鱼、香鱼等只有一个性周期。大多数养殖鱼类一生中具有多个性周期,但性周期时间长短因种而异:鲟类为2~4年,四大家鱼、花鲈、鲆鲽类等为1年,鲤、鲫、革胡子鲶、尼罗罗非鱼等为1~4个月。性周期为一年的称为一次产卵类型,性周期短的 (一年产多次卵的) 称为多次产卵类型。

硬骨鱼类的产卵季节多数是在春季和夏初，水温为 14～30 ℃，如鲤形目、鲈形目鱼类等。少数鱼类在秋季产卵，如鲱形目、鲑科鱼类，这类鱼虽在水温较低时产卵，但仔鱼却在第二年的春季孵出，以满足仔鱼对温度和饵料的要求。在生殖季节，大多数鱼类都成群游到一定的地点产卵，其固定的产卵地区叫作产卵场。每种鱼类对产卵场地和产卵条件都有自己的要求，其与产卵类型有关，产沉性卵的鱼类，其产卵场通常在江河上游沙砾底质处，产半浮性卵的鱼类在汛期江河中游急流处产卵，产浮性卵的鱼类通常在静水和微流水处产卵。

硬骨鱼怀卵量也与产卵类型和卵子大小有关。鲟类、虹鳟、大麻哈鱼、鲇等产沉性卵且卵子大，其相对怀卵量少或较少；鳗、花鲈、石斑鱼、鲷类、鲆等产浮性卵且卵子小，其怀卵量大；鲢、鳙、草鱼、青鱼产半浮性卵且卵子较小，其怀卵量较大。

第二节　生殖细胞

一、精　子

（一）精子的形态结构

硬骨鱼的精子形态结构均为鞭毛型，由头、颈、尾三部分组成。头部的形态多种多样（图 16-1），如硬骨鱼纲软骨硬鳞总目的鲟形目和肺鱼等为栓塞形，精子具有顶体；真骨鱼类的精子头部呈圆球形或椭圆形，主要由核所占据，核内含有高度浓缩的染色质，核外围有薄层细胞质，核的前部无顶体，颈部极短或不明显，尾部呈鞭毛状。

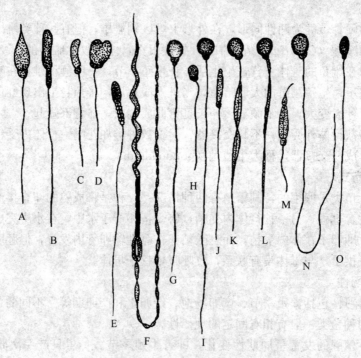

图 16-1　鱼类的鞭毛型精子
A. 肺鱼　B. 七鳃鳗　C. 绵鳚精子侧面观　D. 绵鳚精子正面观　E. 虹　F. 鳐　G. 梭鱼
H. 鳟　I. 鲑　J. 鲟　K. 鲈　L. 狗鱼　M. 鳗鲡　N. 鲂　O. 金鱼

（楼允东，组织胚胎学，1996）

精子的大小因种类而不同。如白鲢为 30 μm，鲈为 20 μm，鲽属为 35 μm，狗鱼为 43 μm，大西洋鲱为 40 μm，鲑为 60 μm 等。软骨鱼的精子较长，如刺鳐的精子长达 215 μm，鲟类的精子为 47 μm。

（二）精子的生物学特性

鱼类的精液中含有大量的精子，如每毫升鲢精液含有 5 亿个以上的精子。精子在精液中是不动的，遇水便开始激烈运动（20~30 s），不久便死亡。精子在水中活动所持续的时间称为寿命。鲢、草鱼的精子在水中的寿命一般为 50~60 s，鲤的精子与寿命长一些，中华鲟精子寿命为 5~40 s。精子在水中活动时，大部分能量消耗在调节渗透压方面，用于运动方面的能量较少。

影响鱼类精子寿命的外界因素主要有盐度、pH、温度、光线等。

1. 盐度对精子寿命的影响 盐度对精子活动和寿命的影响是通过渗透压而实现的。如果淡水鱼类的精子处于等渗环境中，或放入稍微高渗的盐水溶液中（如相当于 0.75% NaCl 水溶液），则不需进行渗透压的调节，因而可使能量只消耗于精子的运动，因此淡水鱼类的精子在等渗环境中保持活动的时间要比在淡水中延长好几倍，例如穆松白鲑（*Coregonus muksun*）的精子寿命即可延长 35 倍。有人发现鲑的精子处于含有 2.0% 海水量的淡水中，寿命也可延长，若置于卵巢提取液（卵液）或体腔液（同种鱼类的）中，则精子的寿命可延长到 7.5 h。因此，某些学者认为淡水鱼类的受精过程在等渗溶液中进行，或干法受精，都比在淡水中进行好，可提高受精率。

海水真骨鱼类精子原生质的渗透压，相当于 0.75% NaCl 水溶液的渗透压（海水的盐度一般为 35），所以海水鱼类的精子在海水中系处于高渗环境（正常的海水）中，海水鱼类的精子能够在高渗环境的正常海水中调节渗透压，阻止原生质失水，保持在高渗环境中的活动性和受精能力。但是海水鱼类的精子不能在低渗环境（如淡水）中进行渗透压调节作用，即不能阻止本身原生质的吸水，而使其尾部由于吸水膨胀变成圆球形，失去运动和受精能力。虽然一般海水鱼类和淡水鱼类的精子各具有正好相反的渗透压调节作用，但某些鱼类，如鲲虎鱼的精子在海水和淡水中都具有调节渗透压的性能，因此它既能在海水中，也能在淡水中繁殖。

2. 水温对精子活动和寿命的影响 各种鱼类精子活动都要求一定的适宜温度，四大家鱼的精子寿命在水温 22 ℃时最长为 50 s，30 ℃和 0 ℃时分别为 30 s 和 20 s。已有的研究表明，鱼类精子寿命随温度下降而延长，故可采用低温保存方法保存精液。

3. pH 对精子活动和寿命的影响 鱼类精子在弱碱性水中活动力最强、寿命最长。如鲤精子在 pH 7.2~8.0 水中活动力最强、寿命最长，金鱼精子在 pH 6.8~8.0 时受精率最高。

4. 氧和二氧化碳对精子活动和寿命的影响 鱼类精子在缺氧和多二氧化碳的条件下活动受抑制，寿命长。干法受精就是利用精子这一生物学特点，使精子在无水缺氧条件下均匀分布于卵子表面，延长寿命，当加水后精子便强烈运动钻进卵中，以提高受精率。

5. 光线对精子寿命的影响 紫外线和红外线对精子具杀伤作用，如鲤精液经阳光直接照射 10~15 min 后，精子死亡率达 80%~90%，但白天的散射光对精子无不良影响。故人工授精应避免阳光直射。

二、卵　子

(一) 卵子的形态

大多数硬骨鱼类的卵子呈圆球形，如青鱼、草鱼、鲢、鳙、鲤和鲫等的卵子。但有些鱼类的卵具有各种形态的卵膜，而使卵子呈现不同的外形，有圆柱形的、梭形的、尖梨形的、管柱形的、半球形的等。

鱼类卵子的大小也因种类而异，有些卵子很小，其卵径只有 0.3～0.5 mm，如鰕虎鱼；有些很大，卵径可达 220 mm，如鼠鲨的卵，是所有动物中最大的卵子。但大多数淡水硬骨鱼类的卵子卵径在 0.6～20 mm。海产硬骨鱼类卵要小些。一般卵生鱼类，尤其是产卵后不进行护卵的鱼类，所产的卵较小，胎生和卵胎生鱼类的卵子较大。

(二) 成熟卵的结构

1. 卵核　即卵子的细胞核。在成熟的卵细胞中，卵核以第二次成熟分裂中期纺锤体的形式，存在于卵子动物极受精孔下方的卵质中，其长轴垂直于卵子的质膜，此时核膜已消失。

2. 卵质　可分为两个区：在质膜下的表层为皮层 (cortex)，呈凝胶状态，而其余部分为内质 (endoplasm)。在卵质中除含有与体细胞相同的细胞器外，还具有卵子特有的结构，如皮层颗粒 (cortical granules)、卵黄、油球、胚胎形成物质、酶和激素等。

(1) 皮层颗粒　又称皮质泡或液泡，外包薄膜，内含黏多糖。皮层颗粒的数量、大小和排列形式因鱼的种类而异，有些鱼类的皮层颗粒较少，体积也小，在质膜下的皮层中排列成一薄层，如青鱼、草鱼、鲢、鳙和鲂等；有些鱼类的皮层颗粒较多，体积较大，在皮层中排列成较厚的一层并伸入内质，如鲤、鲫等；少数鱼类的卵中，皮层颗粒大且多，从皮层到内质呈辐射状排列，如南方白甲鱼 (*Varicorhinus gerlachi*) 的卵。

(2) 卵黄　又称滋养质 (deutoplasm)，是胚胎发育的能源。在化学成分上可区分为碳水化合物卵黄、脂肪卵黄和蛋白质卵黄。有些鱼类的卵黄呈颗粒状，如鲱、金鱼、青鱼、草鱼、鲢和鳙等；而另一些鱼类如虹鳟和光鲽的成熟卵黄融合成一个卵黄块。

(3) 油球　又称油滴，是许多海产硬骨鱼卵的特殊组成部分，为内含中性脂肪，表面围有原生质薄膜的小球状体，它对浮性卵不仅是养料的贮藏，也起浮子的作用，能使卵漂浮于一定的水层中。油球的有无、数目的多寡、直径的大小以及色彩等，被鱼类学家作为辨别各种鱼类卵子的重要分类特征。有些鱼类的卵中仅含有一个油球，称为单油球卵，如鲐、黄鱼和带鱼等；而另一些鱼类的卵中含有许多大小不等的油球，称为多油球卵，如阔尾鳉、鲥和白鲢等。

3. 卵膜　卵膜是覆盖在卵子外面的膜状结构。根据来源和形成方式，可把鱼类的卵膜分为以下三种。

(1) 初级卵膜　又称卵黄膜，在卵子发生过程中，由卵子分泌的物质围绕在卵子表面而形成 (图 16-2)。

(2) 次级卵膜　在卵子发育的过程中，由卵周围的滤泡细胞分泌的物质充塞于滤泡细胞伸出的微绒毛周围而形成。当卵子成熟时，滤泡细胞的微绒毛缩回，结果在次级卵膜中原来微绒毛所占据的位置形成小微管，因呈辐射状排列，故次级卵膜又称辐射膜。次级卵膜中的小微管向内与初级卵膜相通，向外开口于次级卵膜的表面，形成许多直径约 0.25 μm 的卵膜

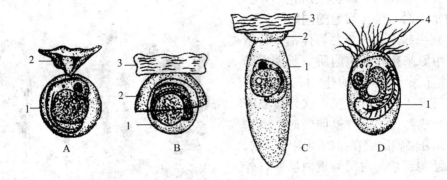

图 16-2 几种鱼类的初级卵膜和次级卵膜的形态
A. 胡瓜鱼属 B. 鲱科鱼类 C. 鰕虎科 D. 光鳃鱼属
1. 初级卵膜 2. 次级卵膜 3. 附着物 4. 绒毛状的次级卵膜
(楼允东，组织胚胎学，1996)

微孔。

次级卵膜遇水后，大都产生很强的黏性，在卵的周围形成很厚的胶质层，使卵粘于水中的物体上，如鲤、鲫、金鱼和鲂等；有的鱼类产于水中的卵子相互粘成胶带状的卵群，如鲈。许多鱼类的次级卵膜呈绒毛状，如光鳃鱼属的银汉鱼和飞鱼等。

大多数鱼类次级卵膜上具有卵膜孔或称受精孔（图 16-3），受精孔向内穿过卵膜的管状结构为精孔管（micropylar canal）。受精孔的大小和数量因鱼的种类而不同，鲂卵的受精孔较大，孔径为 4～4.5 μm，而草鱼和白鲢等的受精孔则较小，孔径为 3～3.5 μm。大多数真骨鱼类的卵子只有 1 个受精孔，但有的鱼类如泥鳅的卵子有 3 个受精孔，鲟的卵子有多个受精孔。

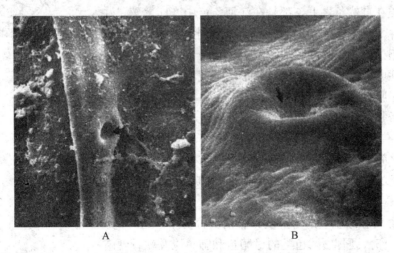

图 16-3 斑马鱼第 V 时相卵子扫描电镜图
A. 箭头示受精孔（×390） B. 箭头示受精乳中精孔细胞消失（×990）
(郭明申，2004)

近年来的研究证明受精孔是由精孔细胞形成的，如在鲤科鱼的第 IV 时相的初级卵母细胞的表面，精孔细胞以其巨大的体积区别于卵子周围的滤泡细胞，它向卵子的表面伸出一粗大的细胞质突，被较厚的卵黄膜所包围，当卵母细胞排出时，精孔细胞随同卵子周围的滤泡细胞一起离开卵膜并解体消失，结果在卵膜中原来精孔细胞的质突所占据的位置形成精孔管，其向外的开口即受精孔。

(3) 三级卵膜　只存于软骨鱼类的卵子中。当成熟卵子经过输卵管时，由输卵管的腺体分泌物围绕在卵的周围而形成。它由两层结构组成：内层为蛋白质膜，外层为坚硬的角质膜。卵胎生鱼类如白斑星鲨的角质膜较薄，且在发育中逐渐消失；而体外发育的鳐科鱼类，其卵子的角质膜厚而坚硬，且具有附加构造可使卵子附着于外界物体上（图16-4）。

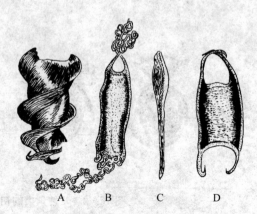

图16-4　鱼类的三级卵膜
A. 虎鲨　B. 猫鲨　C. 银鲛　D. 鳐
（楼允东，组织胚胎学，1996）

(三) 卵子的种类

1. 根据鱼类卵子的生态特点和相对密度的不同分类

(1) 浮性卵　无色透明，卵内大多含有一至多个油球，卵子的密度比水小。当卵子产于水中后，便漂浮于水面。这种卵子一般较小，如大多数海水鱼类的卵子。但也有些浮性卵由于特殊的密度而漂浮于不同的水层中，甚至接近海底的地方，如鳕和鲷等。

(2) 半浮性卵　卵膜无黏性，入水后，卵膜吸水膨胀，形成较大的围卵周隙，增加了卵的浮力。流水情况下漂流于不同的水层中，而在静水中则沉于水底，如青鱼、草鱼、鲢和鳙等。这些鱼类在自然条件下，都是在江河急流中产卵繁殖，在人工繁殖条件下，应将受精卵放在环道或孵化缸中流水孵化。如在静水中卵子聚集，胚胎会因缺氧而发育畸形和死亡。

(3) 沉性卵　大多数淡水鱼类卵子的密度比水大，产出后沉于水底，卵膜大都具有黏性，缠在水草上。生活于浅水水域中的青鳉卵子是沉性卵，无黏性，但其卵膜上长有长丝和短丝（图16-5），借助长丝使卵依附于母体上，随母体游动，短丝可使卵与卵之间保持一定距离，有利于胚胎与外界进行气体交换。鲑科鱼类的卵子也是无黏性的沉性卵，卵子产出后沉于水底、岩礁底下或石块下面进行发育。

2. 根据卵黄和原生质的含量及分布情况分类

(1) 间黄卵　硬骨硬鳞鱼类的弓鳍鱼和肺鱼以及软骨硬鳞鱼类的鲟的卵子属此类型。动物极和植物极之间界限不明显。

(2) 端黄卵　大部分鱼类如软骨鱼类和硬骨鱼类的卵子属此类型。原生质集中于动物极，形成胚胎发育的中心——胚盘。

图16-5　青鳉的卵子
1. 短丝　2. 长丝
（朱洗，鱼类的繁殖及子代的发育、生长与变态，2000）

鱼类的端黄卵又可根据其原生质含量的多少再分为两种，即①富质卵：原生质的含量较多，形成的胚盘较大，如软骨鱼类和硬骨鱼类中的鲤科鱼类的卵；②寡质卵：原生质的含量极少，形成的胚盘较小，如鲑鳟类、黄鱼和带鱼等的卵。

（四）受精

硬骨鱼类和其他脊椎动物一样，卵子是在第二次成熟分裂中期接受精子。精子从受精孔入卵，一般只有头部进入，尾部在受精孔外，单精受精。

（1）受精膜和受精锥的形成　精卵接触后3～5 min，卵表面的辐射膜向外举起，形成的一层透明膜叫受精膜。受精膜在精子入卵处先举起，并迅速扩展到全卵（通常在1 min以内完成），受精膜与质膜之间的腔隙叫围卵腔或围卵周隙（图16-6）。随着受精膜向外扩展，围卵腔逐渐增大，直到受精卵分裂成8～16细胞时期才完全定形，此时最大卵径为5 mm左右（鲢）。受精膜扩展膨大的速度是鉴别卵质量的标准。质量好的卵膨胀得快且大，质量差的卵膨胀慢且小（在纯淡水中）。

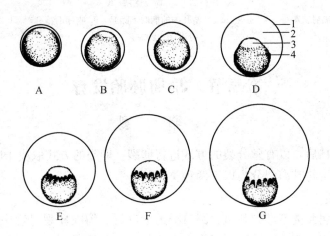

图16-6　青鱼受精的形态学变化
A. 成熟未受精卵　B. 受精后3 min　C. 受精后6 min　D. 受精后8 min
E. 受精后15 min　F. 受精后25 min　G. 受精后45 min
1. 受精膜　2. 围卵周隙　3. 胚盘　4. 卵黄
（楼允东，组织胚胎学，1996）

精子头部接触处的卵细胞质流动形成一个透明受精锥，它的作用是把精子夹持入卵。

（2）胚盘形成　精子入卵后，原生质向动物极方向流动而集中成较透明的盘状隆起，称"胚盘"（未受精卵入水受到刺激后也形成胚盘）（图16-7，B）。

（3）雄、雌原核形成与融合　精子入卵后，头部与尾部断裂并立刻转动180°，头端由向卵子内部转为向着卵的表面，而有中心粒的一端（颈部）转向卵的内部。在中心粒周围出现一个星光（图16-7，A）。受精后20 min左右，精核膨大，核内染色质由密集变得稀疏，形成雄原核。星光逐渐扩大至雄原核四周，移向胚盘中央，发生成对的星光。此时，卵子完成第二次成熟分裂，形成第二极体，卵核形成雌原核。受精后30 min左右，原来的中心粒和星光分裂为二，雌原核和雄原核互相靠拢，位于两个中心粒和星光之间。两性原核的界线逐渐不清楚，最后完全结合为一个受精卵的细胞核或合子核。当两性原核开始靠近和结合时，星光就逐渐萎缩并向四周退却。受精后40～45 min，合子核的核膜消失，第一次有丝分裂纺锤体出现；受精后50 min，出现第一次卵裂；以后，约每隔10 min分裂一次。

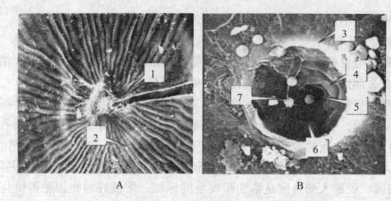

图 16-7　黄颡鱼受精早期精子入卵扫描电镜

A. 授精后 3 s　B. 授精后 20 s

1. 暴露的精孔器　2. 辐射状沟嵴　3. 胚盘　4. 受精孔内的椭圆形隆起　5. 收缩的精孔器　6. 精孔器前庭　7. 精子

（尹洪滨，2007）

第三节　早期胚胎发育

一、卵　　裂

鱼类的卵子受精后，以有丝分裂的方式进行卵裂。卵裂的方式取决于卵子的结构。根据鱼类卵子的结构，可将其卵裂分为以下两种类型。

（一）完全卵裂

间黄卵的卵裂属此类型。如肺鱼、圆口类的七鳃鳗、鲟在卵裂过程中虽能行完全卵裂，但由于动物极分裂速度比植物极要快得多，造成数量较多的动物极小细胞似帽状扣在植物极大细胞之上（图 16-8）。

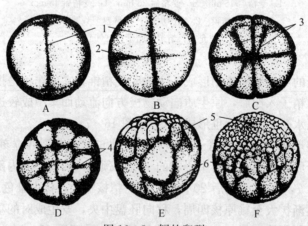

图 16-8　鲟的卵裂

A. 第一次卵裂　B. 第二次卵裂　C. 第三次卵裂　D. 第四次卵裂

E. 第七次卵裂（侧面观）　F. 囊胚早期（侧面观）

1. 第一次卵裂沟　2. 第二次卵裂沟　3. 第三次卵裂沟

4. 第四次卵裂沟　5. 动物极小卵裂球　6. 植物极大卵裂球

（楼允东，组织胚胎学，1996）

（二）不完全卵裂——盘状卵裂

真骨鱼类的端黄卵属此类卵裂类型。卵裂只局限在胚盘部分，卵黄不分裂。

第一次卵裂是经裂，分裂沟由上而下，将胚盘分成两个大小相等的卵裂球。第二次卵裂亦为经裂，与第一次卵裂面垂直，将胚盘分成4个大小相等的卵裂球。第三次卵裂有两个卵裂沟，均为经裂，与第二次卵裂沟相垂直，而与第一次卵裂沟相平行，形成的8个细胞排成两排。第四次卵裂时亦同时出现两个卵裂沟，与第二次卵裂沟平行，而垂直于第一和第三次卵裂沟，形成16个卵裂球，整齐地分为四排。第五次卵裂时，在有些鱼类（如金鱼、鲤、鲫、鳊、青鱼、草鱼、鲢、鳙），同时出现四个卵裂沟，仍为经裂，且与第一、第三次卵裂沟平行，而垂直于第二、第四次卵裂沟，形成32个卵裂球，但在另一些鱼类（如鳟、黄花鱼和赤鳉），第五次卵裂除经裂外伴有纬裂，即在胚盘中央的四个卵裂球进行纬裂，而周围的12个卵裂球则行环状经裂，如鳟（图16-9），或不规则的经裂，如黄花鱼和赤鳉等。一般从32或64个卵裂球期以后，卵裂就不完全同步，故卵裂球的数目也不是成倍的增加。由于纬裂与经裂交替进行，就使原来由单层卵裂球组成的胚盘形成许多层卵裂球。随着卵裂的继续进行，卵裂球的数目越来越多，卵裂球也变得越来越小。

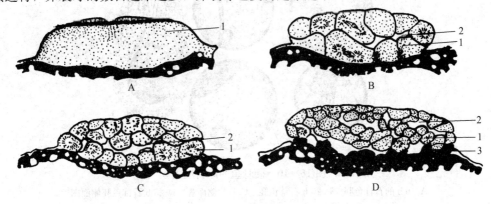

图16-9 鳟的卵裂

A. 第一次卵裂 B. 正准备卵裂成64个细胞 C. 128个卵裂球时期 D. 1 024个卵裂球时期，示卵黄合胞体正在形成
1. 卵裂球 2. 卵裂沟 3. 卵黄多核体
（楼允东，组织胚胎学，1996）

二、囊　胚

鱼类的囊胚概括起来可分为以下两种类型。

（一）偏极囊胚

由间黄卵进行完全不等卵裂所形成的囊胚。囊胚腔偏于动物极，囊胚层由多层分裂球构成，如肺鱼、山椒鱼（*Cryptobranchus*）和鲟等。

（二）盘状囊胚

由端黄卵进行盘状卵裂所形成的囊胚。大多数真骨鱼类的盘状囊胚具有一个充满液体的囊胚腔，囊胚腔的顶壁和侧壁由多层分裂球构成，囊胚腔（或胚盘）的底壁是一薄层无细胞界线的细胞质，内含有许多细胞核，称为卵黄合胞体（yolk syncytium）。卵黄多核体是真骨鱼类胚胎和前期仔鱼所特有的构造。

早期囊胚因为聚集大量的分裂球，胚盘比较高，称为高囊胚；晚期囊胚，细胞有向植物极移动的趋势，胚盘高度降低，称为低囊胚。

三、原肠作用

低囊胚之后，囊胚层细胞继续下包，抵达植物极卵黄 1/2 时，标志着原肠作用开始。下包过程中，因受卵黄的阻碍，胚盘周缘之囊胚层细胞稍向内卷入，而使胚盘边缘形成一增厚的胚层部分，称为胚环（germ ring）（图 16-10）。包于卵黄外的为外胚层、中胚层和表胚层成分，无内胚层。表胚层为溶解卵黄供应胚胎发育所需的营养物质的主要部分。

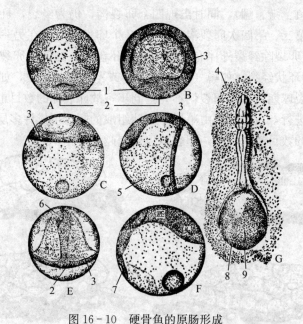

图 16-10 硬骨鱼的原肠形成
A. 16 h 的石首鱼胚 B. 20 h 石首鱼胚 C. B 的侧面观 D. 25 h 石首鱼胚侧面图
E. D 的表面图 F. 31 h 石首鱼胚侧面图 G. 鲑的晚期原肠胚
1. 早期胚盾 2. 胚孔背唇 3. 胚环 4. 胚外胚盘 5. 表皮区
6. 神经板物质 7. 闭合的胚孔环 8. 胚孔环 9. 卵黄栓
（曲漱惠等，动物胚胎学，1980）

当胚环出现时，在胚环的一定部位（未来胚胎的后端），由于囊胚层细胞的集中和内卷而出现一外观呈三角形的加厚隆起，即为雏形的胚盾（embryonic shield）（图 16-11），胚盾是胚胎的雏形，其长轴就是胚体的主轴。胚盾处的内卷边缘即为背唇（dorsal lip），背唇的出现，标志胚胎的两侧对称已显示出来。背唇相对一侧是腹唇（ventral lip），其两侧边缘是侧唇（lateral lip），由背唇、腹唇和侧唇共同围成的孔叫胚孔（embryonic pore）（图 16-11）。胚孔处裸露的卵黄即为卵黄栓（yolk plug）。

随着原肠作用的继续进行，植物极的卵黄部分越来越多地被包围，当动物极细胞下包卵黄达 2/3 时，便进入原肠中期，由于脊索-中胚层-内胚层细胞随着囊胚层的下包而继续由背唇处卷入，使胚盾明显加长，这时通过胚盾的纵切面（图 16-11）可以看出，由左右向中线继续移动的细胞从背唇处卷入至胚盾的下面，称为下胚层或内中胚层（endomesoderm）。而未卷入、留在表面的细胞称为上胚层或外胚层。隆起的胚盾不断向前推移，将来形成胚胎的中轴及其器官（图 16-11）。

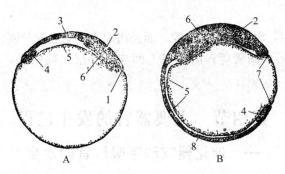

图 16-11　硬骨鱼原肠形成时的纵切面
A. 原肠初期，胚盾约 1/2 长　B. 原肠晚期，胚盾与胚盘相近
1. 胚孔背唇　2. 胚盾　3. 神经板　4. 胚环　5. 表胚层　6. 内中胚层　7. 胚孔　8. 外包的外胚层和中胚层
（曲漱惠等，动物胚胎学，1980）

四、神 经 胚

（一）神经管的形成及其特点

胚盾表面的上胚层（外胚层），分化为神经板和表皮层两部分。神经板将发育为神经组织，细胞增高为柱状。从表面看，前端宽钝而后端窄（图 16-10，D、E），与胚环连接。在神经板的中央线向深处下陷而两侧神经褶向正中合并，暂时成为实体的细胞索（在细胞索的上方还盖着一层方形细胞的表皮层）。后来从索状的神经组织中央裂出缝状的腔，逐渐成圆筒形的神经管。

（二）脊索的形成及特点

从背唇转入内部的细胞排列成一条带状的内中胚层，后来内中胚层分裂为长条状，腹面中央为内胚层，剩余的细胞则排列在内胚层背面和两侧构成脊索和中胚层（图 16-12）。不久，内胚层的细胞向下合拢而构成肠管，但也有张开很久为平板状，然后才合拢为肠管的，如弓鳍鱼（*Amia calva*）。

为了了解囊胚细胞如何构成未来的器官，学者们用活体染色的方法把囊胚分为若干区来观原肠胚形

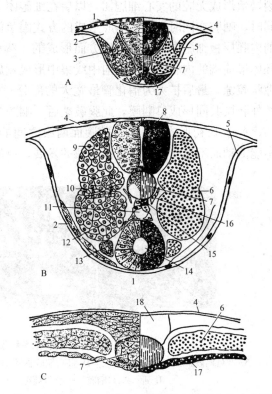

图 16-12　硬骨鱼及硬骨硬鳞鱼类中轴器官的发生图解
A. 神经外胚层与表皮外胚层的分离
B. 神经管的形成，与表皮层完全分开　C. 原肠形成晚期
1. 神经外胚层　2. 体腔　3. 肌节　4. 表皮外胚层　5. 表胚层
6. 中胚层　7. 脊索　8. 神经管　9. 背侧肌节　10. 生肾组织
11. 背主动脉　12. 腹外侧肌　13. 吴氏管　14. 肠突
15. 索下棒　16. 迁移细胞　17. 内胚层　18. 外胚层
（曲漱惠等，动物胚胎学，1980）

成时细胞运动的过程。

鱼类原肠胚形成时，没有形成新的腔，而是将原来的囊胚腔分隔为两部分。内胚层下面的称为原肠腔，将来形成肠管等；内胚层上面与外胚层之间的腔，即原来的囊胚腔逐渐消失。

第四节 主要器官的发生过程

一、消化器官和呼吸器官的发生

消化管和呼吸道的上皮以及许多腺体多由原始消化管的内胚层分化而来，其他的结缔组织、肌肉组织、软骨组织等则源于脏壁中胚层。

(一) 消化器官的发生

1. 口、咽、舌

（1）口、口腔与咽腔的发生与分化　在头部腹面、前脑的下方，形成口的外胚层细胞向内分裂增殖形成无腔的实心细胞团，以后在细胞团中裂出腔隙，并扩大成为口腔。在口腔发生的同时，咽腔亦同时发生。咽腔形成的方式因鱼类而异。有的硬骨鱼类的咽腔，是胚体最前部的内胚层板细胞向腹面褶向后方而形成的，鲤科鱼类、海龙科、飞鱼科等鱼类的咽腔，是由胚体最前端的内胚层板细胞向中线集中形成宽扁的细胞团，然后随着胚胎发育，内部出现缝隙状腔隙，最后扩大为消化管最宽大的部分——咽腔（图16-13）。咽腔前端的内胚层与口腔外胚层共同形成口咽膜，此膜破裂后，咽腔与口腔接通形成口咽区，又称口咽腔（图16-13，A）。口初形成时，是头部腹面两眼之间的一个横裂，以后变为圆形。此时由于上下颌不能活动而不会摄食，以后因下颌的发展，口的位置由腹位变为端（前）位。

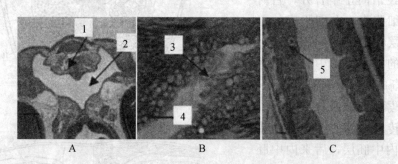

图16-13　哲罗鱼消化系统发生发育显微照像
A. 胚后期破膜后10 d口咽腔横切　B. 胚后期破膜后24 d食管横切　C. 胚后期破膜后8 d肠横切
1. 舌　2. 口咽腔　3. 食管腔隙　4. 杯状细胞　5. 肠上皮
（关海红，2007）

（2）舌的形成　口腔与咽腔交界处的口腔黏膜向口腔突出，头部的间叶细胞伸入其中共同形成舌（图16-13，A）。前者分化为舌表面的复层鳞状上皮和味蕾，后者分化为基舌骨突和少数鱼类舌的肌纤维，如肺鱼和弓鳍鱼。

2. 食道和肠

（1）食道　食道是消化管中最细的部分，其管腔出现较晚，在咽腔形成的同时，其后部的内胚层板细胞向中央集中形成实心的内胚层索。以后索中裂出腔隙形成食道。内胚层细胞分化为食道黏膜表面的复层鳞状上皮和上皮细胞之间的杯状细胞（图 16-13，B），而上皮以外的肌肉和结缔组织均由脏壁中胚层分化而成。

（2）肠　在食道内胚层索形成的同时，其后部到肛门前方之间的内胚层板细胞也向中央线集中形成内胚层索，不久索中出现腔隙形成肠管，脏壁中胚层包围肠管使之由单层细胞成为多层细胞。由内胚层分化为肠管上皮细胞，如吸收细胞和少量的杯状细胞（图 16-13，C），而脏壁中胚层则分化为肠管的结缔组织、肌肉组织和肠管表面（浆膜）的间皮。

3. 原肠衍生物　胚胎时期的原始肠管不仅形成消化道本身，也形成一系列的衍生物（图 16-14）。

（1）脑下垂体前叶　在发生上是由原肠肠管前端外胚层突出的拉克氏囊（Rathke's pocket）形成，脑下垂体后叶是由间脑底部向下突出形成，在发生上和前叶具有不同来源。

（2）咽囊　在胚胎期形成的咽囊在发育中形成一些和呼吸没有关联的衍生结构，如后鳃腺（背侧）和胸腺（腹侧）。

（3）甲状腺　开始是在第一对咽囊的基部，咽腔底部内胚层细胞分裂增殖并向咽腔下方突出形成一实心细胞团，此即甲状腺原基。以后它一面分裂增殖，一面内部裂出腔隙，形成小囊，与咽腔分离形成许多分支小囊，即甲状腺泡，它们分散在咽腔腹面的组织中。

（4）胸腺　真骨鱼类的胸腺发育较迟，咽囊背部的内胚层细胞分裂增殖向外突出形成细胞团，以后这团细胞在舌弓与最后一对鳃弓之间，沿着鳃裂和鳃弓的背面由前向后伸展成连续的长索状的胸腺。胸腺发生的同时，血管和间叶细胞浸入胸腺组织内。

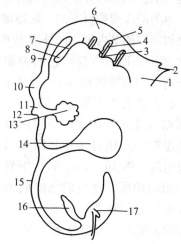

图 16-14　原肠及其衍生物

1. 口腔　2. 脑下垂体前叶　3. 甲状腺
4. 鳃裂　5. 咽囊　6. 咽　7. 气管
8. 肺　9. 食道　10. 胃　11. 十二指肠
12. 胰　13. 肝　14. 卵黄囊　15. 小肠
16. 膀胱　17. 泄殖腔

（程红，脊椎动物比较解剖学，1999）

（5）肺和鳔　一般认为肺是由古代总鳍鱼的鳔演变而来。在发生上，鳔和肺同是原始肠管突出而形成的。在无胃鱼类中，鳔是由食道和肠交界处的肠管背壁向外突出一个长形的囊槽，继之囊发生内缢并自后向前伸入囊与肠管之间，使囊与肠管分离而形成一长形盲管，即鳔的雏形。以后鳔内充气形成囊状的鳔后室，其前方留有细管与食道相通。来自肠管的内胚层细胞分化为鳔内层（黏膜）上皮，如鲤科鱼类和鳕科鱼类的单层鳞状上皮；有些鱼类则分化为单层柱状上皮，如虹鳟和鲟等。脏壁中胚层分化为鳔的肌肉层和鳔的纤维组织外膜。

（6）肝　大多数真骨鱼类的肝出现较早，在消化管腔尚未出现时，在食道内胚层索与肠内胚层索交界处的腹面，内胚层细胞增殖形成实心细胞团，突出于卵黄囊的旁边，脏壁中胚层围绕其周围共同形成肝的原基。在消化管腔出现的同时，在来自内胚层细胞团中的近心端出现腔隙与肠管相通，此即胆管。脏壁中胚层细胞分化为肝细胞、肝内结缔组织和肝的浆膜。胆囊是由胆管与肝组织交界处的胆管壁向外突出形成的囊状结构。

(7) 胰 真骨鱼类不仅发生背胰，且同时发生两个腹胰。在肝发生的同时胰也相继发生，先是在食道内胚层索与肠内胚层索交界处的内胚层细胞，增殖形成实心细胞团，当肠腔出现时，细胞团形成胰脏的管道即胰管上皮，来自脏壁中胚层的细胞围绕胰管形成胰脏的组织，如内分泌组织胰岛、外分泌组织腺末房和排泄管的结缔组织外膜。最后腹胰与背胰相合并，定位于肠管的背侧方。胰管与肠管相通。有些鱼类如鲤科鱼类的胰腺与肝合并为肝胰脏。

(二) 呼吸器官 (鳃) 的发生

鳃由咽腔侧壁内胚层、与内胚层相对的外胚层和它们之间的头部间叶细胞共同分化发育而成。鱼类的鳃裂数目不同。现以鲤科鱼类鳃的发生为例简述如下：

最初咽腔侧壁内胚层向外突出6对囊状结构，称为咽囊，它们由前向后分别称为舌颌囊和第1~5对咽囊。以后舌颌囊不再发育，第1~5对咽囊则继续向外伸展，当它们接近外胚层时，其相对的外胚层便内陷形成鳃沟（图16-15，A）。咽囊与鳃沟相向伸展，将它们之间的头部间叶细胞分隔成为5对鳃弓。舌颌囊前的头部间叶细胞分化为颌弓，其后部间叶细胞分化为舌弓。以后，颌弓分化成下颌骨，舌弓形成鳃盖骨，第5对鳃弓形成下咽骨后发生咽喉齿（图16-15，B），故最后只有4对鳃弓。当咽囊内胚层与其相对的鳃沟外胚层相遇时形成鳃膜，不久鳃膜破裂形成鳃裂。真骨鱼类的舌颌囊没有发育而只形成盲囊，以后消失，故只形成5对鳃裂，但鳃裂的形成不是同步的，第1对鳃裂最早出现，出膜前已形成，其余4对鳃裂于出膜后才形成。在鳃裂形成的同时，舌弓向后发生皮肤皱褶，即鳃盖的原基，它随着仔鱼的发育向后伸展，形成鳃盖。鳃盖内侧的腔即鳃腔。在鳃盖形成的同时，由第1~4对鳃弓的外缘突出两排外观似梳状的鳃片，鳃弓的内缘发生鳃耙（两行）。当鳃丝由乳头状渐渐伸长的同时，由鳃丝向两侧各突出许多小突起，即鳃小片。鳃弓上的每一鳃片为半鳃，每一鳃弓前后两个半鳃合为一个全鳃，故发生4对全鳃。每一鳃弓的两个鳃片之间部分分化为鳃间隔。

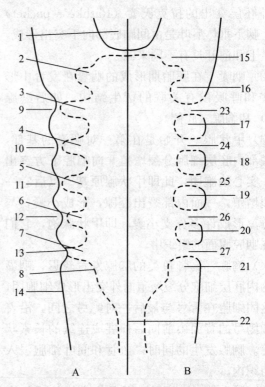

图16-15 鲤科鱼类鳃的发生
A. 咽囊与鳃沟的形成 B. 鳃弓与鳃裂的形成
1. 口腔 2. 舌颌囊 3~7. 第一至五对咽囊
8. 内胚层 9~13. 第一至五对鳃沟
14. 表皮外胚层 15. 颌弓 16. 舌弓 17~21. 第一至五对鳃弓
22. 食道 23~27. 第一至五对鳃裂
(楼允东, 组织胚胎学, 1996)

二、排泄器官和生殖器官的发生

排泄器官和生殖器官的发生关系密切，它们主要起源于体节外侧侧板中胚层。

(一) 排泄器官的发生

鱼类的排泄器官包括一对肾脏和输尿管，在发生上经过前肾和中肾两个阶段。它们起源于侧板中胚层顶部细胞，包括体壁中胚层和脏壁中胚层细胞（图 16-16, A）。现以鳟为例简述如下。

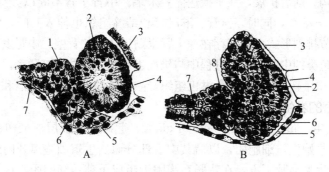

图 16-16 鱼类前肾房的形成

A. 鳟胚体干横切面 B. 鳟胚体干横切面，示前肾房雏形

1. 前肾原基 2. 体节 3. 神经管 4. 脊索 5. 内胚层 6. 血管带 7. 侧板中胚层 8. 前肾房雏形

（楼允东，组织胚胎学，1996）

1. 前肾 鳟前肾的发生开始于胚胎具有 13 对体节时期，在第 6 对体节以前的侧板中胚层顶部的细胞分裂增殖而膨大，内部裂出缝隙状腔隙与体腔相通（图 16-16, B），以第 4～6 体节处膨大得最为明显，且不分节，此即前肾房雏形。以后它向外凸出并与侧板中胚层分离，分离动作自前肾房原基的前后端同时开始，在前肾房中段处（约第 5 对体节处）仍保留与侧板中胚层的联系。以后，前肾房在此有一漏斗状的开口——肾孔与体腔相通（图16-17）。前肾房的主要部分发育为波氏囊，其腔扩大，在波氏囊的外侧一定部位略向外伸长形成前肾小管，此管向后弯向最初的输尿管——前肾管，并与其相通，同时，左右波氏囊略向胚体中线靠近；由背大动脉向左右腹侧分支伸至每一波氏囊（图16-18）。不久，进入波氏囊的小动脉伸长卷曲发育为小血管球——肾小球，进一步陷入波氏囊（图16-18），共同构成肾小体。以后前肾小管继续伸长并卷曲，静脉管网和许多小淋巴管也迁移过来包围在它们的周围。将来，与体腔相通的肾孔闭塞，前肾便不与体腔相通。由血液带来的代谢废物通过前肾房、前肾小管而进入前肾管，这时前肾

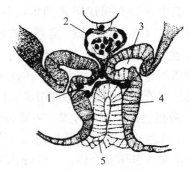

图 16-17 鳟胚的横切面

1. 肾小球 2. 背大动脉 3. 前肾房
4. 消化管 5. 内胚层

（楼允东，组织胚胎学，1996）

图 16-18 飞鱼胚体波氏囊的切面

1. 背大动脉 2. 波氏囊

（楼允东，组织胚胎学，1996）

便开始行排泄功能。

2. 中肾 硬骨鱼类的中肾发生较迟，在鳟受精后 90～95 d，幼鱼的前肾管背侧才出现许多颜色较深的细胞团，它们按体节排列。以后，又出现更多同样的细胞团，它们与前肾管相愈合甚至陷入管腔之中。这些细胞团发育为中肾小管，其游离端膨大，而且其壁向内凹陷形成具有两层细胞的杯状波氏囊，背大动脉的分支进入波氏囊中，发育伸长并卷曲成球状的血管小球，它与波氏囊的内壁相结合，它们合称为肾小体，是中肾的主要组成部分。在胚胎发育过程中，中肾最初也是分节的结构，前后扩展，几乎抵达体腔末端。中肾小管不断以分支的方法增加数量，每一体节处能分生 7～8 个，同时，血管、淋巴管和结缔组织也伸入其间，中肾于是成为块状的整体，而原有按节排列形式已不复存在。中肾紧贴于体腔的背壁。中肾发生后，前肾管便改称为中肾管。硬骨鱼类的中肾在发生过程中与雄性生殖腺之间并没有联系，但在软骨鱼类和两栖类中是有联系的。由于中肾向内伸入淋巴组织，故成体的中肾兼有排泄和造血机能。

（二）生殖器官的发生

1. 生殖腺的发生 鱼类生殖腺（genital gland）起源于中胚层。最初在内胚层和卵黄多核体之间出现两个原始生殖细胞团，以后其中一部分原始生殖细胞离开内胚层，沿脏壁中胚层往上迁移，抵达背主动脉下方，在背肠系膜附近组成单独的细胞团，这个细胞团后来又分成左右两部分，位于后主静脉与背肠系膜之间的腹膜上，形成一对前后纵长的突起，称为生殖嵴（genital ridge）或生殖褶（genital fold）。有许多原始生殖细胞分布在腹膜上皮细胞之间，共同形成生殖上皮。生殖嵴纳入体腔后，与体壁分开，其前后两端都不发育，以后逐渐退化，而中部膨大形成明显的生殖腺——精巢或卵巢。生殖腺由精巢系膜（mesorchium）或卵巢系膜（mesovarium）悬系于腹腔背壁，通过系膜与血管、神经连接（图 16-19）。

2. 生殖管道的发生 在卵巢发生的同时，输卵管也开始形成。有的硬骨鱼类，卵巢某处的游离面与体腔侧壁相愈合，由此形成一条长的输卵管；另一些硬骨鱼类如大多数鲤科鱼类，其输卵管是由卵巢末端的被膜向后伸展而成。

3. 雌雄性腺分化的方式 主要分为两种：第一种是雌雄异体的鱼类，精巢和卵巢是同时由未分化的生殖嵴直接分化而成。第二种是一些初生雌雄同体的鱼类，如雌性先成熟的细鳞大麻哈鱼，其所有个体，在性分化时期都发育为卵巢，而部分个体的第二性别是由于性逆转而较晚出现；雄性先成熟的大头黑鲷则相反，所有个体在性分化时期发育为精巢，部分个体的第二性别是由于精巢退化、卵巢发育而形成雌性。

三、循环器官的发生

硬骨鱼类胚体的体节和侧板中胚层之间的致密细胞团形成血管带，心脏、血管和血细胞均由血管带分化而成，没有真正的血岛。

（一）心脏的发生

硬骨鱼类的心脏发生于咽的腹面，其形成方式因种类而异，有些鱼类的心脏是由两个原基合成，而另一些鱼类则只有一个原基；有的在发生初期先形成实心的细胞团，以后再形成腔，有的一开始就有一个或两个管子，但是大多数鱼类是由两个实心的原基分化成心脏的心内膜管。鱼类初形成的心脏与其他脊椎动物一样，是一条无隔膜的直管子。而高等硬骨鱼分化为三室，即心室、心耳和静脉窦。心室的前方与动脉相连，静脉窦的后方也连接两条总主静脉。继之直管状心脏由后稍向前左背方弯曲，使心耳的位置由心室的后方移向心室的左前

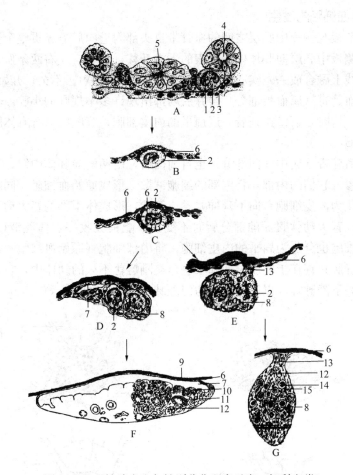

图 16-19 性腺发生与性别分化程序示意（鲤科鱼类）
A. 初孵仔鱼前中部横切面 B. 孵化后 5 d 体中部横切面，示定居的原始生殖细胞放大
C. 孵化后 10 d 生殖嵴切面 D、E. 孵化后 30 d 生殖嵴切面 F. 一龄幼鱼性腺切面 G. 生殖腺锥形
1. 原始生殖细胞之分叶状细胞核 2. 原始生殖细胞 3. 卵黄多核体 4. 前肾管 5. 内胚层索
6. 腹腔上皮细胞 7. 卵巢腔 8. 性腺体细胞 9. 卵巢腔脊壁 10. 产卵板锥形
11. 卵原细胞向初级卵母细胞过渡的细胞 12. 血管 13. 精巢系膜 14. 精原细胞 15. 精囊细胞
（楼允东，组织胚胎学，1996）

方，使心脏形成"S"形（图 16-20）。高等硬骨鱼类没有动脉圆锥，在动脉干的基部扩大成一个圆球状构造，称为动脉球，它不能搏动，内无瓣膜发生，故非心脏组成部分。

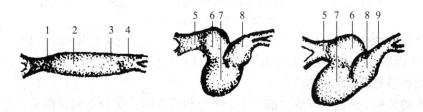

图 16-20 硬骨鱼类心脏发生过程的外形变化
1. 静脉窦部 2. 心耳部 3. 心室部 4. 动脉干 5. 静脉窦 6. 心耳 7. 心室 8. 动脉球 9. 腹主动脉
（楼允东，组织胚胎学，1996）

(二) 血管与血细胞的发生

胚体两侧，节板与侧板中胚层之间的血管带自头部附近向后方纵贯整个体干，它们由前向后离开节板与侧板中胚层向胚体中线脊索的下方迁移，最后，左右两条血管带在脊索与内胚层之间的中央线上融合成一条实心的圆柱体（图16-21，A）。不久，开始分化。

胚体前部的血管带（属血板部分）合并后内部出现许多不规则的小腔，不久它们合并为背大动脉的前段，这时，管壁排列着一层扁平的内皮细胞，管腔中只含有体腔液，尚无血细胞（图16-21，B）。

胚体后部的血管带（属中间团部分）也自前向后，由两侧向胚体中线，脊索的下方合并后，有些体腔液渗入它们的内部，将内部的细胞冲散，形成原始血细胞。同时，靠背部表面的中间团首先分化为内皮细胞，向下延伸并卷成管状，形成体干部的背大动脉，其管腔内含有原始血细胞，在背大动脉腹面的部分暂时不变，只能稍吸收一点体腔液（图16-21，C）。不久，它的表面细胞也分化为扁平的内皮细胞，将内部细胞（原始血细胞）包围起来，形成中央静脉。中央静脉只存在于胚胎时期和某些鱼类刚孵化不久的幼体中，它很快分化为尾静脉、后主静脉和肠下静脉等。以后再分化为门静脉和其他成体静脉等。

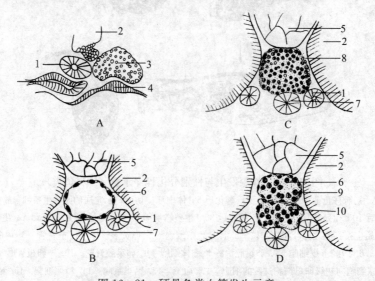

图16-21 硬骨鱼类血管发生示意
A. 鳟胚体体干前部横切面 B. 鲤科鱼类胚体体干前部横切面
C. 鲤科鱼类胚体体干后部横切面 D. 鲤科鱼类胚体后部横切面
1. 前肾管 2. 肌节 3. 迁移到脊索下方的血板细胞 4. 内胚层 5. 脊索 6. 胚体前端的背大动脉
7. 内胚层索 8. 迁移到脊索下方的中间团细胞 9. 原始血球 10. 中央静脉
（楼允东，组织胚胎学，1996）

某些硬骨鱼类的胚胎，由于其卵黄囊的表面只有一层卵黄多核体和胚外膜（外胚层的一部分），而无内胚层和中胚层，故不像其他脊椎动物那样，由卵黄囊壁内的血岛产生原始血细胞，原始血细胞只能在胚体内产生。

在背大动脉和中央静脉形成之前，体干中部和后部的一部分中间团细胞，边分裂增殖，边单独或成群地向卵黄囊卵黄多核体迁移，与从心细胞团迁移来的细胞共同建立胚外心血管系统（即卵黄血管系统），如鲤科鱼类等。

硬骨鱼类的血管除了由血板和中间团产生外，也能由已生成的血管芽生。

四、神经系统的发生

(一) 神经管的发生

硬骨鱼类胚胎在原肠期，背部表面中间外胚层细胞增厚形成神经板 (neural plate)，同时形成一条坚实无隙的神经索，整索向下陷入，不久与外胚层完全脱离，后来中央才裂成一腔，即成神经管 (neural tube)。

(二) 脑的发生

神经管前端膨大成脑。在早期的胚胎中，脑的前端是在脊索之前，脑部可分为前脑、中脑和后脑三个部分，鱼类的前脑也分化为端脑和间脑，端脑的分化较晚，由前脑顶壁向脑腔产生一横膜，把前脑局部地分隔成端脑和间脑。

1. 端脑 端脑 (telencephalon) 内腔为端脑室，以后两壁发达，向两侧突出，由一中沟分为左右大脑半球，每个大脑半球内的脑腔为侧脑室；硬骨鱼类左右未分隔，仍为公共脑室；侧壁和底壁增厚为纹状体 (corpus striatum)，真骨鱼类很薄的端脑皮层不含神经细胞，而由上皮组织构成，最前端部分以后发育为嗅球和嗅神经。

从端脑后端顶壁产生的突起为脑上副体 (paraphysis)。在端脑和间脑交界处的横膜上密布血管，形成网状皱褶伸入脑腔中，称为前脑脉络丛 (anterior chorioid plexus)。

2. 间脑 间脑 (diencephalon) 很小，与端脑之间无明显的界线，但是间脑的后端以眼窝间褶与中脑为界。间脑内腔为第三脑室，间脑的发育较复杂，形成下列结构：

（1）视丘和视杯 间脑两侧壁加厚突起，成为一对球状的视丘 (thalamus)，此外又向外侧生出视杯 (optic cup)。

（2）脑上腺 (epiphysis) 间脑顶壁生出两棍状物，代表两个退化的视觉器官，左边的一个常在前，右边的常在后，但在各种动物中退化程度不同。真骨鱼类中左边的退化消失，仅右边的成为脑上腺。

（3）漏斗体和脑下垂体 间脑的腹面稍后方中央突出成漏斗体 (infundibulum)，与口腔背方突出的囊相接，后来此囊与口分离，位于漏斗后下端成为垂体的前叶（腺垂体），漏斗体形成垂体的后叶（神经垂体）。两者共同构成脑下垂体 (hypophysis)。

（4）血管囊 (saccus vasculosus) 是鱼类特有的结构，是漏斗体向后伸出的部分，它的壁很薄，由于壁上细胞增殖，不久就和头部一个很大的血窦相遇；此后，血管囊继续生长，四壁产生许多皱褶，伸入血窦腔中而形成复杂的血管网状体。血管带壁由两种细胞组成，一种为狭长的支持细胞，另一种为具有纤毛的感觉细胞。在真骨鱼类中，血管囊的发生较晚，约在孵化后才出现。

3. 中脑 中脑 (mesencephalon) 是真骨鱼类脑中最发达的一部分，它与后脑之间以小脑褶为界，中脑的背壁特别厚，隆起成左右两半球，将来发育为成体的视叶 (optic lobe)。中脑的腔呈"T"形，腔的背面部分为视叶室 (optic ventricle)，腹面狭窄腔的部分为中脑导水管 (mid-brain aquaeduct)。视神经的末梢抵达中脑。

4. 后脑 后脑 (metencephalon) 又分化为小脑 (cerebellum) 和延脑 (medulla oblongata)，在两者间有一显著的脑腔，为第四脑室，后端与脊髓的中心管相连接。小脑是背面突出物，腹面加厚成延脑，有的发达成迷走叶 (vagus lobe)。延脑与小脑间以小脑褶为界。延脑与脊髓相连，两者间无明显的界线（图16-22）。

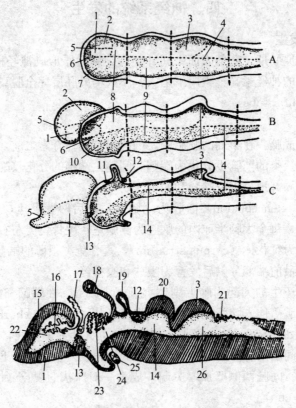

图 16-22 脑的发生（A～C）及纵剖面模式图
1. 纹状体 2. 大脑区 3. 小脑 4. 延脑 5. 嗅区 6. 眼窝 7. 下丘脑 8. 视丘 9. 被盖 10. 下视丘 11. 缰连合 12. 后连合 13. 前连合 14. 中脑水管 15. 大脑 16. 下脉络丛 17. 线状体 18. 顶眼 19. 松果体 20. 中脑 21. 脉络丛 22. 侧脑室 23. 前脉络丛 24. 第三脑室 25. 垂体 26. 第四脑室

(孟庆闻，鱼类比较解剖，1987)

（三）脊髓的发生

当神经板形成神经管后，由于细胞迅速分生，脊髓的侧壁变得十分厚，而中背部和中腹部还保持较薄的顶板和底板。脊髓侧壁的组织可以分为三层：靠近中心管的髓腔层（ependymal layer），柱状细胞的套膜层（mantle layer）及外侧的边缘层（marginal layer）。髓腔层形成了单层细胞的中心管壁，即室管膜（ependyma）；套膜层以后形成脊髓的灰质；边缘层由于纤维的增生而渐变厚，大多数纤维有髓鞘，形成脊髓的白质。

（四）外周神经的发生

当形成神经管时，背方两侧扩张成神经嵴，神经嵴原先与神经管相连接，后来因为细胞侵入而被分离开，最后神经嵴破裂成串，按节排列成神经节及交感神经节，待交感神经节形成后，再由神经嵴第二次把它们连接到神经管上。交感神经节的神经细胞发出节后纤维分布到血管及内脏。

五、感觉器官的发生

（一）听觉器官的发生

鱼类无中耳和外耳，只有内耳。硬骨鱼内耳的发生不像高等脊椎动物，开始是由延脑

(约在第Ⅷ与第Ⅸ对脑神经之间)附近两侧的头部外胚层加厚,形成一对圆形区域,称为听板。听板下陷成小窝再向内扩大形成小囊,小囊与外界相通的小孔逐渐缩小,最后封闭,这时小囊称为耳囊或听囊,它被包藏在中胚层的间充质组织中,成为左右侧扁而稍高的形状。耳囊背部向外凸出而成的盲管为内淋巴管,此管在真骨鱼类中很不发达。不久,左右侧耳囊各分化为背腹两部分,背面部分为椭圆囊(utriculus),腹面部分为球囊(sacculus),从球囊向后突出瓶状囊(lagena),由此可发展为高等动物听觉部分的耳蜗(cochlea)。在椭圆囊的前、后、侧三壁各生出一个扁平的突起,侧突起向水平方向延伸,前、后两突起向外发展各成一弧形的半规管(semicircular canal),管的一端膨大成球形的壶腹(ampullae),其内有感觉上皮形成的听嵴(crista acustica)。膜迷路的内壁上皮细胞局部分化为感觉上皮,它由柱状的支持细胞和双极感觉细胞构成,是内耳的感觉部分。听神经发生于听神经节,听神经近心端进入延脑,向远心端长入内耳。

(二) 嗅觉器官的发生

早在鲤科鱼类的眼泡期,前脑基两侧相对的神经外胚层细胞即增殖加厚形成板状的嗅板(olfactory lamellae),不久嗅板细胞继续增殖加厚并下陷形成嗅窝,或称嗅囊(olfactory sac)。不同鱼类的嗅囊内陷程度不一,如青鱼嗅囊很不明显,而金鱼和鲢嗅囊比较典型,其向外的开口即为鼻孔。嗅囊的外侧壁由普通的上皮细胞组成,无嗅觉作用,而内陷的嗅细胞团则形成嗅觉上皮,并发生皱褶。由嗅觉上皮细胞分化为以下四种细胞。

1. 嗅细胞 嗅细胞呈梭形,其圆形细胞核位于细胞膨大部分,是一种双极神经细胞,细胞的一突起伸到上皮的表面,称为嗅毛,另一突起细长,即嗅细胞的轴突,为无膜无髓的嗅神经纤维。许多嗅细胞的轴突组成粗大的嗅神经束进入端脑前部的嗅叶。

2. 支持细胞 大多数嗅觉上皮细胞分化为高柱状的支持细胞,分布于嗅细胞之间,其顶端达嗅上皮表面,细胞核呈卵圆形,位于细胞的中部。

3. 杯状细胞 由少数嗅上皮细胞分化而来,其游离端达嗅上皮表面,通入鼻腔,能分泌黏液,保持鼻腔的湿润。

4. 基细胞 由嗅上皮基部细胞分化而成,位于嗅上皮的基部,呈锥体形或椭圆形,具有支持和补充嗅上皮细胞的作用。

(三) 视觉器官的发生

眼是由胚胎间脑两侧凸出的眼泡和同眼泡相对的外胚层形成的晶状体两个原基共同发育而成。眼泡以中空的较细的视柄与脑连接,将来形成视神经;以后眼泡的外侧向内凹入,形成内、外两层相叠的碗状小窝,此即视杯(optic cup),其内壁的上皮细胞组织增厚形成视网膜,而外壁的上皮以后发生黑色素形成色素层。正对眼泡外方的胚层上皮组织,受视杯的诱导作用,开始自行增厚呈双凸镜状,并向视杯内陷,不久完全脱离外胚层,此空球状的小囊为晶状体,此后内腔消失,新的细胞不断增生,最后成一透明而富弹性的圆球。视杯在发育的同时,四周被间叶细胞围绕,形成明显的两层:①内面的血管层,紧包在视杯的外面,以后形成柔软而富有血管的脉络膜,②外面的纤维层为较厚的结缔组织,发育成坚硬的巩膜,其外附生眼肌。巩膜的叶细胞在虹膜前方形成透明而薄的角膜,故鱼的视网膜形成于外胚层的神经褶,晶状体形成于表面外胚层,巩膜、角膜、脉络膜是由中胚层形成的(图16-23)。

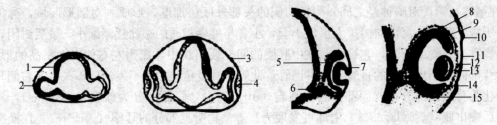

图 16-23 眼的形成

1. 间脑 2. 眼泡 3. 皮肤外胚层 4. 晶状体胚基 5. 视杯 6. 视杯形成视神经 7. 晶状体泡
8. 视杯外壁形成色素 9. 视杯外壁形成网膜 10. 眼睑基 11. 外胚层形成结膜 12. 中胚层形成角膜
13. 晶状体 14. 视怀唇形成虹膜 15. 间叶细胞形成脉络膜和巩膜

(孟庆闻，鱼类比较解剖，1987)

(四) 侧线的发生

硬骨鱼类的侧线呈管状，其发生开始于头部，并沿胚体躯干两侧向后伸展。最初由一定部位的神经外胚层细胞增殖形成细胞团，此即侧线感觉器的原基，侧线感觉器原基的细胞分化为锥状的感觉细胞和柱状的支持细胞，感觉细胞突破表皮形成小孔，其纤毛伸出口外，此时原基可称为感丘（图 16-24），已具有感觉器的雏形。后来，侧线感觉器随其附近的表面沉入皮下的深层，由下沉的表皮细胞形成小囊并完全与皮肤分开，仅以一个小孔与外界相通，侧线感觉器构成每个小囊的底壁并继续发育。不久，相邻的小囊各向前后伸出管突，继续发育，前后管突相互愈合，贯通而成侧线管。

侧线神经发生于侧线管之先，它是从第 10 对迷走神经分出穿行于皮下组织中，并分支到达各侧线感觉器。

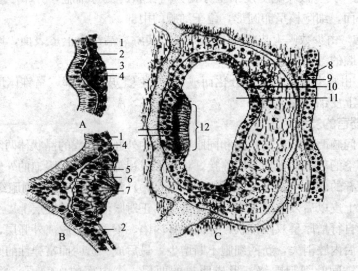

图 16-24 侧线的发生

A. 初孵仔鱼侧线原基切面 B. 孵化后 5 d 感丘切面 C. 孵化后 30 d 通过侧线管和感丘切面

1. 表皮外胚层 2. 神经外胚层 3. 感丘原基 4. 生皮节 5. 支持细胞 6. 感觉细胞 7. 感觉毛
8. 表皮层 9. 鳞 10. 侧线管上皮 11. 侧线管 12. 感丘

(楼允东，组织胚胎学，1986)

六、皮肤及其衍生物的发生

(一) 皮肤的发生

1. 表皮 表皮起源于外胚层，胚胎时期最先发生的表皮是由单层扁平细胞构成的，以后，由单层细胞增殖、分化为多层细胞，构成复层扁平上皮。表皮的深层细胞分化为生发层的腺层。

2. 真皮和皮下组织 由胚胎时期节板中胚层起源的生皮节中胚层细胞分化而成，位于表皮层生发层的内层。

(二) 皮肤衍生物的发生

1. 鳞片的发生 真骨鱼类的特有骨鳞是完全由真皮衍生而成，其发生过程与盾鳞不同，首先来自真皮的间叶细胞在表皮的生发层下方集合成突起，它略嵌入表皮层，后来衍生为成骨细胞，并能不断分泌骨质，然后向外伸展扩大，形成最早的鳞片中心。骨鳞的下层是由交叉错综的纤维结缔组织分化而成，使鳞片富有柔软性，便于活动，上层由上述成骨细胞分泌的骨质组成，可使鳞片坚固。硬骨鱼纲的硬鳞也完全由真皮衍化而来。

2. 腺体 鱼皮肤的表皮细胞可衍生出各种单细胞腺或多细胞腺。单细胞腺有胚胎时期由表皮外胚层分化而成的孵化腺，孵化以后随着皮肤的发生，表皮中出现杯状细胞、颗粒细胞和黏液细胞等；表皮外胚层还可以分化为多细胞腺，如虎鲨、角鲨和银鲛等所特有的毒腺和非洲肺鱼的泡状腺等。

第五节　鱼类个体发育

鱼类个体发育过程可基本上分为胚胎期、仔鱼期、幼鱼期、性未成熟期和成熟期。其中器官结构变化明显的是胚胎期和仔鱼期（表 16-1）。

表 16-1　鲢胚胎及仔鱼发育时期的划分（水温 20~24 ℃）

序号	发育时期	受精后时间 (h: min)	外部特征	图　版
1	刚受精卵		卵质分布较均匀，极性不明显	图 16-25 (1)，侧面观
2	胚盘隆起	0:30	原生质集中于卵子的动物极而形成隆起的胚盘	图 16-25 (2)，侧面观
3	2细胞期	1:00	胚盘经裂为2个大小相等的分裂球	图 16-25 (3)，侧面观 图 16-25 (4)，顶面观
4	4细胞期	1:10	分裂球再次经裂，分裂沟与第一次垂直，形成4个大小相等的分裂球	图 16-25 (5)，顶面观 图 16-25 (6)，侧面观
5	8细胞期	1:20	有2个经裂面，且与第一次分裂面平行，形成8个分裂球，排成两排，中间4个较大，两侧4个较小	图 16-25 (7)，顶面观
6	16细胞期	1:30	也有2个经裂面，但与第二次分裂面平行，形成16个分裂球，中央4个较大，外周12个较小	图 16-25 (8)，顶面观

(续)

序号	发育时期	受精后时间 (h:min)	外部特征	图 版
7	32细胞期	1:40	有4个经裂面,且与第三次分裂面平行,32个分裂球排成4行,且在同一平面上	图16-25(9),侧面观
8	64细胞期	1:57	仍为经裂,但各分裂球分裂的速度不甚一致,故大小不十分整齐	图16-25(10),侧面观
9	分裂后期		分裂球越分越小,形成多细胞的胚体	图16-25(11),侧面观
10	囊胚早期	2:27	分裂球很小,细胞界线不清楚,由很多分裂球组成的囊胚层高举在卵黄上	图16-25(12),侧面观
11	囊胚中期	3:00	囊胚层较囊胚早期为低,已看不清细胞界线,解剖观察可见到囊胚腔	图16-25(13),侧面观;图16-25(14),纵剖面
12	囊胚晚期	5:30	囊胚表面细胞向卵黄部分下包,约占整个胚胎的1/3,囊胚层变扁	图16-26(15),侧面观
13	原肠早期	6:30	胚盘下包1/2,胚环出现,背唇呈新月状	图16-26(16),侧面观
14	原肠中期	7:30	胚盘下包2/3,胚盾出现	图16-26(17),侧面观
15	原肠晚期	9:15	胚盘下包3/4	图16-26(18),侧面观
16	神经胚期	10:00	胚盘下包4/5,神经板形成。胚体转为侧卧	图16-26(19),背面观;图16-26(20),侧面观
17	胚孔封闭期	11:35	胚孔关闭,神经板中线略下凹。脊索呈柱状	图16-26(21),侧面观;图16-26(22),背面观;图16-26(23),腹面观
18	体节出现期	12:35	在胚体中部出现2对体节。神经板头端隆起	图16-26(24),侧面观
19	眼基出现期	13:35	在前脑两侧出现1对肾形的突起,即眼的原基。体节4~5对	图16-26(25),侧面观
20	眼囊期	15:00	眼囊呈长椭圆形,体节7~8对,脑可分出原始的前、中、后三部分	图16-26(26),侧面观;图16-26(27),背面观;图16-26(28),腹面观
21	尾芽期	16:05	尾芽出现在胚体后端腹面,呈圆锥状。眼囊变圆。体节10对	图16-27(29),侧面观
22	晶体出现期	19:05	在眼杯口出现圆形的晶体。在耳囊下方出现鳃板,为长椭圆形隆起。尾与胚体的长轴成锐角。体节24~25对	图16-27(30),侧面观
23	肌肉效应期	19:35	胚胎开始表现出微弱的肌肉收缩。第四脑室出现。晶体很清楚	图16-27(31),侧面观
24	心脏出现期	20:35	在脊索前,卵黄囊的前上方,细胞排列成串,即心脏原基。背鳍出现,脑径扩大。体节28~29对。尾与胚体长轴成钝角	图16-27(32),侧面观;图16-27(33),背面观

第十六章 硬骨鱼类的发生

(续)

序号	发育时期	受精后时间 (h:min)	外部特征	图版
25	心跳期	25:15	心脏位于卵黄囊头端脊索前下方，呈管状，开始时做微弱的搏动，继而加强	图 16-27 (34)，侧面观
26	出膜前期	28:15	尾略向背方举起，胚胎在卵膜内转动。泄殖腔出现。体节 38~39 对	图 16-27 (35)，侧面观
27	出膜期 (初孵仔鱼)	31:35	胚胎破膜而出。中脑与后脑膨大。全身无色素。心脏为长管状。第一对鳃裂形成。头仍弯向腹面。体节 40~42 对	图 16-27 (36)，侧面观；图 16-27 (37)，腹面观；图 16-27 (38)，背面观
28	眼球色素 出现期	39:35	眼球腹面内侧出现一对黑色素斑点，又称眼点期，侧线原基向后伸展到 25 对体节处，胸鳍略向两侧隆起	图 16-28 (39)，侧面观
29	循环期	64:35	口开启，心脏弯曲，血流清晰可见，胸鳍扁铲状伸向后方。心脏和总主静脉中充满血细胞，血液淡红色	图 16-28 (40)，侧面观
30	体色素出 现期	72:35	泄殖腔后，体节下方出现少许色素细胞，肝出现，下颌可动，鳃丝出现，血液深红色。仔鱼从腹部贴于水底，不再侧卧，游泳能力增强	图 16-28 (41)，侧面观
31	鳔形成期	96:35	眼球色素增多而使眼变黑，在胸鳍之后可见一长椭圆形的鳔，胸鳍扇状，伸向身体两侧。这时，已能平衡游泳。体节 46~48 对	图 16-28 (42)，侧面观
32	肠管建成期	125:35	身体上色素增多，鳃盖形成，肠管直且贯通，能主动摄食，鳔充气扩大如球状，运动能力很强，可做长时间游泳，不再停留水底	图 16-28 (43)，侧面观

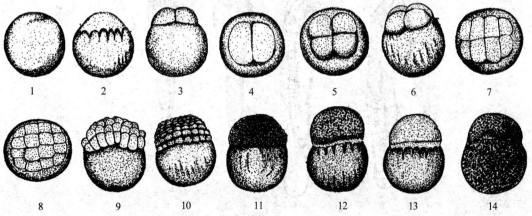

图 16-25 鲢胚胎及仔鱼发育图谱（一）

(楼允东，组织胚胎学，1996)

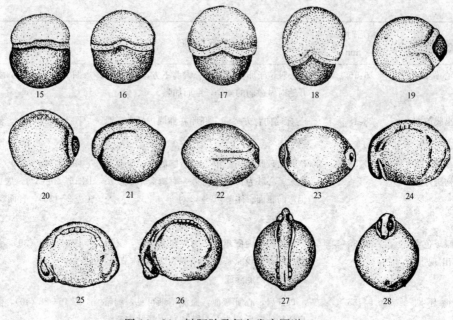

图 16-26　鲢胚胎及仔鱼发育图谱（二）
（楼允东，组织胚胎学，1996）

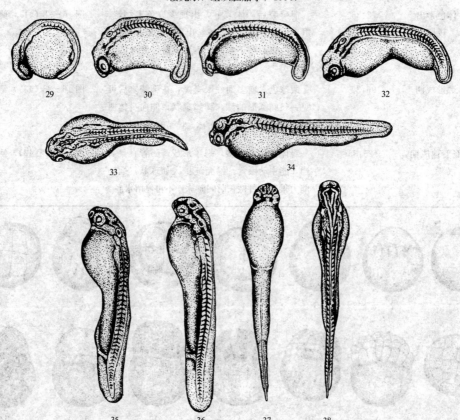

图 16-27　鲢胚胎及仔鱼发育图谱（三）
（楼允东，组织胚胎学，1996）

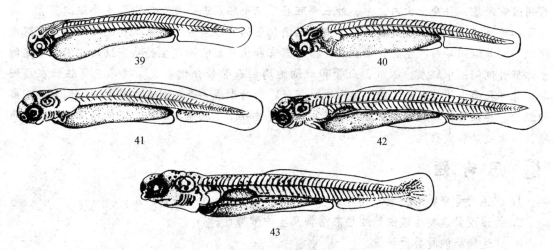

图 16-28　鲢胚胎及仔鱼发育图谱（四）
(楼允东，组织胚胎学，1996)

1. 胚胎期　从受精卵开始到胚胎破膜孵化出的整个发育阶段。期间主要进行卵裂、囊胚、原肠胚、神经胚和部分器官的发生过程。胚胎期长短各种鱼类有所不同。一般来说，胚胎期长的种类，孵出时，器官结构比较完善；反之器官发育比较幼稚。

2. 仔鱼期　从出膜到奇鳍褶开始退化消失、软骨性鳍条开始形成为止。这一时期又可以分为以下两期：

（1）仔鱼前期　从出膜到卵黄囊完全吸收。

（2）仔鱼后期　从卵黄完全吸收到软骨性鳍条开始形成。有些学者称此期为稚鱼期。

3. 幼鱼期　奇鳍退化消失，鳍条、鳞片和侧线已形成，外观体形和体色与成鱼相似。

4. 性未成熟期　各种器官结构和功能都已具备，但性腺尚未成熟，发育至Ⅱ期。

5. 成熟期　进入第一次性成熟，有成熟的生殖细胞产出，第二性征明显。

本章小结

本章主要介绍了鱼类的生殖特点，生殖细胞的形态结构，卵子的分类，受精的过程，鱼类早期胚胎发育的过程，主要组织器官的发生等。鱼类一般为雌雄异体，少数种类可见雌雄同体但异体受精。大多数硬骨鱼类是卵生的，少数硬骨鱼为卵胎生。硬骨鱼精子均为鞭毛型，精子大小因种而异。大多数硬骨鱼类的卵子呈圆球形，但有些鱼类的卵子具有各种形态的卵膜，而使卵子呈现不同的外形。大多数淡水硬骨鱼类的卵子卵径在 0.6～20 mm。成熟卵的结构包括卵核、卵质和卵膜。在卵质中除含有与体细胞相同的细胞器外，还具有皮层颗粒、卵黄、油球等。卵膜根据其来源和形成方式，可分为初级卵膜、次级卵膜和三级卵膜。鱼类卵子根据其生态特点和相对密度可分为浮性卵、半浮性卵和沉性卵；根据卵黄和原生质的含量和分布情况，可分为间黄卵和端黄卵。硬骨鱼类和其他脊椎动物一样，卵子是在第二次成熟分裂中期接受精子。精子从受精孔入卵，单精受精。鱼类的卵子受精后，进入早期胚胎发育阶段，经过卵裂、囊胚、原肠胚以及三个胚层的分化。鱼类以有丝分裂的方式进行卵裂，有完全卵裂和不完全卵裂。鱼类的囊胚概括起来有两种类型即偏极囊胚和盘状囊胚。囊胚层细胞下包抵达植物极卵黄 1/2 时，标志着原肠作用开始。此后出现细胞的分化，产生一系列器官原基，并分化出内、中、外三个胚层。三个胚层进一步分化出各主要组织器官。消化管和呼吸道的上皮以及许多腺体多由原始消化管的内胚层分化而来，其他结缔组织、肌肉组织、软骨组织等则源于脏壁中胚层。排泄器官和生殖器官的发生关系密切，它们主要起源于体节外侧侧板中胚层。心脏、血管和血细胞均由血管带分化而成。硬骨鱼类胚胎在原肠期，背部表面中间外胚层细胞增厚形成神经板，同时形成一条神经索，整索向下陷入，形成神经管。神经管前端膨大成脑等。鱼类个体发育过程除了胚胎期以外，还包括仔鱼期、幼鱼期、性未成熟和成熟期。

思考题

1. 试述硬骨鱼类的繁殖方式与繁殖习性。
2. 简述硬骨鱼类生殖细胞的形态结构及生物学特性。
3. 试述卵膜的种类及功能。
4. 鱼类早期胚胎发育过程主要包括哪几个阶段？其过程怎样？
5. 试述三个胚层分化形成主要组织器官的过程。
6. 简述鱼类受精作用的过程。

参考文献

北京农业大学，1992. 家畜组织学与胚胎学 [M]. 北京：农业出版社.

卞绍雷，赵亚辉，张洁，等，2008. 温度和盐度对中华多刺鱼胚胎发育过程的影响 [J]. 动物学报，54 (2)：282-289.

蔡应亚，1994. 贝类学概论 [M]. 上海：上海科学技术出版社.

常亚青，等，2004. 海参、海胆生物学研究与养殖 [M]. 北京：海洋出版社.

陈大元，等，2000. 受精生物学——受精机制与生殖工程 [M]. 北京：科学出版社.

陈大元，宋祥芬，段崇文，等，1992. 几种哺乳动物精子顶体膜囊泡化的研究 [J]. 动物学报，38 (1)：376-380.

陈介康，等，1983. 温度对海蜇横裂生殖的影响 [J]. 动物学报，29 (3)：195-206.

陈秋生，等，2002. 兽医比较组织学 [M]. 北京：中国农业出版社.

陈子链，曾园山，张惠君，2001. 人体结构学 [M]. 北京：科学出版社.

成嘉，褚武英，张建社，2010. 鱼类肌肉组织发生和分化相关基因的研究进展 [J]. 生命科学研究，14 (4)：354-362.

成令忠，2003. 现代组织学 [M]. 上海：上海科学技术文献出版社.

崔福斋，任永娟，于晓龙，2010. 中枢神经再生材料研究进展 [J]. 中国材料进展，29 (12)：11-16.

丁耕武，等，1981. 海蜇的生活史. 水产学报 [J]，5 (2)：93-102.

堵南山，赵云龙，赖伟，1992. 甲壳动物学论文集：中华绒螯蟹胚胎发育的研究 [J]. 青岛：中国海洋大学出版社.

范红石，王艳，陈国平，2015. 周围神经损伤后轴突再生微环境的研究进展 [J]. 中国康复理论与实践，21 (3)：288-290.

方永强，齐襄，1987. 柿江珧卵母细胞发育成熟过程中的超微结构研究 [J]. 海洋学报，9 (5)：612-616.

关文静，朱艺峰，陈芝丹，2008. 鱼类肌纤维特性与鱼肉品质关系 [J]. 水产科学，27 (2)：101-104.

桂建芳，易梅生，2002. 发育生物学 [M]. 北京：科学出版社.

韩秋生，1997. 组织胚胎学彩色图谱 [M]. 沈阳：辽宁科学技术出版社.

何泽涌，1983. 组织学与胚胎学 [M]. 北京：人民卫生出版社.

胡宗强，杨长伟，陈哲宇，2001. 神经元再生的研究进展 [J]. 中国神经科学杂志，17 (2)：180.

金启增，1992. 珍珠贝种苗生物学 [M]. 北京：海洋出版社.

金启增，1996. 华贵栉孔扇贝育苗与养殖生物学 [M]. 北京：科学出版社：120-126.

黄静，王志坚，2014. 贝氏高原鳅脑组织学观察 [J]. 水生生物学报，38 (3)：576-581.

霍琨，2003. 解剖 组织 胚胎学图谱 [M]. 长春：吉林科学技术出版社.

姜建湖，2012. 光唇鱼性腺及胚胎与仔、稚鱼发育的研究 [D]. 宁波：宁波大学.

姜永华，颜素芬，陈政强，2003. 南美白对虾消化系统的组织学和组织化学研究 [J]. 海洋科学，27 (4)：58-62.

金海英，朱雅静，等，2011. 外周神经再生机制的研究进展 [J]. 中国细胞生物学报，33 (8)：914-921.

李春涛，2009. 中华沙鳅消化系统结构的初步研究 [D]. 重庆：西南大学.

李德雪, 2002. 家畜组织学和胚胎学 [M]. 长春: 吉林科学技术出版社.
李光鹏, 谭景和, 1998. 小鼠原始生殖细胞的起源、迁移和增殖 [J]. 细胞生物学杂志, 20 (1): 4-9.
李桂芬, 蒙绍权, 邓冬富, 等, 2012. 版纳鱼螈脑的解剖学与组织学 [J]. 动物学杂志, 45 (1): 111-118.
李太武, 2004. 鲍的生物学 [M]. 北京: 科学出版社.
李霞, 刘淑范, 康蕾, 2002. 环境因子对鲍和牡蛎精子运动能力及受精率的影响 [J]. 大连水产学院学报, 17 (1): 1-5.
李莹, 刘兴发, 缪巍, 等, 2015. 极低频磁场暴露对斑马鱼胚胎发育的影响 [J]. 高电压技术, 41 (4): 1395-1401.
梁箫, 沈春燕, 刘志强, 等, 2014. 中华绒螯蟹脑和胸腹神经团的组织学观察 [J]. 上海海洋大学, 23 (2): 173-178.
廖承义, 徐应馥, 王远隆, 1983. 栉孔扇贝的生殖周期 [J]. 水产学报, 7 (1): 1-12.
廖光勇, 2011. 七带石斑鱼繁育生物学与波纹唇鱼组织学的研究 [D]. 上海: 上海海洋大学.
刘兴茂, 陈昭烈, 刘红, 等, 2002. 心肌组织工程的研究现状 [J]. 生物技术通报 (3): 19-22.
柳学周, 徐永江, 马爱军, 等, 2004. 温度、盐度、光照对半滑舌鳎胚胎发育的影响及孵化条件调控技术研究 [J]. 海洋水产研究, 25 (6): 1-6.
楼允东, 1986. 人工雌核发育及其在遗传学和水产养殖上的应用 [J]. 水产学报, 10 (1): 111-114.
楼允东, 2002. 组织胚胎学 [M]. 2版. 北京: 中国农业出版社.
卢永忠, 2008. 海洋软体动物神经内分泌学的研究进展 [J]. 海洋通报, 27 (4): 106-109.
路易斯·金·奎拉, 1982. 基础组织学 [M]. 济南: 山东科学技术出版社.
孟庆闻, 1987. 鱼类比较解剖学 [M]. 北京: 科学出版社.
缪国荣, 王承禄, 1990. 海洋经济动植物发生学图集 [M]. 青岛: 中国海洋大学出版社.
牟洪善, 李金萍, 王琨, 2008. 软体动物神经系统的研究进展 [J]. 生命科学仪器, 6 (10): 6-8.
牛建昭, 2002. 组织学与胚胎学 [M]. 北京: 人民卫生出版社.
潘勇, 艾玉峰, 黄尉, 等, 2001. 组织工程血管种子细胞培养的实验研究 [J]. 中国美容医学, 10 (6): 471-474.
秦照萍, 廖家遗, 2000. 罗氏沼虾脑神经细胞体群的研究 [J]. 中山大学学报, 39 (6): 126-129.
曲漱惠, 李嘉泳, 黄浙, 等, 1980. 动物胚胎学 [M]. 北京: 人民教育出版社.
曲漱惠, 张天荫, 阎淑珍, 等, 1964. 金鱼卵的再受精及其时限 [J]. 实验生物学报, 9 (2): 130-142.
任素莲, 杨宁, 王德秀, 2009. 水产动物组织胚胎学 [M]. 青岛: 中国海洋大学出版社.
沈霞芬, 2015. 家畜组织学与胚胎学 [M]. 5版. 北京: 中国农业出版社.
沈霞芬, 2001. 家畜组织学与胚胎学 [M]. 北京: 中国农业出版社.
绳秀珍, 任素莲, 王德秀, 等, 2001. 栉孔扇贝消化管的组织学观察 [J]. 海洋科学, 23 (3): 13-17.
宋振荣, 2009. 水产动物病理学 [M]. 厦门: 厦门大学出版社.
隋锡林, 1990. 海参增养殖 [M]. 北京: 农业出版社.
唐军民, 2003. 组织学与胚胎学彩色图谱 (实习用书) [M]. 北京: 北京大学医学出版社.
陶核, 楼建林, 徐娟, 等, 2015. CdSe/ZnS量子点对斑马鱼胚胎发育的影响 [J]. 浙江预防医学, 27 (2): 142-146.
王伯沄, 李玉松, 黄高昇, 等, 2000. 病理学技术 [M]. 北京: 人民卫生出版社.
王洪典, 郭照江, 王卫东, 等, 2002. 神经科学领域百年教条被打破引发的思考和启示 [J]. 医学与哲学, 23 (3): 18-20.
王磊, 陈松林, 谢明树, 等, 2011. 牙鲆三倍体批量化诱导及其生长和性腺发育观察 [J]. 水产学报, 8: 1258-1265.

王梅芳,余祥勇,王君彦,1999. 两种江珧雌雄同体及性转换现象 [J]. 湛江海洋大学学报,19 (4): 6-10.

王梅芳,余祥勇,王如才,2000. 栉江珧生殖细胞的发生 [J]. 青岛海洋大学学报,30 (3): 441-446.

王梅芳,余祥勇,叶富良,2000. 北部湾及附近海域栉江珧性腺发育的研究 [J]. 广西科学,7 (2): 140-143,157.

王平,曹焯,樊启昶,等,2004. 简明脊椎动物组织与胚胎学 [M]. 北京:北京大学出版社.

王清,2007. 硬壳蛤性腺发育和卵母细胞成熟机理初步研究 [D]. 青岛:中国科学院研究生院(海洋研究所).

王秋雨,李绮,李颖,等.1995. 脉红螺心肌纤维的形态学研究 [J]. 辽宁大学学报(自然科学版),22 (2): 55-57.

王如才,1998. 海水贝类增养殖学 [M]. 青岛:青岛海洋大学出版社.

王瑞霞,1993. 组织学与胚胎学 [M]. 北京:高等教育出版社.

王晓微,赵占克,韩冰,等,2009. 纳米二氧化硅对斑马鱼胚胎发育毒性的初步研究 [J]. 生态毒理学报,4 (5): 675-681.

王艳萍,洪琴,郭凯,等,2010. 多氯联苯暴露对斑马鱼胚胎发育的毒性效应 [J]. 南京医科大学学报,30 (11): 1537-1541.

王有琪,1965. 组织学 [M]. 北京:人民卫生出版社.

徐小鹏,王共先,袁铿,2003. 兔膀胱平滑肌细胞体外培养初探 [J]. 实用临床医学,4 (1): 24.

杨安峰,程红,姚锦仙,2008. 脊椎动物比较解剖学 [M]. 北京:北京大学出版社.

杨世平,王成桂,黄海立,等,2014. 环境温度和盐度对墨吉明对虾(*Fenneropenaeus merguiensis*)胚胎发育的影响 [J]. 海洋与湖沼,45 (7): 817-822.

杨志明,2001. 骨骼肌肉系统组织工程学研究与临床应用 [J]. 现代康复,5 (8): 8-10.

姚珺,2008. 红鳍繁殖周期与内分泌生理功能研究 [D]. 中国海洋大学.

姚泊,黄丽宜,2003. 侧足厚蟹有髓鞘神经纤维的超微电镜观察 [J]. 动物学杂志,38 (2): 5-7.

叶海辉,艾春香,等,2006. 蟹类生殖生理学研究进展 [J]. 厦门大学学报(自然科学版),45 (增刊2): 170-175.

喻达辉,江世贵,陈竞春,等,1999. 合浦珠母贝精子激活机制的初步研究 [J]. 热带海洋,18 (2): 5-10.

张红卫,2001. 发育生物学 [M]. 北京:高等教育出版社.

张天荫,1987. 无尾两栖类的原生殖细胞 [J]. 细胞生物学杂志,9 (4): 145-149.

张天荫,1993. 鸟类的原生殖细胞 [J]. 细胞生物学杂志,15 (2): 49-53.

张天荫,1996. 动物胚胎学 [M]. 济南:山东科学技术出版社.

赵法箴,1964. 对虾幼体发育形态. 海洋水产研究资料 [M]. 北京:农业出版社.

赵云龙,李红,等,1999. 中华绒螯蟹神经细胞和胶质细胞的光镜及电镜观察 [J]. 动物学研究,20 (6): 411-414.

赵志江,李复雪,柯才焕,1991. 波纹巴非蛤的性腺发育和生殖周期 [J]. 水产学报,15 (1): 1-8.

周俊,2012. 斑节对虾几种激素和基因与卵巢发育相关性的研究 [D]. 上海:上海海洋大学.

周美娟,段相林,1999. 人体组织学与解剖学 [M]. 3版. 北京:高等教育出版社.

邹国祥,侯颖,谭金山,等,2000. 虾夷扇贝膜内平滑肌细胞的微细结构 [J]. 电子显微学报,19 (3): 327-328.

邹仲之,2002. 组织学与胚胎学 [M]. 北京:人民卫生出版社.

邹仲之,2004. 组织学与胚胎学 [M]. 6版. 北京:人民卫生出版社.

邹仲之,2006. 组织学与胚胎学 [M]. 北京:人民卫生出版社.

古丸明. 和田 克彦, 1988. 養殖ヒオウギガイ Chlamys nobilisの生殖巣の周年変化[J]. Bull. Natl. Res. Inst. Aquaculture, 14: 125-132.

Buchhol Z C, Adelung D, 1980. The ultrastructural basis of steroid production in the Y-organ and the mandibular organ of the crabs *Hemigrapsus nudus* (Dana) and *Carcinus maenas* L. [J]. Cell Tissue Res, 206: 83-94.

Chen D Y, Longo J F, 1983. A Cytochemical study of changes in fertilized hamster eggs [J]. Anatomical Record, 207: 325-334.

Cindy S Cheng, Brittany N J Davis, Lauran Madden, Nenad Bursac, George A Truskey, 2014. Physiology and Metabolism of Tissue Engineered Skeletal Muscle [J]. Exp Biol Med (Maywood), 239 (9): 1203-1214.

DALL W, 著, 1992. 陈楠生, 等, 译. 张伟权, 等, 校. 对虾生物学 [M]. 青岛: 青岛海洋大学出版社.

Eble A F, 1972. Anatomy and histology of *Mercenaria mercenaria* [J]. Developments in Aquaculture a JD and Schuetz AW (Eds), University Park Press, Baltimore, 167-191.

Formicki K, Winnicki A, 1998. Reactions of fish embryos and larvae to constant magnetic fields [J]. Italian Journal of Zoology, 65: 479-482.

Frank Genten, Eddy Terwinghe, André Danguy, 2009. Atlas of Fish Histology [M]. USA. Science Publisher.

Frederick W Harrison, Arthur G Humes, 1992. Microscopic Anatomy of Invertebrates, Decapod Crustacea [M]. USA. Wiley-Liss.

Glabe C G, 1985. Interaction of the sperm adhesive protein, bindin with phospholipid vesicles. II. Bindin induces the fusion of mixed phase vesicles that contain phosphatidylcholine and phosphatidylserine in vitro [J]. J. Cell Biol, 100: 800-806.

Glabe C G, 1985. Interaction of the sperm adhesive protein, bindin, with phospholipid vesicles. I. Specific association of bindin with gel-phase phospholipid vesicles [J]. J. Cell Biol, 100: 794-799.

Hartenstein V, 2006. The neuroendocrine system of invertebrates: a developmental and evolutionary perspectiv [J]. E. J Endocrinol, 190: 555-570.

Hylander B L, Summer R G, 1982. An ultrastructural immunocytochemical localization of hyalin in the sea urchin egg [J]. Dev Biol., 93: 368-380.

Iwao Y, Efinson liP, 1990. Control of sperm nuclear behavior in physiologically polyspermic newt egg: Possible involvement of MPF [J]. Dev Biol., 142: 301-312.

Iwao Y, Yamasaki H, Katagiri CH, 1985. Experiments pertaining to the suppression of accesso-sperm in fertilized newt eggs [J]. Dev Growth Differ., 27 (3): 323-331.

Jaffe T A, 1976. Fast block to polyspermy in sea urchins eggs is electrically mediated [J]. Nature, 261: 68-71.

Johnson PT, 1980. Histology of the blue crab, *Callinectes sapidus*: a model for the Decapoda [M]. USA, Praeger Publishers.

Lius CJ, Jose C and Alexander NC, 1977. Basic Histology [M]. LANGE medical Publications.

Longo FJ, 1980. Organization of microfilaments in sea urchin (*Arbacia punctulata*) eggs at fertilization: effects of cytochalasin B. [J]. Dev Biol., 74: 422-433.

Longo FJ, 1980. Reinsemination of fertilized sea urchin (*Arbacia punctulata*) eggs [J]. Dev Growth Differ, 22: 219-227.

Nicole T, Feric A, Milica Radisic, 2016. Maturing human pluripotent stem cell-derived cardiomyocytes in human engineered cardiac tissues [J]. Advanced drug delivery reviews, 96: 110-134.

Scotif G, 1985. Developmental Biology [M]. Sinauer Associates, Inc. Publishers.

参 考 文 献

Skauli K S, Reitan J B, Walther B T, 2000. Hatching in zebrafish (*Danio rerio*) embryos exposed to a 50 Hz magnetic field [J]. Bioelectromagnetics, 21 (5): 407-410.

Sonia M, Jerry H, Charlie S, et al, 2007. Fish Histology and Histopathology [M]. USFWS-NCTC.

Talevi R, 1989. Polyspermic eggs in anceran Discoglossus pitus develop normally [J]. Development. 105: 343-349.

Vidal Pizarro I, Swain GP, Selzer ME, 2004. Cell proliferation in the lamprey central nervous system [J]. J Comp Neurol, 469 (2): 298-310.

W 布卢姆 D W. 福西特, 1984. 佳木斯医学院 (组织学) 翻译小组译校. 组织学 [M]. 北京: 科学出版社.

Yasutake WT, Wales JH, 1983. Microscopic anatomy of salmonids: an atlas [M]. Washington DC: USA. Fish and Wildlife Service Resource Publication.

Zimmerman S, Zimmerman A M, Winters W D, et al, 1990. Influence of 60 Hz magnetic fields on sea urchin development [J]. Bioelectromagnetics, 11 (1): 37-45.

图书在版编目（CIP）数据

水产动物组织胚胎学／李霞主编．—2版．—北京：中国农业出版社，2019.2（2023.6重印）

普通高等教育农业农村部"十三五"规划教材　全国高等农林院校"十三五"规划教材

ISBN 978-7-109-25234-9

Ⅰ.①水…　Ⅱ.①李…　Ⅲ.①水产动物-动物胚胎学-组织（生物学）-高等学校-教材　Ⅳ.①S917.4

中国版本图书馆CIP数据核字（2019）第024959号

中国农业出版社出版
（北京市朝阳区麦子店街18号楼）
（邮政编码 100125）
责任编辑　曾丹霞

中农印务有限公司印刷　新华书店北京发行所发行
2006年1月第1版　2019年2月第2版
2023年6月第2版北京第4次印刷

开本：787mm×1092mm 1/16　印张：19.75
字数：470千字
定价：49.50元

（凡本版图书出现印刷、装订错误，请向出版社发行部调换）